Le nouveau guide des

vins d'Italie

Pour Yvon

Bonne lecture !

et bonne dégustation

Adaptation de la maquette et infographie: Manon Léveillé et Louise Durocher
Traitement des images: Mélanie Sabourin
Révision et correction: Céline Bouchard

Données de catalogage avant publication (Canada)

Orhon, Jacques
Le nouveau guide des vins d'Italie

Publié antérieurement sous le titre : Guide pratique des vins d'Italie. 1993.

1. Vin - Italie. 2. Vinification - Italie.
3. Cépages - Italie. 4. Vignobles - Italie.
I. Titre. II. Titre : Guide pratique des vins d'Italie.

TP559.17073 2002 641.2'2'0945 C2002-941594-2

Gouvernement du Québec – Programme de crédit d'impôt pour l'édition de livres – Gestion SODEC.

L'Éditeur bénéficie du soutien de la Société de développement des entreprises culturelles du Québec pour son programme d'édition.

Nous reconnaissons l'aide financière du gouvernement du Canada par l'entremise du Programme d'aide au développement de l'industrie de l'édition (PADIÉ) pour nos activités d'édition.

Dépôt légal: 4e trimestre 2002
Bibliothèque nationale du Québec

ISBN 2-7619-1743-X

DISTRIBUTEURS EXCLUSIFS:

- Pour le Canada et les États-Unis:
  MESSAGERIES ADP*
  955, rue Amherst
  Montréal, Québec
  H2L 3K4
  Tél.: (514) 523-1182
  Télécopieur: (514) 939-0406
  * Filiale de Sogides ltée

- Pour la France et les autres pays:
  VIVENDI UNIVERSAL PUBLISHING SERVICES
  Immeuble Paryseine, 3, Allée de la Seine
  94854 Ivry Cedex
  Tél.: 01 49 59 11 89/91
  Télécopieur: 01 49 59 11 96
  Commandes: Tél.: 02 38 32 71 00
  Télécopieur: 02 38 32 71 28

- Pour la Suisse:
  VIVENDI UNIVERSAL PUBLISHING SERVICES SUISSE
  Case postale 69 - 1701 Fribourg - Suisse
  Tél.: (41-26) 460-80-60
  Télécopieur: (41-26) 460-80-68
  Internet: www.havas.ch
  Email: office@havas.ch
  DISTRIBUTION: OLF SA
  Z.I. 3, Corminbœuf
  Case postale 1061
  CH-1701 FRIBOURG
  Commandes: Tél.: (41-26) 467-53-33
  Télécopieur: (41-26) 467-54-66

- Pour la Belgique et le Luxembourg:
  VIVENDI UNIVERSAL PUBLISHING SERVICES BENELUX
  Boulevard de l'Europe 117
  B-1301 Wavre
  Tél.: (010) 42-03-20
  Télécopieur: (010) 41-20-24
  http://www.vups.be
  Email: info@vups.be

Pour en savoir davantage sur nos publications,
visitez notre site: **www.edhomme.com**
Autres sites à visiter: www.edjour.com • www.edtypo.com
www.edvlb.com • www.edhexagone.com •
www.edutilis.com

JACQUES ORHON

Le nouveau guide des

vins d'Italie

Nouvelle édition
entièrement revue et augmentée

LES ÉDITIONS DE L'HOMME

TABLE DES MATIÈRES

REMERCIEMENTS

Aux remerciements adressés à l'occasion de la sortie de mon premier livre sur les vins d'Italie, je me dois d'ajouter ou de répéter les noms des personnes qui m'ont aidé et soutenu d'une façon ou d'une autre pendant les deux longues années qu'ont duré mes recherches pour celui-ci.

De tout cœur, je veux remercier Natalia Montaruli, qui fut la première à m'ouvrir les portes des caves de la péninsule italienne, Alyne Carmeline Russo qui m'a épaulé tout particulièrement, Dominique-Ann Coffin, Lise Dupont et Claude Fortier, Jacques Bélec, Alain Brunelle, Luc Desroches, Robert Farèse, Sylvain Gagnon, Erwan Pors, Daniel Renaud, Yves Saint-Amour, François Sylvestre et les sociétés Bergeron-Les-Vins, Focus Cellars, Italvine et Univins, ainsi que l'Office italien du tourisme à Toronto.

Je veux aussi souligner le soutien de Sergio La Verghetta, délégué commercial, et de Giuseppe Manenti, Iula Casale, Mariella Di Pietro et Fausta Mallozzi, de la Délégation commerciale d'Italie à Montréal. Je ne saurais oublier le travail de Philippe d'Anjou et de François Raby, ainsi que l'aide complice de Jean-Guy Ricard, l'homme qui déniche des livres d'exception.

De nombreuses personnes, en Italie, m'ont également assuré de leur aide en me recevant chaleureusement et en me fournissant une documentation précieuse ainsi que les nombreux clichés qui agrémentent joliment cet ouvrage. Je veux donc remercier, pour leur support technique exceptionnel, Silvana Lilli, responsable de l'édition et des publications à Enoteca Italiana, Giuseppe Vaccarini, président de l'ASI (Association de la sommellerie internationale) et de l'AIS (Associazione italiana sommeliers), ainsi que Franco Giacosa, directeur technique de la maison Zonin.

Du Piémont à la Sicile, en passant par les autres régions vinicoles italiennes, mes remerciements vont à Alessandra Boscaini, Dora Stopazzolo, Tiziana Ravanelli et Alessandra Vallenari (Masi), Josè Rallo (Donnafugata), Silva Russo Brugneri et la famille d'Umberto Cesari, Alma Torretta et la famille Tasca d'Almerita, Alessandra Zanchi, Roberto Anselmi, Massimo Bellina, Dario et Sandro Boscaini, Gianfranco Campione, Arnaldo Caprai, Tino Colla, Alessio di Majo Norante, Martin Foradori, Primo Franco, Claudio Introini, Alois Lageder, Fausto Maculan, Jacopo Pezzi, Francesco Ricasoli, Riccardo

Une partie des caves à l'Azienda agricola Livon.

Tedeschi, Gianluca Telloli et Aldo Vajra. Sans oublier Badia a Coltibuono, Carlo Botter, la Fattoria Nittardi, Fratelli Pighin, Cavicchioli, Livon, Marco Felluga, Mastroberardino et Umani Ronchi.

Je tiens à souligner la précieuse collaboration de Giuseppe Martelli, directeur de l'Association italienne des œnologues, Ezio Rivella et Davide Gaeta, respectivement président et délégué de Unione Italiani Vini.

J'adresse aussi de sincères remerciements à Luigi Veronelli, pour sa préface, et à mon compagnon de tournage Francis Reddy. Leurs mots me sont allés droit au cœur et bien sûr, une mention spéciale à toute l'équipe des Éditions de l'Homme, que je remercie vivement.

Enfin, et ils le savent, je n'oublie pas Josiane, Julie et Jean-Nicolas, que j'embrasse affectueusement.

PRÉFACE[1]

En tant qu'Italien, c'est un plaisir et un honneur que de signer la préface d'un ouvrage de Jacques Orhon. Le grand poète italien Dante a écrit: «On dit que deux choses font de moi ton ami: la proximité et tes qualités propres; j'ajouterais que l'amitié est confirmée et agrandie par notre intérêt pour les mêmes études et par une fréquentation de longue date[2].» Si j'exclus la fréquentation de longue date – elle n'a malheureusement été que de courte durée –, c'est dans cet esprit et néanmoins par proximité – par affinités électives – et par ses qualités que je suis devenu pour lui un ami et un admirateur.

Ami, je le répète, parce qu'il a écrit une œuvre sur les vins d'Italie, que j'apprécie particulièrement, et admirateur pour la manière dont il l'a écrite. Dans ce livre où il décrit les vins de ma patrie – et la patrie est ce que l'on connaît et ce que l'on comprend le mieux je crois – j'ai en effet perçu sa grande culture et son application minutieuse à rendre la réalité. Qu'il me soit permis de le dire, c'est la première fois qu'on traite nos vins avec ce respect. Je devine la surprise des lecteurs, même les plus attentifs et les plus passionnés qui, en lisant cet ouvrage, découvriront le patrimoine œnologique italien.

Cette surprise est justifiée par deux faits incontestables, l'un regrettable, et l'autre, plutôt rassurant. Jusqu'à récemment, en Italie, on faisait le vin avec des techniques inappropriées à cause de l'influence d'une école œnologique et d'une production qui ne juraient que par les vins de masse. Aujourd'hui cette situation désolante est corrigée. En effet, par rapport à la France et au monde entier, l'Italie a maintenant d'innombrables cépages autochtones grâce à sa géographie qui passe des glaciers alpins aux terres embrasées de Lampedusa et de Pantelleria, face aux côtes de l'Afrique. Quand ces cépages sont cultivés avec tout le soin que l'on réserve par exemple au Nebbiolo, au Sangiovese, à l'Aglianico et aux cépages internationaux tels que le Chardonnay, le Cabernet sauvignon et le Merlot, ils donnent des vins extraordinaires, tant par la nouveauté que par la complexité et l'élégance.

Luigi Veronelli
Auteur et éditeur[3]

1. Traduit de l'italien par Alyne Carmeline Russo et adapté par Céline Bouchard.

2. Notre traduction.

3. Luigi Veronelli est un auteur et éditeur renommé. Grand spécialiste du vin italien, il a été un des premiers, dans son pays, à écrire des livres sur le sujet.

UN MOT DE FRANCIS REDDY

J'ai eu le bonheur de faire la rencontre de Jacques Orhon lorsque l'on m'a demandé de former une nouvelle équipe pour l'émission *Vins & Fromages*. Il est la première personne à m'avoir fait découvrir le monde du vin vu de l'intérieur. Voici ce que j'ai ressenti après tout juste quelques semaines passées à ses côtés. Par ses gestes, par ses paroles, par son écoute et par son désir constant d'apprendre, par ce réflexe spontané de toujours partager ses connaissances, par la qualité des relations humaines qu'il soigne avec tant de délicatesse et par l'admiration qu'il voue à tous ces vignerons qu'il rencontre, admiration qui se transforme en amitiés solides et indéfectibles, Jacques Orhon m'a enseigné ceci : 1) l'amitié n'a pas de prix, 2) le vin, c'est après tout du jus de raisin (eh oui !), 3) ceux qui créent ces jus de raisin à la manière d'artistes sont souvent des êtres exceptionnels, 4) le vin est rassembleur et n'a pas de frontières, 5) il ne faut s'encombrer d'aucun préjugé pour apprécier la beauté et l'immensité du monde viticole, 6) le vin appelle à la joie et à la fête, 7) comprendre l'élaboration d'un vin ne peut que mieux nous faire apprécier ses spécificités et 8) bien sûr la modération a meilleur goût, mais la simplicité aussi.

Jacques Orhon recherche toujours l'exactitude dans les mots, dans les noms et dans l'origine des cépages. Sans se lasser il interroge et prend des notes pour mieux transmettre par la suite le fruit de ses recherches. Il est à la fois éducateur et éternel étudiant.

Dans ce livre, Jacques rend hommage aux vins de l'Italie et à ses artisans, mais que la politesse lui soit ici rendue. Lors d'un voyage en Sicile, j'ai eu le privilège, pendant un repas magique où nous dégustions un couscous de poissons, d'être le témoin d'une conversation, toujours sous le signe de la bonne humeur, où le directeur d'une très grande *azienda agricola* essayait de prendre Jacques en défaut sur sa connaissance des vins italiens. Ce fut peine perdue et, à la fin du repas et non sans un certain dépit, cet homme dit à peu près ceci (avec l'accent et la gestuelle à l'italienne) : « Mais, cé n'est pas possiblé, Jacques, jé souis oune Italiane et jé connais beaucoup lé vin italiane. Toi tou connais toutté les réponses à mes questiones et, en plousse, tou m'apprends des choses qué jé né connais pas sour les vins d'Italie ! Cé n'est pas possiblé ! »

Il est vrai qu'il y a encore tant à apprendre sur les vins de ce pays, qui en est le plus grand producteur au monde. Mais mon petit doigt me dit que cet ouvrage deviendra une référence indispensable pour mieux connaître ces élixirs merveilleux qui nous viennent d'Italie et pour découvrir ceux et celles qui, sans relâche, insufflent une partie de leur être dans leur élaboration.

Je te remercie, Jacques, au nom de tous ceux qui te liront, d'être aussi généreux de ton savoir pour notre mieux-être.

FRANCIS REDDY
Comédien

AVANT-PROPOS

Neuf ans se sont écoulés entre la sortie de mon premier livre sur les vins d'Italie et cette édition complètement renouvelée. Pendant ce temps, le paysage viticole italien a bien changé, j'ai vieilli et j'ai beaucoup dégusté. J'ai également continué d'explorer ce grand vignoble qui me semble aussi magique que le premier jour où j'ai marché dans les vignes italiennes. C'était en Sicile, du côté de Palermo.

Au fil des ans et des rencontres, je n'ai cessé d'apprendre et j'ai tenté de percer quelques mystères de la viticulture et de l'œnologie de ce pays, qui ont progressé de manière significative dans certaines régions et beaucoup plus lentement ailleurs.

D'autre part, cette législation, que bien des amateurs ont du mal à décoder et que j'appelais il y a 10 ans un «désordre sympathique», n'a pas beaucoup changé. C'est un peu moins le désordre, c'est aussi sympathique, mais c'est encore complexe pour celui qui veut s'initier. Près d'une centaine d'appellations ont vu le jour depuis, et les Indications géographiques typiques (voir la section sur la législation, p. 16), qui en étaient alors à leurs premiers balbutiements, ont fleuri peu à peu l'univers des appellations italiennes.

Le temps était donc venu que je m'attelle à nouveau à cette tâche qui consistait à faire un peu d'ordre dans tout ça. En l'occurrence, cela consistait à répertorier les nouvelles DOC, à repérer les DOC transformées en DOCG, à traquer les IGT (surtout les plus significatives), à colliger dans des carnets de voyages ces notes de dégustation, des plus rigoureuses aux plus informelles. Il a fallu étudier chaque appellation et tous les changements que le gouvernement a apportés depuis lors par l'intermédiaire de son ministère de l'Agriculture. De décret en décret, de nombreux vins ont vu leurs règles de production changer, et cela parfois sensiblement.

Et puis, quel bonheur que de partager ces rencontres avec des hommes et des femmes qui croient passionnément au potentiel de leur terroir. Quel plaisir que celui de se souvenir d'une soirée passée autour d'une table bien garnie à découvrir en joyeuse compagnie des spécialités culinaires sublimées, il va de soi, par le cru de l'endroit.

Voilà pourquoi, de voyages en dégustations, de recherches en rencontres et de rencontres en voyages, je suis toujours sous le charme de ce pays que j'ai appris à mieux connaître. Ce pays magnifique, riche d'histoire et de culture, et dont le peuple, chaleureux et spontané, est aussi attachant qu'il est sensible aux belles choses.

Malgré ses traditions ancestrales, son expérience séculaire et sa position de premier producteur au monde, on pourrait dire que le vignoble italien cherchait depuis les années quatre-vingt à mieux définir sa spécificité. Elle l'a fait avec des meneurs et des chefs de file, des agronomes, des œnologues et des propriétaires de tout poil souvent traités d'idéalistes, de rêveurs ou de joyeux hurluberlus, mais reconnus depuis quelques années comme des visionnaires.

Dans ce monde de la terre où l'attachement aux traditions empêche parfois d'aller de l'avant, de faire des projets ou de modifier ce qui est acquis – comme si c'était un crime de ne plus faire comme papa ou grand-papa (surtout en Italie) –, un changement de mentalité s'imposait. Et c'est ce qui a été accompli peu à peu dans bon nombre de régions depuis 10 ans.

Les producteurs ont persisté, en continuant à moderniser leurs installations et en remettant en question leur approche œnologique et certaines pratiques de vinification et d'élevage du vin. Ils ont balayé certaines valeurs faussement entretenues, le plus souvent pour des raisons pratiques, économiques et... politiques. Les maisons les plus sérieuses travaillent actuellement sur le choix de clones mieux adaptés à la nature de chaque terroir dans le but d'élaborer des vins qui correspondent davantage aux attentes des œnophiles d'aujourd'hui – des vins moins lourds et dotés de tanins mûrs et bien enrobés pour les rouges, et des vins plus nets, frais et tout en fruit pour les blancs.

Il reste encore du travail à faire, mais l'Italie n'est pas le seul pays viticole dans ce cas. Il est vrai que certains rendements sont toujours exagérés et que plusieurs règles sont encore bien laxistes. Et que dire des prix qui s'envolent parfois beaucoup trop haut ? Mais il est manifeste qu'on ne pourra jamais comparer le potentiel viticole de la Toscane avec celui du Molise. Il y a un monde entre un Cabernet frioulan et un Gaglioppo calabrais. Et c'est tout à fait normal puisque les réalités économiques, culturelles et naturelles (climat, sol, etc.) de ces deux régions sont si disparates qu'on ne peut demander à l'une de faire à tout prix comme l'autre. Il serait d'ailleurs ridicule et dommage de vouloir tout uniformiser au nom du sacro-saint rapport qualité-prix. Respecter les différences, n'est-ce pas là savoir apprécier un pays ?

C'est donc en toute impartialité et sans complaisance que j'essaie d'analyser ce qui se produit et ce qui a changé dans chacune des régions viticoles. Dans cet ouvrage, je fais parfois preuve d'esprit critique ou d'enthousiasme, mais je livre mes impressions le plus objectivement possible. C'est pourquoi j'ai essayé d'apporter avec beaucoup de minutie l'information technique et autres détails pratiques mis à ma disposition dans le but de vous faire mieux comprendre et apprécier les vins italiens.

J'ose toutefois espérer que le flot d'éléments contenus dans ce livre n'occultera pas la raison principale de ma démarche – vous aider à discerner le bon du moins bien et à nuancer vos choix pour plus de plaisir. Celui d'ouvrir en souriant une bonne bouteille, de verser le précieux nectar dans de jolis verres, de goûter, de partager puis de regarder briller les yeux de vos amis. Car il ne faut surtout pas prendre tout cela trop au sérieux. Je me permets, à l'occasion, de rappeler à des personnes qui se posent parfois trop de questions, qu'il ne faut jamais oublier que même le plus grand vin de la terre – s'il existe – demeure une boisson, aussi noble soit-elle, issue d'un jus de raisin fermenté. Le contact avec les vignerons nous conduit à plus de retenue et de simplicité dans nos analyses et nos perceptions. Et c'est très bien ainsi. Car le vin, s'il nous permet de voyager et de nous cultiver, est véritablement universel, et il existe avant tout pour le rapprochement entre les hommes, dans la joie, la tolérance et le respect.

C'est dans cet esprit que je vous invite à parcourir avec moi les chemins de ce vignoble coloré et profondément humain.

Allora, avanti, grazie e salute!

Un des grands plaisirs du vin, à mes yeux, est la rencontre avec ceux qui le font. Ici, avec le comte Pieralvise Serègo Alighieri, descendant du poète Durante Alighieri, dit Dante, auteur de La Divine Comédie.

LA LÉGISLATION

L'Italie viticole, qui avait une réglementation ressemblant de près, à certains égards, à celle qui prévaut en France depuis 1935, a vu sa lourde législation changer sensiblement depuis les 10 dernières années. Conscients des difficultés de leur vignoble, les Italiens étaient passés à l'action en 1992. Les vins italiens souffraient de la réputation qui leur était accolée et selon laquelle la quantité avait pris le dessus sur la qualité. Sensibles aussi à la concurrence internationale (pas seulement de la France, mais aussi de l'Espagne, des pays d'Europe centrale, de la Californie, du Chili et de l'Australie), les responsables gouvernementaux, aidés en cela par des producteurs consciencieux et des techniciens avertis, avaient misé sur la qualité et mis au point, pour y parvenir, une nouvelle législation.

Depuis 1995, de nombreux décrets ont été amendés et de nouvelles règles ont vu le jour à l'occasion de la création des appellations les plus récentes.

Le classement des vins italiens[4]

La pyramide

En schématisant, on peut dire que les vins italiens sont répartis en trois grandes catégories, représentées dans ce livre par une pyramide. À la base se trouvent les vins de table ou *Vini da Tavola*, qui représentent 50 % de la production totale. Dans la partie centrale sont réunis les

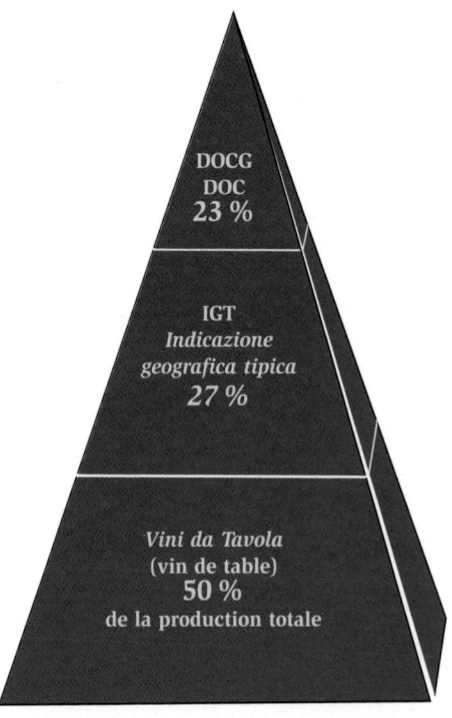

4. Ce texte est en partie inspiré d'un document rédigé et présenté par M. Giuseppe Martelli, directeur général de l'Association des œnologues et des techniciens vinicoles italiens, avec la collaboration de l'Assoœnologi et de la Délégation commerciale d'Italie à Montréal.

vins à *Indicazione Geografica Tipica* (IGT). Il y en a plus de 110 à l'heure actuelle, et ils constituent 27 % de la production. Au sommet du classement se trouvent les *Denominazione di Origine Controllata* (DOC) – plus de 300 actuellement – et les *Denominazione di Origine Controllata e Garantita* (DOCG) – au nombre de 24, selon les derniers chiffres, et regroupées par l'Union européenne sous le nom Vins de qualité produits dans une région déterminée (VQPRD). Cette catégorie, qui représente 23 % de la production italienne, est en pleine croissance, car il y a tout juste 5 ans, elle ne constituait que 16 % de la production.

Vino da Tavola – *Vin de table*

Dans la pratique, quand on voit sur une étiquette *Vino da Tavola bianco* ou *Vino da Tavola rosso*, cela signifie que ce produit est issu de raisins blancs ou rouges, sans aucune indication de provenance. Ces vins sont élaborés avec des cépages recommandés ou autorisés. Ils présentent une teneur en alcool non inférieure à 9 % et non supérieure à 15 %, et une acidité totale exprimée en acide tartrique non inférieure à 4,5 g par litre.

Dans la zone viticole du sud de l'Italie cependant – Pouilles, Basilicate, Calabre, Sicile et Sardaigne –, il est possible de produire des vins de table titrant jusqu'à 17 % d'alcool au volume, dans la mesure où les vignobles sont situés à une altitude inférieure à 600 m et que les vins ne contiennent pas plus de 5 g de sucre résiduel par litre.

Les vins de table sont, dans la majorité des cas, des produits anonymes élaborés à partir de raisins cultivés sur tout le territoire national et dont l'étiquette ne peut comporter la zone de production, le nom du vignoble et le millésime. Les vins de table ne sont contrôlés ni sur le plan quantitatif ni sur le plan qualitatif ; l'unique garantie n'est donc donnée, le cas échéant, que par la cave productrice.

Indicazione Geografica Tipica – *Indication géographique typique (IGT)*

À l'image des Vins de Pays français, les vins à *Indicazione Geografica Tipica* représentent une catégorie non négligeable instituée au début des années quatre-vingt-dix, mais qui a véritablement pris son envol en 1995. Elle a permis à de nombreux *Vini da Tavola* d'excellente qualité de se réclamer d'une origine précise, sans être astreints aux règles plus rigides de l'appellation contrôlée.

Les vins à IGT proviennent d'une zone délimitée et correspondent à des paramètres spécifiés dans un décret précis. Mais ce qu'il ne faut pas négliger, c'est la différence entre les vins de table, dont les raisins peuvent provenir de n'importe où en Italie, et les vins IGT, dont les raisins doivent provenir à 85 % au moins de la zone spécifiée. Si, par exemple, l'étiquette indique *Merlot del Veneto – Indicazione Geografica Tipica*, cela veut dire que le vin est produit avec au moins 85 % de Merlot produit dans la région de la Vénétie. Les vins à IGT sont contrôlés tant sur le plan de la quantité que sur celui de la qualité. À part le Val d'Aoste et le Piémont, toutes les régions d'Italie produisent des vins dans cette catégorie ; la Toscane, la Vénétie et la Sicile avec beaucoup de succès.

L'IGT représente un intérêt évident pour le producteur, car celui-ci peut employer à sa guise les cépages de son choix. Paradoxalement, si les quotas de production permis sont plus élevés et les conditions de culture et de vinification plus faciles, les maisons qui élaborent ces vins leur apportent un soin jaloux afin d'atteindre un standard de qualité élevé.

Denominazione di Origine Controllata – ***Dénomination d'origine contrôlée (DOC)***

Les mots *Denominazione di Origine Controllata* (pour appellation d'origine contrôlée) inscrits sur l'étiquette indiquent que le vin est élaboré dans une zone délimitée et que ses caractéristiques chimiques et organoleptiques rencontrent certaines normes. En pratique, les étapes de la production du vin, de la vigne jusqu'à la bouteille, doivent répondre aux critères de la législation italienne.

Les caractéristiques chimiques (extrait sec, acidité totale, etc.) et organoleptiques (couleur, odeur, saveur) doivent être conformes aux paramètres indiqués dans la réglementation de production. Ceux-ci s'appliquent entre autres au choix des cépages (obligatoires, autorisés ou recommandés), au rendement maximal de raisin à l'hectare, au rendement issu de la transformation du raisin en vin, au pourcentage d'alcool par volume (potentiel et acquis), aux conditions de vinification, d'élevage et de vieillissement, à la mise en bouteille et à l'habillage, etc.

Les vins à DOC sont contrôlés non seulement en termes de quantité, mais aussi en termes de qualité. Avant d'être mis sur le marché, ils doivent être certifiés au moyen d'une analyse chimique, physique et organoleptique. Cette dernière est conduite par des commissions de dégustation spéciales constituées auprès de chaque chambre de commerce du territoire en question.

Les vins à DOC peuvent aussi être embouteillés à l'extérieur de la région et à l'étranger, à condition que cela soit permis par la législation en question.

Denominazone di Origine Controllata e Garantita – ***Dénomination d'origine contrôlée et garantie (DOCG)***

Quand les mots Denominazione di Origine Controllata e Garantita apparaissent sur l'étiquette, cela veut dire qu'en plus de tout ce qui est prévu pour les DOC, le produit doit aussi être soumis aux règles supplémentaires suivantes.

• La DOCG est réservée exclusivement aux vins d'une certaine qualité qui sont reconnus après avoir subi une série d'enquêtes, de vérifications et de contrôles sur les lieux de production. En outre, pour obtenir la DOCG, un vin doit avoir au moins cinq ans d'existence en tant que DOC.

• La commercialisation ne doit se faire qu'en bouteille et dans des contenants de moins de cinq litres (les vins DOC peuvent être vendus en vrac).

• Chaque bouteille doit être accompagnée d'une vignette de l'État émise par la République italienne et destinée à garantir la mise en bouteille et l'étiquetage. Les vignettes sont délivrées aux embouteilleurs sur la base des déclarations de production. Cette disposition n'existe pas pour les DOC.

• Les vins à DOCG sont obligatoirement soumis à deux examens organoleptiques (dégustations par des commissions officielles). Pour les DOC, il n'y a qu'un seul contrôle organoleptique.

Réglementation commune aux DOC et DOCG (VQPRD)[5]

En ce qui concerne la réglementation générale de reconnaissance, de production et d'étiquetage des vins à DOC et à DOCG, les mêmes normes sont appliquées, mais l'officialisation d'une DOCG est toujours subordonnée à un classement DOC déjà existant.

Selon la Loi n° 164192 de la République italienne, les terroirs concernés par la DOC et la DOCG doivent être inscrits dans un registre appelé *Tableau des vignobles*, contrairement aux IGT, dont les vignobles se trouvent dans une simple liste. Les *Tableaux des vignobles* sont établis et déposés auprès de la chambre de commerce de la circonscription territoriale où a été émise la DOC ou la DOCG. Ces listes sont publiques et peuvent être consultées par tous les citoyens intéressés. La chambre de commerce, sur la base de la déclaration qui a été faite, émet aux propriétaires un reçu qui précise la production de raisin. Ce reçu doit être présenté aux acheteurs éventuels et joint aux registres des caves.

Il faut rappeler à ce sujet qu'en cas de dépassement de 20 % des rendements permis, toute la production perd le droit à l'appellation d'origine. En revanche, dans le cas où le dépassement du quota est inférieur à 20 %, la production peut être ramenée à l'intérieur du rendement autorisé par tri des raisins.

Des lieux-dits, ou microzones, même s'ils coïncident avec le domaine d'un seul propriétaire, peuvent exceptionnellement être reconnus comme des sous-régions, quand le produit est de haute qualité et contribue à la promotion des vins italiens à l'étranger. Le nom d'un lieu-dit doit être utilisé indépendamment de l'appellation d'origine. En somme, cette disposition est une reconnaissance officielle de la notion de cru, même si cette terminologie n'est pas applicable en Italie.

Les sous-régions historiques qui ont servi à l'origine de la dénomination et qui portent actuellement la mention Classico obtiennent cette reconnaissance spéciale.

5. Je suggère au lecteur de se référer au glossaire pour comprendre tous les termes que l'on trouve sur les étiquettes.

COMMENT INTERPRÉTER CHAQUE FICHE

Pour chaque appellation (DOC ou DOCG), j'ai écrit un texte de présentation plus ou moins long, en fonction de l'importance du vin concerné. J'insiste souvent sur l'aspect géographique afin de bien le situer, mais j'ai aussi voulu laisser une place à l'histoire, à l'anecdote, à mes rencontres avec ceux qui font le vin et aux expériences que j'ai eu le plaisir de faire sur le terrain.

D'autre part, des constatations personnelles ainsi que des éléments écologiques (sols, climat, situations particulières, etc.) et œnologiques (vinifications, élevage et vieillissement du vin, etc.) précisent parfois certains traits de caractère du vin ou l'origine de la dénomination. Bien entendu, j'essaie aussi de rendre compte des changements significatifs qui ont été apportés aux décrets officiels et autres éléments de la législation viticole italienne.

Enfin, vous trouverez des cartes viticoles qui, sans prétendre donner les renseignements que seul un bon atlas peut offrir, se veulent claires, précises et sans détails superflus, afin de vous permettre de mieux vous y retrouver. À ce sujet, je tiens à souligner la précieuse collaboration de l'Association italienne des sommeliers (AIS), qui m'a autorisé à publier ces cartes de grande qualité.

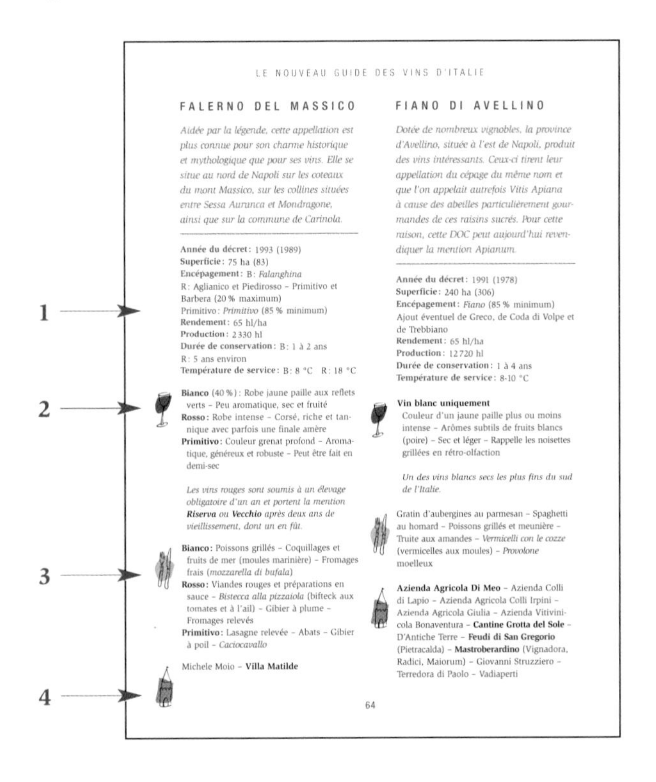

LE NOUVEAU GUIDE DES VINS D'ITALIE

FALERNO DEL MASSICO

Aidée par la légende, cette appellation est plus connue pour son charme historique et mythologique que pour ses vins. Elle se situe au nord de Napoli sur les coteaux du mont Massico, sur les collines situées entre Sessa Aurunca et Mondragone, ainsi que sur la commune de Carinola.

1
Année du décret: 1993 (1989)
Superficie: 75 ha (83)
Encépagement: B: *Falanghina*
R: Aglianico et Piedirosso – Primitivo et Barbera (20 % maximum)
Primitivo: *Primitivo* (85 % minimum)
Rendement: 65 hl/ha
Production: 2 330 hl
Durée de conservation: B: 1 à 2 ans
R: 5 ans environ
Température de service: B: 8 °C R: 18 °C

2
Bianco (40 %): Robe jaune paille aux reflets verts – Peu aromatique, sec et fruité
Rosso: Robe intense – Corsé, riche et tannique avec parfois une finale amère
Primitivo: Couleur grenat profond – Aromatique, généreux et robuste – Peut être fait en demi-sec

Les vins rouges sont soumis à un élevage obligatoire d'un an et portent la mention ***Riserva*** *ou* ***Vecchio*** *après deux ans de vieillissement, dont un en fût.*

3
Bianco: Poissons grillés – Coquillages et fruits de mer (moules marinière) – Fromages frais (*mozzarella di bufala*)
Rosso: Viandes rouges et préparations en sauce – *Bistecca alla pizzaiola* (bifteck aux tomates et à l'ail) – Gibier à plume – Fromages relevés
Primitivo: Lasagne relevée – Abats – Gibier à poil – *Caciocavallo*

4
Michele Moio – **Villa Matilde**

FIANO DI AVELLINO

Dotée de nombreux vignobles, la province d'Avellino, située à l'est de Napoli, produit des vins intéressants. Ceux-ci tirent leur appellation du cépage du même nom et que l'on appelait autrefois Vitis Apiana à cause des abeilles particulièrement gourmandes de ces raisins sucrés. Pour cette raison, cette DOC peut aujourd'hui revendiquer la mention Apianum.

Année du décret: 1991 (1978)
Superficie: 240 ha (306)
Encépagement: *Fiano* (85 % minimum)
Ajout éventuel de Greco, de Coda di Volpe et de Trebbiano
Rendement: 65 hl/ha
Production: 12 720 hl
Durée de conservation: 1 à 4 ans
Température de service: 8-10 °C

Vin blanc uniquement
Couleur d'un jaune paille plus ou moins intense – Arômes subtils de fruits blancs (poire) – Sec et léger – Rappelle les noisettes grillées en rétro-olfaction

Un des vins blancs secs les plus fins du sud de l'Italie.

Gratin d'aubergines au parmesan – Spaghetti au homard – Poissons grillés et meunière – Truite aux amandes – *Vermicelli con le cozze* (vermicelles aux moules) – *Provolone* moelleux

Azienda Agricola Di Meo – Azienda Colli di Lapio – Azienda Agricola Colli Irpini – Azienda Agricola Giulia – Azienda Vitivinicola Bonaventura – **Cantine Grotta del Sole** – D'Antiche Terre – **Feudi di San Gregorio** (Pietracalda) – **Mastroberardino** (Vignadora, Radici, Maiorum) – Giovanni Struzziero – Terredora di Paolo – Vadiaperti

64

1- La fiche technique

L'année du décret

Il s'agit en quelque sorte de l'année de naissance du vin, c'est-à-dire celle au cours de laquelle le vin a été officiellement reconnu et déclaré *Denominazione di Origine Controllata* ou *Denominazione di Origine Controllata e Garantita*. On remarquera que lorsque deux années apparaissent, ce qui est fréquent, celle placée entre parenthèses correspond à la première date de l'accession à l'appellation. L'autre est plus récente et est très importante, car c'est habituellement dans le dernier décret que des changements significatifs ont été apportés. Pour les DOCG, j'ai également indiqué l'année de reconnaissance en DOC.

Soit dit en passant, ce livre pourrait être mis à jour en tout temps, puisque les autorités italiennes ont tendance à décréter régulièrement de nouvelles dénominations.

La superficie

La superficie dont il est question est l'aire de production cultivée en vue de l'obtention de la dénomination d'origine. En fait, pour être précis, j'indique d'abord la surface qui a été déclarée en l'an 2000, puis, entre parenthèses, la surface autorisée. On remarquera qu'il existe souvent un écart important entre les deux données. Cela s'explique d'abord par le fait que les superficies autorisées ne sont pas toutes cultivées, mais aussi par le fait que l'on produit des *Vini da Tavola* (vins de table) et de plus en plus de vins à *Indicazione Geografica Typica* (IGT) à l'intérieur même des zones réservées aux appellations.

Comme partout ailleurs, l'hectare est la mesure communément employée. Elle correspond à 10 000 m^2 (107 600 pi^2).

L'encépagement

Sans raisin, point de vin! Aussi ai-je indiqué les cépages autorisés par la législation, en précisant les pourcentages (minimum ou maximum) pour chacun d'eux. Habituellement, je souligne les plus importants en utilisant l'italique. Pour éviter des répétitions inutiles, je n'ai pas cru bon de préciser les noms des clones et des sous-variétés, détails qui apporteraient somme toute peu à mon propos. Par exemple, en Toscane, le Trebbiano est appelé le Trebbiano toscano. L'important est plutôt de savoir que le cépage Trebbiano est utilisé. En revanche, j'insiste assez souvent sur la synonymie, car celle-ci n'est pas négligeable puisque lorsqu'on va sur le terrain, les vignerons utilisent l'expression locale et il est bon d'en connaître la «traduction».

Par ailleurs, pour comprendre le caractère spécifique d'un vin, il faut en connaître la matière première, c'est-à-dire ce qui fait la personnalité ou l'originalité du ou des cépages dont elle est issue. À cette fin, on peut consulter le chapitre intitulé Vingt-cinq cépages à la loupe.

Le rendement

Le rendement équivaut au quota de production fixé par la loi. En Italie cependant, le système est complexe puisque le maximum permis par hectare s'applique autant au raisin (en quintaux) qu'au volume du vin qui en résulte (en hectolitres). Par exemple, le maximum de raisin en poids par hectare permis pour la DOCG Barolo est de 80 quintaux, c'est-à-dire 80 fois 100 kg, donc 8 000 kg ou 8 tonnes. Le rendement maximal du raisin en vin étant de 65 %, un coefficient imposé et décrété par la loi, le rendement de base du Barolo est donc de 80 fois 65, ou 52 hl/ha. Vous faisant grâce de tous ces savants calculs, j'ai indiqué directement le rendement en hectolitres.

L'objectif de cette subtilité de la législation viticole italienne est de contrôler la qualité des vins par la quantité de jus tiré du raisin. Cela est très louable mais, même si de nombreux rendements ont en effet été abaissés dans les derniers décrets, on se pose encore des questions en voyant les chiffres osciller entre 40 et 140 quintaux. Et puis ce chiffre peut encore être modifié chaque année, selon la qualité et la quantité de la récolte.

Sachant que la qualité d'un vin est généralement proportionnelle à la quantité de jus tiré du raisin, il est aisé de deviner que les producteurs consciencieux et désireux de faire des vins de qualité s'en tiennent heureusement à des rendements plus bas que ceux qui sont permis par la loi. Mais rentabilité (à court terme) oblige, tout le monde ne suit pas cet exemple, et c'est pourquoi il faut être vigilant.

La production

La production du vin variant d'une année à l'autre, en termes de quantité, j'ai préféré indiquer ici les chiffres d'une seule année, en l'occurrence 2000. On pourra cependant consulter, à la fin du livre, un tableau récapitulatif dans lequel j'ai indiqué les chiffres de production, région par région.

La durée de conservation

Les vins susceptibles de vieillir très longtemps constituent en fait une minorité. Ces durées ne sont donc mentionnées qu'à titre indicatif, puisqu'elles varient en fonction du cru et du millésime, mais aussi, oserais-je dire, de l'approche œnologique du producteur et beaucoup des conditions d'entreposage des vins. Lorsque les conditions idéales sont réunies, la durée de conservation peut être augmentée. Il est généralement préférable de boire les vins ayant un potentiel de vieillissement limité lorsqu'ils sont jeunes, c'est-à-dire dans les mois qui suivent l'achat dans le commerce.

La température de service

Pour apprécier le vin à sa juste valeur, il est important de respecter la température de service. Tous les vins blancs ne sont pas forcément servis très froids, ni les rouges toujours chambrés. Habituellement, les vins rouges jeunes et légers sont servis plus frais que les vins rouges vieux et souvent généreux qui demandent une température plus élevée. Je tiens cependant à porter à votre attention que la température que l'on ressent n'est pas toujours ce que l'on croit. Faites l'expérience avec un thermomètre et interrogez vos amis sur la température de service lors de la dégustation. Vous découvrirez que peu de gens ont un bon «compas thermique», si je puis dire...

Je suggère en tout cas de servir le vin plus froid que chaud, la température ambiante se chargera du reste. Pour cela, tremper sa bouteille dans un seau d'eau très fraîche mais sans glaçons reste encore, à mon avis, l'approche idéale, quand c'est nécessaire. Depuis quelques années, les Italiens (surtout les professionnels) ont consenti à servir leurs vins rouges plus frais, mais il est encore difficile d'obtenir un seau à glace dans les restaurants du pays.

Quant au vin blanc, le réfrigérateur est toujours bien pratique, mais attention de ne pas en abuser, car servir un grand vin blanc trop froid camoufle ses qualités autant que ses défauts...

Enfin, je conseille fortement l'utilisation de la carafe pour les rouges comme pour les blancs. Non pas pour décanter et éliminer des dépôts qui souvent n'existent pas, mais pour aérer le vin, pour faire disparaître des odeurs parfois indésirables et exacerber les arômes tant attendus. L'idée de faire «respirer» le vin en ouvrant la bouteille reste un mythe sympathique mais pas vraiment efficace.

Attention cependant à la carafe pour les vieux vins! Il faut en user parcimonieusement, car une trop longue aération pourrait faire disparaître le peu de bouquet qui s'était caché dans le vénérable flacon.

2- Les caractéristiques

Les renseignements décrivent ici l'aspect général mais néanmoins nuancé des diverses appellations. Si elles sont le reflet fidèle de nombreuses dégustations, elles veulent cependant traduire, par un langage simple, la personnalité et la typicité de «vins de bonnes maisons, dans de bonnes années».

Vous trouverez presque systématiquement, dans l'ordre, l'aspect visuel (la robe ou la couleur), l'aspect olfactif (arômes décrits par analogie, donc rappelant des odeurs familières telles que les fruits, les fleurs, etc.) et enfin l'aspect gustatif. Pour mieux apprivoiser ce langage de la dégustation parfois un peu hermétique, je vous recommande de consulter le glossaire qui se trouve à la fin de ce livre.

Les pourcentages apparaissant sous cette rubrique servent à indiquer la proportion d'une couleur par rapport à une autre.

À propos des vins rouges, on a l'habitude, en Italie, de faire des vins secs et des vins doux. Lorsque je ne le spécifie pas, c'est qu'il s'agit automatiquement d'un vin sec, un type de vin auquel nous sommes habitués, un vin dans lequel il ne reste pratiquement plus de sucre résiduel. À l'inverse, lorsqu'il s'agit d'un vin rouge doux, je le souligne expressément.

La législation vitivinicole italienne étant très complexe, j'ai décidé d'utiliser les italiques et les gras pour souligner des points importants. C'est ainsi que beaucoup de précisions (durées d'élevage ou de vieillissement du vin avant sa commercialisation, cépages dominants et autres détails) sont indiquées en italique. Quant à certains termes spécifiques (Riserva, Superiore, Passito, etc.), je les indique en gras.

Enfin, considérant son intérêt moindre en fonction de sa qualité et de sa disponibilité, j'ai volontairement omis la caractéristique Novello (vin nouveau), qui peut s'appliquer à de nombreux vins de ce pays.

3- Les mets suggérés

L'art d'harmoniser les vins et les mets étant relativement complexe et comportant une grande part de subjectivité, ces conseils servent avant tout à guider le consommateur de façon générale et précise à la fois.

De nombreuses expériences ayant été faites à ce sujet, d'excellentes réalisations culinaires sont parfois proposées et indiquées entre parenthèses, mais il est facile de substituer des plats ou des vins, dans la mesure où ils ont des caractères similaires.

Autant je n'ai pas insisté ou donné de suggestions pour certains vins difficiles à trouver parce qu'ils sont rares (peu produits ou peu exportés), autant j'ai voulu proposer avec d'autres vins des mets, disons, internationaux et des spécialités italiennes (en italique) qui vous combleront à coup sûr. Vous les trouverez au restaurant, ou encore chez un ami d'origine italienne. Peut-être aussi que vos talents naturels de cordon bleu vous permettront de les réaliser à la maison, sans détour, pour le plaisir de vos invités.

4- Les producteurs

J'ai réuni sous la rubrique des producteurs les maisons, le plus souvent des propriétés mais parfois des caves coopératives réputées, reconnues pour la qualité de leur production.

Mes années d'enseignement en sommellerie, ma collaboration à divers magazines, mes nombreux déplacements en Italie, chez les producteurs, ainsi que ma présence au sein de jurys lors d'événements majeurs me permettent de déguster continuellement, de découvrir et de redécouvrir les vins afin de pouvoir les comparer et les évaluer. Mais tout cela me permet aussi de réaliser que ce n'est jamais fini et qu'il y a toujours matière à apprendre.

Pour les appellations de grande importance, j'indique entre parenthèses, après le nom de la maison, un terme spécifique mentionné sur l'étiquette. Celui-ci correspond à une marque commerciale et plus souvent à un cru, à un lieu-dit ou à un vignoble plus précis.

Même si les caves coopératives (*cantina sociale* ou *cava cooperativa*) sont indiquées en fin de liste, les maisons sont présentées dans l'ordre alphabétique. Enfin, pour cette nouvelle édition, j'indique en caractères gras, parmi tous ces bons producteurs, ceux que je recommande particulièrement.

Les vins à Indication géographique typique (IGT)

À la fin de la plupart des régions, vous trouverez la liste officielle des Indications géographiques typiques ou IGT (voir la section sur la législation), ainsi qu'une liste de plusieurs cuvées que tout œnophile tente de se procurer. Les vins sont présentés dans l'ordre alphabétique, avec les cépages utilisés, une description organoleptique, le nom de l'IGT à laquelle ils appartiennent et le nom du producteur.

Les étiquettes

Présentes avant tout pour le plaisir des yeux, j'ai sélectionné quelques étiquettes afin de clore chacun des chapitres. Au-delà de sa dimension légale et de son caractère informatif, l'étiquette d'un vin est aussi une invitation au voyage.

Abréviations

ha :	hectare
hl :	hectolitre
dom. :	domaine
ch. :	château
R :	*rosso* (rouge)
B :	*bianco* (blanc)
Rs :	*rosato* (rosé)
S :	*spumante* (mousseux)
N.C. :	non connu

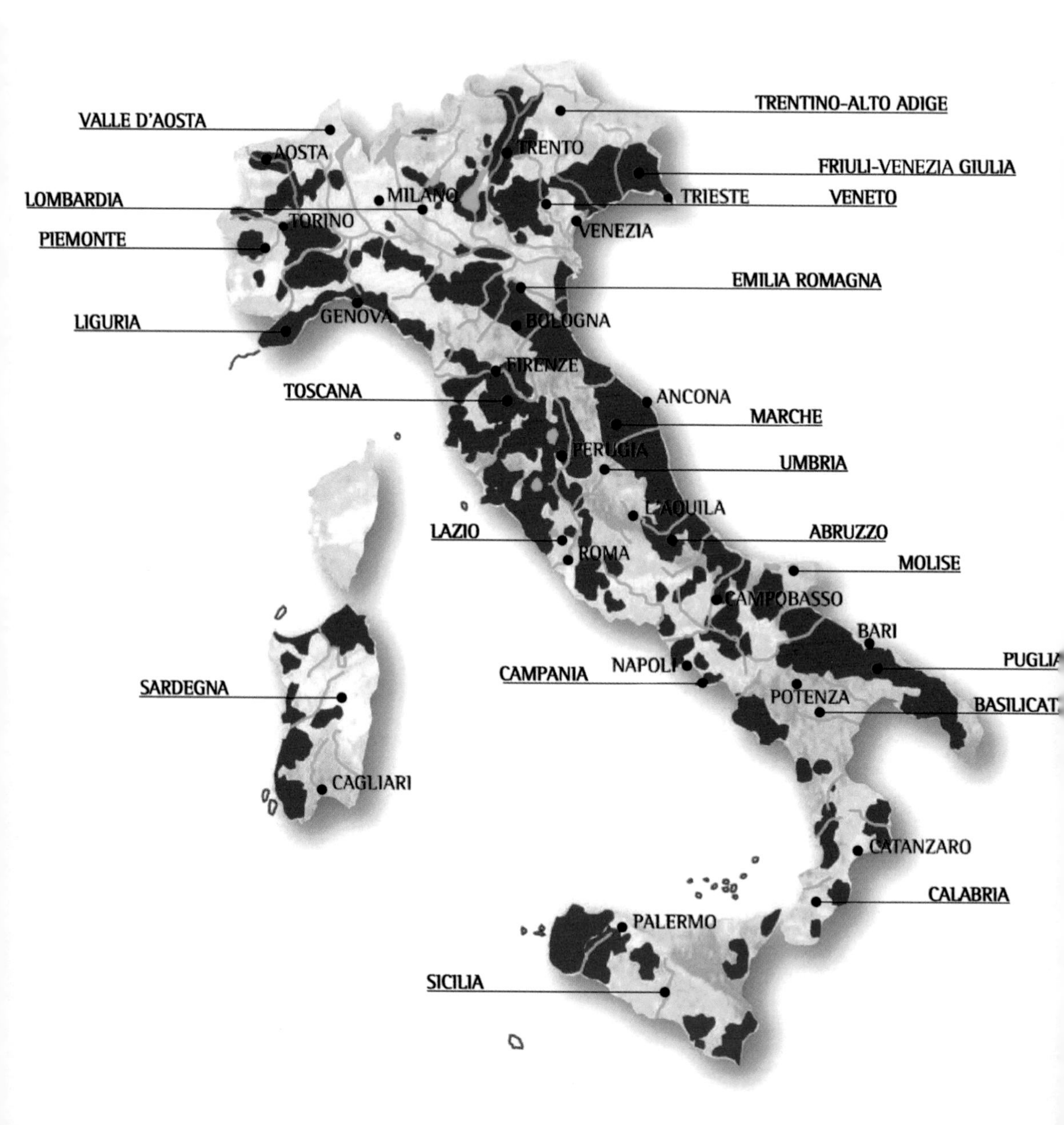
VALLE D'AOSTA
TRENTINO-ALTO ADIGE
AOSTA
TRENTO
FRIULI-VENEZIA GIULIA
LOMBARDIA
MILANO
TRIESTE
VENETO
TORINO
PIEMONTE
VENEZIA
EMILIA ROMAGNA
LIGURIA
GENOVA
BOLOGNA
FIRENZE
TOSCANA
ANCONA
MARCHE
PERUGIA
UMBRIA
L'AQUILA
LAZIO
ABRUZZO
ROMA
MOLISE
CAMPOBASSO
BARI
CAMPANIA
NAPOLI
PUGLIA
SARDEGNA
POTENZA
BASILICAT
CAGLIARI
CATANZARO
CALABRIA
PALERMO
SICILIA

A
I
S
ASSOCIAZIONE
ITALIANA
SOMMELIERS

ITALIA

L'Italie

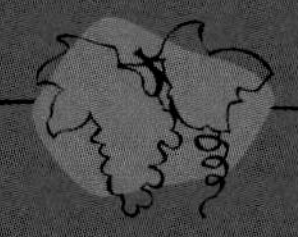

Contrairement à la plupart des pays viticoles, où seules certaines zones agricoles produisent du raisin pour la production de vin, toutes les régions de l'Italie, sans exception, se consacrent à la culture de la vigne. Bien sûr, on ne peut comparer l'importance viticole de la Basilicate avec celle du Piémont ou de la Toscane. Mais on comprend, à la lecture de cette carte, que le vin fait partie de l'environnement de tous les habitants de ce pays, qu'ils soient Calabrais, Sardes, Lombards ou Siciliens. Si on peut parfois déceler de nombreuses divergences (surtout politiques et économiques) entre les Italiens du nord et ceux du sud, il n'en demeure pas moins que le vin les réunit. Ce n'est pas par hasard si ce pays s'appelait autrefois Enotria.

Notes : Pour des raisons pratiques, je présente les 20 régions dans l'ordre alphabétique. Ces cartes sont publiées avec l'aimable autorisation de l'Associazione Italiana Sommeliers (AIS).

ABRUZZO

Les Abruzzes

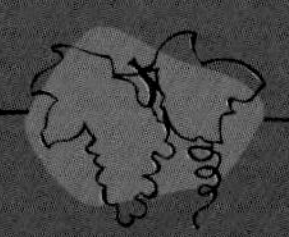

C'est dans la partie centrale de l'Italie, juste au sud des Marches, que se trouve cette région montagneuse naturellement délimitée à l'est par les Apennins et au sud par le Molise. Associées à cette dernière région jusqu'en 1963, sur le plan administratif, les Abruzzes connaissent aujourd'hui, le tourisme aidant, une certaine croissance économique qui leur faisait cruellement défaut auparavant.

L'histoire des Abruzzes se modela sur celle de l'Empire romain jusqu'à sa chute. Plus tard, le territoire fut intégré au royaume des Deux-Siciles, mais de nombreuses dynasties, principalement angevines et aragonaises, le contrôlèrent jusqu'au XVIe siècle. Puis les Espagnols, les Autrichiens et les Français s'y succédèrent avant que l'unification de l'Italie se réalise.

Quatre provinces, Teramo, Pescara, L'Aquila et Chieti, forment cette belle région très vallonnée, et le vignoble profite d'un microclimat tempéré à la fois par les montagnes et par l'Adriatique. Une excellente ventilation facilite la culture de la vigne qui se plaît, là aussi, dans des sols le plus souvent argilo-calcaires.

Le paysage est splendide et imposant par endroits avec ses massifs très élevés, dont le mont Corno qui culmine à environ 3 000 m.

Même si la viticulture accorde une place importante aux vins de table et de consommation (très) courante, trois appellations se partagent la production des vins de meilleure qualité. C'est pour elles que le Trebbiano (en blanc) et le Montepulciano (en rouge) sont les deux cépages les plus cultivés par des milliers de vignerons très souvent regroupés en caves coopératives, notamment dans la province de Chieti.

LES ABRUZZES EN BREF

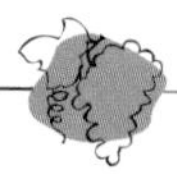

- 33 250 ha de vignes
- 14 700 ha en VQPRD*, dont 10 975 déclarés en l'an 2000
- 3 DOC
- 9 IGT : Alto Tirino, Colli Aprutini, Colli del Sangro, Colline Frentane, Colline Pescaresi, Colline Teatine, Del Vastese or Histonium, **Terre di Chieti,** Valle Peligna
- Des paysages magnifiques
- Deux cépages principaux : le Trebbiano et le Montepulciano
- Des vins simples et sans prétention
- C'est une région qui était associée à celle du Molise jusqu'en 1963, sur le plan administratif

* VQPRD : Vins de qualité produits dans une région déterminée (DOC + DOCG).

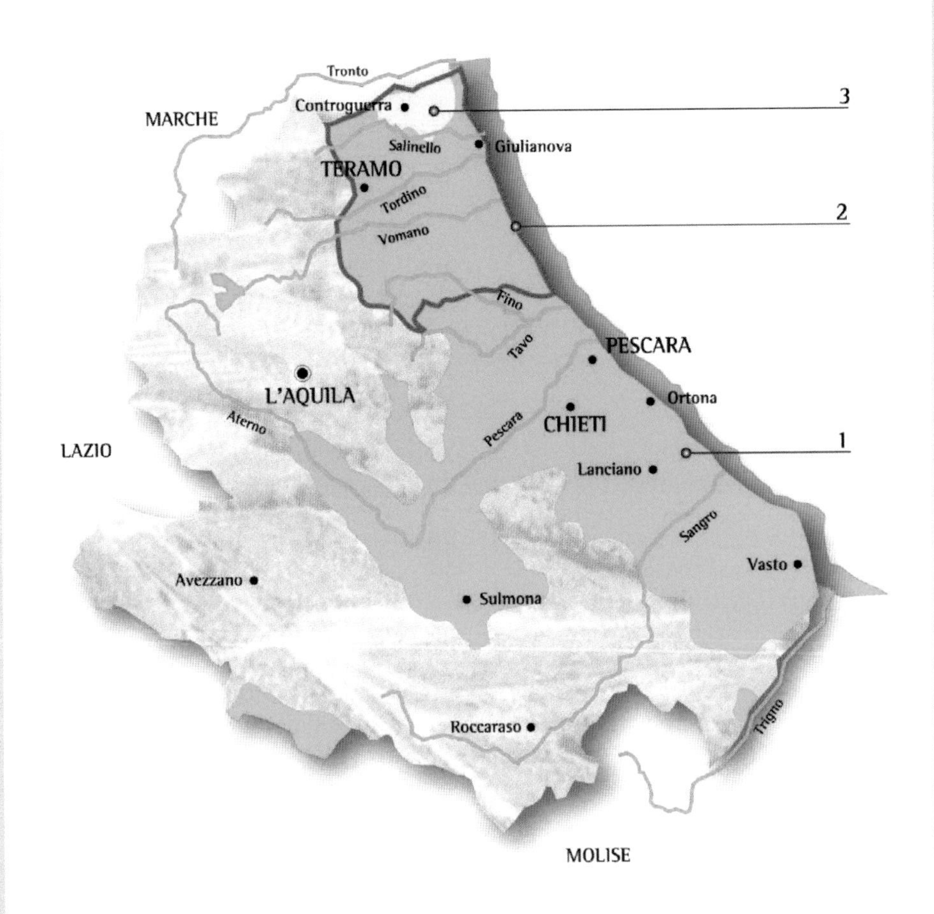

1	Montepulciano d'Abruzzo Trebbiano d'Abruzzo
2	Sottozona Montepulciano d'Abruzzo Colline Teramane
3	Controguerra

CONTROGUERRA

Cette jeune et petite appellation située dans le nord des Abruzzes, aux confins des Marches, couvre les communes de Controguerra, d'Ancarano, de Torano Nuovo, de Corropoli et de Colonnella, dans la province de Teramo. De nombreuses variétés de vignes poussent sur des coteaux bien exposés, à une altitude qui ne doit pas dépasser les 440 m.

Année du décret : 1996
Superficie : 78 ha (88)
Encépagement : R : *Montepulciano* (60 % minimum) - Merlot et/ou Cabernet (15 % minimum) - Autres cépages autorisés (25 % maximum)
B : *Trebbiano* (60 % minimum) - Passerina (15 % minimum) - Autres cépages autorisés (25 % maximum)
Spumante : *Trebbiano* (60 % minimum) - Chardonnay et/ou Verdicchio et/ou Pecorino (30 % minimum) - Autres cépages autorisés
Passito bianco : Trebbiano ou Malvasia ou Passerina (60 % minimum) - Autres cépages autorisés

Les autres vins sont élaborés avec 85 % minimum du cépage indiqué sur l'étiquette.

Rendement : R : 78 hl/ha
B : 91 hl/ha
Production : 4 100 hl
Durée de conservation : B : 1 à 2 ans
Passito : 3 à 4 ans R : 2 à 4 ans
Température de service : R : 16-18 °C
B : 8-10 °C

Bianco (53 %) : Blanc sec avec une finale légèrement amère - Se fait aussi en Passito (vin blanc avec sucre résiduel)
Chardonnay : Blanc sec et relativement souple
Malvasia : Blanc sec parfumé
Moscato amabile : Blanc semi-doux
Riesling : Blanc sec et fruité
Passerina : Blanc à la couleur paille et aux reflets dorés - Sec et d'une bonne fraîcheur
Rosso (38 %) : Rouge fruité moyennement tannique - Peut se faire aussi en Passito (vin sucré obtenu à partir de raisins passerillés)
Cabernet : Rouge légèrement tannique
Merlot : Rouge souple et léger
Pinot nero : Rouge peu intense et tout en fruit
Ciliegiolo : Rosé soutenu

Bianco/Chardonnay : Gnocchi à la crème de crevettes - *Pecorino* frais - Fettucine au beurre
Moscato amabile/Passito bianco : À l'apéritif - Gâteaux secs aux amandes et au miel - Tartes aux fruits
Riesling/Passerina/Malvasia : Poissons grillés et fruits de mer
Rosso/Merlot/Pinot noir : *Coniglio ai sapori di timi* (lapin au thym) - Paupiettes de veau farcies - Viandes rouges grillées
Cabernet : *Osso buco* - Spaghetti sauce à la viande
Ciliegiolo : *Antipasti* - Charcuteries - Volaille grillée

Dino Illuminati - Camillo Montori

MONTEPULCIANO D'ABRUZZO

Les quatre provinces des Abruzzes, Chieti, l'Aquila, Pescara et Teramo, connaissent depuis bien longtemps la vigne. Le cépage Montepulciano, introduit au début du XIXe siècle, règne ici en maître, mais sa parenté avec le Vino Nobile de Montepulciano (voir Toscane) n'est que fortuite. Même si la qualité n'est pas toujours au rendez-vous, on ne peut nier l'importance commerciale que ce vin a gagnée depuis quelques années. Lorsque le vin, élaboré avec 90 % minimum de Montepulciano, provient de la commune de Teramo, l'étiquette peut porter la mention Colline Teramane.

Année du décret: 1968
Superficie: 7 900 ha (10 370)
Encépagement: *Montepulciano* (85 % minimum)
Rendement: 91 hl/ha
Colline Teramane: 71,5 hl/ha
Production: 580 000 hl
Durée de conservation: 2 à 5 ans, parfois plus
Température de service: R: 16-18 °C
Rs: 10-12 °C

Vin rouge principalement
Robe rubis profond – Arômes de fruits rouges et parfois d'épices – Fruité et légèrement tannique

*Lorsque le millésime le permet, il peut être soumis à un vieillissement de deux ans qui lui donne droit à la mention **Riserva** et suppose par le fait même un plus grand potentiel de vieillissement.*

*Un rosé sec et léger peut également être produit ; on l'appelle **Cerasuolo** (rouge cerise).*

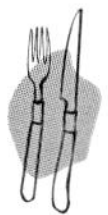

Viandes rouges grillées et rôties – Macaroni et spaghetti sauce à la viande – *Pomodori con riso* (tomates farcies) – *Agnello con peperoni* (agneau aux poivrons) – Brochettes de porc rôties

Agriverde – **Barone Cornacchia** – Bosco Nestore – Cantine Spinelli – Casal Thaulero – **Cataldi Madonna** – Faraone – Farnese Vini – **Dino Illuminati** – **Masciarelli** – Antonio Monti – Camillo Montori – Bruno Nicodemi – Fattoria Pasetti – **E. Pepe** – Fattoria Rossi – S. Agnese – **Umani Ronchi** (Jorio) – **Edoardo Valentini** – Ciccio Zaccagnini (San Clemente) – **Zonin** – Nombreuses caves coopératives (Cantina Tollo)

TREBBIANO D'ABRUZZO

Très répandu en Italie, le Trebbiano est omniprésent dans les Abruzzes. Il est cultivé dans les quatre provinces de cette région et donne un vin populaire mais sans grand intérêt, à de rares exceptions près (E. Valentini).

Année du décret: 1972
Superficie: 3 000 ha (4 250)
Encépagement: *Trebbiano d'Abruzzo* et/ou *Trebbiano toscano* – Malvasia, Cococciola et Passerina (15 % maximum)
Rendement: 91 hl/ha
Production totale: 211 400 hl
Durée de vieillissement: 1 an environ
Température de service: 8 °C

Vin blanc uniquement
Couleur jaune paille – Peu aromatique – Sec et légèrement fruité

Fettucine au beurre ou aux fruits de mer – Coquillages – Poissons grillés (daurade grillée aux herbes)

La plupart des maisons citées à l'appellation Montepulciano d'Abruzzo. Edoardo Valentini se distingue nettement comme un des meilleurs producteurs de cette DOC

Au marché de l'Aquila.

Casal Thaulero
Montepulciano d'Abruzzo
DENOMINAZIONE DI ORIGINE CONTROLLATA
PRODUIT ET MIS EN BOUTEILLE PAR CASAL THAULERO S.C. A R.L.
DANS LES CAVES DE ROSETO DEGLI ABRUZZI - ITALIE
DRY RED WINE - VIN ROUGE SEC
PRODUCT OF ITALY - PRODUIT D'ITALIE
750 ml
12,50% alc./vol.

PRODUIT D'ITALIE PRODUCT OF ITALY
CAROSO
MONTEPULCIANO
D'ABRUZZO
Denominazione di origine controllata
VIN ROUGE
RED WINE
EMBOUTEILLE PAR - BOTTLED BY
C.C.R.A. a r.l. - ORTONA (CH)
ITALY - ITALIE
12.5% alc./vol.
750 ml

MONTEPULCIANO
D'ABRUZZO
DENOMINAZIONE DI ORIGINE CONTROLLATA
WINE
VIN
BOTTLED BY - MIS EN BOUTEILLE PAR
COLLI DI TUSCOLO SpA
ROMA - ITALIA
750 ML
12% ALC./VOL.
PRODUCT OF ITALY - PRODUIT D'ITALIE

PRODUIT D'ITALIE
PRODUCT OF ITALY
SANGIOVESE
Terre di Chieti
Indicazione geografica tipica
VIN ROUGE - RED WINE
PRODUIT ET MIS EN BOUTEILLE PAR - PRODUCED AND BOTTLED BY
CANTINA MIGLIANICO SOC. COOP. AR.L. - MIGLIANICO - ITALIA
750 ml
MIGLIANICO
11,5% alc./vol.

RED WINE
VIN ROUGE
PRODUCT
OF ITALY
PRODUIT
D'ITALIE
PAESANO
MONTEPULCIANO
D'ABRUZZO

Jorio
MONTEPULCIANO
D'ABRUZZO
Denominazione
di Origine
Controllata
13%vol
75cl e
Umani Ronchi
Imbottigliato da Umani Ronchi S.p.A. - Osimo - Italia

BASILICATA

La Basilicate

Enclavée entre la Campanie à l'ouest, les Pouilles à l'est et la Calabre au sud, la Basilicate est certainement l'un des endroits les moins riches et les moins peuplés de l'Italie.

Cette région s'appelait autrefois Lucania, en l'honneur des Lucaniens, le premier peuple important à s'être fixé là cinq siècles av. J.-C. Beaucoup plus tard, à la chute de l'Empire romain, Lombards et Byzantins s'y installèrent, suivis des envahisseurs, dont les Normands, qui firent de Melfi, située à l'extrême nord, le centre de leur rayonnement.

D'un règne à un autre, l'oppression continua et l'annexion de la Basilicate au Royaume d'Italie, en 1860, ne changea guère cet état de fait. De nos jours, la région connaît encore un contexte économique difficile et l'émigration y est toujours importante.

Il faut dire que la nature n'aide pas beaucoup ce coin d'Italie constitué en grande partie de montagnes et de collines, et où les tremblements de terre font encore des ravages. Au sud, quelques grandes vallées traversées par des fleuves au tempérament fougueux se prêtent heureusement à une agriculture axée sur l'élevage, les fruits et l'oléiculture.

Mais c'est au nord, autour de l'ancien volcan du mont Vulture, que tourne l'activité viticole de cette région visiblement ingrate. Le microclimat est en effet plutôt remarquable autour de Melfi. La température, plus ou moins régulée par les montagnes avoisinantes, reste malgré tout difficile, été comme hiver.

Elle convient cependant à la culture du cépage Aglianico, qui profite de vendanges tardives grâce à des automnes assez longs et chauds.

L'Aglianico bénéficie aussi, dans ce sol volcanique, en bas et à mi-coteau, des éléments qui lui confèrent puissance et potentiel de vieillissement. La conduite de la vigne est verticale, avec taille Guyot, ce qui n'est pas mal, particulièrement lorsque certains vignerons ont à cœur, avec des densités de plantations assez élevées, d'obtenir des rendements acceptables, surtout si l'on considère la moyenne nationale.

Oublions ce que j'appelle les «errements œnologiques» que sont les vins doux et mousseux élaborés avec ce cépage et pensons plutôt à un Riserva, de Donato d'Angelo ou de Paternoster, sur un bon ragoût d'agneau, pour reconnaître à cette région des vertus gastronomiques (et viticoles) insoupçonnées.

LA BASILICATE EN BREF

- 10 850 ha de vignes
- 540 ha en VQPRD*, dont 370 déclarés en l'an 2000
- 1 DOC
- 2 IGT
- Une région pauvre
- Beaucoup de vins de table consommés sur place
- Un cépage principal digne d'intérêt: l'Aglianico

* VQPRD: Vins de qualité produits dans une région déterminée (DOC + DOCG).

Le fameux cépage Aglianico.

1	Aglianico del Vulture

AGLIANICO DEL VULTURE

Le paysage est magnifique dans cette région peu connue de l'Italie. Qu'il soit viticole, montagneux ou maritime, l'environnement invite au dépaysement et au pittoresque, comme en témoigne, par exemple, le curieux village de Craco, dans la province de Matera. Même si on y cultive divers cépages, c'est surtout dans la province de Potenza que se développe la viticulture. C'est plus précisément au nord, sur les coteaux (orientés à l'est et à une altitude de 200 à 500 m) de l'ancien volcan Vulture, que pousse l'Aglianico, ce cépage noir à la base de la seule appellation contrôlée de la Basilicate.

Année du décret: 1971
Superficie: 370 ha (540)
Encépagement: *Aglianico*
Rendement: 65 hl/ha
Production: 15 200 hl
Durée de conservation: 5 à 10 ans (en fonction du type de vin)
Température de service: 16-18 °C

Vin rouge uniquement
Robe grenat intense – Arômes fruités de mûre et de framboise – Relativement fermé dans sa jeunesse – Tannique, généreux et d'une certaine élégance avec l'âge

*Les meilleurs vins proviennent de terroirs d'origine volcanique riches en potassium. Les mentions **Vecchio** (vieux) et **Riserva** correspondent à des vins qui ont vieilli trois ans et cinq ans, dont deux dans le bois. Peut aussi se faire en doux et en mousseux.*

Rouge jeune: Lasagne au poivre et à l'ail – Poulet rôti aux olives
Vecchio: *Cazmarr* (ragoût d'agneau) – Viandes rouges en sauce – Fromages relevés (*caciocavallo*)

Azienda Agricola Basilisco – **Casa Vinicola d'Angelo** (Vigna Caselle) – Tenuta del Portal – Tenuta Le Querce – Armando Martino – **Paternoster** (Don Anselmo) – Francesco Sasso – Plusieurs grandes caves coopératives

INDICAZIONE GEOGRAFICA TIPICA
INDICATION GÉOGRAPHIQUE TYPIQUE
IGT

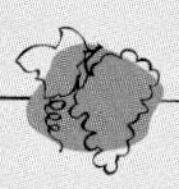

- **Basilicata**
- Grottino di Roccanova

QUELQUES VINS PARFOIS EXPORTÉS

Bianco

Bianco di Corte (Fiano 100 %). Vin blanc sec. IGT Basilicata ; *Paternoster.*

Moscato del Vulture (Muscat). Vins blancs doux ; plusieurs maisons dont *Paternoster.*

Vigna dei Pini (Chardonnay, Pinot bianco et Incrocio Manzoni). Vin blanc sec fruité et très agréable. IGT Basilicata ; *Fratelli d'Angelo.*

Rosso

Barigliott (100 % Aglianico). Vin rouge généreux. IGT Basilicata ; *Paternoster.*

Canneto (100 % Aglianico). Vin rouge corsé aux notes d'épices (poivre noir), de tabac et d'humus. Ce vin élevé en petite barrique de l'Allier offre une bonne persistance en bouche. IGT Basilicata ; *Fratelli d'Angelo.*

Le Vigne a Capanno (Aglianico, principalement). Vin rouge tout en fruit et quelque peu rustique. IGT Basilicata ; *Tenuta del Portale.*

CALABRIA

La Calabre

De par sa situation géographique, la Calabre forme elle-même une péninsule séparée de la Sicile de quelques kilomètres. Au nord, elle voisine la Basilicate avec laquelle elle partage de nombreuses similitudes sur les plans historique et économique.

Grâce à la colonisation grecque dans l'Antiquité, la Calabre connut splendeur et prospérité ; Crotone, Sibari et Reggio en sont de magnifiques exemples riches en vestiges archéologiques. Les Romains y fondèrent par la suite des colonies importantes qui devaient avoir avec le temps beaucoup d'influence sur la vie économique de la région. Puis, à l'instar de la proche Basilicate, la Calabre subit les assauts de nombreux envahisseurs avant d'intégrer le Royaume d'Italie à la fin du XIXe siècle.

La montagne occupe dans cette région une large place, comme en témoignent les massifs de la Sila en plein centre, de la Serra et de l'Aspromonte au sud, lesquels couvrent une bonne partie du territoire. La Calabre profite ainsi de ses magnifiques paysages, tout comme de ses vestiges historiques, pour vivre d'une industrie touristique appelée à prendre de l'expansion. Mais les touristes et les amoureux du vin négligent ce coin de pays au profit des régions plus connues. Ils ne savent pas ce qu'ils manquent. Je suggère fortement l'idée de se rendre en Sicile (ou d'en revenir…) en passant par le détroit de Messine. Comme j'ai pu le faire dernièrement, vous vivrez une grande expérience sous un soleil radieux; les routes sont belles et le panorama, somptueux.

Bordés par la mer Tyrrhénienne à l'ouest et la mer Ionienne à l'est, les vignobles les plus intéressants tirent parti d'une régulation thermique bénéfique pour le cycle végétatif de la vigne et la maturation du raisin.

Mais c'est un cépage spécifique, incontournable il est vrai, qui est à la base de la plupart des vins de cette région. En effet, le Gaglioppo, sans doute originaire de la Grèce, se plaît bien en Calabre. Il ne dédaigne pas la sécheresse et se prête convenablement à l'élaboration de vins rouges, dont le fameux Cirò, qui représente à lui seul près de 85 % de la production en appellation contrôlée. Le village est situé au nord d'un vignoble qui jouxte celui de Melissa. Pollino, Verbicaro, Lamezia et le minuscule et surprenant terroir de Bianco, au sud, complètent en grande partie l'inventaire de cette attachante région de l'Italie.

LA CALABRE EN BREF

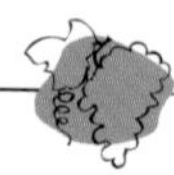

- 24 340 ha de vignes
- 2 500 ha en VQPRD*, dont 1 100 déclarés en l'an 2000
- 12 DOC
- 13 IGT
- Une très jolie région à découvrir
- Des paysages montagneux
- Un cépage rouge incontournable: le Gaglioppo

* VQPRD: Vins de qualité produits dans une région déterminée (DOC + DOCG).

CALABRIA

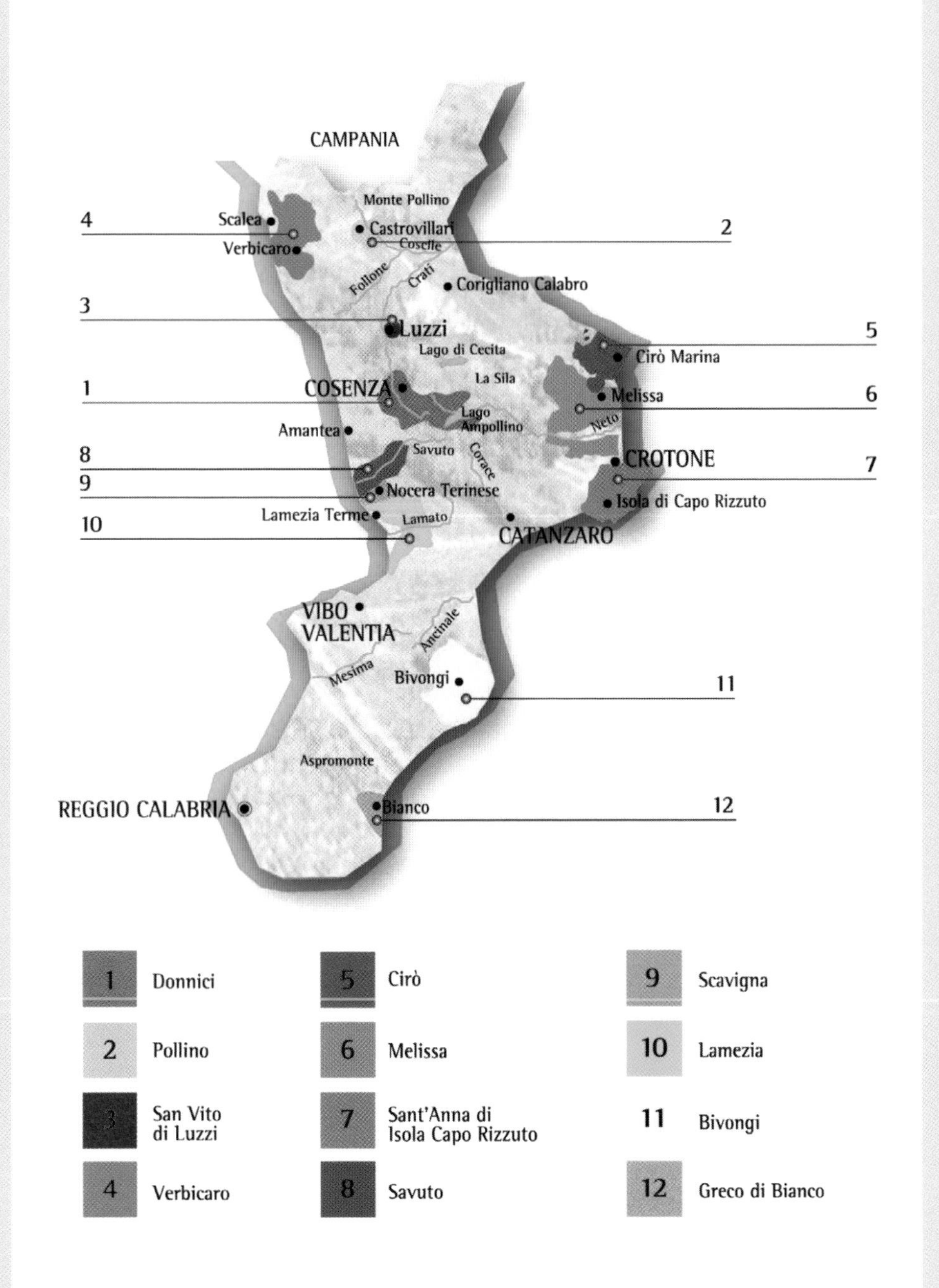

CAMPANIA
Monte Pollino
4
Scalea
Castrovillari
2
Verbicaro
Coscile
Follone
Crati
Corigliano Calabro
3
Luzzi
5
Lago di Cecita
Cirò Marina
1
COSENZA
La Sila
Melissa
6
Lago Ampollino
Neto
Amantea
8
Savuto
Corace
CROTONE
7
9
Nocera Terinese
Lamezia Terme
Lamato
Isola di Capo Rizzuto
10
CATANZARO
VIBO VALENTIA
Ancinale
Mesima
Bivongi
11
Aspromonte
REGGIO CALABRIA
Bianco
12
1 Donnici
5 Cirò
9 Scavigna
2 Pollino
6 Melissa
10 Lamezia
3 San Vito di Luzzi
7 Sant'Anna di Isola Capo Rizzuto
11 Bivongi
4 Verbicaro
8 Savuto
12 Greco di Bianco

BIVONGI

Cette dénomination assez récente comprend neuf communes, dont Bivongi, dans la province de Reggio di Calabria, et celle de Guardavalle, dans la province de Catanzaro. Un peu au nord, on ne manquera pas de visiter à Stilo la belle église byzantine La Cattolica.

Année du décret: 1996
Superficie: 10 ha (15)
Encépagement: B: Greco bianco et/ou Guardavalle et/ou Montonico (30-50 %) – Malvasia et/ou Ansonica (30-50 %) – Autres cépages autorisés (30 % maximum)
R/Rs: Gaglioppo et/ou Greco nero (30-50 %) – Nocera et/ou Calabrese et/ou Castiglione (30-50 %) – Autres cépages autorisés
Rendement: 78 hl/ha
Production: 420 hl
Durée de conservation: 1 à 2 ans
Température de service: B/Rs: 8-10 °C
R: 16-18 °C

Bianco: Robe jaune paille – Arômes fruités et floraux – Sec et léger

Rosso: Fruité et moyennement corsé. Peut se faire en Novello (vin nouveau) et en **Riserva** (deux années de vieillissement minimum)

Le nom de cépage Calabrese est synonyme du Nero d'Avola, variété répandue en Sicile.

Rosato: Sec, léger et fruité

Bianco: Antipasti à base de poissons et de fruits de mer – Poissons grillés – Coquillages
Rosso: Viandes rouges grillées et viandes blanches rôties – Pâtes avec sauce tomatée moyennement relevée
Rosato: Charcuteries – Aubergines farcies – Volailles grillées

Plusieurs caves coopératives

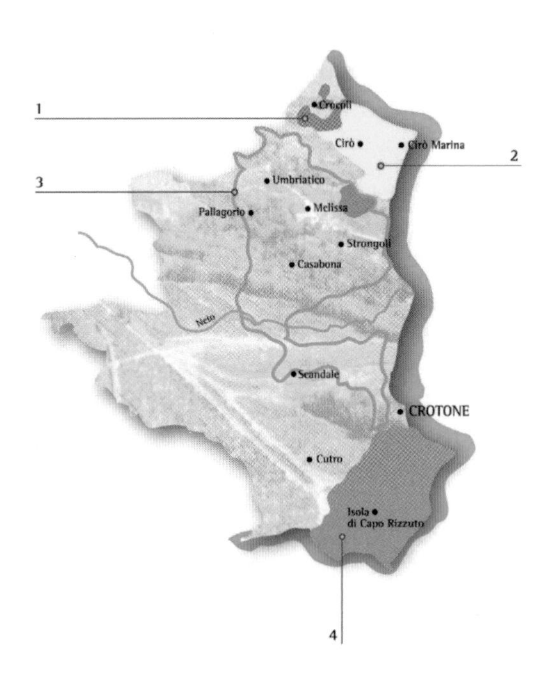

1	Cirò
2	Cirò Classico
3	Melissa
4	Sant'Anna di Isola Capo Rizzuto

CIRÒ

Le Cirò, célèbre en Calabre, est sans doute l'un des plus anciens vins d'Italie. En effet, la petite ville qui lui donne son nom était autrefois le siège de l'antique colonie grecque Cremissa, qui se vouait, avec la ville de Sibari, au commerce du vin. On rapporte d'ailleurs que le cépage Gaglioppo servait déjà à cette époque à l'élaboration d'un vin servi aux athlètes qui rentraient victorieux des Jeux olympiques.

Année du décret : 1990 (1969)
Superficie : 890 ha (1 560)
Encépagement : R : *Gaglioppo* – Trebbiano et Greco bianco (5 % maximum)
B : *Greco bianco* – Trebbiano (10 % maximum)
Rendement : R : 75 hl/ha
B : 88 hl/ha
Production : 31 600 hl
Durée de conservation : R : 2 à 4 ans
Classico et Riserva : 5 à 8 ans
B/Rs : 1 an
Température de service : R : 18 °C
B/Rs : 8-10 °C

Rosso (10 %) : Robe rubis plus ou moins intense – Généreux et assez corsé – Nette tendance à l'oxydation

Quelques rosés sont produits pour la consommation locale.

Rosso Classico (75 %) : Rouge plus intense – Arômes généreux de fruits mûrs – Bien structuré et épicé en bouche

Ce vin doit provenir des communes de Cirò et de Cirò Marina. Avec un degré minimum de 13,5 %, le vin peut porter la mention ***Superiore.*** *Après deux années de vieillissement, il porte la mention* ***Riserva.***

Bianco (15 %) : Légèrement moelleux – Fruité – Peu de caractère

Rosso : *Mursiellu alla Catanzarese* (ragoût de porc aux tomates et aux épices) – Macaroni tomaté et épicé – *Caciocavallo*
Bianco : *Pesce Spada* (espadon aux piments, citron, ail, câpres et herbes aromatiques) – *Triglie alla Calabrese* (rougets poêlés aux herbes)

Casa Vinicola Librandi (Duca San Felice Riserva) – Vincenzo Ippolito – Antonio Scala – **Fattoria San Francesco** – Cantina Enotria – Cantina Caparra & Siciliani

DONNICI

Assez difficile à trouver, cette appellation provient des jolies collines situées au sud de Cosenza. Le vin, parfois rosé, est réservé à la consommation locale et est presque en voie de disparition.

Année du décret: 1997 (1975)
Superficie: 10 ha (110)
Encépagement: R: *Gaglioppo* (50 % minimum) - Autres cépages autorisés
B: *Montonico* (50 % minimum) - Autres cépages autorisés
Rendement: R/Rs: 65 hl/ha
B: 78 hl/ha
Production: 180 hl
Durée de conservation: 1 à 2 ans
Température de service: R: 16-18 °C
B/Rs: 8-10 °C

Rosso: Robe assez claire - Fruité et léger

Peut porter les mentions Novello et ***Riserva.***

Bianco: Sec, léger et fruité (a presque disparu)

Voir Bivongi rosso et bianco

Pasquale Bozzo

GRECO DI BIANCO

Bianco est un petit village situé au bord de la mer Ionienne, à l'extrême sud-est de la Calabre, dans la province de Reggio di Calabria. Le Greco qui y est cultivé donne un vin particulièrement original et recherché par les amateurs.

Année du décret: 1980
Superficie: 12 ha (40)
Encépagement: *Greco bianco*
Rendement: 65 hl/ha
Production: 35 hl
Durée de conservation: 6 à 8 ans
Température de service: 8 °C

Vin blanc uniquement
Robe dorée, parfois ambre - Doux puisqu'il est élaboré avec des raisins passerillés riches en sucre - Arômes de miel - Légèrement citronné en bouche - Fort en alcool (17 % minimum) - Gras et d'une bonne longueur en bouche

Vieillissement obligatoire d'un an.

En apéritif - *Cicirata* (pâtisseries de Noël parfumées au miel et au citron)

Umberto Ceratti - **Fattoria San Francesco** - Vintripodi

LAMEZIA

Lamezia, une commune située sur les bords de la mer Tyrrhénienne, donne son nom à cette appellation peu produite et consommée principalement sur place. On n'est pas très loin de Catanzaro, ville perchée sur un promontoire qui domine la mer Ionienne.

Année du décret : 1995 (1979)
Superficie : (180 ha)
Encépagement : R : Nerello – Gaglioppo – Greco nero et Marsigliana nera – Autres cépages autorisés (20 % maximum)
B : Greco bianco – Trebbiano et Malvasia – Autres cépages autorisés (30 % maximum)
Rendement : R/Rs : 71,5 hl/ha
B : 78 hl/ha
Production : 1 670 hl
Durée de conservation : 1 à 2 ans
Température de service : R : 16-18 °C
B/Rs : 8-10 °C

Rouge (principalement) : Robe d'un rouge clair, parfois presque rosé – Très légèrement fruité – Léger et de peu d'intérêt

Se fait également en blanc et en rosé.

Voir Bivongi rosso

Cantine Lento – Statti – Cantina de Lamezia

MELISSA

Situées entre la station balnéaire de Crotone (connue aussi pour son musée archéologique) et la zone viticole du Cirò, les vignes de cette appellation produisent des vins ressemblant à ceux produits par cette dernière, avec un petit quelque chose en moins. La production, consommée sur place, n'atteint pas le potentiel initial.

Année du décret : 1979
Superficie : 25 ha (150)
Encépagement : R : *Gaglioppo* (75-95 %) – Greco bianco, Trebbiano et Malvasia bianca (5-25 %)
B : *Greco bianco* (80-95 %) – Trebbiano et/ou Malvasia bianca (5-20 %)
Rendement : R : 71,5 hl/ha
B : 78 hl/ha
Production totale : 935 hl
Durée de conservation : R : 3 à 5 ans
B : 1 an
Température de service : R : 16-18 °C
B : 8 °C

Rosso (62 %) : Assez généreux, surtout lorsqu'il a été vieilli deux ans avant sa commercialisation

Lorsque le vin présente un pourcentage d'alcool de 13 %, le vin porte la mention ***Superiore.***

Bianco (38 %) : Arômes légers et minéraux – Sec, vif et léger

Rosso : Voir Cirò
Bianco : Voir Bivongi bianco

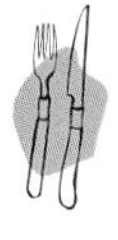

Casa Vinicola Librandi – Vincenzo Ippolito – Cantina sociale de Torre Melissa

POLLINO

C'est dans la province de Cosenza, au nord de la Calabre, que se trouve le mont Pollino, qui donne son nom à cette appellation peu connue, peu produite et consommée sur place.

Année du décret : 1975
Superficie : 37 ha (250)
Encépagement : *Gaglioppo* (60 % minimum) – Greco nero – Malvasia bianca, Montonico et Guarnaccia
Rendement : 71,5 hl/ha
Production : 425 hl
Durée de conservation : 3 à 5 ans
Température de service : 18 °C

Vin rouge uniquement
Robe rubis claire – Arômes de fruits rouges – Assez bien charpenté

*Avec un vieillissement de deux ans et un pourcentage d'alcool minimum de 12,5 %, le vin a droit à la mention **Superiore.***

Voir Cirò rosso

Basilio Miraglia – Cantina sociale Vini del Pollino

SANT'ANNA DI ISOLA CAPO RIZZUTO

Isola Capo Rizzuto est une petite ville située au sud de Crotone, proche des bords de la mer Ionienne. La production étant si petite, je vous conseille d'aller faire un peu de tourisme dans cette très belle région au ciel toujours bleu et d'en profiter pour goûter sur place ce vin très régional... si vous pouvez mettre la main dessus !

Année du décret : 1979
Superficie : 30 ha
Encépagement : *Gaglioppo* (40-60 %) – Nocera, Nerello, Malvasia et Greco
Rendement : 78 hl/ha
Production : N.C.
Durée de conservation : 1 an
Température de service : 12-14 °C

Vin rouge (principalement) : Robe plus ou moins rosée – Léger – Peu tannique et plus agréable à boire rafraîchi

Voir Bivongi rosso

Cantina sociale Sant'Anna

SAN VITO DI LUZZI

C'est au nord de Cosenza, ville étape connue pour ses fameuses pizzas sur l'autoroute entre Napoli et Messina, que se trouve la petite commune de Luzzi. Les vins y sont principalement consommés sur place.

Année du décret : 1995 (1994)
Superficie : 20 ha (28)
Encépagement : B : Greco bianco et Malvasia bianca (40-60 %) – Autres cépages autorisés
R : *Gaglioppo* (70 % minimum) – Malvasia, Greco nero et Sangiovese
Rendement : R/Rs : 71,5 hl/ha
B : 78 hl/ha
Production : 310 hl
Durée de conservation : 6 à 8 ans
Température de service : B/Rs : 8-10 °C
R : 16-18 °C

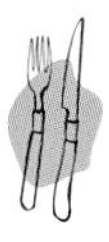

Bianco : Jaune paille – Arômes floraux et fruités – Sec et léger
Rosso : Robe rubis – Fruité et moyennement tannique
Rosato : Sec, léger et fruité

Voir Bivongi

Luigi Vivacqua

SAVUTO

Le fleuve Savuto, au nord des DOC Lamezia et Scavigna, donne son nom à cette appellation qui a depuis toujours été fort appréciée par les œnophiles. Ce vin connaît depuis quelques années un certain renouveau, et sa qualité est sans doute liée à la rigueur dans la conduite du vignoble.

Année du décret : 1975
Superficie : 85 ha (110)
Encépagement : Gaglioppo, Greco nero, Nerello cappuccio, Magliocco, Sangiovese, Malvasia bianca et Pecorino
Rendement : 71,5 hl/ha
Production : 1 900 hl
Durée de conservation : 3 à 5 ans
Température de service : 14-16 °C

Vin rouge (principalement)
Robe claire – Arômes discrets de fruits rouges – Relativement généreux – Se fait aussi en rosé

Avec un vieillissement de deux ans et un pourcentage d'alcool minimum de 12,5 %, le vin a droit à la mention ***Superiore.***

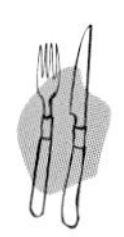

Voir Cirò

Azienda Agricola Odoardi – Cantina sociale Vini del Savuto

SCAVIGNA

Cette dénomination relativement récente, produite à partir de raisins cultivés sur les communes de Falerna et de Nocera Tirinese, est bien sagement blottie entre les DOC Lamezia et Savuto.

Année du décret : 1995 (1994)
Superficie : (33 ha)
Encépagement : B : Trebbiano, Chardonnay, Greco bianco et Malvasia bianca - Autres cépages autorisés (35 % maximum)
R/Rs : Gaglioppo et Nerello cappuccio (60 % minimum)
Rendement : R/Rs : 58,5 hl/ha
B : 65 hl/ha
Production : Pas de production en 2000
Durée de conservation : 6 à 8 ans
Température de service : B/Rs : 8-10 °C
R : 16-18 °C

Bianco : Jaune paille - Arômes floraux et fruités - Sec, souple et léger
Rosso : Robe rubis - Fruité et moyennement tannique
Rosato : Sec, léger et fruité

Voir Bivongi

Azienda Agricola Odoardi

VERBICARO

C'est une jolie vue sur la mer que cette jeune DOC réserve à l'œnophile de passage dans le nord de la Calabre. Plusieurs communes, dont Verbicaro, ont droit à cette minuscule appellation très peu connue et qui se décline en blanc, en rouge et en rosé.

Année du décret : 1995
Superficie : 9 ha
Encépagement : B : Greco bianco, Malvasia bianca et Guarnaccia bianca - Autres cépages autorisés (30 % maximum)
R/Rs : Gaglioppo, Greco nero et Malvasia - Autres cépages autorisés (20 % maximum)
Rendement : 78 hl/ha
Production : 45 hl
Durée de conservation : 1 à 2 ans
Température de service : B/Rs : 8-10 °C
R : 16-18 °C

Bianco : Jaune paille - Arômes floraux et fruités - Sec et léger
Rosso : Robe rubis - Fruité et moyennement tannique
Rosato : Sec, léger et fruité

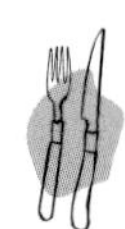

Voir Bivongi et Cirò

Caves coopératives

INDICAZIONE GEOGRAFICA TIPICA
INDICATION GÉOGRAPHIQUE TYPIQUE
IGT

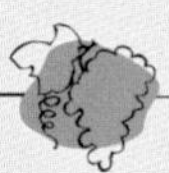

- Arghillà
- Calabria
- Condoleo
- Costa Viola
- Esaro
- Lipuda
- Locride
- Palizzi
- Pellaro
- Scilla
- Valdamato
- Val di Neto
- Valle del Crati

QUELQUES VINS PARFOIS EXPORTÉS

Bianco

Bianco (Greco di Bianco et Sauvignon). Blanc sec et fruité. IGT Valle del Crati ; *Serracavallo.*

Bianco Passito (100 % Montonico). Blanc doux. IGT Locride ; *Vintripodi.*

Le Passule (100 % Montonico). Blanc doux intéressant à découvrir. IGT Val di Neto ; *Casa Vinicola Librandi.*

Rosso

Gravello (Gaglioppo et Cabernet sauvignon). Vin rouge tannique et généreux. IGT Val di Neto ; *Casa Vinicola Librandi.*

Rosso (100 % Cabernet sauvignon). Vin rouge fruité et charpenté. IGT Valle del Crati ; *Serracavallo.*

Rosso (Alicante et Nerello). Vin rouge tout en fruit et plutôt rustique. IGT Arghillà ; *Vintripodi.*

CAMPANIA

La Campanie

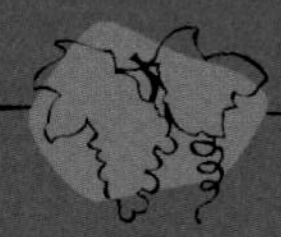

C'est au sud du Latium et du Molise que commence l'Italie méridionale. La Campanie s'étend ainsi le long de la mer Tyrrhénienne et côtoie à l'est les Pouilles et la Basilicate.

On y trouve la célèbre et romantique baie de Napoli où souffle indéniablement un vent de fantaisie, de magie et de fatalité indissociables de la réalité napolitaine. Protégée par les îles de Capri et d'Ischia, véritables sentinelles, Napoli est une ville incontournable pour qui veut visiter les sites touristiques de Sorrento, de Pompei et du Vésuve. Ce ne sont en effet pas les ruines qui manquent dans cette région, fabuleux témoignages de la présence grecque, puis de l'hégémonie romaine jusqu'à la chute de l'Empire.

À Portici, petite ville portuaire entre Napoli et Pompei, la route traverse la cour du palais royal, construit en 1738 pour Charles III de Bourbon, aujourd'hui siège de la faculté d'agronomie de l'université. Un peu plus loin, les bateaux aux couleurs chatoyantes vous mèneront peut-être tout droit à Ercolano (Herculanum), ensevelie en même temps que Pompei et dont les traces du cataclysme sont particulièrement éloquentes.

Historiquement, la Campanie subit le même sort que la plupart des autres régions italiennes et connut de nombreuses invasions et dominations. Lorsque Garibaldi entra dans Napoli en 1860, l'annexion de la Campanie au Royaume d'Italie fut enfin réalisée.

Le sol des principales appellations est d'origine volcanique, il est noir et plutôt riche, ce qui explique la place primordiale qu'occupe l'agriculture dominée par les activités maraîchères et fruitières, ainsi que par l'élevage.

Grâce à la maison Mastroberardino, et dans le cadre d'un tournage pour l'émission *Vins & Fromages*, j'ai eu le privilège de visiter récemment, au cœur de la cité romaine de Pompei, quelques petits vignobles implantés il y a environ quatre ans. En fait, le gouvernement italien (le Centre national de recherche), en partenariat avec les autorités locales, a confié à cette maison le soin de planter la vigne telle qu'elle pouvait l'être – avec les cépages de l'époque – avant que la somptueuse ville antique soit complètement détruite lors de l'éruption du Vésuve en l'an 79 de notre ère. Les premières véritables vendanges ont eu lieu en 2001, mais on avait déjà goûté au raisin avant cela puisque la vigne pousse à une vitesse fulgurante grâce à ce sol nourri par les cendres volcaniques.

Le vignoble de la Campanie est principalement consacré aux raisins de table, mais le vin de tous les jours, somme toute ordinaire, représente la plus grosse production. Fort heureusement, quelques appellations parmi les 19 officiellement répertoriées, se détachent de ce tableau manquant encore d'originalité et de constance dans la recherche de la qualité.

Regroupés dans une même zone située en plein centre de la Campanie, dans la province d'Avellino célèbre pour ses noisettes, ces crus, par vigne interposée, trouvent sur les collines de cette région un terroir de prédilection. Le sol, là aussi d'origine volcanique et mêlé de calcaire et d'argile, est plus pauvre. Le climat offre cependant d'excellentes conditions. On peut sans hésiter parler d'un microclimat puisque, à cet endroit, les montagnes environnantes jouent un rôle déterminant sur les températures, qui restent relativement fraîches et favorisent ainsi une meilleure extraction des arômes.

La vigne est cultivée à une altitude qui varie entre 400 et 700 m. Peu à peu, la pergola, qui n'est pas souvent synonyme de qualité, disparaît au profit de la conduite en espalier. Ajoutons à cela quelques rares vignerons talentueux et innovateurs, pour comprendre que les vins produits autour d'Avellino sont les plus recherchés de la Campanie. Fait significatif, de nouvelles maisons ont vu le jour dans les 10 dernières années. Elles exploitent de petites structures viticoles avec un certain succès.

Parmi tous ces producteurs, les Mastroberardino produisent du vin depuis le début du XIXe siècle et se distinguent comme ceux qui défendent et représentent le mieux les appellations Taurasi, Greco di Tufo et Fiano di Avellino. Toujours à la recherche d'une certaine qualité et conscients du potentiel de leur terroir, ils ont su mettre certaines parcelles en valeur et vinifient avec beaucoup de sensibilité et d'intelligence. Cela dit, il est dommage de voir fleurir autant d'appellations contrôlées en si peu de temps (huit nouvelles DOC entre 1993 et 1997) sans voir se resserrer les conditions de production des dénominations déjà existantes.

Qu'à cela ne tienne, visiter et comprendre la Campanie, c'est découvrir Napoli, s'instruire à Salerno, s'émerveiller devant la côte amalfitaine, aimer à Capri, se reposer à Ischia et déguster à Atripalda, en plein cœur du vignoble, les bons vins de cette surprenante région.

LA CAMPANIE EN BREF

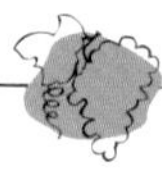

- 41 000 ha de vignes
- 5 600 ha en VQPRD*, dont 2 660 déclarés en l'an 2000
- 1 DOCG
- 18 DOC
- 9 IGT
- Des cépages peu connus à découvrir
- Une grande production de vin rouge
- Un grand vin : le Taurasi
- Une magnifique région à visiter

* VQPRD : Vins de qualité produits dans une région déterminée (DOC + DOCG).

Sous les vignes de Pompei, dans la ville antique.

CAMPANIA

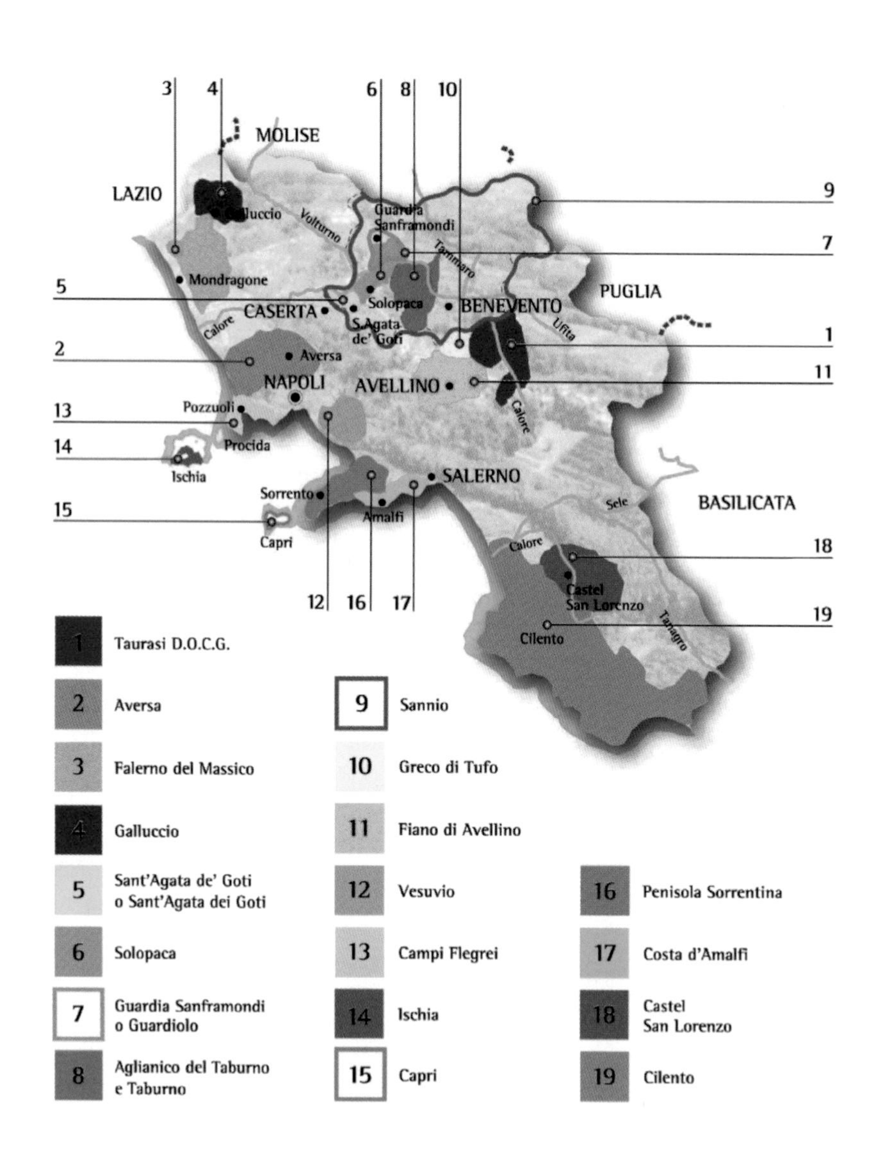

MOLISE
LAZIO
Galluccio
Volturno
Guardia Sanframondi
Tammaro
Mondragone
CASERTA
Solopaca
BENEVENTO
PUGLIA
S.Agata de' Goti
Calore
Ufita
Aversa
NAPOLI
AVELLINO
Pozzuoli
Procida
Ischia
Sorrento
Amalfi
SALERNO
Capri
Sele
BASILICATA
Calore
Castel San Lorenzo
Cilento
Tanagro
1 Taurasi D.O.C.G.
2 Aversa
3 Falerno del Massico
4 Galluccio
5 Sant'Agata de' Goti o Sant'Agata dei Goti
6 Solopaca
7 Guardia Sanframondi o Guardiolo
8 Aglianico del Taburno e Taburno
9 Sannio
10 Greco di Tufo
11 Fiano di Avellino
12 Vesuvio
13 Campi Flegrei
14 Ischia
15 Capri
16 Penisola Sorrentina
17 Costa d'Amalfi
18 Castel San Lorenzo
19 Cilento

AGLIANICO DEL TABURNO

TABURNO

L'Aglianico est un cépage qui se plaît sur ces coteaux bien exposés de la province de Benevento, autour du massif du Taburno. Malgré les rigueurs de l'hiver et l'altitude (environ 500 m au-dessus du niveau de la mer), cette variété donne ici des résultats encourageants. D'autres cépages, dont Falanghina, Greco et Piedirosso accompagnent distinctivement la dénomination Taburno.

Année du décret: 1993 (1987)
Superficie: 265 ha (844)
Encépagement: **Aglianico del Taburno**:
R/Rs: *Aglianico* (85 % minimum)
Taburno: B: Trebbiano (40-50 %) – Falanghina (30-40 %) – Autres cépages autorisés (30 % maximum)
R: Sangiovese et Aglianico
Spumante: Coda di Volpe et/ou Falanghina

Les autres vins sont élaborés avec 85 % minimum du cépage indiqué sur l'étiquette.

Rendement: 65 hl/ha
Production: 12 475 hl
Durée de conservation: Aglianico: 5 à 7 ans
B: 1 à 3 ans
Température de service: B/Rs: 8-10 °C
R: 16-18 °C

Aglianico del Taburno (38 %): Robe assez intense – Arômes fruités persistants – Légèrement tannique – Un peu rude dans sa jeunesse

*La mention **Riserva** est autorisée pour des vins ayant vieilli au moins trois ans et présentant un degré minimum de 12,5 %.*

Un peu de rosé sec, frais et léger est aussi produit.

Taburno bianco: Blanc sec peu aromatique et léger
Taburno Falanghina: Blanc sec moyennement aromatique
Taburno Greco: Blanc sec, léger et d'une bonne fraîcheur
Taburno Coda di Volpe: Blanc sec, léger et fruité
Taburno rosso: Rouge fruité et moyennement corsé
Taburno Piedirosso: Rouge fruité aux arômes épicés – Assez souple
Taburno Spumante: Vin effervescent sec et fruité, doté d'une certaine élégance

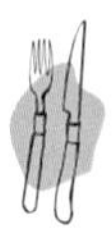

Voir Falerno del Massico
Piedirosso: Voir Capri
Spumante: À l'apéritif

Agricola del Monte (Ocone) – Cantina del Taburno – **Fontanavecchia** (Vigna Cataratte)

AVERSA OU ASPRINIO DI AVERSA

La zone de production de ce vin issu du cépage Asprinio s'étend sur plusieurs communes des provinces de Caserta et de Napoli. Afin de préserver la conduite de la vigne traditionnelle et spécifique à cette région – l'Alberata Aversana est un mode de conduite de la vigne d'origine étrusque qui consiste à laisser pousser la vigne en hauteur, adossée aux arbres, le plus souvent des peupliers – les producteurs doivent indiquer sur l'étiquette la mention Alberata ou Vigneti ad alberata. Cette précision leur permet d'ailleurs d'afficher une certaine fierté.

Année du décret : 1994 (1993)
Superficie : 42 ha (98)
Encépagement : *Asprinio* (85 % minimum)
Rendement : 78 hl/ha
Production : 1 700 hl
Durée de conservation : 1 à 2 ans
Température de service : 8-10 °C

Vin blanc uniquement
Bianco : Robe jaune paille avec des reflets verts – Fruité et moyennement aromatique – Sec, vif et léger
Spumante : Robe jaune paille et brillante – Bulles fines, légères mais peu persistantes

Bianco : *Antipasti* aux poissons et fruits de mer – Poissons grillés – Calamars frits – Morue à la napolitaine – *Mozzarella di bufala*
Spumante : À l'apéritif

Cantine Grotta del Sole – Casa Vinicola Cicala – I Borboni

CAMPI FLEGREI

Cette appellation est typiquement napolitaine puisqu'elle couvre sept communes, dont Napoli, dans la province de ce nom. Plusieurs cépages sont utilisés, mais là aussi, Falanghina et Piedirosso dominent dans cette DOC à découvrir lors d'une chaude soirée dans un restaurant typique de l'envoûtante baie.

Année du décret : 1994
Superficie : 102 ha (110)
Encépagement : B : *Falanghina* – Biancolella et Coda di Volpe
R : *Piedirosso* (appelé localement Pér' Palummo) – Aglianico et Sciascinoso

Les autres vins sont élaborés avec 90 % minimum du cépage indiqué sur l'étiquette.

Rendement : B : 78 hl/ha
R : 65 hl/ha
Production : 6 400 hl
Durée de conservation : 1 à 3 ans
Température de service : B : 8-10 °C
R : 16-18 °C

Bianco : Jaune paille – Arômes floraux – Sec et fruité
Falanghina : Blanc sec moyennement aromatique – Existe aussi en version effervescente
Rosso : Rouge rubis – Fruité et légèrement tannique – Structure moyenne
Piedirosso : Rouge fruité aux arômes épicés – Assez souple – Existe aussi en Passito sec ou doux

Voir Capri

Cantine Grotta del Sole

CAPRI

Petite île située au sud du golfe de Napoli, Capri est riche d'une tradition viticole qui remonte à 3000 ans. La vigne est cultivée sur de petites terrasses, mais les plaisirs du vin sont infiniment moins attrayants que ceux procurés par l'île elle-même. Pour son climat et ses paysages invitants, Capri demeure une destination touristique de choix. Et à défaut de vin fabuleux, on pourra toujours se replier sur le Limoncello local, une liqueur de citron.

Année du décret: 1977
Superficie: 8 ha (15)
Encépagement: B: Falanghina, Greco et ajout éventuel de Biancolella (20 % maximum)
R: *Piedirosso* (80 % minimum)
Rendement: 78 hl/ha
Production: 275 hl
Durée de conservation: 1 à 3 ans
Température de service: B: 8-10 °C
R: 14 °C

Bianco (88 %) : Robe jaune paille peu intense – Fruité mais peu aromatique – Sec, vif et léger
Rosso: Robe rubis clair – Arômes de fruits rouges – Fruité et léger

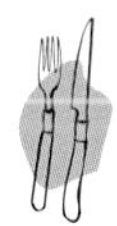

Bianco: *Antipasti* aux poissons et fruits de mer – Soupe de poissons – Poissons frits et grillés – Fromages (*caciocavallo, mozzarella di bufala*)
Rosso: Viandes rouges grillées – Macaronis à la viande – Viandes blanches rôties – Fromages légers

De Rosa

CASTEL SAN LORENZO

Cette petite appellation est située dans le sud de la Campanie, au cœur de la province de Salerno. Parmi tous les vins produits, le rouge issu de la Barbera tire son épingle du jeu.

Année du décret: 1992
Superficie: 69 ha (122)
Encépagement: B: Trebbiano et Malvasia bianca – Autres cépages autorisés (20 % maximum)
R/Rs: *Barbera* (60-80 %) – Sangiovese – Autres cépages autorisés (20 % maximum)

Les autres vins (Barbera et Moscato) sont élaborés avec 85 % minimum du cépage indiqué.

Rendement: B: 78 hl/ha
R/Rs/Moscato: 65 hl/ha
Production: 3700 hl
Durée de conservation: B/Rs: 1 an
R: 1 à 2 ans
Barbera: 3 à 5 ans
Température de service: B/Rs: 8-10 °C
R: 16 °C

Bianco: Sec, léger et fruité
Moscato: Blanc doux et fruité – Peut se faire en mousseux
Rosato: Sec, léger et vif
Rosso: Rouge fruité et assez léger
Barbera (53 %) : Rouge plus soutenu et assez corsé
*Après deux ans de vieillissement, il a droit à la mention **Riserva**.*

Voir Capri
Barbera: Voir Falerno rosso
Moscato: À l'apéritif – Tarte aux pêches, aux poires ou aux abricots – Sorbets aux fruits blancs

Cooperativa Val Calore

CILENTO

La région du Cilento, située dans le sud de la Campanie, est aussi belle que vaste. La surface du vignoble qui porte ce nom est pourtant très modeste, et les vins ne sont pas vraiment remarquables. Il sera toutefois intéressant de traverser cette jolie contrée, ne serait-ce que pour la cité antique de Velia et, plus au nord, celle de Paestum, un des plus grands sites archéologiques en Italie.

Année du décret : 1989
Superficie : 20 ha (60)
Encépagement : R : *Aglianico* – Piedirosso et Barbera – Autres cépages autorisés (10 % maximum)
Rs : Sangiovese – Aglianico – Primitivo et/ou Piedirosso – Autres cépages autorisés (10 % maximum)
B : Fiano – Trebbiano – Greco et/ou Malvasia bianca – Autres cépages autorisés (10 % maximum)
Cilento Aglianico : *Aglianico* (85 % minimum)
Rendement : 65 hl/ha
Production : 650 hl
Durée de conservation : Aglianico/Rosso : 3 à 5 ans
B/Rs : 1 à 2 ans
Température de service : B/Rs : 8-10 °C
R : 16-18 °C

Bianco (58 %) : Sec, léger et fruité – Finale légèrement amère
Rosso : Rouge moyennement corsé
Aglianico : Vin rouge corsé et tannique
Rosato : Rosé sec et fruité

Le vieillissement obligatoire est de un an minimum pour l'Aglianico.

Rosso/Rosato : Voir Vesuvio
Bianco : Voir Fiano di Avellino

Cantina sociale di Cilento

On trouve encore aujourd'hui de nombreuses amphores de l'époque antique.

COSTA D'AMALFI

La république maritime d'Amalfi est la plus ancienne d'Italie. Fondée en 840, elle atteignit son apogée au XIe siècle et entretenait un commerce régulier avec les ports de l'Orient, possédant un arsenal où étaient construites les galères de l'époque. Il faut à tout prix emprunter la route qui longe cette côte accidentée où de jolies maisons blanches sont juchées sur un promontoire qui fait face à une mer toujours bleue. Dans ce site enchanteur, corniches, gorges et rochers plongeant à pic dans la mer se succèdent magnifiquement. De Salerno à Positano, en passant par Capo d'Orso et Amalfi, on découvrira ces villages de pêcheurs adossés à des récifs couverts d'une végétation luxuriante. Et la vigne a trouvé sa place parmi les orangers, les citronniers, les oliviers et les amandiers. Je garde un excellent souvenir d'un repas de fruits de mer pris à Atrani, arrosé, il va de soi, d'un rafraîchissant Costa d'Amalfi issu de Falanghina. Les amateurs de fine céramique en profiteront pour s'arrêter à Vietri sul Mare.

Année du décret: 1995
Superficie: 44 ha (65)
Encépagement: B: *Falanghina* (40 % minimum) – Biancolella (20 % minimum) – Autres cépages autorisés (40 % maximum)
R/Rs: *Piedirosso* (40 % minimum) – Sciascinoso et/ou Aglianico (60 % maximum)
Rendement: B: 78 hl/ha
Zone plus précise: 65 hl/ha
R/Rs: 71,5 hl/ha
Zone plus précise: 58,5 hl/ha
Production: 1 840 hl
Durée de conservation: 1 à 3 ans
Température de service: B/Rs: 8 °C
R: 16 °C

Bianco (53 %) : Robe jaune paille peu intense – Sec, léger et fruité
Rosso: Rouge rubis plus ou moins intense – Fruité et moyennement tannique
Rosato: Aromatique, sel et léger

*Ces vins peuvent porter l'indication des trois sous-zones suivantes: **Furore, Ravello** et **Tramonti.** Dans ce cas, le degré d'alcool est un peu plus élevé. Quant au rouge, après deux ans de vieillissement il porte la mention **Riserva.***

Voir Capri
Rosato: Voir Vesuvio

Cantine Gran Furor Divina Costiera

FALERNO DEL MASSICO

Aidée par la légende, cette appellation est plus connue pour son charme historique et mythologique que pour ses vins. Elle se situe au nord de Napoli sur les coteaux du mont Massico, sur les collines situées entre Sessa Aurunca et Mondragone, ainsi que sur la commune de Carinola.

Année du décret: 1993 (1989)
Superficie: 75 ha (83)
Encépagement: B: *Falanghina*
R: Aglianico et Piedirosso – Primitivo et Barbera (20 % maximum)
Primitivo: *Primitivo* (85 % minimum)
Rendement: 65 hl/ha
Production: 2 330 hl
Durée de conservation: B: 1 à 2 ans
R: 5 ans environ
Température de service: B: 8 °C R: 18 °C

Bianco (40 %): Robe jaune paille aux reflets verts – Peu aromatique, sec et fruité
Rosso: Robe intense – Corsé, riche et tannique avec parfois une finale amère
Primitivo: Couleur grenat profond – Aromatique, généreux et robuste – Peut être fait en demi-sec

Les vins rouges sont soumis à un élevage obligatoire d'un an et portent la mention ***Riserva*** *ou* ***Vecchio*** *après deux ans de vieillissement, dont un en fût.*

Bianco: Poissons grillés – Coquillages et fruits de mer (moules marinière) – Fromages frais (*mozzarella di bufala*)
Rosso: Viandes rouges et préparations en sauce – *Bistecca alla pizzaiola* (bifteck aux tomates et à l'ail) – Gibier à plume – Fromages relevés
Primitivo: Lasagne relevée – Abats – Gibier à poil – *Caciocavallo*

Michele Moio – **Villa Matilde**

FIANO DI AVELLINO

Dotée de nombreux vignobles, la province d'Avellino, située à l'est de Napoli, produit des vins intéressants. Ceux-ci tirent leur appellation du cépage du même nom et que l'on appelait autrefois Vitis Apiana à cause des abeilles particulièrement gourmandes de ces raisins sucrés. Pour cette raison, cette DOC peut aujourd'hui revendiquer la mention Apianum.

Année du décret: 1991 (1978)
Superficie: 240 ha (306)
Encépagement: *Fiano* (85 % minimum)
Ajout éventuel de Greco, de Coda di Volpe et de Trebbiano
Rendement: 65 hl/ha
Production: 12 720 hl
Durée de conservation: 1 à 4 ans
Température de service: 8-10 °C

Vin blanc uniquement
Couleur d'un jaune paille plus ou moins intense – Arômes subtils de fruits blancs (poire) – Sec et léger – Rappelle les noisettes grillées en rétro-olfaction

Un des vins blancs secs les plus fins du sud de l'Italie.

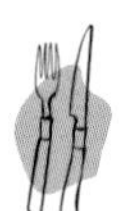

Gratin d'aubergines au parmesan – Spaghetti au homard – Poissons grillés et meunière – Truite aux amandes – *Vermicelli con le cozze* (vermicelles aux moules) – *Provolone* moelleux

Azienda Agricola Di Meo – Azienda Colli di Lapio – Azienda Agricola Colli Irpini – Azienda Agricola Giulia – Azienda Vitivinicola Bonaventura – **Cantine Grotta del Sole** – D'Antiche Terre – **Feudi di San Gregorio** (Pietracalda) – **Mastroberardino** (Vignadora, Radici, Maiorum) – Giovanni Struzziero – Terredora di Paolo – Vadiaperti

GALLUCCIO

C'est dans la province de Caserta que plusieurs communes, dont Tora, Piccilli, Conca della Campania et, bien entendu, Galluccio, ont droit à cette jeune et petite dénomination en blanc, en rouge et en rosé.

Année du décret: 1997
Superficie: 10 ha (36)
Encépagement: B: *Falanghina* (70 % minimum)
R/Rs: *Aglianico* (70 % minimum)
Rendement: B: 78 hl/ha
R/Rs: 71,5 hl/ha
Production: 680 hl
Durée de conservation: 1 à 3 ans
Température de service: B: 8 °C
R: 16-18 °C

Bianco (78 %): Robe jaune paille aux reflets verts – Peu aromatique, sec et fruité
Rosso: Robe intense – Moyennement corsé et tannique, avec parfois une finale amère

*Après deux ans de vieillissement, dont une année en fût de chêne, le vin rouge porte la mention **Riserva**.*

Rosato: Robe claire – Sec et fruité

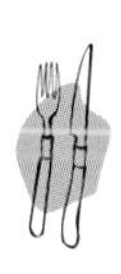

Voir Falerno del Massico
Rosato: Voir Vesuvio

Fattoria Prattico

GRECO DI TUFO

Originaire de Thessalie, en Grèce, ce cépage introduit dans cette région depuis deux millénaires donne son nom à cette appellation produite sur les collines de huit communes, dont Tufo, toutes situées au nord d'Avellino.

Année du décret: 1991 (1970)
Superficie: 430 ha (500)
Encépagement: *Greco* (85 % minimum) – Coda di Volpe
Rendement: 65 hl/ha
Production: 25 160 hl
Durée de conservation: 1 à 3 ans
Température de service: 8-10 °C

Vin blanc uniquement
Jaune paille, parfois doré – Arômes fruités (abricot) – Sec – Bonne présence acide en bouche avec une finale légère d'amande grillée

Un peu de vin mousseux peut être produit sous cette appellation.

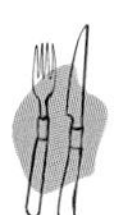

Poissons grillés et meunière – Fettuccine aux fruits de mer – Escalopes de veau sautées au citron – *Cozze al forno* (moules grillées)

Azienda Agricola Di Meo – Azienda Agricola Colli Irpini – Azienda Agricola Giulia – Azienda Agricola Marianna – Benito Ferrara – D'Antiche Terre – **Mastroberardino** (Novaserra, Vignadangelo) – Giovanni Struzziero – Terredora di Paolo – Vadiaperti

GUARDIA SANFRAMONDI OU GUARDIOLO

Au nord du fleuve Volturno, autour de la commune de Guardia Sanframondi, la vigne pousse à une altitude moyennement élevée et donne à la province de Benevento une autre DOC. La production est plus que confidentielle.

Année du décret: 1993
Superficie: 0,42 ha (45)
Encépagement: B: Malvasia di Candia – Falanghina – Autres cépages autorisés (30 % maximum)
R/Rs: *Sangiovese* (80 % minimum)

Les autres vins (Falanghina et Aglianico) sont élaborés avec 90 % minimum du cépage indiqué sur l'étiquette.

Rendement: B: 78 hl/ha
R/Rs: 65 hl/ha

Production: 30 hl
Durée de conservation: 1 à 3 ans
Température de service: B: 8 °C
R: 18 °C

Bianco: Jaune paille – Arômes floraux et fruités – Sec et très fruité
Falanghina: Blanc sec, vif et assez aromatique – Existe aussi en version effervescente

Rosso: Rouge rubis – Fruité et moyennement tannique
Aglianico: Vin rouge corsé et tannique – Bien structuré

Rosato: Rosé sec et fruité – Bonne vivacité

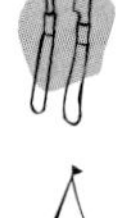

Voir Capri
Rosato: Voir Vesuvio

Cooperativa Agricola La Guardiense

Une partie des caves chez Mastroberardino.

ISCHIA

Ischia est une île située à l'entrée du golfe de Napoli dont la réputation n'est plus à faire pour les amateurs de baignade et de pêche. Les vignes sont plantées sur des coteaux bien exposés et partagent avec les oliviers des sols d'origine volcanique en partie responsables de la luxuriante végétation de l'endroit. La production reste malgré tout peu importante et n'offre un intérêt que local. Si vous passez sur cette île quelques jours de farniente, *profitez-en pour vous procurer les vins IGT Epomeo, du mont du même nom qui culmine tout de même à près de 800 m.*

Année du décret: 1993 (1966)
Superficie: 77 ha (96)
Encépagement: B: *Forastera* (65 % minimum) - Biancolella (20 % minimum) - Autres cépages autorisés (15 % maximum)
R: Guarnaccia - Piedirosso - Autres cépages autorisés (20 % maximum)

Les autres vins (Biancolella, Forastera et Piedirosso) sont élaborés avec 85 % minimum du cépage indiqué sur l'étiquette.

Rendement: B: 65 hl/ha
R: 58,5 hl/ha
Production: 4 500 hl
Durée de conservation: 1 à 3 ans
Température de service: B: 8 °C
R: 16-18 °C

Bianco (35 %) : Sec et léger - Se fait aussi en Bianco Superiore ; sec et plus relevé et existe en version effervescente (Spumante)
Biancolella : Jaune paille avec des reflets verts - Sec et moyennement aromatique
Forastera : Jaune paille plus prononcé - Sec et fruité

Rosso : Rouge peu intense - Souple, léger et fruité
Piedirosso : Rouge fruité aux arômes épicés - Assez souple - Existe aussi en Passito sec ou doux

Dans la région de Napoli et sur l'île d'Ischia, le Piedirosso s'appelle Pér 'e Palummo.

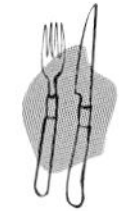

Voir Capri

D'Ambra Vini d'Ischia - Cantina di Pietratorcia - Terra Mia

PENISOLA SORRENTINA

La presqu'île ou péninsule de Sorrento donne son nom à cette DOC qu'on aura le plaisir de découvrir en suivant une petite route pittoresque qui offre un superbe panorama. Orangers, oliviers et citronniers disputent à la vigne ce terroir très particulier situé au sud de Napoli, tout près de la célèbre côte amalfitaine.

Année du décret : 1994
Superficie : 62 ha (96)
Encépagement : B : *Falanghina* (40 % minimum) et/ou Biancolella et/ou Greco
R : *Piedirosso* (40 % minimum) et/ou Sciascinoso et/ou Aglianico
Rendement : B : 78 hl/ha
Bianco Sorrento : 65 hl/ha
R : 71,5 hl/ha
Rosso Sorrento : 58,5 hl/ha
Production : 2 885 hl
Durée de conservation : 1 à 3 ans
Température de service : B : 8-10 °C
R : 16-18 °C

Bianco : Robe jaune paille peu intense – Sec, léger, vif et fruité
Rosso : Rouge rubis plus ou moins intense – Fruité et moyennement tannique

Ces vins peuvent porter l'indication de la sous-zone ***Sorrento.*** *Dans ce cas, le degré d'alcool est un peu plus élevé. Quant au rouge, il se fait aussi en Rosso Frizzante Naturale, avec la possibilité des mentions* ***Gragnano*** *ou* ***Lettere*** *(sous-zones géographiques).*

Voir Capri

Cantine Grotta del Sole

SANNIO

Au cœur de la province de Benevento, cette récente DOC couvre une vaste zone de production qui s'exprime dans toutes les couleurs et tous les types de vins. De quoi en perdre son latin, même si Roma n'est pas très loin…

Année du décret: 1997
Superficie: 268 ha (1 020)
Encépagement: B: *Trebbiano toscano* (50 % minimum)
Spumante: Aglianico et/ou Greco et/ou Falanghina
R/Rs: *Sangiovese* (50 % minimum)

Les autres vins sont élaborés avec 85 % minimum du cépage indiqué sur l'étiquette.

Rendement: B: 100 hl/ha
R/Rs: 88 hl/ha
Autres vins identifiés par un cépage: 81 hl/ha
Production: 17 730 hl
Durée de conservation: 1 à 3 ans
Température de service: B/Rs: 8-10 °C
R: 16-18 °C

Bianco: Jaune pâle – Sec mais peu expressif
Falanghina: Blanc sec, vif et assez aromatique
Fiano: Jaune paille plus ou moins intense – Arômes subtils de fruits blancs (poire) – Sec et léger
Greco: Jaune paille, parfois doré – Arômes fruités – Sec, avec une bonne présence acide en bouche
Coda di Volpe: Blanc sec et légèrement fruité
Moscato: Blanc doux et fruité

Rosato: Rosé sec et fruité – Bonne vivacité

Rosso: Rouge rubis – Fruité et moyennement tannique
Spumante: Vin blanc ou rosé effervescent obtenu par la méthode traditionnelle (*Metodo Classico*)
Aglianico: Vin rouge corsé et tannique – Bien structuré
Piedirosso: Rouge fruité aux arômes épicés – Assez souple
Barbera: Rouge plus soutenu et assez corsé
Sciascinoso: Rouge rubis plus ou moins intense – Souple et fruité

Curieusement, plusieurs de ces vins peuvent se faire en Spumante et en Passito, exceptés le Fiano et le Piedirosso qui ne peuvent se faire aussi qu'en Spumante.

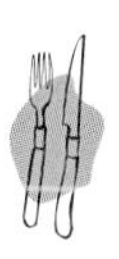

Voir Falerno del Massico
Fiano: Voir Fiano di Avellino
Greco: Voir Greco di Tufo
Coda di Volpe: Voir Vesuvio bianco
Moscato: Voir Castel San Lorenzo
Piedirosso/Sciascinoso: Voir Capri

Corte Normanna – Azienda Agricola De Lucia – Azienda Agricola Foresta – Casa Vinicola Cicala – **Mastroberardino**

La vigne au cœur de la ville antique de Pompei.

SANT'AGATA DE'GOTI ou SANT'AGATA DEI GOTI

Cette toute petite appellation tire sa curieuse dénomination de la ville du même nom, située à l'ouest de la province de Benevento. Peu importe la couleur des vins, blancs, rouges et rosés sont tous élaborés avec les cépages rouges traditionnels de cette région. Bien entendu, Falanghina et Greco sont des vins blancs issus des cépages blancs homonymes.

Année du décret : 1993
Superficie : 27 ha (34)
Encépagement : B/R/Rs : Aglianico et Piedirosso

Les autres vins sont élaborés avec 90 % minimum du cépage indiqué sur l'étiquette.

Rendement : 65 hl/ha
Falanghina/Greco : 71,5 hl/ha
Production : 1 130 hl
Durée de conservation : 1 à 3 ans
Température de service : B : 8-10 °C
R : 16-18 °C

Bianco : Vin blanc obtenu par pressurage des raisins rouges – Aromatique, sec et fruité
Falanghina : Blanc sec, vif et assez aromatique – Existe aussi en Passito
Greco : Jaune paille, parfois doré – Arômes fruités – Sec, avec une bonne présence acide en bouche

Rosso : Rouge rubis – Fruité, souple et moyennement tannique
Aglianico : Vin rouge corsé et tannique – Bien structuré – *Vieillissement obligatoire de deux ans*
Piedirosso : Rouge fruité aux arômes épicés – Assez souple

Aglianico et Piederosso peuvent se présenter avec la mention ***Riserva.***

Rosato : Rosé sec et fruité
Spumante : Vin blanc ou rosé effervescent obtenu par la méthode traditionnelle (*Metodo Classico*)

Voir Capri
Rosato : Voir Vesuvio
Spumante : À l'apéritif
Falanghina : Voir Falerno bianco
Greco : Voir Greco di Tufo
Aglianico : Voir Falerno rosso
Piedirosso : Voir Capri

Azienda Agricola Mustilli

SOLOPACA

Le village de Solopaca donne son nom à cette appellation située au nord-est de Napoli et dont les vignes poussent sur des collines, le long de la rivière Calore. On portera son intérêt aux vins, ma foi agréables, qui affichent la mention du cépage.

Année du décret : 1992 (1974)
Superficie : 404 ha (1 230)
Encépagement : B : Trebbiano – Falanghina – Coda di Volpe – Malvasia di Candia – Malvasia bianca
R/Rs : Sangiovese – Piedirosso – Aglianico – Autres cépages autorisés (30 % maximum)
Spumante : *Falanghina* (60 % minimum)

Les autres vins (Aglianico et Falanghina) sont élaborés avec 85 % minimum du cépage indiqué sur l'étiquette.

Rendement : B : 97,5 hl/ha
R/Rs : 84,5 hl/ha
Production : 29 900 hl
Durée de conservation : 1 à 2 ans
Température de service : B : 8 °C
R : 18 °C

Bianco : Couleur jaune paille – Arômes fruités – Sec et léger
Falanghina : Blanc sec, vif et assez aromatique

Rosso : Vin un peu rustique avec des arômes de confitures de fruits rouges – Manque de finesse
Aglianico : Vin rouge corsé et tannique – Bien structuré – *Vieillissement obligatoire d'un an*

Rosato : Rosé sec et fruité
Spumante : Vin blanc effervescent léger, aux arômes de fleurs blanches

Voir Falerno del Massico
Rosato : Voir Vesuvio
Spumante : À l'apéritif

De Lucia – Foresta – Corte Normanna – Pasquale Venditti – Volla – Cantina Sociale di Solopaca

L'art n'est pas incompatible avec l'élevage du vin. Détail de la cave chez Mastroberardino.

TAURASI

DOCG

La petite ville de Taurasi donne son nom à ce vignoble situé juste à l'est de celui d'Avellino, avec lequel il partage d'ailleurs quelques hectares. Les vins de Taurasi sont déjà très connus et se distinguent parmi les meilleurs rouges du sud de l'Italie. Nul doute que le sérieux et la réputation de la maison Mastroberardino ont contribué à l'obtention de la DOCG.

Année du décret: 1993 (DOC en 1970)
Superficie: 261 ha (511)
Encépagement: *Aglianico* (85 % minimum) – Autres cépages autorisés tels que Piedirosso et Sangiovese
Rendement: 65 hl/ha
Production: 11 500 hl
Durée de conservation: 8 à 10 ans
Température de service: 18 °C

Vin rouge uniquement

Belle robe foncée profonde avec des reflets particulièrement orangés en vieillissant – Bouquet intense et complexe de cuir et d'épices avec l'âge – Tannique – Corsé et long en bouche

*Un vieillissement de trois ans, dont au moins un an en fût, est obligatoire pour avoir droit à l'appellation. Quatre ans de vieillissement lui donne droit à la mention **Riserva.***

Attendre absolument quatre à cinq ans avant de goûter à ces vins le plus souvent élaborés avec 100 % d'Aglianico.

Noisettes de chevreuil – Viandes rouges rôties – Civet de lièvre – Fromages relevés (*provolone* fort) – *Bistecca alla pizzaiola* (bifteck aux tomates et à l'ail)

Azienda Agricola Di Meo – **Feudi di San Gregorio** (Piano di Montevergine) – **Mastroberardino** (Radici – Montemiletto) – **Antonio Caggiano** (Macchia dei Goti) – D'Antiche Terre – Salvatore Molettieri – Giovanni Struzziero

VESUVIO

Les Napolitains chérissent le Vésuve, qu'ils surnomment affectueusement la bomba. *Le vignoble occupe les collines bien exposées autour du volcan et dont le sol est riche en potassium. Bien entendu, les légendes sont assez tenaces pour accorder une quelconque importance aux «larmes du Christ». Les gens de la région disaient en effet que Dieu pleura lorsqu'un bout de ciel fut emporté par Lucifer. Voilà pourquoi les vins affichant un minimum de 12 % d'alcool peuvent s'enorgueillir de la DOC Lacryma Christi del Vesuvio. Une fois encore, la maison Mastroberardino sauve la situation en offrant des vins dignes d'intérêt.*

Année du décret: 1991 (1983)
Superficie: 257 ha (327)
Encépagement: B: *Coda di Volpe* et *Verdeca* – Falanghina et Greco (20 % maximum)
R/Rs: *Piedirosso* et *Sciascinoso* – Aglianico (20 % maximum)
Rendement: 65 hl/ha
Production: 13 000 hl
Durée de conservation: B/Rs: 1 an
R: 1 à 2 ans
Température de service: B/RS: 8 °C
R: 16 °C

Bianco: Vin blanc sec aux reflets verts – Légèrement aromatique, il est léger et quelque peu acidulé
Rosso: Robe claire – Peu aromatique – Léger et fruité
Rosato: Sec, fruité et léger

Ces vins peuvent également être produits en Spumante naturale, et la dénomination Lacryma Christi del Vesuvio bianco peut se faire en Liquoroso.

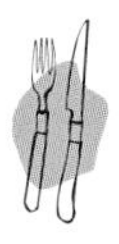

Bianco: Coquillages, fruits de mer et crustacés (moules marinière) – Fromages (*mozzarella di bufala*)
Rosso: Viandes rouges grillées – Viandes blanches rôties – Saucisse italienne – Pâtes avec sauce à la viande (lasagne, macaroni) – Fromages (*caciocavallo*)
Rosato: Charcuteries (salami, jambon fumé) – Spaghetti aux légumes – Aubergines farcies – Pâtes servies avec sauce tomatée – *Penne arrabiata – Caciocavallo*

Azienda Agricola Sorrentino – **Cantine Grotta del Sole – Mastroberardino**

Le Vésuve, vu de Pompei.

INDICAZIONE GEOGRAFICA TIPICA
INDICATION GÉOGRAPHIQUE TYPIQUE
IGT

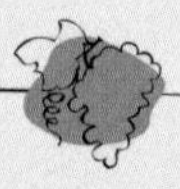

- Beneventano
- Colli di Salerno
- Dugenta
- Epomeo
- **Irpinia**
- Paestum
- Pompeiano
- Roccamonfina
- Terre del Volturno

QUELQUES VINS PARFOIS EXPORTÉS

Bianco

Avalon (Coda di Volpe 100 %). Blanc sec très aromatique, avec du gras et de la matière. IGT Pompeiano ; *Mastroberardino.*

Bianco (Coda di Volpe 100 %). Blanc sec et fruité. IGT Pompeiano ; *Azienda Agricola Sorrentino.*

Eleusi Passito (Falanghina 100 %). Blanc doux aromatique et savoureux. IGT Irpinia ; *Villa Matilde.*

Melizie Passito (Greco 50 % et Fiano 50 %). Blanc doux avec arômes de miel, de fruits secs et de vanille, bien équilibré. IGT Irpinia ; *Mastroberardino.*

Privilegio (Fiano, principalement). Vin blanc liquoreux d'une grande finesse à découvrir absolument. IGT Irpinia ; *Feudi di San Gregorio.*

Rosso

Anthères (Aglianico 100 %). Rouge liquoreux et puissant, au nez particulier de cerise amère et d'épices. IGT Irpinia ; *Mastroberardino.*

Cecubo (Abbuoto – ou Cecubo – 40 %, Primitivo, Piedirosso et Coda di Volpe). Rouge rubis au nez de fruits mûrs (confitures de prune), d'épices et de tabac. Bien structuré avec une bonne longueur ; vin original. IGT Roccamonfina ; *Villa Matilde.*

Montevetrano (Cabernet sauvignon 60 %, Merlot 30 % et Aglianico 10 %). Vin rouge puissant et élégant ; *Azienda Agricola Montevetrano.*

Naturalis Historia (Aglianico 85 % et Piedirosso). Rouge très coloré, bouqueté et très corsé. IGT Irpinia ; *Mastroberardino.*

Rosso (Aglianico 100 %). Excellent vin rouge puissant et complexe. IGT Irpinia, *Salvatore Molettieri.*

Rosso (Aglianico 100 %). Vin rouge fruité et moyennement corsé. IGT Terre del Volturno ; *Villa San Michele.*

Terra di Lavoro (Aglianico et Piedirosso). Rouge assez corsé. IGT Roccamonfina, *Galardi.*

Mastroberardino®
CASA FONDATA NEL 1878
AVELLANIO®
VINIFICATO E IMBOTTIGLIATO DALLA AZIENDA VINICOLA
MICHELE MASTROBERARDINO s.n.c. - ATRIPALDA (ITALIA)
11% VOl
750 ml ℮
VINO DA TAVOLA D'IRPINIA ROSSO

AVELLINO
FIANO DI AVELLINO
DENOMINAZIONE DI ORIGINE CONTROLLATA
VINIFICATO E IMBOTTIGLIATO DALLA AZIENDA VINICOLA
MICHELE MASTROBERARDINO s.n.c. - ATRIPALDA (ITALIA)
Mastroberardino®
CASA FONDATA NEL 1878
750 ml ℮
11,5 % VOL.

GRECO
di TUFO
VQPRD
DENOMINAZIONE D'ORIGINE CONTROLLATA
Imbottigliato all'origine
dal viticultore nelle cantine
della tenuta
Vadiaperti®
in MONTEFREDANE (AV) - ITALIA
Riv. 125/AV
VENDEMMIA
75 cl. ℮
12,5 % VOL.

TAVRASI
DENOMINAZIONE DI ORIGINE CONTROLLATA
E GARANTITA
Vin rouge / Red wine
Produit d'Italie
750 ml ℮
Product of Italy
13% alc./vol.

PRODUCT OF ITALY
PRODUIT D'ITALIE
Greco di Tufo
DENOMINAZIONE DI ORIGINE CONTROLLATA
WHITE WINE
VIN BLANC
BOTTLED IN THE CELLARS - EMBOUTEILLÉ DANS LES CAVES VINICOLES
MICHELE MASTROBERARDINO s.n.c. - ATRIPALDA (ITALIA)
Mastroberardino
ESTABLISHED IN 1878
MAISON FONDÉE EN 1878
750 ml
11,5 % alc / vol

T. MONACO
MARCA DEPOSITATA
Vino
Tipico
MONACO
Lacrima
Christi
del Vesuvio
PREMIATA CASA VINICOLA FONDATA NEL 1882
DITTA TEMISTOCLE MONACO
NAPOLI (ITALIA)

EMILIA ROMAGNA

L'Émilie-Romagne

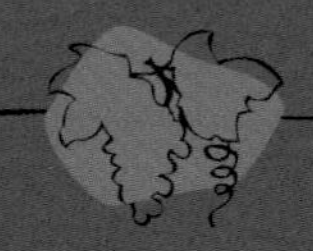

Traversant l'Italie d'est en ouest, l'Émilie-Romagne occupe une position privilégiée. Cette région est en effet un passage presque obligé puisque les Marches, la Toscane et un petit bout de la Ligurie la supportent au sud et que la Vénétie, la Lombardie et un bout du Piémont la coiffent au nord. Ses limites sont naturelles, avec le Pô au nord, les Apennins qui s'étendent du Piémont aux Marches et, enfin, l'Adriatique à l'est.

À l'image du pays, l'histoire de cette région est plus que tourmentée et comporte des étapes décisives quant à sa spécificité. La période des communes libres, au XIIe siècle, fut particulièrement glorieuse et les villes devinrent le fief des familles les plus influentes : les Estensi à Modena et les Visconti à Parma. En lutte continuelle avec Firenze (Florence) contre la redoutable Venise et la puissante papauté, ces familles préservèrent malgré tout une certaine indépendance jusqu'à ce que Napoléon s'en mêle et unifie les terres émiliennes en une république. Puis, beaucoup plus tard, de 1815 à 1860, de congrès en traités, de donations en soulèvements et d'annexions en dictature, l'Émilie-Romagne joignit le Royaume d'Italie.

Un vigneron fier de son cépage Albana.

La surface agricole et forestière couvre 90 % d'un territoire consacré principalement aux céréales, au riz, à la betterave sucrière, au chanvre et au lin, aux fruits, aux pâturages (les industries bovines et porcines y sont importantes) et, bien sûr, à la vigne, qui occupe une part appréciable de ce terroir plutôt privilégié. C'est d'ailleurs cette richesse (le sol) qui explique en partie le fait que l'Émilie-Romagne ne représente pas vraiment, à part quelques exceptions, une région viticole prestigieuse. Le vignoble est en effet implanté plus souvent en plaine qu'en coteau, et les collines cultivées n'offrent pas vraiment de pentes très accusées. Quant au climat, il semblerait que celui qui domine dans les environs de Parma soit plus profitable au jambon qu'à la vigne. Ce qui nous permet de nous régaler avec un délicieux *prosciutto* préparé suivant des normes ancestrales qui veulent que la qualité de l'air ambiant pendant le séchage joue un rôle crucial.

Côté fromages, les Émiliens ne sont pas en reste ; il suffit de penser au célèbre et savoureux *parmigiano reggiano* (parmesan), sans lequel la cuisine italienne ne serait pas ce qu'elle est. Dernièrement, j'ai eu l'opportunité de goûter ce fromage à différentes périodes d'affinage et de vieillissement, dont un fameux « trente mois ». Il est aisé de constater qu'il s'agit là d'un grand produit, à déguster avec de solides vins rouges de la région ou des crus de Chianti Classico. À ce sujet, et sans vouloir tomber dans l'ironie, je pense malgré tout que le vinaigre balsamique, dont Modena est un peu la capitale, est souvent mieux réussi que nombre de leurs vins... Il faut hélas ! se rendre à l'évidence, la culture de la vigne en hautain, les faibles densités de plantation, les rendements exagérés et la dilution qui s'en suit ne peuvent conduire à l'élaboration de vins de grande qualité. La naissance, à la fin de l'année 2001, de la toute nouvelle DOC Colli Romagna Centrale ne modifiera pas nécessairement cet état de fait...

Et puis, que peut-on reprocher à des gens qui se régalent encore de vins rouges doux et pétillants ? Ces derniers font partie de leur patrimoine et ils ont tout à fait le droit d'aimer cela. Heureusement pour ceux qui sont habitués à autre chose, certaines appellations s'en tirent bien, comme le Sangiovese di Romagna, l'Albana di Romagna Passito et certains crus des Colli Bolognesi. Et si les nouvelles dispositions de la législation n'ont pas changé grand-chose au chapitre des rendements, il faut toutefois admettre que plusieurs propriétaires (je pense entre autres à la famille d'Umberto Cesari, à Cristina Geminiani, de la Fattoria Zerbina, et aux Pezzi de la Fattoria Paradiso) nous offrent aujourd'hui des productions tout à fait dignes d'intérêt.

Mais les conditions naturelles resteront ce qu'elles sont. Espérons simplement qu'ils continueront à faire un des meilleurs jambons au monde !

L'ÉMILIE-ROMAGNE EN BREF

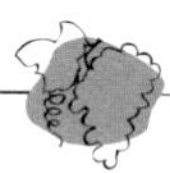

- 58 200 ha de vignes
- 29 500 ha en VQPRD*, dont 21 130 déclarés en l'an 2000
- 1 DOCG
- 20 DOC
- 10 IGT
- Des rendements à l'hectare encore trop élevés
- La région par excellence du Lambrusco
- Un vin d'une grande qualité : l'Albana di Romagna Passito
- Une gastronomie alléchante
- Un fromage savoureux : le *parmigiano reggiano*

* VQPRD : Vins de qualité produits dans une région déterminée (DOC + DOCG).

EMILIA ROMAGNA

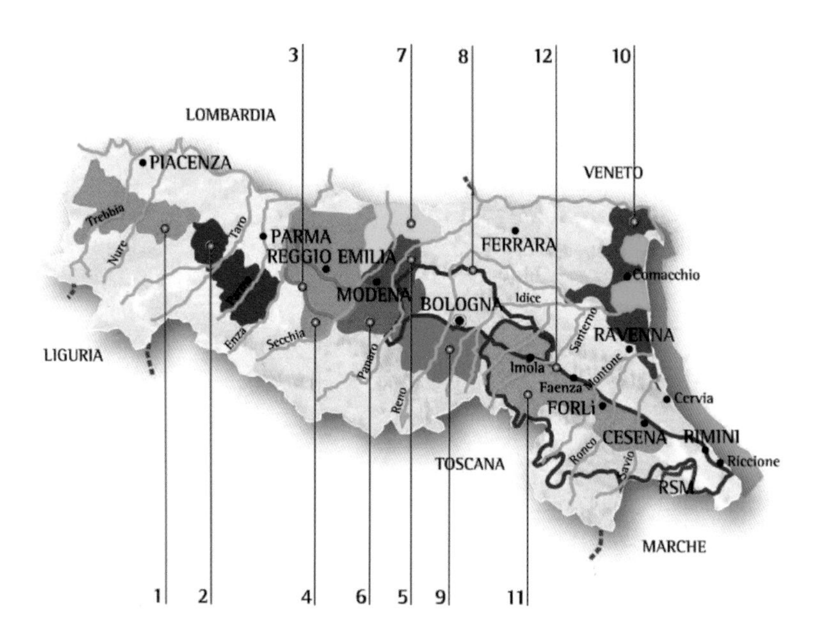

1	Colli Piacentini	7	Lambrusco Salamino di Santa Croce
2	Colli di Parma	8	Montuni del Reno
3	Colli di Scandiano e di Canossa	9	Colli Bolognesi Colli Bolognesi Classico Pignoletto
4	Reggiano	10	Bosco Eliceo
5	Lambrusco di Sorbara	11	Albana di Romagna D.O.C.G. Romagna Albana Spumante
6	Lambrusco Grasparossa di Castelvetro	12	Sangiovese di Romagna

ALBANA DI ROMAGNA

DOCG (ROMAGNA)

La commune de Bertinoro, à 10 km au sud de Forli, entre Bologna et Rimini, est devenue un important centre de production d'Albana. On se demande encore pourquoi ce vin est devenu le premier blanc d'Italie à accéder au rang suprême de la DOCG. Non pas qu'il soit mauvais, mais d'autres vins blancs dans le pays arrivent à sa hauteur, pour ne pas dire qu'ils le dépassent aisément. On a fait l'erreur, à mon avis, de donner sans discernement la DOCG à tous les vins de l'appellation (sauf le Spumante), et il eut été logique de la réserver aux Passito. Le cépage Albana a une peau épaisse et donne des vins colorés, parfois astringents et manquant souvent de finesse. Heureusement, certaines grandes maisons se distinguent avec des vins secs, moelleux ou liquoreux, comme la loi le leur permet, et défendent vigoureusement une appellation qui semble somme toute bien lourde à porter.

Année du décret: 1987 (DOC en 1967)
Superficie: 855 ha (1 330)
Encépagement: *Albana*
Rendement: 91 hl/ha
Passito: 70 hl/ha
Production: 37 500 hl
Durée de conservation: 1 an
Passito: 4 à 5 ans
Température de service: 10 °C

Vin blanc uniquement
Robe jaune paille à doré – Peu aromatique – Fruité et d'acidité moyenne – Se fait en Secco (sec), Amabile (moelleux), Dolce (doux) et Passito (passerillé)

Ce dernier, à mon avis le plus intéressant, est souvent de couleur ambre et offre des arômes de miel et de fleurs. Généreux en bouche, ce vin très doux possède du fruit et de la matière. Il doit présenter un degré minimum de 15,5 %.

Lorsqu'il est vinifié en Spumante, il n'a droit qu'à la DOC (Romagna Albana Spumante – 77 hl en l'an 2000).

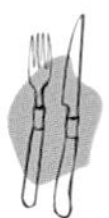

Secco: *Prosciutto con melone* (melon au jambon de Parme) – *Antipasti di mare* – Coquillages (huîtres, moules marinière) – Poissons grillés – Volaille sautée en sauce (poitrine de poulet au jambon et au fromage)
Dolce/Passito: À l'apéritif – *Pinoccate* (gâteau aux amandes et aux pignons)

Braschi – Celli – **Umberto Cesari** (Passito Colle del Re) – Fattoria Camerone – Colombina – **Fattoria Paradiso** (Contessina Ugarte, Pezzi di Paradiso, Passito Gradisca, Vigna del Viale) – **Stefano Ferrucci** (Passito Domus Aurea) – Guarini – Giovanna Madonia – Spalletti Colonna di Paliano (Passito Maolù) – Pasolini Dall'Onda – **Tenuta Uccellina** – **Fattoria Zerbina** (Passito Arrocco et Passito Scacco Matto) – **Tre Monti** (Vigna della Rocca) – Trerè – Villa Spadoni

BOSCO ELICEO

(EMILIA ET ROMAGNA)

Cette appellation située principalement le long de l'Adriatique essaie encore de se démarquer et d'atteindre le statut de vin haut de gamme. Malheureusement, malgré un climat relativement propice, on ne peut pas dire que le sol sablonneux favorise la qualité. Gros rendements et cépage rustique (Fortana) ne font pas spécialement bon ménage. Peut-être vaut-il mieux se rattraper sur le Merlot et le Sauvignon...

Année du décret : 1996 (1989)
Superficie : 120 ha (200)
Encépagement : Fortana/Merlot/Sauvignon (85 % minimum du cépage indiqué)
B : Trebbiano, Sauvignon et Malvasia – Autres cépages autorisés (5 % maximum)
Rendement : 97,5 hl/ha
Production : 7 000 hl
Durée de conservation : B : 1 an
R : 1 à 2 ans
Température de service : Bianco/Sauvignon : 8-10 °C
Fortana/Merlot : 14-16 °C

Fortana (Uva d'oro) : Rouge coloré – Peu aromatique – Tanins durs et amers
Merlot : Robe légèrement violacée – Léger et fruité
Sauvignon : Blanc léger, sec et gentiment fruité
Bianco : Jaune paille clair – Peu aromatique – Sec et léger

*Tous ces vins, excepté le Merlot, se font aussi en **Frizzante.***

Voir Colli Piacentini

Cantina cooperativa Bosco Eliceo

CAGNINA DI ROMAGNA

(ROMAGNA)

La Cagnina, apparentée au Refosco appelé Terrano dans le Frioul, donne sur ces quelques hectares un vin rouge pas très excitant à boire mais de préférence quelques mois après les vendanges avec, paraît-il, des châtaignes grillées. Ceux de la Fattoria Paradiso et de Tre Monti sont à essayer.

Année du décret : 1989
Superficie : 70 ha (85)
Encépagement : *Cagnina* (appelé aussi Refosco ou Negretto) (85 % minimum) – Autres cépages autorisés
Rendement : 84,5 hl/ha
Production : 4 300 hl
Durée de conservation : 1 à 2 ans
Température de service : 16 °C

Vin rouge uniquement
Robe violacée à pourpre – Vif et pauvre en alcool – Doux aux tanins amers – Manque souvent d'équilibre

Prosciutto – Viandes rouges sautées et ragoûts

Braschi – **Fattoria Paradiso** – Guarini – Spalletti Colonna di Paliano – **Tenuta Uccellina** – Tenuta Valli – **Tre Monti**

COLLI BOLOGNESI

COLLI BOLOGNESI CLASSICO PIGNOLETTO

(EMILIA)

Voilà une des appellations italiennes les plus complexes. Il s'agit d'une région viticole installée sur plusieurs terroirs. L'un d'eux, tout en plaines, donne des vins légers et peu structurés. Un autre, situé sur les collines autour de Monte San Pietro, offre des vins beaucoup plus intéressants. On trouvera plus bas les caractéristiques des divers cépages, mais la plupart d'entre eux peuvent aussi être commercialisés avec le nom des terroirs suivants: Colline di Riosto, Colline Marconiane, Zola Predosa, Monte San Pietro, Colline di Oliveto, Terre di Montebudello et Serravalle.

Année du décret: 1995 (1975)
Superficie: 660 ha (1 155)
Encépagement: B: Albana et Trebbiano

Les autres vins sont élaborés avec 85 % minimum du cépage indiqué sur l'étiquette.

Dans le cas des terroirs suivants, la proportion du cépage indiqué sur l'étiquette est portée à 100 % : Colline di Riosto, Monte San Pietro; Zola Predosa pour le Sauvignon, le Chardonnay et le Pignoletto, et Serravalle pour le Sauvignon.

Rendement: B: 84,5 hl/ha
Barbera/Merlot/Sauvignon/Riesling/Pignoletto/Chardonnay: 78 hl/ha (de 58,5 à 65 dans les terroirs) Pinot bianco: 71,5 hl/ha (52 dans le Monte San Pietro) Cabernet sauvignon: 65 hl/ha (52 dans les terroirs) Colli Bolognesi Classico Pignoletto : 58,5 hl/ha
Production: 33 500 hl
Pignoletto Classico: 260 hl

Durée de conservation: B: 1 à 2 ans
R: 2 à 4 ans
Riserva: 5 à 8 ans
Température de service: B: 8 °C
R: 16-18 °C

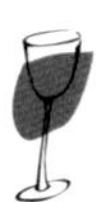

Bianco: Jaune doré clair – Sec ou demi-sec – D'une bonne vivacité
Sauvignon: Blanc sec ou demi-sec – Léger et fruité – Se fait aussi en Superiore
Riesling italico: Jaune paille – Sec ou demi-sec
Pinot bianco: Blanc sec ou demi-sec
Chardonnay: Blanc sec ou demi-sec – Fruité et souple
Pignoletto (43 %): Blanc aux reflets verts – Légèrement aromatique – Sec ou demi-sec – Se font aussi en **Frizzante, Spumante** et **Superiore.**

Merlot: Rouge rubis – Fruité – Peu charpenté – Manque de matière et de consistance
Barbera (11 %): Rouge intense avec reflets violets – Fruité, assez tannique et corsé
Cabernet sauvignon: Robe intense – Aromatique – Bonne acidité – Tannique et charpenté

Après trois ans, Barbera et Cabernet sauvignon ont droit à la mention ***Riserva.***

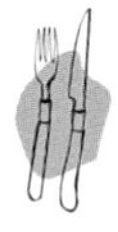

Bianco/Merlot: Voir Colli Piacentini
Barbera/Cabernet sauvignon: Lasagne au four – *Tagliatelle alla bolognese* – *Osso buco* – Viandes blanches et volailles rôties avec préparation tomatée – Viandes rouges grillées et sautées – *Parmigiano reggiano*

Azienda agricola Bonfiglio – Floriano Cinti – Maria Letizia Gaggioli – Isola – Cavazza Isolani – San Vito – **Tenuta Bonzara** – Tizzano – Vigneto delle Terre Rosse

COLLI DI FAENZA

(ROMAGNA)

Je garde un bon souvenir de cette ville qui a donné son nom à la faïence – céramique vernissée ou émaillée qui en est devenue une spécialité à partir du xve siècle. Bistrots, discothèques et autres trattori *accueillent gentiment les amateurs qui passent dans la région pour goûter aux vins de l'endroit, mais surtout pour visiter le musée international de la céramique. Tout simplement remarquable. Plusieurs communes, notamment dans les provinces de Ravenna et de Forli, peuvent revendiquer cette récente appellation.*

Année du décret: 1998 (1997)
Superficie: 42 ha (155)
Encépagement: B: *Chardonnay* (40-60 %) – Pignoletto et/ou Pinot bianco et/ou Sauvignon et/ou Trebbiano
R: *Cabernet sauvignon* (40-60 %) – Ancellotta et/ou Ciliegiolo et/ou Merlot et/ou Sangiovese

Pinot bianco/Trebbiano/Sangiovese: 100 % du cépage indiqué sur l'étiquette.

Rendement: Rosso: 58,5 hl/ha
Bianco/Sangiovese: 62 hl/ha
Pinot bianco: 55 hl/ha
Trebbiano: 75 hl/ha
Production: 1 600 hl
Durée de conservation: B: 1 à 2 ans
R: 2 à 4 ans
Température de service: B: 10 °C
R: 16 °C

Bianco (27 %): Blanc sec – Fruité et souple
Pinot bianco: Blanc sec, souple et d'une bonne fraîcheur
Trebbiano: Couleur pâle – Peu aromatique – Sec, vif et léger

Rosso (33 %): Robe soutenue – Aromatique – Bonne acidité – Moyennement tannique et charpenté
Sangiovese: Robe rubis légèrement violacée – Arômes de fruits rouges bien mûrs, parfois d'amande – Tanins assez souples – Fruité et plus ou moins généreux
*Après un vieillissement de deux ans, ces vins ont droit à la mention **Riserva.***

Bianco/Pinot bianco: Voir Colli Piacentini
Rosso: Voir Colli Bolognesi
Trebbiano: Voir Trebbiano di Romagna
Sangiovese: Voir Sangioves di Romagna

Stefano Ferrucci (Chiaro della Serra) – La Berta – Trerè

Une jolie faïence, au musée de Torgiano (Umbria).

COLLI D'IMOLA

(ROMAGNA)

À une quinzaine de kilomètres de Faenza, Imola est certainement plus connue pour son circuit de course automobile que pour ses vins. Le législateur a pourtant décidé d'accorder aux vignerons de cette région une appellation distincte qui s'étend sur six communes de la province de Bologna. Les céramiques et la soie d'Imola sont très recherchées.

Année du décret: 1997
Superficie: 180 ha (705)
Encépagement: B: Tous les cépages à peau blanche autorisés dans la région de production
R: Tous les cépages à peau noire autorisés dans la région de production

Les autres vins sont élaborés avec 85 % minimum du cépage indiqué sur l'étiquette.

Rendement: B/Trebbiano: 78 hl/ha
R/Sangiovese: 65 hl/ha
Cabernet sauvignon: 58,5 hl/ha
Chardonnay/Pignoletto: 71,5 hl/ha
Production: 9000 hl
Durée de conservation: 1 à 5 ans, selon le type de vin
Température de service: R: 16 °C
B: 10 °C

Bianco (26 %): Différents types de vins blancs selon les cépages utilisés – Peuvent se faire en **Frizzante** et en **Superiore**
Pignoletto: Blanc avec des reflets verts – Légèrement aromatique – Sec ou demi-sec – Se fait aussi en **Frizzante**
Chardonnay: Blanc sec ou demi-sec – Fruité et souple – Se fait aussi en **Frizzante**
Trebbiano (25 %): Couleur pâle – Peu aromatique – Sec, vif et léger – Se fait aussi en **Frizzante**

Rosso: Différents types de vins rouges selon les cépages utilisés – Peuvent se faire en **Riserva**
Barbera: Rouge intense avec reflets violets – Fruité, assez tannique et corsé – Peut aussi se faire en **Frizzante**
Sangiovese: Robe rubis légèrement violacé – Arômes de fruits rouges bien mûrs, parfois d'amande – Tanins assez souples – Fruité et plus ou moins généreux
Cabernet sauvignon: Belle robe intense – Aromatique – Bonne acidité – Tannique et charpenté

*Après un vieillissement de 18 mois, les deux derniers vins ont droit à la mention **Riserva.***

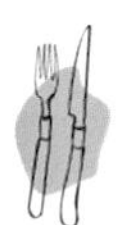

Voir Colli Piacentini
Trebbiano: Voir Trebbiano di Romagna
Sangiovese: Voir Sangiovese di Romagna
Barbera/Cabernet sauvignon: Voir Colli Bolognesi

Tre Monti (Salcerella, Tùrico, Boldo) – **Umberto Cesari** (Ca' Grande) – Villa Spadoni

COLLI DI PARMA

(EMILIA)

Parma est plus connue pour son jambon et son prosciutto *que pour le vin produit au sud de la ville. Les collines bien exposées se prêtent à la culture de quelques cépages, aidés, il est vrai, par des sols composés d'argile et de marnes, lesquels confèrent aux vins une certaine structure dont ils ont vraiment besoin. On n'hésitera pas à s'arrêter visiter cette grande cité riche de nombreux et magnifiques monuments témoins de son histoire. Le Duomo, le Baptistère, la Piazza Garibaldi et le Théâtre Farnese sont à ne pas manquer. Et ne serait-ce que pour siroter un verre de Malvasia en écoutant (sur disque) un opéra de Verdi dirigé par Toscanini, enfant de la ville, le détour en vaut bien la chandelle.*

Ici, les bouteilles de vin contribuent à la décoration de la cave.

Année du décret : 1995 (1983)
Superficie : N.C.
Encépagement : R : *Barbera* (60-75 %) – Bonarda et/ou Croatina (25-40 %) – Autres cépages autorisés
Malvasia : *Malvasia di Candia* (85 % minimum) – Moscato bianco
Sauvignon : 100 %
Rendement : Rosso : 65 hl/ha
Malvasia : 71,5 hl/ha
Sauvignon : 48,75 hl/ha
Production : N.C.
Durée de conservation : 1 à 2 ans
Température de service : R : 16 °C
B : 10 °C

Rosso : Rouge vif – Peu aromatique – Fruité – Court en bouche – Parfois perlant à légèrement pétillant

Malvasia Secco : Blanc d'un jaune paille plus ou moins intense – Très aromatique – Sec, fruité et agréable
*Se fait aussi en **Amabile** (semi-doux), en **Frizzante** et en **Spumante**.*
Sauvignon : Jaune paille – Arômes floraux délicats – Sec, fruité et léger
*Se fait aussi en **Frizzante** et en **Spumante**.*

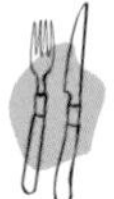

Rosso : Voir Colli Piacentini
Malvasia Secco : Melon au jambon de Parme – *Parmigiano reggiano*
Sauvignon : Voir Colli Piacentini

Cantine Dall'Asta – Lamoretti – Monte delle Vigne

COLLI DI RIMINI

(ROMAGNA)

Les Italiens connaissent bien Rimini. La grande plage de sable fin en a fait une station balnéaire courue, et ses équipements hôteliers ainsi que son port de plaisance attirent les touristes depuis des décennies. Ville historique s'il en est, la ville des Malatesta (dont l'histoire est racontée dans La Divine Comédie, *de Dante) a longtemps profité de sa situation stratégique. Plusieurs monuments y sont dignes d'intérêt. Les cinéphiles de passage trinqueront à la mémoire de Federico Fellini, né à Rimini en 1920.*

Année du décret: 1997 (1996)
Superficie: 76 ha (180)
Encépagement: B: *Trebbiano* (50-70 %) - Biancame et/ou Mostosa (30-50 %) - Autres cépages autorisés (20 % maximum)
R: *Sangiovese* (60-75 %) - Cabernet sauvignon (15-25 %) - Autres cépages autorisés (25 % maximum)
Rébola: *Pignoletto* (85 % minimum) - Autres cépages autorisés

Les autres vins sont élaborés avec 85 % minimum du cépage indiqué sur l'étiquette.

Rendement: B: 78 hl/ha
R/Rébola: 71,5 hl/ha
Production: 4 000 hl
Durée de conservation: B: 1 à 2 ans
R: 2 à 4 ans
Température de service: B: 10 °C
R: 16 °C

Bianco: Jaune paille clair - Peu aromatique - Sec et léger
Biancame: Vin blanc sec, fruité et rafraîchissant
Rébola: Belle couleur brillante avec des reflets verts (sec) et dorés (doux) - Aromatique, souple et très fruité - Peut se faire en **Amabile**, en **Dolce** et en **Passito**

Rosso: Robe rubis légèrement violacé - Arômes de fruits rouges bien mûrs, parfois d'amande - Tanins assez souples - Fruité et plus ou moins généreux
Cabernet sauvignon (34 %): Belle robe rubis intense - Aromatique - Bonne acidité - Tannique et charpenté
*Après un vieillissement de 24 mois, ce dernier a droit à la mention **Riserva**.*

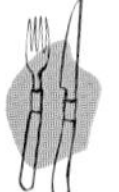

Voir Colli Piacentini
Rosso/Cabernet sauvignon: Voir Colli Bolognesi

Voir les producteurs du Sangiovese di Romagna

COLLI DI SCANDIANO E DI CANOSSA

(EMILIA)

Autrefois réservée principalement au cépage Sauvignon, cette appellation qui s'étend sur plusieurs communes de la province de Reggio Emilia, se décline aujourd'hui en plusieurs couleurs. Habituellement surnommé dans cette région Spergola ou Spergolina, le Sauvignon, aidé par les incontournables Malvasia et Trebbiano, essaie de tirer son épingle du jeu par des bulles dont la finesse n'est certainement pas le signe distinctif. Si l'on est découragé par tous ces types de vin, on pourra toujours jeter son dévolu, en passant tout près de Modena, sur des vinaigres balsamiques de très grande qualité.

Année du décret: 1997 (1977)
Superficie: 285 ha (335)
Encépagement: B: *Sauvignon* (85 % minimum) – Autres cépages autorisés
Sauvignon: *Sauvignon* (90 % minimum)
Pinot: Pinot bianco et/ou Pinot nero (100 %)

Les autres vins sont élaborés avec 85 % minimum du cépage indiqué sur l'étiquette.

Rendement: 97,5 hl/ha
B/Malvasia/Lambrusco: 104 hl/ha
Production: 19 000 hl
Durée de conservation: B: 1 à 2 ans
R: 2 à 4 ans
Température de service: B: 10 °C
R: 16 °C

Bianco: Jaune paille clair – Assez aromatique – Peut se faire en sec, demi-sec et doux

*Peut porter sur l'étiquette les mentions **Classico** (50 % de la production totale), **Frizzante** ou **Spumante**.*

Sauvignon: Blanc léger, sec et gentiment fruité
*Peut se faire en **Riserva**, en **Frizzante** et en **Passito***

Pinot: Jaune paille, sec et d'une bonne fraîcheur
Chardonnay: Blanc sec et souple
Malvasia: Blanc d'un jaune paille plus ou moins intense – Très aromatique – Sec, fruité et agréable – Parfois demi-sec ou doux

*Ces trois derniers vins blancs peuvent se faire en **Frizzante** et en **Spumante**.*

Lambrusco Grasparossa: Voir Lambrusco Grasparossa di Castelvetro
Lambrusco Monterico Rosso: Ressemble au vin précédent
Marzemino: Rubis assez soutenu – Généreux avec de la matière en bouche
Malbo gentile: Cépage peu connu donnant un vin rouge de qualité moyenne

*Les deux derniers vins peuvent aussi se faire en **Frizzante**.*

Cabernet sauvignon: Belle robe rubis intense – Aromatique – Bonne acidité – Tannique et charpenté
*Après un vieillissement de 24 mois, ce vin a droit à la mention **Riserva**.*

Bianchi: Voir Colli Piacentini
Rossi: Voir Colli Bolognesi
Lambrusco: Voir Lambruschi

Casali – Azienda agricola Moro – Riunite

LIANO

COLLI PIACENTINI

(EMILIA)

Les collines adossées au versant des Apennins qui séparent la Toscane de l'Émilie-Romagne servent de support à un vaste vignoble (un des plus connus de cette région) apprécié, semble-t-il, pour ses nombreux types de vins. À mon humble avis, on y fait un peu n'importe quoi. De tout temps, les vins de Piacenza ont été recherchés et ont fait l'objet d'écrits, mais aussi de controverses. On raconte que même au Sénat, à Roma, Cicéron aurait attaqué son adversaire Pison, natif de Piacenza, en reprochant à celui-ci de favoriser un peu trop les crus de son terroir... Comme quoi les pots de vins d'aujourd'hui ont une longue tradition derrière eux. Les murs de l'illustre chambre romaine ne s'étonnent plus de rien!

Année du décret: 1998 (1984)
Superficie: 4065 ha (6500)
Encépagement: Monterosso Val d'Arda: Malvasia et Moscato bianco (20-50 %) – Trebbiano et Ortrugo (20-50 %) – Autres cépages autorisés (30 % maximum)
Trebbianino Val Trebbia: Ortrugo (35-65 %) – Malvasia et Moscato bianco (10-20 %) – Trebbiano/Sauvignon (15-30 %)
ValNure: Malvasia (20-50 %) – Trebbiano et Ortrugo (20-65 %)
Barbera/Bonarda/Malvasia/Pinot grigio/Pinot nero/Sauvignon/Chardonnay (85 % minimum du cépage indiqué sur l'étiquette)
Ortrugo: *Ortrugo* (90 % minimum)
Vini Santi: Nombreux cépages dont Malvasia, Sauvignon, Marsanne et Trebbiano
Gutturnio: *Barbera* (55-70 %) – Croatina (Bonarda)

Rendement: 65 hl/ha
Barbera/Bonarda/Malvasia: 84,5 hl/ha
Gutturnio/Ortrugo: 78 hl/ha
Vin Santo di Vigoleno: 32,5 hl/ha
Production: 235000 hl
Durée de conservation: R: 1 à 3 ans
B: 1 an
Température de service: R: 16 °C
B: 8-10 °C

Monterosso Val d'Arda: Blanc fruité – Sec ou semi-doux
Trebbianino Val Trebbia: Blanc pâle – Très léger – Sec ou semi-doux
ValNure: Blanc assez aromatique – Léger – Sec ou semi-doux
Malvasia (18 %): Blanc aromatique – Fruité – Sec ou semi-doux – Peut se faire en Passito
Ortrugo: Blanc sec et léger – Finale amère
Sauvignon: Blanc sec, léger et fruité
Chardonnay: Blanc sec et souple
Pinot grigio: Blanc sec et très fruité
Vin Santo: Blanc doux et moelleux
Vin Santo di Vigoleno: Blanc doux et moelleux

Tous les blancs, exceptés les Passito et les Vini Santi, peuvent se faire en ***Frizzante*** *et en* ***Spumante.***

Gutturnio (33 %): Rouge vif assez brillant – Arômes présents (fruits rouges, cacao, café, etc.) – Sec ou doux
Se fait aussi en ***Frizzante,*** *en* ***Classico,*** *en* ***Superiore*** *et en* ***Riserva.*** *N'importe quoi!*

Barbera: Rouge légèrement tannique et fruité – Parfois pétillant (Frizzante)
Bonarda: Rouge – Se fait en sec, en doux et aussi en Frizzante et en Spumante
Pinot nero: Cépage utilisé à toutes les sauces (rouge léger et fruité, rosé, pétillant)
Cabernet sauvignon: Rouge qui peut se faire en sec et en semi-doux

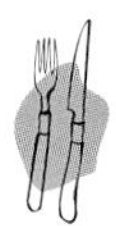

Bianco (sec) : *Antipasti di mare* – Coquillages – Saumon fumé – *Carciofi in salsa* (salade de cœurs d'artichauts) – Poissons grillés et meunière – *Prosciutto con melone* (melon au jambon de Parme) – *Tortellini alla bolognese* (pâtes farcies au poulet et au fromage)

Bianco (semi-doux) : Pâtes au beurre ou avec sauce blanche (fettuccine au beurre) – *Suppli al telefono* (croquettes de riz au fromage) – Poissons en sauce

Vin Santo : À l'apéritif – Desserts (tartes aux fruits blancs) – Gâteaux secs aux amandes et au miel

Rosso : *Involtini alla cacciatora* (paupiettes de veau farcies) – *Pomodori con riso* (tomates farcies) – Charcuterie

Casa Benna – Conte Otto Barattieri – Il Poggiarello – **La Stoppa** – La Tosa – Luretta – Gaetano Lusenti – Francesco Montesissa – Mossi – Tenuta Pernice

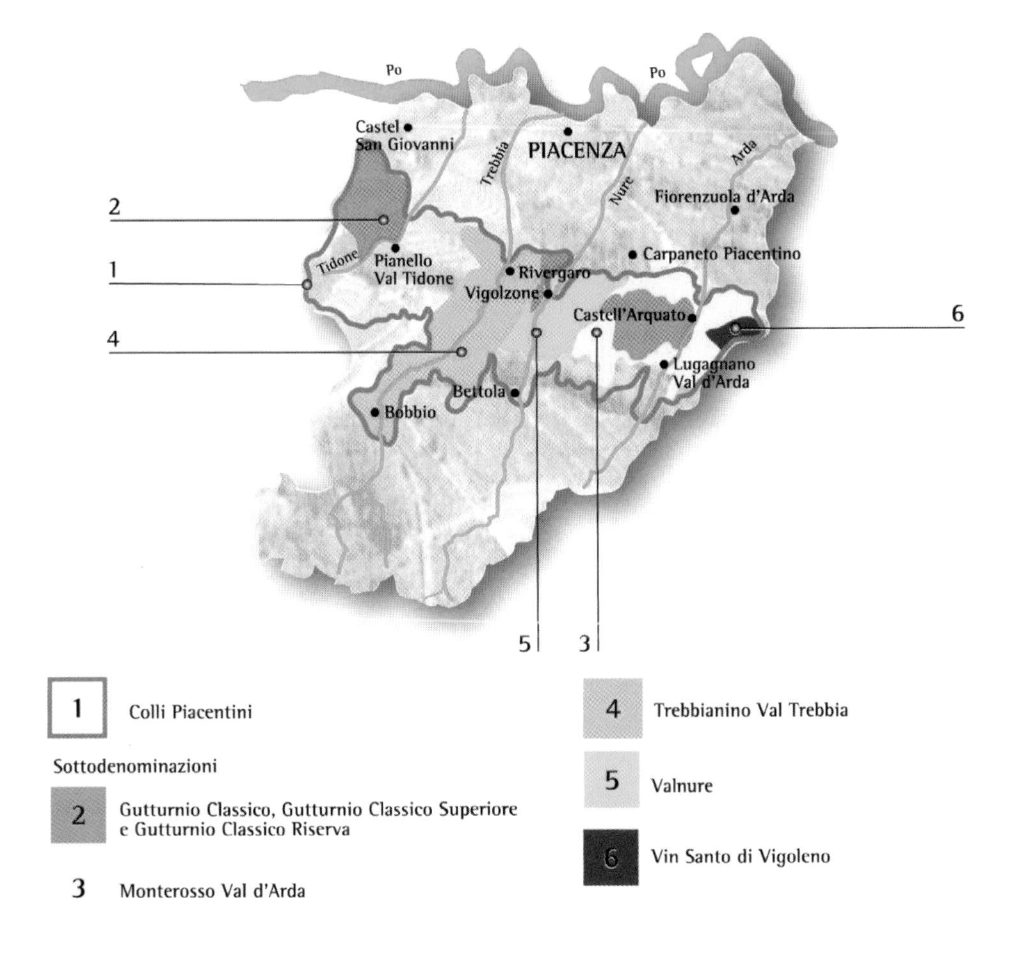

COLLI ROMAGNA CENTRALE

(ROMAGNA)

Cette toute nouvelle appellation est située entre Faenza et Rimini. De nombreuses communes ont droit à la DOC et font partie de la province de Forli-Cesena. Comme son nom l'indique, les vignes qui poussent sur les collines de la Romagne centrale donnent naissance à toute une panoplie de vins blancs et rouges aux caractéristiques diverses.

Année du décret : 2001
Superficie : N.C.
Encépagement : B : *Chardonnay* (50-60 %) – Bombino et/ou Pinot bianco et/ou Sauvignon et/ou Trebbiano
R : *Cabernet sauvignon* (50-60 %) – Sangiovese et/ou Merlot et/ou Barbera et/ou Montepulciano

Chardonnay et Sangiovese sont élaborés avec 100 % du cépage indiqué sur l'étiquette.

Trebbiano et Cabernet sauvignon sont élaborés avec 85 % minimum du cépage indiqué sur l'étiquette.

Rendement : N.C.
Production : N.C.
Durée de conservation : R : 2 à 3 ans
B : 1 à 2 ans
Température de service : R : 16 °C
B : 10 °C

Bianco : Vin blanc sec
Chardonnay : Blanc sec – Fruité et souple
Trebbiano : Couleur pâle – Peu aromatique – Sec, vif et léger

Rosso : Vin rouge très fruité et moyennement corsé
Cabernet sauvignon : Belle robe intense – Aromatique – Bonne acidité – Tannique et charpenté
Sangiovese : Robe rubis légèrement violacé – Arômes de fruits rouges bien mûrs, parfois d'amande – Tanins assez souples – Fruité et plus ou moins généreux

Chardonnay, Cabernet sauvignon et Sangiovese se font aussi en ***Riserva.***

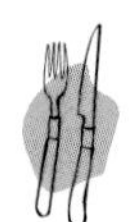

Voir Colli d'Imola

Voir Sangiovese di Romagna

LAMBRUSCO DI SORBARA

(EMILIA)

Dans la pléthore de Lambruschi produits en Italie, celui-ci semble se démarquer pour plusieurs raisons. Tout d'abord, disons qu'il existe plusieurs sous-variétés de ce cépage et que le résultat est souvent décevant. Mais en Émilie-Romagne en général, le Lambrusco est dans son terroir de prédilection, celui de Sorbara plus particulièrement puisque cette zone située au nord de Modena lui a donné son nom. Quoi qu'il en soit, il faut aimer ce type de vin rouge doucereux et effervescent. S'il plaît encore à une certaine clientèle, en particulier aux États-Unis, ce vin est fait avant tout pour la consommation locale.

Année du décret: 1997 (1970)
Superficie: 1 185 ha (1 500)
Encépagement: *Lambrusco di Sorbara* (60 % minimum) - Lambrusco Salamino (40 % maximum)
Rendement: 117 hl/ha
Production: 99 800 hl
Durée de conservation: 1 an
Température de service: 12-14 °C

Vin rouge principalement
Robes d'intensités diverses - Arômes de fruits rouges - Semi-doux - Effervescent - Fruité - Se fait aussi en Rosato

Les meilleures maisons le font parfois en sec.

Charcuterie - *Prosciutto* - *Parmigiano reggiano* - Et à la discrétion de chacun…

Une des sous-variétés de Lambrusco.

Francesco Bellei - **Cavicchioli** (Vigna del Cristo) - Chiarli - Fini - Fiorini - Giacobazzi - Riunite

LAMBRUSCO GRASPAROSSA DI CASTELVETRO

(EMILIA)

C'est aussi dans la province de Modena, autour de Castelvetro plus exactement, que cette sous-variété de Lambrusco règne, presque sans partage, pour donner un vin un peu plus soutenu que ses proches voisins. Peut-être parce qu'il est le moins produit, ce Lambrusco est aussi un des plus recherchés.

Année du décret: 1997 (1970)
Superficie: 860 ha (970)
Encépagement: *Lambrusco Grasparossa* (85 % minimum) – Autres cépages autorisés
Rendement: 117 hl/ha
Production: 78 600 hl
Durée de conservation: 1 an
Température de service: 12-14 °C

Vin rouge principalement
Robe rouge intense – Arômes prononcés de fruits rouges – Doux – Effervescent et très fruité – Se fait aussi en Rosato

Charcuterie – *Prosciutto* – *Parmigiano reggiano* – Et à la discrétion de chacun…

Cavicchioli (Col Sassoso) – **Umberto Cesari** – Chiarli – Fiorini – Giacobazzi – Riunite

LAMBRUSCO SALAMINO DI SANTA CROCE

(EMILIA)

Ressemblant aux vins de Sorbara, le Lambrusco di Santa Croce est issu d'une autre sous-variété cultivée au nord-ouest de Modena. Dans la même lignée que ses semblables, ce vin fait partie du paysage viticole traditionnel de l'Émilie-Romagne, pour le plaisir des habitués et celui des producteurs qui l'exportent.

Année du décret: 1997 (1970)
Superficie: 985 ha (1 300)
Encépagement: *Lambrusco Salamino* (90 % minimum) – Autres cépages autorisés
Rendement: 124 hl/ha
Production: 86 900 hl
Durée de conservation: 1 an
Température de service: 12-14 °C

Vin rouge principalement
Robes rosées à rouges claires – Aromatique – Sec ou doux – Effervescent – Frais et fruité

Charcuterie – *Prosciutto* – *Parmigiano reggiano* – Et à la discrétion de chacun…

Cavicchioli – Chiarli – Contessa Matilde

PAGADEBIT DI ROMAGNA

(ROMAGNA)

Quel nom étrange pour ce cépage cultivé dans le sud de l'Émilie-Romagne entre Faenza et Rimini! En fait, il s'agirait du Bombino bianco, lequel «sévit» dans plusieurs régions d'Italie et participe à l'élaboration de nombreux vins plus ou moins intéressants. Ce curieux nom, qui signifie «qui paye ses dettes», explique que ce cépage, par sa résistance et sa robustesse, permettait aux vignerons de produire du vin même les années difficiles et, par conséquent, de gagner assez d'argent pour faire face à leurs obligations financières. Comme quoi le commerce n'empêche pas la poésie…

Année du décret: 1989
Superficie: 90 ha (125)
Encépagement: *Bombino bianco* (principalement) – Autres cépages autorisés
Rendement: 91 hl/ha
Production: 5 300 hl
Durée de conservation: 1 an
Température de service: 8-10 °C

Vin blanc uniquement
Jaune paille – Arômes floraux – Sec et fruité – Se fait parfois en **Amabile** (semi-doux)

Sous certaines conditions, le vin produit sur la commune de Bertinoro, dans la province de Forli, a le droit de faire suivre l'appellation de ce nom.

Cette DOC peut être utilisée pour désigner des vins Frizzanti Naturali.

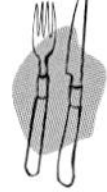

Voir Colli Piacentini

Braschi – Fattoria Camerone – Marabini – **Fattoria Paradiso** (Vigna dello Spungone) – Tenuta Valli

Cave de vinification à la Fattoria Paradiso; la tradition n'empêche pas les nouvelles technologies.

REGGIANO

(EMILIA)

C'est dans cette vaste zone viticole autour de Reggio Emilia que se cultivent toutes les variétés et sous-variétés du cépage Lambrusco. Appellation un peu fourre-tout, puisque le vin est issu de nombreux mélanges, elle est aussi celle qui se produit (et s'exporte) en quantité colossale. À voir les rendements ahurissants, on devinera la dilution qui afflige ces pauvres vins…

Année du décret : 1997 (1971)
Superficie : 2 350 ha (3 100)
Encépagement : R/B : Divers *Lambruschi* (85 % minimum)
Lambrusco Salamino : *Lambrusco Salamino* (85 % minimum)
Rosso : *Ancellotta* (50-60 %) – Plusieurs autres cépages autorisés
Rendement : 117 hl/ha
Production : 201 000 hl
Durée de conservation : 1 an
Température de service : 12-14 °C

Lambrusco Rosso ou **Rosato**
Lambrusco Salamino rosso ou **Rosato**
Rosso
Bianco Spumante

Toutes sortes de couleurs et des déclinaisons à l'infini pour ces vins doucereux et effervescents.

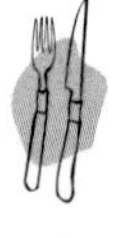

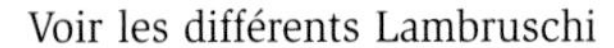

Voir les différents Lambruschi

Casali – Azienda agricola Moro – Riunite

RENO

(EMILIA)

Cette DOC portait auparavant le nom de Montuni del Reno, en référence au cépage et au fleuve Reno qui traverse cette zone viticole. En fait, les origines du cépage Montù sont plutôt incertaines et c'est dans ce coin de l'Italie qu'il s'est répandu. Même le sol à dominante argileuse ne réussit pas à faire de cette variété un vin intéressant. Il faut dire à sa décharge que les rendements à l'hectare, là encore, sont démesurés et qu'ils ne peuvent aboutir qu'à une certaine dilution.

Année du décret : 1997 (1988)
Superficie : 280 ha (700)
Encépagement : B : Albana et/ou Trebbiano (40 % minimum) – Autres cépages autorisés
Montuni : *Montù* (85 % minimum)
Pignoletto : *Pignoletto* (85 % minimum)
Rendement : 117 hl/ha
Pignoletto : 97,5 hl/ha
Production : 24 600 hl
Durée de conservation : 1 an
Température de service : 8-10 °C

Vins blancs uniquement
Bianco : Vin blanc sec, demi-sec ou doux
Montuni (66 %) : Jaune paille clair – Peu aromatique – Sec, demi-sec ou doux
Pignoletto (33 %) : Jaune paille aux reflets verts – Sec, demi-sec ou doux

*Ces vins se font aussi en **Frizzante**.*

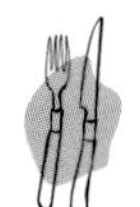

Voir Colli Piacentini

Riunite

SANGIOVESE DI ROMAGNA

(ROMAGNA)

Est-ce à partir de la colline du Monte Giove (qui lui aurait donné son nom), aux alentours de Sant'Angelo di Romagna, que le cépage Sangiovese s'est répandu, notamment en Toscane? C'est ce que des légendes et certaines explications plus ou moins scientifiques tendraient à prouver. Quoi qu'il en soit, cette variété de Sangiovese essaie de tirer son épingle du jeu sur ces collines des provinces de Bologna, de Ravenna et de Forli, et sa production n'est pas négligeable. Il faut cependant être bien vigilant pour distinguer le moins bon du meilleur. Heureusement, des producteurs sérieux réussissent depuis quelques années à tirer profit de certains terroirs très bien exposés. Avec des rendements moindres et une vinification plus rigoureuse, ils obtiennent ainsi des vins agréables et bien équilibrés.

Année du décret: 1997 (1967)
Superficie: 6100 ha (6400)
Encépagement: *Sangiovese* (principalement)
Rendement: 71,5 hl/ha
Production: 184000 hl
Durée de conservation: 2 à 3 ans
Davantage pour le Riserva
Température de service: 16 °C

Vin rouge uniquement
Robe rubis légèrement violacée – Arômes de fruits rouges bien mûrs, parfois d'amande – Tanins assez souples – Plus ou moins généreux – Fruité, avec de temps en temps une légère amertume en fin de bouche

*Après deux ans de vieillissement, il peut porter la mention **Riserva.** Avec un pourcentage en alcool de 12 % le vin a droit à la mention **Superiore.***

Spaghetti, tagliatelle alla bolognese – *Pomodori con riso* (tomates farcies) – Volaille sautée en sauce (poulet chasseur) – Volaille rôtie (oie, pintade aux pruneaux) – Viandes blanches sautées ou rôties (escalope de veau aux champignons, *osso buco,* rôti de porc) – *Parmigiano reggiano*

Braschi – Casetto dei Mandorli – **Castelluccio** – Celli – **Umberto Cesari** (Ca' Grande) – Colombina – **Fattoria Paradiso** (Maestri di Vigna) – **Stefano Ferrucci** (Domus Caia) – Guarini – La Berta – Le Calbane – Giovanna Madonia – Pasolini Dall'Onda – **Poderi dal Nespoli** – Mario Ronchi – Spalletti Colonna di Paliano (Rocca di Ribano) – Tenuta del Monsignore – Tenuta La Palazza – **Tenuta Pandolfa** – **Tenuta Uccellina** – Tenuta Valli – **Fattoria Zerbina** (Ceregio, Torre di Ceparano, Pietramora) – **Terre del Cedro** (Avi) – **Tre Monti** (Thea) – Fratelli Ravaioli

TREBBIANO DI ROMAGNA

(ROMAGNA)

Qui ne connaît pas le Trebbiano? On ne peut pas faire un pas dans l'Italie viticole sans rencontrer ce cépage prolifique et tous ses clones. Pratique, certes, parce que facile à cultiver et généreux, sa finesse est inversement proportionnelle à sa grande neutralité. C'est ainsi qu'il sévit en Émilie-Romagne sous le nom de Trebbiano romagnolo et donne dans les provinces de Bologna, de Ravenna et de Forli ce vin blanc léger que l'on trouve souvent sur les tables des restaurants de fruits de mer, le long de l'Adriatique. Vin de soif plus que de méditation, il joue son rôle, surtout quand il fait bien chaud!

Année du décret: 1997 (1973)
Superficie: 2 900 ha (4 600)
Encépagement: *Trebbiano romagnolo* (85-100 %)
Rendement: 91 hl/ha
Production: 180 800 hl
Durée de vieillissement: 1 an
Température de service: 8 °C

Vin blanc uniquement
Couleur pâle – Peu aromatique – Sec, vif et léger

*Se fait aussi en **Frizzante** et en **Spumante**; sec, demi-sec ou doux.*

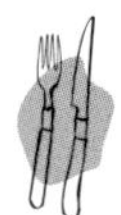

Entrées diverses (salade niçoise, salade de crevettes, etc.) – *Antipasti di mare* – Coquillages (moules marinière) – Poissons grillés – Fettuccine au beurre – *Tortellini alla bolognese* (pâtes farcies au poulet ou la dinde et au fromage)

Voir Sangiovese di Romagna

3	Trebbiano di Romagna
4	Pagadebit di Romagna

INDICAZIONE GEOGRAFICA TIPICA

INDICATION GÉOGRAPHIQUE TYPIQUE

IGT

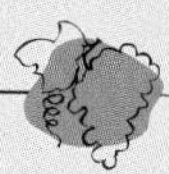

- Bianco di Castelfranco Emilia
- Emilia ou dell'Emilia
- Forli
- Fortana del Taro
- Provincia di Modena ou Modena
- Ravenna
- Rubicone
- Sillaro ou Bianco del Sillaro
- Terre di Veleja
- Val Tidone

QUELQUES VINS PARFOIS EXPORTÉS

Bianco

Jacopo (Chardonnay et Sauvignon). Excellent vin blanc sec qui a passé 11 mois en fût et 6 à 8 mois en bouteille avant d'être commercialisé. Une robe dorée avec des reflets verts et beaucoup de parfum (fruits blancs). Du gras, de la matière et une bonne persistance en bouche. IGT Forli ; *Fattoria Paradiso.*

Tergeno (Sauvignon 60 % et Chardonnay 40 %). Très bon vin blanc au fruité délicat. Matière et acidité en équilibre dans ce vin vinifié pour moitié en barrique et en cuve inox. La présence du bois dû à l'élevage d'un an en fût est bien dosée. IGT Ravenna ; *Fattoria Zerbina.*

Rosso

Barbarossa Il Dosso (Barbarossa 100 %). Vin rouge coloré, puissant et généreux, obtenu avec de vieux pieds de Barbarossa, exclusivité semble-t-il, de cette maison. Le vin passe 18 mois en foudre, 6 mois en barrique de chêne français puis un an en bouteille. IGT Forli ; *Fattoria Paradiso.*

Liano (Sangiovese 70 % et Cabernet sauvignon). Très beau vin tout en élégance avec une certaine puissance et des tanins bien mûrs. Un beau fruité (figues et dattes) et des notes de fruits cuits et de réglisse en bouche. IGT Emilia (IGT Rubicone à venir) ; *Umberto Cesari.*

Marzieno (Sangiovese 75 % et Cabernet sauvignon). Excellent vin rouge vinifié en cuve inox puis élevé 15 mois dans des barriques de chêne français. Il en résulte un vin soyeux aux accents d'épices et de fruits confiturés, au nez comme en bouche. IGT Ravenna ; *Fattoria Zerbina.*

Mito (Cabernet et Merlot). Vin rouge généreux, très fruité et aux tanins charnus. IGT Forli ; *Fattoria Paradiso.*

SANGIOVESE DI ROMAGNA
Riserva
Umberto Cesari

FATTORIA PARADISO
Contessina Ugarte®
Vigna del Viale
ALBANA DOLCE

SCACCO MATTO®
ALBANA di ROMAGNA
DENOMINAZIONE DI ORIGINE CONTROLLATA E GARANTITA
PASSITO
ESTATE BOTTLED BY FATTORIA ZERBINA s.a.s.
DAL VITICOLTORE FRANCESCO GEMINIANI
MARZENO - ITALIA
WHITE WINE - PRODUCT OF ITALY
NET CONT. 750 ML ℮
ALC 13,5% BY VOL

FATTORIA PARADISO
Novaga
BARBAROSSA®
Il Dosso

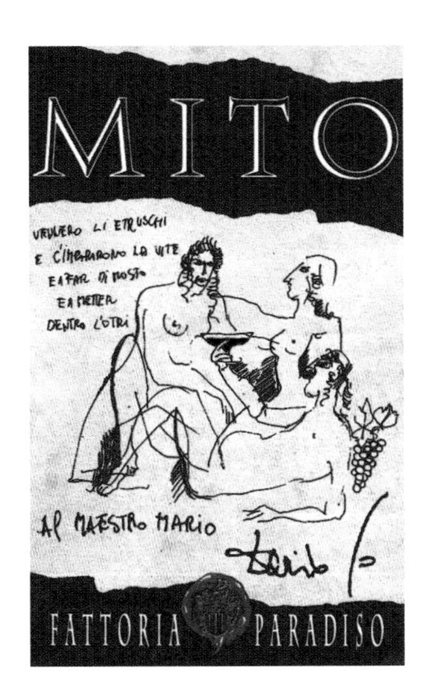
MITO
FATTORIA PARADISO

Colle del Re
ALBANA DI ROMAGNA
DENOMINAZIONE DI ORIGINE
CONTROLLATA E GARANTITA
PASSITO
Umberto Cesari

PLAUTO®
PRODUCT OF ITALY
PRODUIT D'ITALIE
RED WINE
VIN ROUGE
SANGIOVESE
DI ROMAGNA
DENOMINAZIONE DI ORIGINE CONTROLLATA
BOTTLED BY · MIS EN BOUTEILLE PAR
CANTINE PREMIOVINI S.p.A.
BRESCIA · ITALY
750 ml e
12 % alc./vol.

ESTATE
BOTTLED
Pasolini
SANGIOVESE DI ROMAGNA
DENOMINAZIONE DI ORIGINE CONTROLLATA
VQPRD
DRY RED WINE
SUPERIORE
VIN ROUGE SEC
CANTINE DI MONTERICCO
Conti Pasolini Dall'Onda
Enoagricola SpA
IMOLA - ITALIA
12% alc./vol.
№ 64904
750 ml
Bottled by
Imbottigliato da
Mis en bouteille par
CANTINE PASOLINI DALL'ONDA ENOAGRICOLA S.P.A. - BARBERINO VAL D'ELSA
PRODUCT OF ITALY
PRODUIT D'ITALIE

FRIULI–VENEZIA GIULIA

Le Frioul–Vénétie Julienne

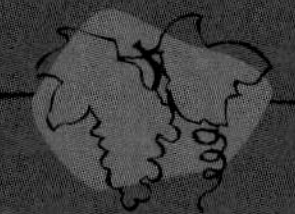

Voisine de la Vénétie à l'ouest, de l'Autriche au nord et de la Slovénie à l'est, la région du Frioul est la plus orientale de toute l'Italie. C'est aussi un endroit attachant où l'accueil est à la hauteur à la fois de ses paysages, composés de montagnes et de collines, et de ses vins, qui ne laissent pas indifférent.

Que d'histoire, dans ce coin d'Italie où les gens, attachés à leur différence, savent qu'ici rien n'est tout à fait comme ailleurs. Les Celtes et les habitants de la Vénétie s'étaient déjà installés dans le Frioul aux VIe et Ve siècles av. J.-C., avant que commence la conquête romaine dont Jules César sortit vainqueur à l'issue de la guerre d'Ottaviano. C'est ainsi que les Alpes frioulanes devinrent les Alpes Juliennes (Giulia) en l'honneur de l'empereur.

Après la chute de l'Empire, les Byzantins et les Lombards se partagèrent cette région somme toute assez facile à envahir, même du côté des Alpes. Les Byzantins gardèrent la zone côtière incluant Venezia, et les Lombards conservèrent l'arrière-pays situé autour du duché du Frioul. Plus tard, quand les Francs, avec Charlemagne à leur tête, envahirent cette partie du pays, la belle Venezia prospérait toujours.

Au IXe siècle, Aquileia (actuellement un des centres archéologiques les plus importants de l'Italie septentrionale) devint la plus grande principauté civile et religieuse de l'Italie du Nord, malgré la menace germanique située à Gorizia. La lutte qui suivit entre Venezia et la dynastie des Habsbourg (qui contrôlait Trieste) dura plus de deux siècles ; les rivalités furent virulentes et restèrent profondément ancrées dans la culture de cette région, et cela jusqu'à la naissance du Royaume d'Italie. L'Autriche restitua en effet une partie du Frioul en 1866, et une autre en 1919 seulement.

Les querelles ont la vie dure ; il faudra attendre la création d'une région autonome à statut spécial en 1963 pour voir les destinées du Frioul et de Trieste enfin réunies. Un ami romain installé dans le commerce du vin me confiait d'ailleurs que son père, voilà quelques décennies, considérait tout bonnement le Frioul comme un pays étranger.

Aujourd'hui, les habitants du Frioul–Vénétie Julienne vivent en grande partie d'une agriculture qui s'est adaptée aux régions montagneuses, notamment pour les céréales et la pomme de terre. La betterave à sucre a pour sa part jeté son dévolu sur les endroits plats, tandis que la vigne, fidèle à ses habitudes, s'est installée sur les collines et, dans ce cas-ci, bien à l'abri des Alpes.

Le vignoble frioulan est très important et brille par sa qualité, puisque 65 % de la production totale est classée en appellation d'origine contrôlée. Officiellement, 10 dénominations (dont la DOC Lison-Pramaggiore, plus importante en Vénétie) sont à l'origine d'une centaine de vins et plus. Alors que certains sont très différents, d'autres partagent des similitudes, car ils sont élaborés à partir d'un même catalogue composé d'une vingtaine de cépages majeurs et mis en valeur par un climat et des sols propices.

À ce propos, les gens de l'avant-gardiste coopérative expérimentale de Rauscedo, située tout près de Pordenone, se consacrent de façon remarquable à la recherche ampélographique et au perfectionnement œnologique. Les travaux de ce centre ont une grande influence, entre autres, sur les pratiques culturales et le choix des meilleurs clones adaptés à diverses réalités géologiques.

Il faut dire qu'en raison des crises historiques et économiques qui ont secoué la région, le vignoble frioulan avait besoin d'une remise en question et d'une réflexion sur son avenir. Dans les années soixante, des dizaines de variétés hybrides ont peu à peu disparu pour laisser la place à des cépages tels que les Pinot bianco, Pinot grigio (de mieux en mieux maîtrisé), Riesling, Sauvignon, Chardonnay, Merlot, Pinot nero et Cabernet sauvignon. Et cela sous la houlette d'œnologues compétents et de passionnés convaincus – je pense aux Pittaro, Filiputti, Giorgio Grai, Jermann, Schiopetto, Felluga, et j'en passe – qui ont fait de leur vignoble un des plus jeunes, des plus modernes et des mieux adaptés aux réalités d'aujourd'hui. J'ai cependant remarqué, avec la satisfaction du dégustateur qui aime découvrir, que les avancées technologiques n'ont pas empêché la tradition de s'exprimer intelligemment. J'en veux pour preuve les vins de qualité et à la personnalité très forte issus de cépages beaucoup plus traditionnels comme le Tocai friulano, le Verduzzo, le Pignolo, le Refosco, le Tazzelenghe et le Schioppettino.

Le Grave del Friuli domine aisément par sa superficie et sa production, et Udine, la principale ville du Frioul, joue un rôle dans le rayonnement des vins élaborés avec de plus en plus de jugement. Les collines orientales et celles situées aux alentours de Gorizia suivent de loin, en termes de production, avec une dominante en blanc. Il y a près de 10 ans, j'avais écrit à ce sujet, pour avoir assez souvent «pratiqué» le Frioul un «verre à la main», qu'il était possible d'imaginer que le vin rouge pourrait mieux réussir encore, et en plus grande quantité. On constate aujourd'hui que cette idée a fait son chemin quand on goûte aux Merlot et autres Cabernet franc (mais est-ce bien du Cabernet franc? Voir la fiche Isonzo del Friuli) et Cabernet sauvignon, gorgés de fruit, d'une belle extraction, dotés de tanins bien mûrs et d'une acidité qui participe à leur équilibre. Un bémol cependant. J'ai parfois trouvé, et c'est là mon humble avis, une présence lancinante du bois, aussi bien dans les blancs que dans les rouges. L'influence du nouveau monde se fait sentir... même dans les coins les plus reculés de l'Italie.

Si les paysages viticoles sont souvent très beaux et d'ailleurs mis en valeur, comme dans les Collio Goriziano, par des terrasses soigneusement travaillées, on n'a pas toujours l'impression, lorsque l'on visite certaines maisons, d'être vraiment en Italie. Les influences autrichiennes et slovènes se font sentir et, un peu comme dans le Trentin-Haut-Adige voisin, la discipline et la rigueur sont de mise dans la vigne... et à la cave.

Mais tout cela n'empêche pas la bonne humeur à l'italienne et les rires communicatifs des gens de ce coin de pays. Après les dégustations et le travail sur le terrain, les soirées se passent sous le signe de la convivialité. Que ce soit dans le cadre d'un repas officiel ou lors d'une rencontre, ma foi sensuelle, avec les dames du vin (l'association nationale *Le Donne del Vino*), on trouvera au menu ces spécialités frioulanes, dont le fameux *prosciutto di San Daniele* et le savoureux fromage de Montasio accompagné – si vous le méritez – d'une véritable *salsa balsamica* (l'Asperum, de Midolini, est extraordinaire) avant que la danse et la musique, parfois d'inspiration celtique, vous entraînent tard dans la nuit. Vous comprendrez alors pourquoi, avec ces vins qui sont si bons et avec le sens de l'humour qui les caractérise, les habitants du Frioul ont surnommé leur terroir «la Terre de l'or». Convaincus d'être assez petits pour soigner la qualité, ils se pensent tout de même, et avec raison, assez grands pour exaucer les désirs de leurs nombreux amis.

LE FRIOUL EN BREF

- 18 700 ha de vignes
- 13 200 ha en VQPRD*, dont 11 600 déclarés en l'an 2000
- 1 DOCG
- 9 DOC
- 3 IGT

- Une terre de tradition qui a su se remettre en question
- Une dizaine d'appellations pour une multitude de vins
- Des producteurs aussi attachants que rigoureux
- Un vin blanc aussi rare que délicieux : le Ramandolo
- Deux grandes spécialités gastronomiques : le Montasio et le jambon de San Daniele

* VQPRD : Vins de qualité produits dans une région déterminée (DOC + DOCG).

FRIULI-VENEZIA GIULIA

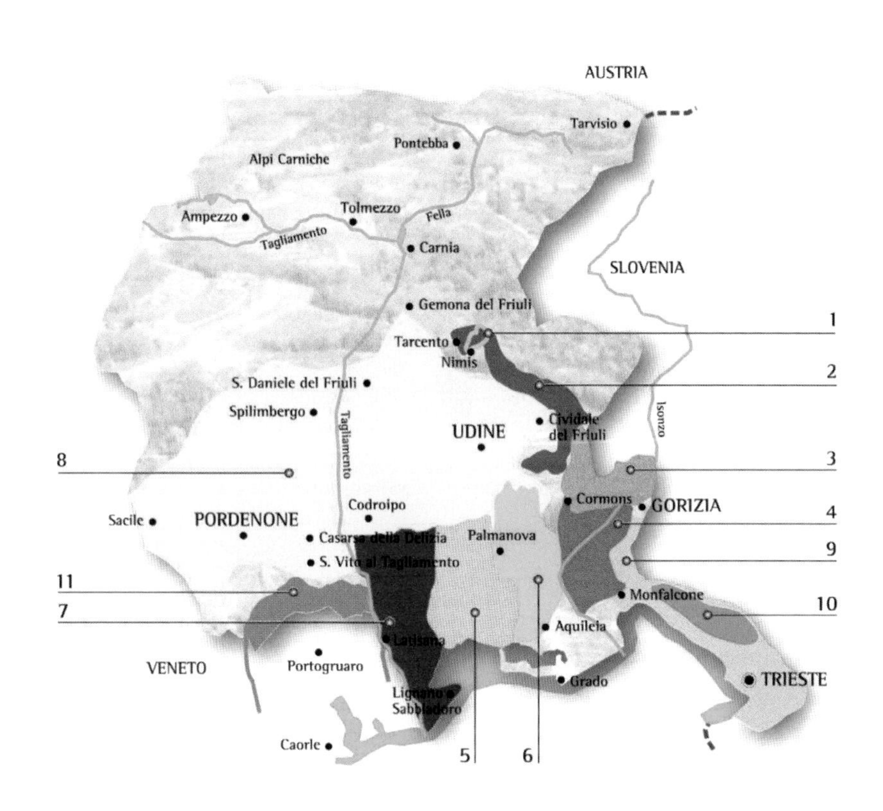

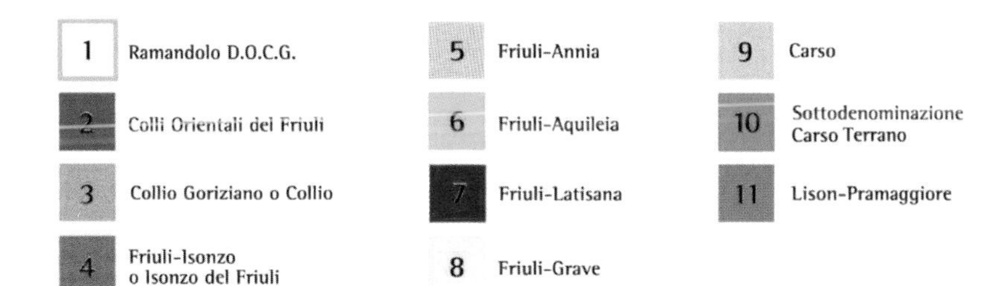

CARSO

À bien des égards, la région du Carso est curieuse et ne manque pas d'attraits. En effet, celle-ci ressemble à un couloir de quelques kilomètres de large. Elle relie la ville de Trieste au reste de l'Italie. D'un côté, le golfe, et de l'autre, l'ex-Yougoslavie, ou plus exactement la Slovénie et Ljubljana, qui sont tout près. Le Carso (ou Karst), dont le nom fait référence au rocher, est un plateau calcaire dont l'altitude varie de 100 à 300 m, et qui est lacéré par des crevasses impressionnantes. De drôles de cavernes et de longs tunnels partagent depuis toujours ce socle naturel avec des rivières souterraines qui n'en finissent pas. Heureusement que le climat rigoureux du haut plateau se réchauffe en descendant vers la mer, pour le plus grand plaisir du cépage Malvasia istriana, qui règne ici en maître. Une bonne façon de déguster les vins de cette région, dont la production est confidentielle, est de se rendre à Trieste. Cette grande ville, où la maison du célèbre café Illy est installée, connaît une activité portuaire importante et compte de jolis endroits à visiter: la basilique San Giusto et le château du même nom, l'imposante Piazza dell'Unita d'Italia et dans les environs, le Castello di Miramare, le sanctuaire del Monte Grisa et la Villa Opicina, d'où l'on découvre de splendides panoramas. On y trouve également de nombreux restaurants sympathiques, comme la Trattoria Ai Fiori, où la carte des vins ne laissera pas l'œnophile indifférent.

Année du décret: 1996 (1986)
Superficie: 57 ha (76)
Encépagement: Carso: *Terrano* (Refosco – 70 % minimum) – Autres cépages autorisés

Les autres vins sont élaborés avec 85 % minimum du cépage indiqué sur l'étiquette.

Rendement: 65 hl/ha
Production: 2 700 hl
Durée de conservation: B: 1 à 2 ans
R: 2 à 5 ans
Température de service: B: 8-10 °C
R: 16-18 °C

Malvasia (21 %) : Blanc jaune paille – Aromatique (avec de curieuses notes minérales) – Sec, souple et fruité
Pinot grigio: Blanc sec
Sauvignon: Blanc sec
Traminer aromatico: Blanc sec
Chardonnay: Blanc sec
Vitovska: Blanc sec

Carso (17 %) : Rouge de couleur sombre – Arômes de fruits rouges bien mûrs (mûre et framboise sauvage) – Tannique – Parfois un peu rustique
Terrano (10 %) : Rouge ressemblant au précédent – Fruité et corsé
Merlot: Rouge
Cabernet franc: Rouge
Refosco dal peduncolo rosso: Rouge
Cabernet sauvignon: Rouge
Pour plus de détails, voir Colli Orientali del Friuli ; beaucoup de ressemblances avec ces derniers, malgré quelques différences.

Voir Colli Orientali del Friuli

Castelvecchio (Turmino) – Edi Kante – Daniele Novak – Lupinc – Zidarich

COLLI ORIENTALI DEL FRIULI

De belles collines mises en valeur par des ceps cultivés soigneusement et avec beaucoup de goût et de rigueur font de ce petit coin du Frioul un des beaux panoramas du nord-est de l'Italie, avec les Alpes Juliennes en toile de fond. Ressemblant à leurs voisins de la province de Gorizia, les vins produits dans cette zone viticole dessinée en forme de croissant sont renommés pour les blancs secs et rafraîchissants. Les vins rouges, notamment à base de Merlot et de Cabernet franc, ne sont pas en reste, bien au contraire. De nombreux vins sont élaborés à partir d'une gamme ampélographique assez impressionnante, mais il est intéressant, pour l'amateur averti, de jeter son dévolu sur des curiosités comme le Schioppettino et le Tazzelenghe, en rouge, ainsi que le Picolit, vin blanc très doux et suave fait avec le cépage du même nom, qui a la coquetterie d'offrir au vigneron des grappes incomplètes à cause d'une faible pollinisation. Le Ramandolo, qu'on avait coutume de décrire dans le cadre de cette DOC, vient d'obtenir sa propre appellation en 2001. Et quelle reconnaissance, puisqu'il s'agit d'une DOCG ! Enfin, depuis la nouvelle réglementation, deux petites zones situées dans le sud de l'appellation ont le droit, pour certains vins, de spécifier leur nom sur l'étiquette : il s'agit de Cialla et de Rosazzo.

Une vue de Gorizia.

Année du décret : 2001 (1970)
Superficie : 1 960 ha (2 120)
Encépagement : Bianco, Rosso et Rosato sont tous issus de l'assemblage des variétés autorisées dans l'appellation

Les autres vins sont élaborés avec 85 % minimum du cépage indiqué sur l'étiquette.

*Le vin portant la mention **Cabernet** est issu d'un assemblage de Cabernet franc et de Cabernet sauvignon.*

Rendement : 71,5 hl/ha
Superiore/Rosazzo/Cialla bianco : 52 hl/ha
Cialla Rosso : 39 hl/ha
Picolit : 26 hl/ha
Picolit Superiore/Cialla Picolit : 23 hl/ha
Rosazzo Picolit : 20 hl/ha
Production : 103 800 hl
Durée de conservation : B/Rs : 1 à 3 ans
R : 2 à 5 ans
Température de service : B/Rs : 8-10 °C
R : 16-18 °C

Tocai friulano (18 %) : Jaune paille – Aromatique – Sec, vif et fruité – Finale parfois légèrement amère
Pinot grigio (10 %) : Jaune doré – Arômes floraux – Sec, vif et léger – Parfois plus corsé lorsqu'il est vinifié en macération pelliculaire (contact des peaux avec le jus)
Sauvignon (10 %) : Jaune clair – Très aromatique (notes florales et d'agrumes) – Sec, vif et très agréable
Verduzzo friulano : Jaune doré avec reflets verts – Sec et fruité – Se fait parfois en demi-sec et en doux
Pinot bianco : Jaune paille clair – Arômes simples et relativement discrets – Sec, fruité et souple
Riesling renano : Jaune doré – Aromatique – Sec et pourvu d'une bonne acidité
Ribolla gialla : Jaune vert – Fruité au nez et en bouche – Sec et nerveux – Cépage peut-être autochtone (la Ribolla gialla s'appelle Rebula en Slovénie)
Malvasia istriana : Blanc à la robe dorée – Aromatique (notes minérales) – Sec, fruité et léger
Traminer aromatico : Jaune doré clair – Très aromatique – Sec et fruité
Picolit : Jaune paille intense – Bouquet subtil de fleurs et de miel – Moelleux ou très doux – Long en bouche, très fin et délicat

Rosato : Rosé sec, fruité, léger et rafraîchissant

Merlot (16 %) : Rouge vif – Arômes de fruits rouges – Souple, fruité et agréable
Cabernet franc (6 %) : Ressemble au précédent
Refosco dal peduncolo rosso (5 %) : Rouge violacé – Assez tannique – Généreux, avec un arrière-goût un peu amer
Pinot nero : Rouge clair – Fruité, frais et souple
Pignolo : Rouge rubis – Fruité et d'une certaine élégance
Cabernet : Rouge profond – Arômes fruités légèrement herbacés – Assez généreux – Plus ou moins souple
Cabernet sauvignon : Plus tannique et généreux que le Cabernet franc
Schioppettino : Rouge violacé – Arômes de mûre et de framboise – Fruité et doté d'une bonne acidité – Assez généreux avec des notes de prune bien mûre en bouche
Tazzelenghe : Rouge grenat aux reflets violets – Aromatique (notes herbacées) – Tannique et plutôt robuste

Avec un degré d'alcool minimum de 11,5 %, certains vins peuvent revendiquer la mention **Superiore.** *La mention* **Riserva** *est réservée principalement à quelques vins issus des zones de production identifiées sous les noms de Cialla et de Rosazzo.*

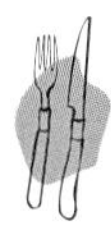

Tocai friulano : *Prosciutto di San Daniele* au melon – Risotto aux asperges ou aux fruits de mer – Canapés de fromages aux herbes aromatiques – *Sarda al forno* (sardines au four) – *Grancevola alla triestina* (chair de crabe assaisonnée)
Pinot grigio/Ribolla gialla : *Orzotto* (riz à l'orge) – *Brodetto di pesce* (soupe avec morceaux de poissons) – *Scampi alla griglio* (langoustines grillées) – Poissons gras avec sauce légèrement crémée
Verduzzo : À l'apéritif – Tartes aux fruits
Sauvignon : Crêpes aux asperges – *Risotto con scampi* (riz aux langoustines ou aux asperges) – Gâteau de poireaux
Pinot bianco : Gnocchi à la crème de crevettes – Filet de sandre au vin blanc – Fettucine au beurre – *Melanzane marinate* (aubergines marinées) – *Provolone* moelleux
Riesling renano : Poissons grillés et meunière – Coquillages (huîtres) – Cuisses de grenouilles – Poulet au Riesling
Malvasia istriana/Chardonnay : *Antipasti* – Risotto aux crevettes – Poissons grillés avec garniture d'asperges blanches – Poissons en sauce (légère) – Fruits de mer
Picolit : À l'apéritif – Gâteaux secs, aux amandes et au miel
Rosato : *Antipasti* – Charcuteries (*prosciutto di San Daniele*) – Volailles grillées – Côtelettes de porc à la sauce aux tomates et à l'ail – *Penne arrabiata*

Merlot : *Coniglio ai sapori di timi* (lapin aux saveurs de thym) – *Cusciatti di Vitello* (paupiettes farcies) – *Osso buco* – Spaghetti sauce à la viande – Fromage de Montasio
Refosco : Bœuf Strogonoff – Viandes rouges en sauce – Petit gibier à poil
Pinot nero : Viandes grillées – Entrecôtes – Fromages peu relevés
Cabernets : Filet de bœuf – *Rognoncini trifolati* (rognons sautés au citron) – Volailles rôties – Poulet aux tomates et au poivron vert – Fromage de Montasio
Scioppettino/Tazzelenghe : *Prosciutto di San Daniele* – Fromage de Montasio

Valentino Butussi – Angoris – Ca'Ronesca – Collavini – Colutta – **Conte d'Attimis-Maniago** – **Dal Fari** – **Girolamo Dorigo** – **Marina Danieli** – **Livio Felluga** – **Walter Filiputti** – Adriano Gigante – Il Roncat (Giovanni Dri) – Jacùss – **La Viarte** – Le Due Terre – Le Vigne di Zamò (Ronco dei Roseti) – **Livon** (Riul, Casali Godia) – Midolini – Perusini – Teresa Raiz – Rocca Bernarda – Ronchi di Fornaz – **Ronchi di Manzano** – Ronco delle Betulle – Rubini – Castello Sant'Anna – Scubla – Torre Rosazza – Valle – **Volpe Pasini** – **Zof** – Zorzettig – Cantina Produttori Cormòns

COLLIO GORIZIANO OU COLLIO

Dans l'est du Frioul, tout près de la Slovénie, la région septentrionale de la province de Gorizia est renommée depuis des lustres, notamment pour ses vins blancs. Les vignes, alignées avec soin sur des collines bien exposées, profitent de sols gréseux et argilo-calcaires. Les cépages, nombreux, donnent souvent de beaux résultats ainsi que… l'embarras du choix. Pour m'y être rendu à quelques reprises depuis trois ans, j'ai noté avec plaisir la constante amélioration des vins, la passion sans cesse grandissante de jeunes producteurs qui suivent fièrement la trace de leurs parents et la convivialité avec laquelle les gens de l'endroit reçoivent. Fiers de leur terroir, ils n'hésitent pas à se surpasser en vous préparant des spécialités culinaires mettant en valeur leur étonnante production. Gorizia, qui fut souvent convoitée par plusieurs pays, fut partagée en 1947 entre l'Italie et l'ex-Yougoslavie (la Slovénie d'aujourd'hui). On ne manquera pas de visiter les villages alentour, dont la jolie cité de Cormòns, où les sympathiques propriétaires de La Subida vous attendent pour un inoubliable repas intelligemment arrosé.

Année du décret: 1998 (1968)
Superficie: 1 470 ha (1 540)
Encépagement: Bianchi et Rossi sont issus de l'assemblage des variétés autorisées dans l'appellation (pour le blanc, Müller Thurgau et Traminer ne doivent pas dépasser ensemble 20 % du total)

Tous les autres vins sont élaborés avec 100 % du cépage indiqué sur l'étiquette.

Le vin portant la mention ***Cabernet*** *est issu d'un assemblage de Cabernet franc et de Cabernet sauvignon.*

Rendement: 71,5 hl/ha
Picolit: 26 hl/ha
Production: 87 500 hl
Durée de conservation: B: 1 à 3 ans
R: 2 à 5 ans
Température de service: B: 8-10 °C
R: 16-18 °C

Le vignoble de Russiz Superiore.

Pinot grigio (23 %) : Blanc sec
Tocai friulano (19 %) : Blanc sec
Sauvignon (17 %) : Blanc sec
Chardonnay (9 %) : Blanc sec
Pinot bianco (8 %) : Blanc sec
Malvasia istriana : Blanc sec
Riesling italico : Blanc sec
Traminer aromatico : Blanc sec
Müller Thurgau : Blanc sec
Picolit : Blanc moelleux
Ribolla gialla : Blanc sec
Riesling renano : Blanc sec
Bianco : Blanc sec

Merlot (7 %) : Rouge
Cabernet franc : Rouge
Cabernet sauvignon : Rouge
Cabernet : Rouge
Pinot nero : Rouge
Rosso : Rouge

Pour plus de détails, voir Colli Orientali del Friuli ; beaucoup de ressemblances avec ces derniers malgré quelques différences. Après deux ans de vieillissement (dont 6 mois en fût de chêne pour les rouges) et un degré d'alcool minimum de 12 %, les vins peuvent revendiquer la mention ***Riserva.***

Voir Colli Orientali del Friuli

Ascevi Luwa – **Borgo Conventi** (Gianni Vescovo) – **Borgo del Tiglio** – **Bressan** – Ca'Ronesca – Paolo Caccese – Casa delle Rose – **Castello di Spessa** – Collavini – Mauro Drius – **Marco Felluga** (Molamatta) – Conti Formentini – Francesco Gravner – **Jermann** – La Boatina – **Livon** (Tre Clas, Braide Mate, Tiare Mate, Braide Grande) – **Pighin** – Pintar – Polencic – Giovanni Puiatti – Vittorio Piuatti – **Tenuta RoncAlto** (Livon) – **Russiz Superiore** (superbe Riserva Degli Ozoni ; appartient à la famille Marco Felluga) – Mario Schiopetto – Sturm – Tercic – **Venica & Venica** (Ronco delle Mele, Ronco delle Cime, Tre Vignis) – **Villa Russiz** – Tenuta Villanova

FRIULI ANNIA

Sagement placée entre Aquileia et Latisana, la zone viticole Friuli Annia a été officiellement reconnue il y a quelques années seulement. Plusieurs dizaines d'hectares réparties sur huit communes appartenant toutes à la province d'Udine se partagent une douzaine de cépages pour 16 types de vins. La production en rouge est légèrement dominante dans cette petite région à visiter pour sa lagune (Laguna di Marano). À l'extrémité est de celle-ci, Grado est un port de pêche sympathique et une station thermale et balnéaire qui ne manque pas d'attraits.

Année du décret: 1995
Superficie: 54 ha (63)
Encépagement: Bianco, Rosso et Rosato sont issus de l'assemblage des variétés autorisées dans l'appellation
Spumante: Chardonnay et/ou Pinot bianco

Les autres vins sont élaborés avec 90 % minimum du cépage indiqué sur l'étiquette.

Rendement: 78 hl/ha
Production: 2 980 hl
Durée de conservation: B/Rs/Spumante: 1 à 3 ans
R: 2 à 5 ans
Température de service: B/Rs/Spumante: 8-10 °C
R: 16-18 °C

Chardonnay (15 %): Blanc sec
Tocai friulano (11 %): Blanc sec
Pinot grigio: Blanc sec
Sauvignon: Blanc sec
Pinot bianco: Blanc sec
Malvasia: Blanc sec
Verduzzo friulano: Blanc sec
Traminer aromatico: Blanc sec
Bianco: Blanc sec

Spumante: Vin blanc effervescent commercialisé en Brut et demi-sec
Rosato: Rosé sec

Merlot (28 %): Rouge
Cabernet franc (14 %): Rouge
Cabernet sauvignon (9 %): Rouge
Refosco dal peduncolo rosso: Rouge
Rosso: Rouge

Pour plus de détails, voir Colli Orientali del Friuli; beaucoup de ressemblances avec ces derniers malgré quelques différences. Après 2 ans de vieillissement, dont 12 mois en fût de chêne, et un degré d'alcool minimum de 13 %, les vins rouges peuvent revendiquer la mention ***Riserva.***

Le rosé et la plupart des vins blancs peuvent, sous certaines conditions (deuxième fermentation naturelle en cuve close), être produit en ***Frizzante.***

Voir Colli Orientali del Friuli

Emiro Bortolusso – Lino et Federico Filippi (Casali Aurelia) – Francesco Michielan

FRIULI AQUILEIA

*Aquileia est une petite ville de campagne qui donne son nom à une zone viticole de grandeur moyenne étalée sur une trentaine de kilomètres entre les bords de la mer Adriatique et Palmanova. Le paysage a ici des formes douces et sereines. Certains écrits et de nombreux objets, en témoins du passé, font remonter à très loin dans le temps la production du vin dans cette région. Proche de la mer, la vigne est généralement plantée sur des sols sablonneux au sud et argilo-graveleux plus au nord. Historiquement, on dit qu'un aigle (*aquila*, en italien) qui passait par là, donna son nom à cette bourgade de quelque 3000 habitants. Les amateurs d'art religieux ne doivent en aucun cas manquer la visite de la basilique, bâtie au XIe siècle sur des ruines datant du IVe siècle. De cette lointaine époque subsiste un magnifique pavement de mosaïques représentant des scènes d'une rare beauté.*

Année du décret : 1998 (1975)
Superficie : 800 ha (910)
Encépagement : B/R : Issus de l'assemblage des variétés autorisées dans l'appellation
Rosato : *Merlot* (90 % minimum)

Les autres vins sont élaborés avec 90 % minimum du cépage indiqué sur l'étiquette.

*Le vin portant la mention **Cabernet** est issu d'un assemblage de Cabernet franc et de Cabernet sauvignon.*

Rendement : Bianco/Tocai friulano/Pinot bianco/Pinot grigio/Riesling/Sauvignon/Verduzzo/Chardonnay/Malvasia istriana/Müller Thurgau : 84,5 hl/ha
R/Rs/Merlot/Cabernets/Refosco : 78 hl/ha
Traminer aromatico : 65 hl/ha
Production : 51 600 hl
Durée de conservation : B/Rs : 1 an
R : 2 à 5 ans
Température de service : B/Rs : 8-10 °C
R : 16-18 °C

Pinot grigio (14 %), **Pinot bianco** (11 %), **Tocai friulano** (9 %), **Sauvignon, Traminer aromatico, Verduzzo friulano, Malvasia istriana, Müller Thurgau, Bianco :** Vins blancs secs
Chardonnay : Blanc sec – Peut se faire en Frizzante et en Spumante

Rosato : Rosé à la robe claire – Sec et légèrement fruité

Merlot (13 %), **Refosco dal peduncolo rosso** (12 %), **Cabernet franc** (10 %), **Cabernet sauvignon, Cabernet, Rosso :** Vins Rouges
*Pour plus de détails, voir Colli Orientali del Friuli ; beaucoup de ressemblances avec ces derniers malgré quelques différences. Après deux ans de vieillissement, à partir du 11 novembre de l'année de la vendange, et avec un degré alcoolique minimum de 12 %, les vins rouges peuvent revendiquer la mention **Riserva.***

Voir Colli Orientali del Friuli

Foffani – **Tenuta Ca'Bolani** – Tenuta Ca'Vescovo – Valle – Villa Vitas – Cantina Produttori Cormòns

FRIULI GRAVE

Comme dans le Bordelais, voici une appellation qui tire son nom de la nature du sol sur lequel elle repose. En effet, l'érosion glaciaire des Alpes voisines et le travail des fleuves Meduna, Tagliamento et Natisone, entre autres, ont façonné au fil des siècles ce plateau fait de cailloux et de graviers. La très vaste aire d'appellation fournit presque les deux tiers du Frioul et plus de la moitié des appellations d'origine. Aussi faut-il être vigilant et essayer de trouver plutôt des vins provenant des magredi, *ces terrains pauvres et graveleux situés principalement des deux côtés du Tagliamento. Le Merlot est plutôt agréable et offre généralement un rapport qualité prix digne d'intérêt. Depuis quelques années, on constate un léger recul des cépages typiquement frioulans au profit des variétés «internationales» telle que le Cabernet sauvignon. En plus du sublime jambon de San Daniele, quasiment incontournable, et dont le village d'origine est situé au cœur de cette appellation, l'œnophile-gourmet se régalera de la cuisine frioulane. La visite de la Villa Manin, un château immense, à l'architecture impressionnante et chargé d'histoire, est à ne pas manquer. Il se trouve à Passariano, tout près de Codroipo... par où on passe pour aller goûter les vins de Pietro Pittaro.*

Année du décret: 1998 (1970)
Superficie: 5680 ha (6720)
Encépagement: Bianco, Rosso et Rosato sont issus de l'assemblage des variétés autorisées dans l'appellation

Les autres vins sont élaborés avec 90% minimum du cépage indiqué sur l'étiquette.

Le vin portant la mention ***Cabernet*** *est issu d'un assemblage de Cabernet franc et de Cabernet sauvignon.*

Rendement: Bianco/Rosso/Rosato/Pinot bianco/Chardonnay/Verduzzo/Pinot grigio/Tocai friulano/Merlot/Refosco: 84,5 hl/ha
Riesling/Sauvignon/Traminer aromatico/Cabernets/Pinot nero: 78 hl/ha
Riserva et Superiore: 65 hl/ha
Production: 406850 hl
Durée de conservation: R: 2 à 5 ans
B/Rs/Spumante: 1 à 3 ans
Température de service: R: 16-18 °C
B/Rs/Spumante: 8-10 °C

Merlot (24%): Rouge
Cabernet sauvignon (9%): Rouge
Cabernet franc (6%): Rouge
Cabernet: Rouge
Pinot nero: Rouge
Refosco dal peduncolo rosso: Rouge
Rosso: Rouge

Rosato: Rosé sec

Pinot grigio (19%): Blanc sec
Tocai friulano (10%): Blanc sec
Chardonnay (10%): Blanc sec
Pinot bianco (5%): Blanc sec
Sauvignon (7%): Blanc sec
Verduzzo friulano: Blanc sec, demi-sec ou doux

Traminer aromatico : Blanc sec
Riesling renano : Blanc sec
Bianco : Blanc sec

Chardonnay et Pinot bianco peuvent être produits en ***Frizzante*** *et en* ***Spumante.***

Pour plus de détails, voir Colli Orientali del Friuli ; beaucoup de ressemblances avec ces derniers malgré quelques différences. Avec un degré d'alcool minimum de 11,5 %, tous ces vins, à l'exception du rosé, peuvent revendiquer la mention ***Superiore.*** *Après deux ans de vieillissement, à partir du 11 novembre de l'année de la vendange, certains vins peuvent revendiquer la mention* ***Riserva.***

Voir Colli Orientali del Friuli

Borgo Magredo – Castello di Arcano – Castello di Porcia – Collavini – Paolo Ferrin – Mangilli – Pavan – **Pighin** – Valle – **Villa Chiopris** (Livon) – Villa Ronche – Vigneti Le Monde – **Vigneti Pietro Pittaro**

L'Azienda di Risano (Azienda Fratelli Pighin) au cœur de l'appellation Friuli Grave.

FRIULI LATISANA

Le climat est ici favorable à la culture de la vigne, puisqu'il est tempéré par la mer Adriatique. Le Latisana, comme l'Aquileia et le Carso, profite de cet immense bassin régulateur, mais aussi du Tagliamento. Pour apprécier pleinement ces vins, il faut profiter d'une balade entre Venezia et Trieste, sortir de l'autostrada *et s'arrêter dans une* trattoria *aussi charmante que celle de Palazzolo della Stella. Depuis quelques années, la production du Cabernet franc a augmenté de façon sensible.*

Date du décret : 1993 (1975)
Superficie : 215 ha (280)
Encépagement : Rosato : *Merlot* (70-80 %) – Cabernets/Refosco (20-30 %)
Spumante : Chardonnay et/ou Pinot bianco et/ou Pinot nero

Les autres vins sont élaborés avec 90 % minimum du cépage indiqué sur l'étiquette.

Le vin portant la mention ***Cabernet*** *est issu d'un assemblage de Cabernet franc et de Cabernet sauvignon.*

Rendement : Rosato/Merlot/Tocai/Pinot bianco/Chardonnay/Verduzzo/Refosco : 84,5 hl/ha
Riesling/Sauvignon/Pinot grigio/Traminer aromatico/Cabernets/Franconia/Pinot nero : 78 hl/ha
Production : 11 900 hl
Durée de conservation : R : 2 à 5 ans
B/Rs : 1 à 3 ans
Température de service : R : 16-18 °C
B/Rs : 8-10 °C

Paysage typique du Frioul, où est installée la maison Livon.

Merlot (27 %) : Rouge
Cabernet franc (19 %) : Rouge
Cabernet sauvignon (5 %) : Rouge
Refosco dal peduncolo rosso : Rouge
Cabernet : Rouge
Franconia : Rouge
Pinot nero : Rouge
Rosato : Rosé sec

Tocai friulano (15 %) : Blanc sec
Pinot grigio (8 %) : Blanc sec
Pinot bianco (7 %) : Blanc sec
Chardonnay (5 %) : Blanc sec
Verduzzo friulano : Blanc sec
Traminer aromatico : Blanc sec
Sauvignon : Blanc sec
Riesling renano : Blanc sec
Malvasia istriana : Blanc sec

Spumante : Vin blanc effervescent commercialisé en Brut, Extra Brut et demi-sec.

Pour plus de détails, voir Colli Orientali del Friuli ; beaucoup de ressemblances avec ces derniers, malgré quelques différences. Avec un degré d'alcool supérieur au minimum requis (10,5 %), tous ces vins, à l'exception du rosé, peuvent revendiquer la mention ***Superiore.*** *Après deux ans de vieillissement, à partir du 1er novembre de l'année de la vendange, les vins rouges peuvent revendiquer la mention* ***Riserva.***

Voir Colli Orientali del Friuli

Isola Augusta – Sergio Pavere – Stefano Veritti

ISONZO DEL FRIULI OU FRIULI ISONZO

Le fleuve Isonzo (prononcer I-zon-sso) donne son nom à cette appellation blottie entre les zones d'appellation Friuli Aquileia à l'ouest, le Collio au nord et le Carso au sud. Comme chez son célèbre et populaire voisin des Grave, le fleuve a accumulé sables et cailloux pour donner à cette région un terroir graveleux propice à la culture de la vigne. Principalement consommés sur place, les vins sont issus d'une riche palette ampélographique, mais Chardonnay, Sauvignon et Pinot grigio sont en progression parmi les blancs (ceux de Gianfranco Gallo – Vie di Romans – m'ont beaucoup impressionné). Quant aux rouges, quelques visites récentes chez des producteurs chevronnés m'ont alerté sur la véritable identité du Cabernet franc… qui serait en fait de la Carmenère. Histoire à suivre, mais elle ressemble beaucoup à celle du Merlot chilien qui n'en est pas. C'est aussi de la Carmenère. Tiens donc !

Année du décret : 1996 (1975)
Superficie : 1 200 ha (1 330)
Encépagement : Bianco, Rosso et Rosato sont issus de l'assemblage des variétés autorisées dans la province de Gorizia

Vendemmia Tardiva : Tocai friulano, Verduzzo, Pinot bianco, Sauvignon et Chardonnay

Tous les autres vins sont élaborés avec 100 % du cépage indiqué sur l'étiquette.

*Le vin portant la mention **Cabernet** est issu d'un assemblage de Cabernet franc et de Cabernet sauvignon.*

Rendement : 78 hl/ha
Malvasia/Tocai friulano/Verduzzo/Merlot : 84,5 hl/ha
Production : 81 200 hl
Durée de conservation : R : 2 à 5 ans
B/Rs : 1 à 3 ans
Température de service : R : 16-18 °C
B/Rs : 8-10 °C

Tocai friulano (17 %) : Blanc sec
Pinot grigio (14 %) : Blanc sec
Sauvignon (11 %) : Blanc sec
Chardonnay (9 %) : Blanc sec
Pinot bianco (6 %) : Blanc sec
Malvasia istriana : Blanc sec
Traminer aromatico : Blanc sec
Verduzzo friulano : Blanc sec, demi-sec ou doux
Riesling renano : Blanc sec
Riesling italico : Blanc sec
Moscato giallo : Blanc sec
Bianco : Blanc sec
Vendemmia Tardiva : Blanc doux à la robe dorée, issu de raisins passerillés et vendangés tardivement

Moscato rosa : Rosé sec et très fruité
Rosato : Rosé sec

Merlot (14 %) : Rouge
Cabernet franc : Rouge
Cabernet sauvignon : Rouge
Cabernet : Rouge
Refosco dal peduncolo rosso : Rouge
Pinot nero : Rouge
Franconia : Rouge
Schioppetino : Rouge
Rosso : Rouge

Pour plus de détails, voir Colli Orientali del Friuli ; beaucoup de ressemblances avec ces derniers malgré quelques différences.

*Moscato giallo, Moscato rosa, Pinot bianco, Verduzzo friulano et Rosso (incongru mais vrai) peuvent se faire en **Spumante.** Bianco, Rosso et Rosato peuvent se faire en **Frizzante.***

Voir Colli Orientali del Friuli

Angoris – Bordavi (Boris et David Buzzinelli) – Borgo San Daniele – **Bressan** – Brotto – **Mauro Drius** – Conti Attems – I Feudi di Romans (Lorenzon) – **Eddi Luisa** (I Ferretti) – Conti Prandi d'Ulmholt – **Lis Neris – Pierpaolo Pecorari** – Giovanni Piuatti – **Ronco del Gelso – Gianni Vescovo** (I Fiori, Colombara) – **Vie di Romans** (Piere, Vieris, Voos dai Ciamps, Flors di Uis, Ciampagnis Vieris) – **Tenuta di Blasig** – Tenuta Villanova – Cantina Produttori Cormòns

Le Terrano, Terrano del Carso ou Refosco nostrano, est le nom slovène du Refosco (Refosk), qui a déjà été pris pour la Mondeuse (en Savoie), une interprétation erronée, d'après le spécialiste Pierre Galet. Le Refosco dal peduncolo rosso (Refosco au pédoncule rouge) en serait le meilleur clone.

RAMANDOLO

DOCG

Sur les collines de Sedilis, tout près de Nimis, Ramandolo a donné son nom à un vin blanc très recherché produit à partir du Verduzzo. Autrefois rattaché à l'appellation Colli Orientali del Friuli, ce vin, que l'on dit avoir été créé spécialement pour la méditation, vient d'accéder au rang suprême de DOCG. Ce n'est pas rien ! Et sa rareté ne fait que renforcer sa réputation qui, pour l'avoir goûté sur place à plusieurs reprises, n'est pas usurpée. Élaboré avec des raisins surmûris et légèrement passerillés, il s'agit là d'un vin fort intéressant à découvrir, notamment en le servant avec des fromages à pâte persillée.

Date du décret : 2001
Superficie : 50 ha environ
Encépagement : *Verduzzo friulano* ou Verduzzo giallo (90 % minimum)
Rendement : 52 hl/ha
Production : N.C.
Durée de conservation : 10 à 15 ans
Température de service : 10-12 °C

Vin blanc uniquement

Jaune doré assez intense – Aromatique (notes florales, fruits blancs bien mûrs et senteurs de miel) – Doux et très fruité – Doté d'une bonne acidité – Généreux et puissant en bouche

Le degré d'alcool minimum se situe entre 14 et 15 %.

À l'apéritif – Fromages à pâte persillée – Gâteaux secs aux amandes, au miel ou aux châtaignes

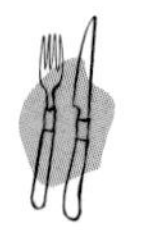

Voir Colli Orientali del Friuli

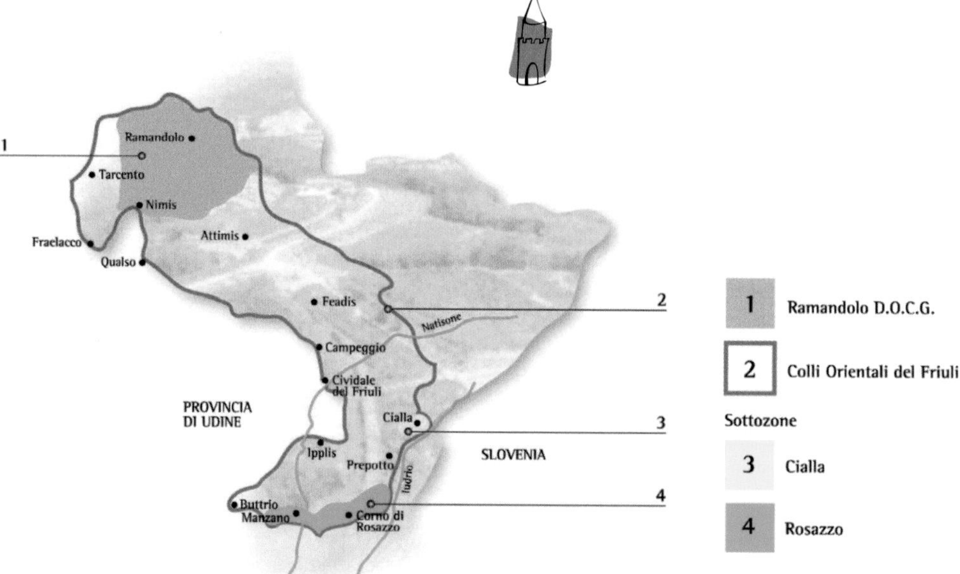

INDICAZIONE GEOGRAFICA TIPICA
INDICATION GÉOGRAPHIQUE TYPIQUE
IGT

- Alto Livenza*
- Delle Venezie*
- **Venezia Giulia**

* IGT communes à la Vénétie et principalement revendiquées dans cette région.

QUELQUES VINS PARFOIS EXPORTÉS

Bianco

Capo Martino (Pinot bianco, Tocai friulano, Malvasia istriana et Picolit). Jaune doré dense et d'une belle luminosité. Au nez, bouquet imposant de fruits confits, d'agrumes, de vanille et de beurre. Beaucoup de gras en bouche dans ce vin blanc dont la fermentation s'est effectuée lentement en barrique, sur une période de plus de deux mois. IGT Venezia Giulia; *Jermann.*

Castello di Buttrio (Tocai friulano, Ribolla gialla et autres cépages). Couleur soutenue tendant vers le doré. Nez intense de fruits exotiques, d'écorce d'orange sur un fond de vanille et de notes toastées. Beaucoup de matière en bouche dans ce vin issu de très vieilles vignes, et qui a fait sa fermentation en fut de chêne, suivi d'un élevage de six mois. IGT Venezia Giulia; *Marco Felluga.*

Opimio (Tocai 50 % et Chardonnay 50 %). Robe jaune paille d'une grande brillance. Notes florales (acacia), fruitées et minérales. Une bonne structure en bouche et un certain gras pour ce vin sec élaboré d'abord par macération préfermentaire au froid, puis élevé en fût pendant sept mois sur ses lies. IGT Venezia Giulia; *Tenuta Ca'Bolani (appartient à Zonin).*

Sagrado (Malvasia istriana, Sauvignon et Traminer aromatico). Belle robe dorée avec des reflets verts. Très aromatique (rose, melon, pêche blanche et pomme). Du fruit en bouche avec une finale moyenne marquée par l'amertume. IGT Venezia Giulia; *Castelvecchio.*

Vinnae (Ribolla gialla, Malvasia istriana et Riesling). Jaune paille d'une bonne intensité. Arômes de fruits à chair blanche, de pomme et d'agrumes. Beaucoup de fruit et de fraîcheur en bouche avec une tendance acidulée. Le producteur de ce vin sec fait remarquer l'harmonie parfaite avec des huîtres ou un spaghetti recouvert de fines lamelles de truffe blanche. IGT Venezia Giulia; *Jermann.*

Vintage Tunina (Sauvignon, Chardonnay, Ribolla gialla, Malvasia istriana et Picolit). Couleur paille d'une très bonne intensité. Arômes riches et complexes de fruits très mûrs (ananas et agrumes). Beaucoup d'élégance et de finesse en bouche. De la matière, du fruit et de la longueur, le tout dans une certaine plénitude. Un classique et un des très grands vins blancs de la région. IGT Venezia Giulia; *Jermann.*

Were Dreams, Now it is Just Wine! (Chardonnay). Grand vin blanc sec issu de vieilles vignes (entre 15 et 30 ans). Un tiers seulement de cette cuvée passe dans le bois, ce qui lui confère un certain équilibre. Notes de miel, d'épices et de vanille, et beaucoup de gras et de matière fruitée en bouche. Très bon et d'une longue persistance. Heureusement, car il n'est pas donné. IGT Venezia Giulia ; *Jermann.*

Rosso

Braida Nuova (Merlot 40 %, Cabernet sauvignon et Cabernet franc). Belle robe profonde. Arômes de fruits rouges et de sous-bois. Tanins bien serrés et enrobés. Acidité en équilibre dans ce vin charnu et long en bouche. Pas mal du tout avec un morceau de *montasio*. IGT Venezia Giulia ; *Borgo Conventi (Giani Vescovo).*

Carantan (Cabernet sauvignon, Cabernet franc et Merlot). Rouge intense avec une bonne brillance. Beaucoup d'élégance dans ce nez aux senteurs de fraise des champs, de groseille et de prune. Tanins d'une belle noblesse pour ce vin dans lequel matière et acidité bien dosée n'empêchent pas la rondeur, bien au contraire. Ce vin très classe et de longue persistance a séjourné 18 mois dans de petits fûts de chêne. IGT Venezia Giulia ; *Marco Felluga.*

Conte Bolani (Merlot 55 %, Cabernet sauvignon et Refosco dépendant des années). Ce 98 présente une robe très franche et profonde permise par une grande extraction. Parfums de fruits très mûrs accompagnés de belles notes épicées. Beaucoup de fraîcheur en bouche malgré une structure tannique assez imposante. Attendre sans inquiétude trois à quatre ans avant de le boire. IGT Venezia Giulia ; *Tenuta Ca'Bolani (appartient à Zonin).*

Esperto (Merlot). Robe d'un beau rubis intense. Nez de fruits rouges (cerise noire) et d'épices. Tanins discrets dans ce vin qui offre de belles rondeurs et une acidité assez présente qui lui confère beaucoup de fraîcheur. La longueur en bouche est pour sa part plutôt moyenne. IGT Delle Venezie ; *Livio Felluga.*

Vertigo (Merlot et Cabernet sauvignon). Robe foncée. Nez de fruits rouges et noirs, légèrement épicé. Tanins fermes et présents mais bien mûrs. Acidité en équilibre dans ce vin très élégant. IGT Delle Venezie ; *Livio Felluga.*

Belle illustration inspirée de l'alphabet de Erté, célèbre artiste russe. Il s'agit ici du chiffre 5 à l'envers, transformé en lettre c pour Collio.

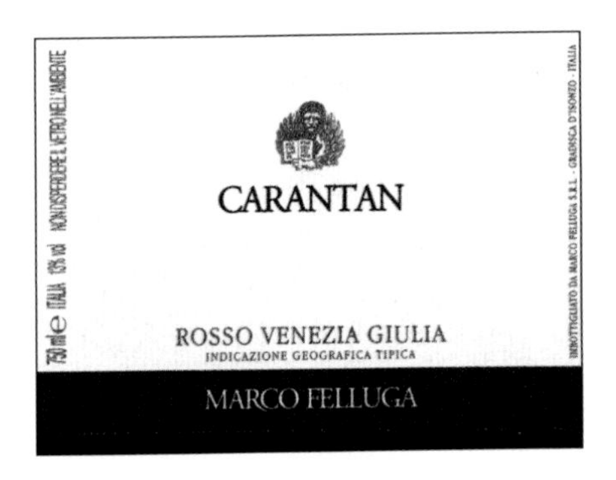
CARANTAN
ROSSO VENEZIA GIULIA
INDICAZIONE GEOGRAFICA TIPICA
MARCO FELLUGA

CA' BOLANI
OPIMIO
ARCO BOLANI
EDIFICATO IN UDINE DAL
CONTE DOMENICO BOLANI.
ANDREA PALLADIO
ARCHITETTO FECIT 1556.
OPIMIO, DA UVE CHARDONNAY
E TOCAI PRODOTTE
NEGLI ANTICHI PODERI
DEI CONTI BOLANI.
CERVIGNANO DEL FRIULI.

Produit de Italie
Product of Italy
VINTAGE
N°3
BRESSAN
Vin Rouge
Red Wine
VENEZIA GIULIA
ROSSO

MARCO FELLUGA
Moscato Rosa

Tenuta
RoncAlto
COLLIO
Denominazione di Origine Controllata
Ribolla Gialla
Prodotto dalle uve del Vigneto
Tenuta Roncalto in Dolegna del Collio

BORGO
CONVENTI
BRAIDA NUOVA
ROSSO - VENEZIA GIULIA

BRESSAN
NON DISPERDERE IL VETRO NELL'AMBIENTE
ISONZO DEL FRIULI
Denominazione di Origine Controllata
VERDUZZO
Imbottigliato all'origine dall'Azienda Agricola
BRESSAN Nereo
FARRA D'ISONZO - I - ITALIA
e750 ML
PRODUCT OF ITALY
13% VOL

GLI AFFRESCHI
di
Tenuta Blasig
MERLOT

VINO DA TAVOLA
SARIZ®
Questo vino, - il cui nome è tratto dal suolo asciutto e pietroso in cui nasce, - è ottenuto da una originale selezione di uve di Pinot Nero, Cabernet Franc e Refosco dal peduncolo rosso. Portato a maturazione in piccole botti di rovere, è stato imbottigliato nelle cantine della Azienda Agricola Cà Ronesca di Sergio Comunello, in Dolegna del Collio.
CÀ RONESCA
75 cl e
Dolegna del Collio-Italia
12,5% vol

CONTE D'ATTIMIS-MANIAGO
raccolto
Schioppettino
della tenuta sottomonte
di buttrio

RUSSIZ
SUPERIORE
COLLIO
Denominazione di origine controllata
ROSSO RISERVA
DEGLI ORZONI
Imbottigliato all'origine dall'Az. Agr.
Russiz Superiore S.S. - Capriva del Friuli - Italia
NON DISPERDERE IL VETRO NELL'AMBIENTE - ITALIA - 13,5% VOL - 750 ML e

Dessimis
PINOT GRIGIO
VIE DI ROMANS

LAZIO

Le Latium

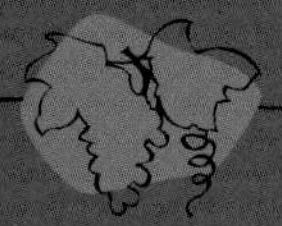

C'est dans le Latium que se trouve Roma (Rome), la ville éternelle, capitale de l'Italie et centre névralgique du plus grand État qu'ait connu l'Antiquité européenne.

C'est aussi autour de cette ville au riche passé chargé d'histoire que gravitent la plupart des vignobles les plus connus de cette région délimitée à l'ouest par la mer Tyrrhénienne, au nord par la Toscane et l'Ombrie, à l'est par les Marches et les Abruzzes, et enfin au sud par le Molise et la Campanie.

L'histoire de cette jolie contrée d'Italie est donc fastueuse et fertile en événements. Passons, non sans les citer, sur Remus et Romulus, et sur les Étrusques qui seraient les véritables fondateurs de Roma, huit siècles avant notre ère (je fais cependant référence dans les pages qui suivent à cette époque fabuleuse et aux nombreux vestiges qui subsistent et qu'il faut absolument visiter.)

L'Empire commença en 29 av. J.-C. pour se disloquer quelque cinq siècles plus tard, avant que l'Église et la papauté imposent leur autorité religieuse.

Les conditions de vie furent difficiles et précaires jusqu'au XIe siècle, pour s'améliorer au XIIe; mais lorsque la papauté déménagea, au XIVe siècle, la ville tomba dans une certaine léthargie. Il fallut attendre le retour du gouvernement pontifical pour assister à une renaissance qui donna par le fait même à la cité le statut de capitale du catholicisme. Par la suite, Napoléon fit de Roma la deuxième ville de son empire, mais celle-ci connut le dénouement des agitations et des soulèvements patriotiques qui aboutirent enfin à l'unification du Royaume d'Italie.

Même si le Latium est un endroit peu homogène sur les plans géologique et morphologique, les deux tiers de son territoire sont voués à l'agriculture, principalement à la culture des céréales. On trouve des oliveraies un peu partout, quelle que soit la nature du sol. Les vignes affectionnent les versants bien exposés des collines (d'où la présence du mot *colli* dans quatre DOC), qui représentent plus de la moitié de la région ; les montagnes et les plaines se partagent l'autre moitié.

C'est fort regrettable, mais il n'y a rien de bien excitant dans toute la production des vins du Latium ; ce n'est certes pas une région qui se démarque par sa très grande qualité sur ce plan. Parmi les appellations contrôlées, le vin blanc domine nettement avec une proportion d'environ 90 %, et deux familles de cépages se partagent cette suprématie : Trebbiano et Malvasia. Je dis bien famille de cépages, puisque de nombreux clones et sous variétés, que je ne nomme pas nécessairement, sont utilisés.

Les rouges, quant à eux, survivent à des traditions qui, il faut l'avouer, nous échappent quelque peu. C'est ainsi que l'Aleatico dans le nord, près du magnifique lac de Bolsena, et le Cesanese, de l'autre côté de l'autoroute du soleil, à l'est de Roma, produisent des vins aux caractéristiques parfois douteuses. Deux des grands problèmes de cette région résident à mon avis dans le manque d'identité spécifique à certaines DOC (trop de types de vins pour une même appellation) et les rendements autorisés très élevés qui mènent tout droit vers une dilution certaine.

Les coteaux bien orientés vers le lac de Bolsena se prêtent sans doute mieux aux vins blancs, tel le Est! Est!! Est!!!, qui profite cependant plus de sa légende que de ses qualités intrinsèques pour se vendre. Tout près, un peu d'Orvieto semble avoir été oublié négligemment, son foyer naturel étant la verte Ombrie voisine (voir ce chapitre pour en savoir plus sur cette appellation).

Cerveteri, sur le littoral, profite d'un sol argilo-calcaire mêlé de débris volcaniques. Le blanc de Capena, sur la rive droite du Tevere (Tibre), ressemble au célèbre Frascati. Ce dernier fait d'ailleurs la « renommée » du Latium et fait partie, qu'on le veuille ou non, du paysage gastronomique romain. Incontournable sur les tables des restaurants de la région, il semble satisfaire le palais des milliers de touristes assoiffés. Avec les vins des Castelli Romani, qui ont accédé à la DOC en 1996, ces deux dénominations représentent à elles seules 58 % de la production du Latium en vins d'appellation contrôlée. Les 23 autres se partagent le reste...

Depuis 10 ans, 8 DOC ont vu le jour. Est-ce vraiment la solution ? En attendant que les autorités fassent le ménage une fois pour toutes, je vous invite à partir à la découverte historique de ce Latium malgré tout encore méconnu. On trouvera certainement dans une *trattoria* sympathique quelques flacons de Marino secco ou de Colli Lanuvini rafraîchissants à souhait et à savourer avec le poisson du jour.

LE LATIUM EN BREF

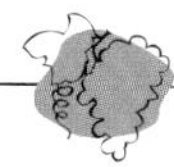

- 47 800 ha de vignes
- 24 290 ha en VQPRD*, dont 7 680 déclarés en l'an 2000
- 25 DOC (incluant une petite production d'Orvieto)
- 5 IGT
- Une production axée sur le vin blanc
- Des rendements à l'hectare très élevés
- Une région peu portée sur la qualité
- Quelques vins à découvrir en allant visiter Roma

* VQPRD : Vins de qualité produits dans une région déterminée (DOC + DOCG).

Découvrir le Latium, c'est aussi visiter Roma et ses nombreux monuments.

LAZIO

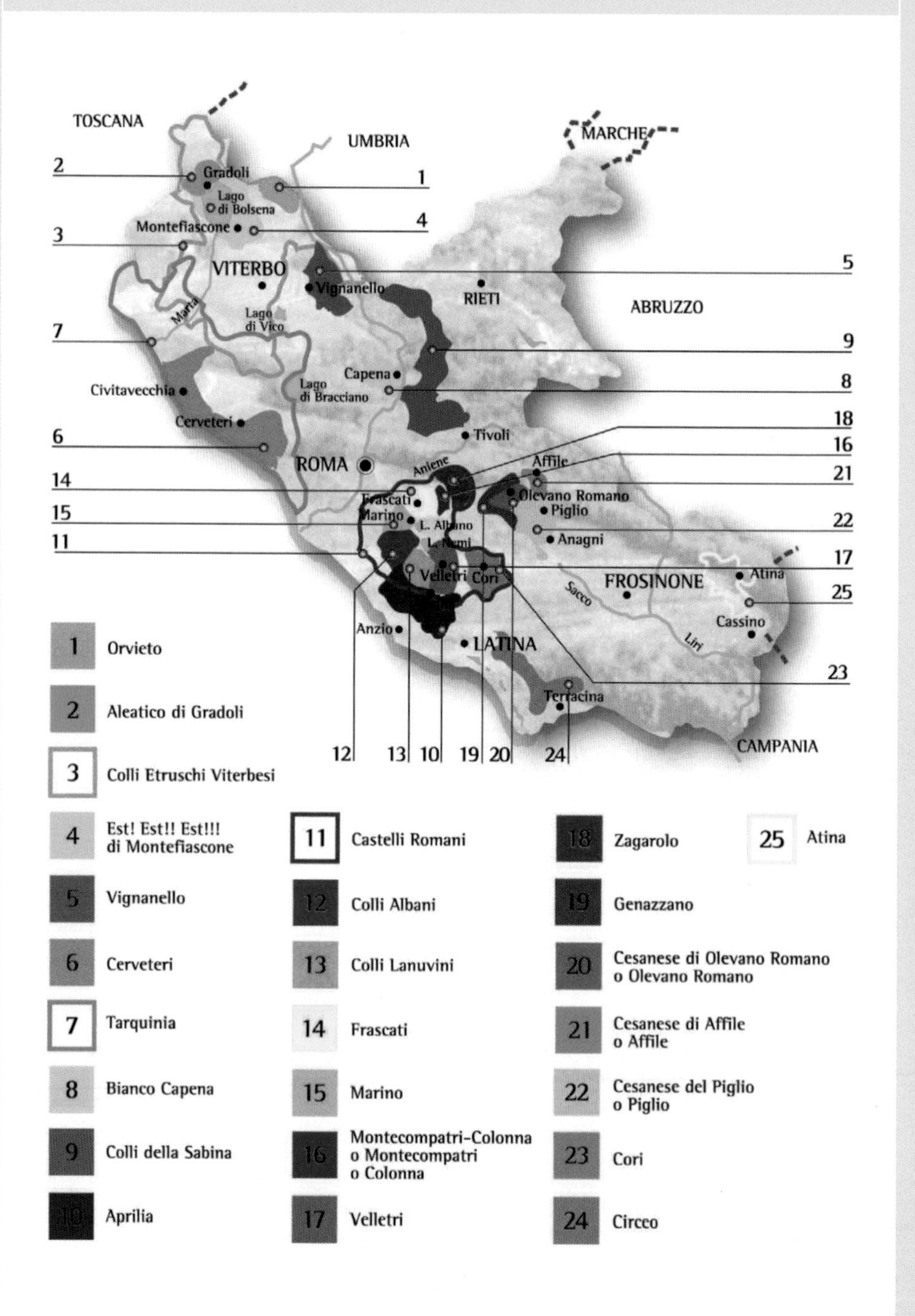

TOSCANA
UMBRIA
MARCHE
ABRUZZO
CAMPANIA
Gradoli
Lago di Bolsena
Montefiascone
VITERBO
Vignanello
Marta
Lago di Vico
RIETI
Capena
Lago di Bracciano
Civitavecchia
Cerveteri
Tivoli
ROMA
Aniene
Affile
Frascati
Olevano Romano
Marino
Piglio
L. Albano
L. Nemi
Anagni
Velletri
Cori
FROSINONE
Atina
Sacco
Cassino
Anzio
LATINA
Liri
Terracina
1 2 3 4 5 6 7 8 9 10 11 12 13 14 15 16 17 18 19 20 21 22 23 24 25
1 Orvieto
2 Aleatico di Gradoli
3 Colli Etruschi Viterbesi
4 Est! Est!! Est!!! di Montefiascone
5 Vignanello
6 Cerveteri
7 Tarquinia
8 Bianco Capena
9 Colli della Sabina
10 Aprilia
11 Castelli Romani
12 Colli Albani
13 Colli Lanuvini
14 Frascati
15 Marino
16 Montecompatri-Colonna o Montecompatri o Colonna
17 Velletri
18 Zagarolo
19 Genazzano
20 Cesanese di Olevano Romano o Olevano Romano
21 Cesanese di Affile o Affile
22 Cesanese del Piglio o Piglio
23 Cori
24 Circeo
25 Atina

ALEATICO DI GRADOLI

C'est sur les bords du lac de Bolsena, le plus grand lac d'origine volcanique du pays, que s'étend cette appellation peu connue mais intéressante. Outre Gradoli, d'autres communes, dont Grotte di Castro et San Lorenzo Nuovo, mettent en valeur cette curieuse variété appelée Aleatico. Ce cépage, qui s'apparente au Moscato (Muscat) sur le plan aromatique, est à l'origine d'un vin rouge doux produit en très petite quantité et habituellement réservé pour le dessert.

Année du décret: 1996 (1972)
Superficie: 13 ha (15)
Encépagement: *Aleatico*
Rendement: 58,50 hl/ha
Production: 525 hl
Durée de conservation: 2 à 3 ans
Davantage pour le Liquoroso
Température de service: 12-14 °C

Vin rouge uniquement
Robe rouge foncé, très aromatique (baies sauvages bien mûres et cerise noire) – Fruité, rond, charnu et doux

*Il est plus léger (12 % minimum) que celui obtenu avec des raisins passerillés, fortifié à l'alcool, et titrant au minimum 17,5 %. Ce dernier porte la dénomination **Liquoroso** et doit vieillir au moins six mois avant d'être commercialisé. Après deux ans de vieillissement, on lui ajoute la mention **Riserva.***

Desserts (gâteaux secs) – Poires au vin rouge – Tarte aux groseilles et à la réglisse – Gratin de fruits rouges – Cerises Jubilée – *Ciambellati*

Le Liquoroso peut se servir à la fin du repas, comme un Porto, et avec des entremets au chocolat.

L'essentiel de la production est assuré par la Cantina sociale de Gradoli

APRILIA

Cette zone de production située au sud de Roma, près de la Méditerranée, n'a toujours pas mis la qualité au rang de ses priorités. Les plaines aménagées en aires cultivables mais trop fertiles, des densités de plantation encore bien faibles et des rendements beaucoup trop élevés expliquent le manque d'intérêt des vins de cette région. Malgré tout, entre Roma et les stations balnéaires d'Anzio et de Nettuno (connue pour son IGT), on passera par Aprilia goûter les vins de l'Azienda Casale del Giglio.

Date du décret : 1980 (1966)
Superficie : 225 ha (3 500)
Encépagement : Les vins sont élaborés avec 95 % minimum du cépage indiqué sur l'étiquette
Rendement : 91 hl/ha
Production : 10 800 hl
Durée de conservation : Trebbiano/ Sangiovese : 1 an
Merlot : 2 à 3 ans
Température de service : Trebbiano : 8 °C
Merlot/Sangiovese : 14-16 °C

Trebbiano (50 %) : Vin blanc léger et plutôt neutre
Merlot : Rouge légèrement fruité, souple et léger
Sangiovese : Rouge clair manquant souvent de couleur – Acidité assez prononcée

Trebbiano : Voir Colli Albani et Frascati
Merlot/Sangiovese : Voir Velletri rosso

Casale del Giglio – Cantine Co. Pro. Vi. (Consorzio Produttori Vini di Velletri) – Cantine Silvestri

ATINA

Petite et récente, cette DOC qui concerne plusieurs communes, dont celle d'Atina, est située dans la province de Frosinone. C'est en se rendant sur place que l'on aura l'opportunité de goûter ces vins rouges issus de cépages beaucoup plus connus en France. Un peu au sud d'Atina se trouvent le très beau monastère et l'abbaye de Montecassino, créés vers 529 par saint Benoît, fondateur de l'ordre bénédictin.

Année du décret : 1999
Superficie : 3,5 ha (5,5)
Encépagement : Rosso : *Cabernet sauvignon* (50 % minimum) – Syrah, Merlot et Cabernet franc (10 % minimum pour chacun des cépages)
Cabernet : Cabernet sauvignon et Cabernet franc (85 % minimum)
Rendement : Cabernet : 52 hl/ha
Rosso : 65 hl/ha
Production : 150 hl
Durée de conservation : 2 à 3 ans
Température de service : 14-16 °C

Vin rouge uniquement
Rosso : Vin d'une qualité intéressante et dans lequel le fruit et des tanins agréables se donnent rendez-vous
Cabernet : Les caractéristiques des cépages utilisés se retrouvent dans ce vin issu de rendements raisonnables (et surprenants pour la région)

*Existe aussi avec la mention **Riserva.***

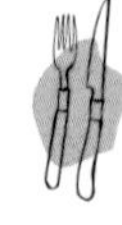

Voir Cerveteri rosso

Azienda agricola Palombo

BIANCO CAPENA

Situé à une trentaine de kilomètres au nord de la capitale, le vignoble est installé sur plusieurs communes dont Capena et Castelnuovo di Porto. Peut-être est-ce dû à la concurrence, mais aussi à cause de sa très faible production, il semble que l'huile d'olive soit plus renommée dans cette région que le vin qu'on y produit.

Année du décret: 1987 (1975)
Superficie: 13 ha (160)
Encépagement: Malvasia et Trebbiano (principalement) – Bellone et Bombino
Rendement: 104 hl/ha
Production: 755 hl
Durée de conservation: 1 à 2 ans
Température de service: 10 °C

Vin blanc uniquement
Robe paille peu intense aux reflets verts – Peu aromatique, sec et léger

Avec un pourcentage d'alcool de 12 %, le vin a droit à la mention ***Superiore.***

Coquillages – Poissons grillés – *Spaghetti alla matriciana*
Voir aussi Frascati et Colli Albani

Cantina sociale di Feronia

CASTELLI ROMANI

Cette vaste dénomination située au sud de la capitale englobe les collines de plusieurs communes dont certaines, telles que Frascati et Marino, sont réputées pour leurs vins. La région des Castelli Romani est avant tout connue des Romains pour ses places fortes érigées au Moyen Âge et où ils prennent plaisir à flâner en été. Lors de votre prochaine visite à Roma, vous n'échapperez pas à ce vin qui représente 28 % de la production (VQPRD) du Latium.

Année du décret: 1996
Superficie: 2 215 ha (7 510)
Encépagement: B: Malvasia – Trebbiano – Autres cépages autorisés (30 % maximum)
R/Rs: Cesanese et/ou Merlot et/ou Montepulciano et/ou Sangiovese – Autres cépages autorisés (15 % maximum)
Rendement: B: 107 hl/ha
R/Rs: 104 hl/ha
Production: 169 760 hl
Durée de conservation: 1 à 2 ans
Température de service: B: 8 °C
R: 14-16 °C

Bianco (95 %): Vin blanc léger et plutôt neutre
Rosso: Vin léger, moyennement fruité et acidulé

Du rosé peut être produit sous cette appellation.

Bianco: Voir Frascati
Rosso: Voir Velletri

Angelo Funari – **Casale Vallechiesa - Azienda agricola Antonio Trasmondi** (Donnardea) – Cantina di Marino (Gotto d'Oro) – Cantine Co. Pro. Vi.

CERVETERI

À environ 40 km au nord-ouest de Roma, le vignoble de Cerveteri longe la mer et s'étend sur 7 communes. Centre de la civilisation étrusque (peuple de la Rome Antique du VIIIe au IIe siècle avant J.-C.), Cerveteri semble avoir toujours produit du vin, comme en atteste la documentation archéologique et artistique de l'endroit. On ne manquera d'ailleurs pas de faire un détour par la nécropole de la Banditaccia, site qui témoigne d'éloquente façon de cette époque importante.

Année du décret : 1996 (1975)
Superficie : 300 ha (638)
Encépagement : B : *Trebbiano* (50 % minimum) - Malvasia (35 % maximum) - Autres cépages autorisés
R/Rs : Sangiovese et/ou Montepulciano (60 % minimum) - Cesanese (25 % maximum) - Autres cépages autorisés
Rendement : B : 91 hl/ha
R : 84,5 hl/ha
Production : 20 620 hl
Durée de conservation : 1 an
Température de service : B : 8 °C
R : 15 °C

Bianco (92 %) : Couleur paille peu intense - Légèrement fruité, léger et quelque peu amer en fin de bouche
Rosso : Rouge rubis assez clair - Peu aromatique - Assez décevant en bouche

Blanc et rouge se font en sec mais aussi en Amabile (moelleux) avec du sucre résiduel. Le blanc ainsi qu'une très faible production de rosé peuvent être élaborés en ***Frizzante.***

Bianco : Poissons grillés - Fruits de mer - Coquillages (moules marinière)
Rosso : Tomates farcies - *Osso buco* - *Abbachio brodettato* (agneau en sauce) - Viandes rouges grillées

Cantina Cerveteri

Vieille étiquette de Cerveteri.

CESANESE DEL PIGLIO OU PIGLIO

Le Cesanese, qui aime les sols calcaires, est le cépage de cette appellation peu connue située à l'est de la capitale, dans la province de Frosinone. Parmi les communes qui ont droit à cette dénomination, celle d'Anagni vaut le détour. En effet, cette petite ville médiévale est dotée d'une jolie cathédrale qu'on ne manquera pas de visiter.

Année du décret: 1973
Superficie: 73 ha (100)
Encépagement: *Cesanese* (90 % minimum)
Autres cépages autorisés, tels que Sangiovese, Barbera et Trebbiano
Rendement: 81,25 hl/ha
Production: 2 350 hl
Durée de conservation: 1 à 3 ans
Température de service: 14-16 °C

Vin rouge uniquement
Robe rubis claire – Légèrement aromatique – Léger et fruité – Finale légèrement amère

*L'appellation autorise aussi la production de vins rouges demi-secs, doux ou effervescents (**Spumante naturale** et **Frizzante**).*

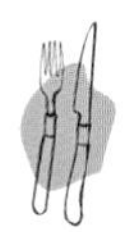

Rouge sec: *Spaghetti alla carbonara* – *Ravioli* – Ragoût d'agneau – Viandes rouges robustes et préparations rustiques – *Pecorino romano* frais

Casale della Ioria – **Marcella Giuliani** – Vigneti Coletti Conti (Haernicus) – Giovanni Terenzi – **Vigneti Massimi Berucci** (Casal Cervino)

CESANESE DI AFFILE OU AFFILE

Deuxième de la trilogie des vins à base de Cesanese, celui-ci a la réputation d'être le meilleur des trois. Encore faut-il en dénicher sur le marché, ce qui n'est pas évident (pas de production de ce vin en l'an 2000). La ville d'Affile est située au nord-ouest de Piglio, dans la province de Roma.

Année du décret: 1973
Superficie: Aucune déclaration en 2000 (14 ha)
Encépagement: *Cesanese* (90 % minimum)
Autres cépages autorisés tels que Sangiovese, Barbera et Trebbiano
Rendement: 81,25 hl/ha
Production: Aucune déclaration de récolte en 2000
Durée de conservation: 1 à 3 ans
Température de service: 14-16 °C

Mêmes types de vins que le Cesanese del Piglio

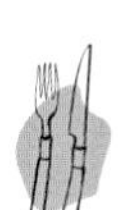

Voir Cesanese del Piglio

Cantina Colacicchi

CESANESE DI OLEVANO ROMANO OU OLEVANO ROMANO

Cette DOC, la troisième utilisant le Cesanese comme cépage principal, est située sur les hauts plateaux d'Arcinazzo, autour d'Olevano, ainsi que sur la commune de Genazzano, qui a droit à sa propre appellation, principalement en blanc.

Année du décret: 1973
Superficie: 21 ha (403)
Encépagement: *Cesanese* (90 % minimum)
Autres cépages autorisés tels que Sangiovese, Barbera et Trebbiano
Rendement: 81,25 hl/ha
Production: 560 hl
Durée de conservation: 1 à 3 ans
Température de service: 14-16 °C

Mêmes types de vins que le Cesanese del Piglio

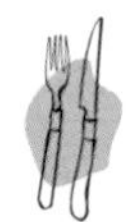

Voir Cesanese del Piglio

Cantina Vini Tipici Cesanese

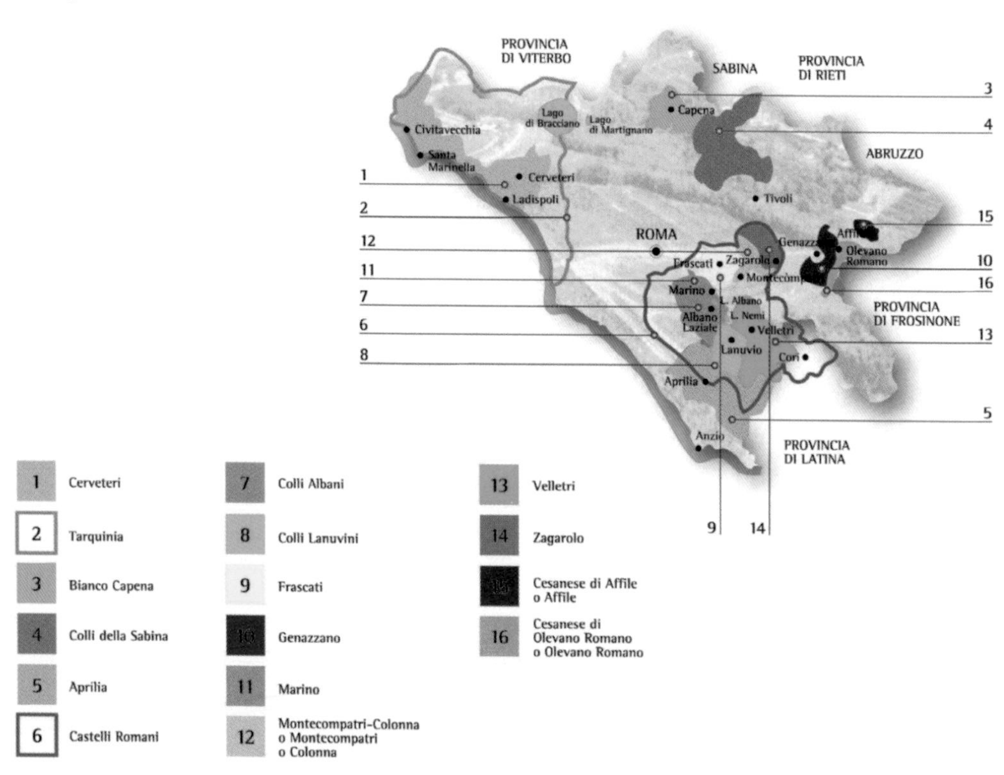

CIRCEO

Dans la province de Latina, le mont Circeo (et son parc national) donne son nom à cette appellation qui s'étend sur plusieurs communes le long de la mer, dont Sabaudia, San Felice Circeo et Terracina. Cette dernière est située sur un golfe panoramique offrant aux visiteurs le plaisir de découvrir son duomo *et ses vestiges de l'époque romaine.*

Année du décret : 1996
Superficie : 84 ha (216)
Encépagement : B : *Trebbiano* (60 % minimum) - Malvasia (30 % maximum) - Autres cépages autorisés (30 % maximum)
R/Rs : *Merlot* (85 % minimum) - Autres cépages autorisés

Les autres vins sont élaborés avec 85 % minimum du cépage indiqué sur l'étiquette.

Rendement : B : 84,5 hl/ha
R/Rs : 78 hl/ha
Production : 4 125 hl
Durée de conservation : 2 à 3 ans
Température de service : B/Rs : 8 °C
R : 14-16 °C

Bianco : Couleur paille peu intense - Légèrement fruité, léger et d'une bonne vivacité
Trebbiano : Ressemble au vin précédent
Rosato : Vin léger et fruité

*Blanc et rosé se font en sec mais aussi en Amabile (moelleux) avec du sucre résiduel. Ils peuvent aussi être élaborés en **Frizzante.***

Rosso : Rouge légèrement fruité, souple et léger

*Ce vin peut aussi se faire en **Novello** et en **Frizzante.***

Sangiovese : Bonne couleur assez soutenue - Structure tannique moyenne - Fruits rouges et épices en bouche

*Ce vin peut se faire en **Rosato secco** (rosé sec) et en **Rosato Frizzante.***

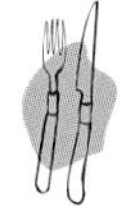

Voir Cerveteri

Cantina Sant' Andrea - **Cantina Villa Gianna** - Cantina del Circeo

COLLI ALBANI

C'est au sud-est de la capitale italienne, pas loin de la ville éternelle, et plus précisément sur les collines autour du lac d'Albano que poussent les vignes responsables de cette appellation bien connue des amateurs. Les papes l'apprécient certainement puisque Castelgandolfo, résidence d'été pontificale, se trouve au cœur de la zone de production. Hélas ! les rendements singulièrement élevés ne favorisent ni la concentration ni la qualité.

Année du décret : 1994 (1970)
Superficie : 465 ha (1 500)
Encépagement : Malvasia et Trebbiano – Autres cépages autorisés (10 % maximum)
Rendement : 107,25 hl/ha
Production : 42 700 hl
Durée de conservation : 1 an
Température de service : 8-10 °C

Vin blanc uniquement
Robe jaune paille plus ou moins intense – Moyennement aromatique – Sec, vif et léger – Se fait aussi en Amabile, en Dolce et en Spumante

*Avec un pourcentage d'alcool de 11,5 %, le vin a droit à la mention **Superiore.***

Bianco secco : Poissons grillés et frits – Fruits de mer – Coquillages – *Bucatini alla matriciana* (spécialité de pâtes assaisonnées d'une sauce gratinée au *pecorino*)

Les blancs plus doux peuvent être servis en apéritif.

Azienda agricola Antonio Trasmondi (Donnardea) – Vigneti Villafranca – Cantina Sociale Colli Albani (Fontana di Papa)

COLLI DELLA SABINA

À cheval sur les provinces de Roma et de Rieti, cette appellation qui s'étend sur 25 communes se limite en fait à une vingtaine d'hectares. Longeant une grande partie de la rive gauche du Tevere (Tibre), les collines de ce territoire donnent un vin peu connu et dont la production reste limitée.

Année du décret : 1996
Superficie : 23 ha (41)
Encépagement : B : *Trebbiano* (40 % minimum) – Malvasia (40 % maximum) – Autres cépages autorisés
R/Rs : *Sangiovese* (40-70 %) – Montepulciano (15-40 %) – Autres cépages autorisés (30 % maximum)
Rendement : B : 84,5 hl/ha
R/RS : 78 hl/ha
Production : 1 760 hl
Durée de conservation : 2 à 3 ans
Température de service : B/Rs : 8 °C
R : 14-16 °C

Bianco (90 %) : Couleur paille peu intense – Légèrement fruité, léger et d'une bonne vivacité
Rosso : Rouge rubis assez clair – Peu aromatique – Fruité et moyennement tannique

*Blanc et rouge se font en sec mais aussi en moelleux, en **Frizzante** et en **Spumante.** Il existe parfois une faible production de rosé.*

Bianco : Voir Frascati
Rosso : Voir Velletri rosso

Cantina sociale

COLLI ETRUSCHI VITERBESI

Comme son nom l'indique, cette DOC du nord du Latium, qui s'étend tout autour du lac de Bolsena, fait partie intégrante de la province de Viterbo, au cœur de la région connue autrefois pour sa civilisation étrusque. On ne manquera pas de flâner sur la Piazza San Lorenzo, à Viterbo, sans oublier la cathédrale et le Palais des Papes, édifices bien conservés de l'époque médiévale.

Année du décret: 1996
Superficie: 92 ha (99)
Encépagement: B: Malvasia (30 % maximum) – Trebbiano (30-80 %) – Autres cépages autorisés (30 % maximum)
R: *Sangiovese* (50-65 %) – Montepulciano (20-45 %) – Autres cépages autorisés (30 % maximum)

Les autres vins sont élaborés avec 85 % minimum du cépage indiqué sur l'étiquette.

Rendement: Plusieurs seuils de rendement entre 65 et 97,5 hl/ha
Production: 6 890 hl
Durée de conservation: 1 à 3 ans
Température de service: B/Rs: 8-10 °C
R: 16 °C

Bianco (48 %): Robe assez pâle – Sec ou semi-doux, vif et fruité
Procanico (11 %): Vin blanc sec issu principalement du Procanico, synonyme du Trebbiano toscano
Grechetto: Vin blanc sec issu principalement du Greco
Rossetto: Vin blanc sec ou demi-sec issu principalement du Trebbiano giallo
Moscatello: Vin blanc issu principalement du Moscato bianco – Se fait aussi en Passito

La plupart de ces vins se font aussi en ***Frizzante.***

Rosso: Vin rouge sec ou semi-doux – Fruité et peu tannique – Se fait aussi en Frizzante
Greghetto rosso: Vin rouge issu principalement du Grechetto rosso
Violone (11 %): Vin rouge issu principalement du Montepulciano
Canaiolo: Vin rouge issu principalement du Canaiolo nero – Se fait aussi en Amabile
Merlot: Vin rouge issu principalement du Merlot
Sangiovese rosato (28 %): Vin rosé sec issu principalement du Sangiovese – Peut se faire en demi-sec et en Frizzante

Beaucoup d'accords vins et mets en fonction des nombreux cépages. Voir les autres fiches de ce chapitre

Voir Aleatico di Gradoli et Est! Est!! Est!!! di Montefiascone

COLLI LANUVINI

La commune de Lanuvio, située au sud du lac de Nemi, jusqu'aux portes d'Aprilia, donne son nom à cette appellation qui figure parmi les meilleurs vins blancs de la grande région des Castelli Romani. Les versants les plus chauds et les plus secs des collines environnantes sont réservés à la culture de la vigne.

Année du décret : 1996 (1971)
Superficie : 320 ha (1 740)
Encépagement : *Malvasia* (70 % maximum) – Trebbiano (30 % minimum) – Autres cépages autorisés (10 % maximum)
Rendement : 94,25 hl/ha
Superiore : 84,5 hl/ha
Production : 13 925 hl
Durée de conservation : 1 an
Température de service : 8-10 °C

Vin blanc uniquement
Jaune paille plus ou moins intense – Généralement sec – Léger et fruité – Doté d'une agréable fraîcheur et d'une bonne souplesse

*Avec un pourcentage d'alcool de 11,5 %, le vin a droit à la mention **Superiore**.*

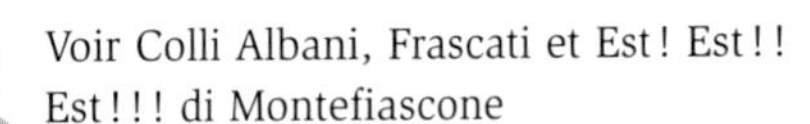

Voir Colli Albani, Frascati et Est ! Est ! ! Est ! ! ! di Montefiascone

Camponeschi – Cantine Tommaso – Cantine Silvestri – La Selva Viticoltori

CORI

La petite ville de Cori est sans doute plus connue pour ses vestiges historiques qui remontent au VIe siècle avant J.-C. que pour ses vins, dont la réputation est restée locale. Il est très agréable cependant de parcourir cette belle région du Latium où la vigne partage le terroir avec l'olivier en toute complicité.

Année du décret : 1988 (1971)
Superficie : 86 ha (500)
Encépagement : B : Malvasia et Trebbiano (principalement) – Bellone
R : *Montepulciano* – Nero buono di Cori – Cesanese
Rendement : 104 hl/ha
Production : 7 290 hl
Durée de conservation : B : 1 an
R : 1 à 3 ans
Température de service : B : 8-10 °C
R : 16 °C

Bianco (97 %) : Légèrement fruité et souple – Se fait en sec, demi-sec et doux
Rosso : Relativement généreux et assez souple – Manque de longueur

Bianco : Voir Colli Albani
Rosso : Voir Velletri rosso

Marco Carpineti – Cooperativa agricola Cincinnato

EST ! EST !! EST !!! DI MONTEFIASCONE

Oui, je vais vous la conter l'histoire de ce vin! On ne peut y échapper et puis elle est si belle... On rapporte en effet qu'en l'an 1100, un présumé évêque allemand du nom de Giovanni Defuk s'était fait précéder, lors d'une expédition vers Roma, par son échanson qui devait sélectionner les vins des meilleures caves, en inscrivant sur le mur de l'auberge «Est». À Montefiascone, petite localité située tout près du lac de Bolsena, le vin fut, paraît-il, si bon que l'échanson inscrivit «Est! Est!! Est!!!». Son maître s'y arrêta et décida, sa mission terminée, de retourner y vivre jusqu'à la fin de ses jours. Ainsi, naquit la légende de ce vin blanc agréable mais bien modeste pour une telle renommée.

Année du décret: 1989 (1966)
Superficie: 410 ha (442)
Encépagement: Trebbiano toscano (appelé dans la région comme à Orvieto le Procanico) et Malvasia (principalement) – Rossetto (autre nom du Trebbiano giallo)
Rendement: 84,5 hl/ha
Production: 22 900 hl
Durée de conservation: 1 an
Température de service: 8-10 °C

Vin blanc uniquement
Robe paille – Faiblement aromatique (amande amère) – Sec et légèrement fruité – Parfois demi-sec – D'une bonne fraîcheur

À noter le sol d'origine volcanique riche en potassium de cette zone de production située autour du lac de Bolsena.

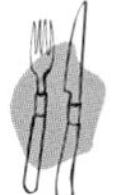

Salade de crevettes – Quenelles de poissons – Poissons grillés et meunière (truite aux amandes) – Crustacés sauce mayonnaise – Riz aux fruits de mer – Fettucine au beurre

Antinori – **Azienda vinicola Falesco** (Poggio dei Gelsi) – **Italo Mazziotti** – Villa Puri – Cantina di Montefiascone

Une des étiquettes qui a fait connaître ce vin dans le monde.

FRASCATI

Sans doute l'un des vins italiens les plus connus au monde, le Frascati doit certainement sa réputation à son importance quantitative (30 % de la production du Latium en VQPRD) parmi les vins de la grande région des Castelli Romani. Il est vrai que les flacons de Frascati faisaient fureur dans les bistrots de la ville éternelle depuis des lustres... Mais je soupçonne les amateurs de ce vin de le choisir aujourd'hui plus par habitude ou pour sa renommée que pour ses réelles qualités.

Date du décret: 1997 (1966)
Superficie: 2 560 ha
Encépagement: Malvasia bianca et Trebbiano toscano (principalement) - Greco et Malvasia del Lazio (10 % maximum)
Rendement: 97,5 hl/ha
Production: 185 600 hl
Durée de conservation: 1 an
Température de service: 8-10 °C

Vin blanc uniquement
Robe plus ou moins pâle - Généralement sec - Léger et vif

*Se fait également en **Amabile,** en **Spumante** et en **Cannellino.** Ce dernier, qui est doux, est obtenu en partie avec des raisins atteints de pourriture noble.*

*Avec un pourcentage d'alcool de 11,5 %, le vin a droit à la mention **Superiore.***

Bianco secco: Poissons grillés (truite aux herbes) - Fettucine au beurre - *Suppli al telefono* (croquettes de riz au fromage)

Azienda agricola L'Olivella - Cantina Cerquetta - Cantine San Marco - Casale Marchese - Casale Mattia - **Casale Vallechiesa** - **Castel de Paolis** (Vigna Adriana) - Conte Zandotti - Colli di Tuscolo - Pallavicini - Villa Simone (Vigneto Filonardi, Cannellino) - Colli di Catone - Cantine Silvestri (Antica Roma) - Fontana Candida (Santa Teresa - Terre dei Grifi) - Cantina di Marino

Étiquette de Marino, bien avant que le vin obtienne sa DOC.

GENAZZANO

La zone de production de cette petite appellation se situe à la fois sur les provinces de Roma et de Frosinone. En fait, une partie du territoire concerné est commune à la DOC Cesanese di Olevano Romano.

Année du décret : 1992
Superficie : 13 ha (35)
Encépagement : B : *Malvasia* – Bellone et Bombino – Trebbiano, Pinot bianco et autres cépages autorisés
R : Sangiovese et Cesanese – Autres cépages autorisés
Rendement : B : 91 hl/ha
R : 84,5 hl/ha
Production : 1 200 hl
Durée de conservation : B : 1 an
R : 2 à 4 ans
Température de service : B : 8 °C
R : 16-18 °C

Bianco (88 %) : Robe paille – Faiblement aromatique – Sec, vif et légèrement fruité – Parfois demi-sec
Rosso : Rouge rubis – Moyennement aromatique – Fruité et peu tannique

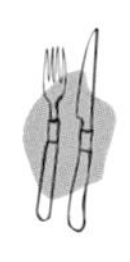

Bianco : Voir Colli Albani et Est ! Est !! Est !!! di Montefiascone
Rosso : Voir Velletri rosso

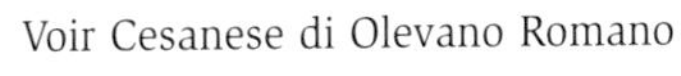

Voir Cesanese di Olevano Romano

MARINO

Après le Frascati, le vin de Marino est le plus connu de cette zone des Castelli Romani. Il donne aux Romains, par sa vigueur et sa structure, un des vins les plus agréables et les mieux adaptés à leur cuisine. La région de production se situe aux portes de Roma, au bord du lac d'Albano. Si vous passez par Marino le premier dimanche d'octobre, arrêtez-vous à la Fontaine des Mores, c'est du vin, et non de l'eau, qui y coule à l'occasion de la fête du Raisin…

Année du décret : 1987 (1970)
Superficie : 625 ha (1 740)
Encépagement : Malvasia et Trebbiano
Rendement : 107 hl/ha
Production : 60 000 hl
Durée de conservation : 1 an
Température de service : 8-10 °C

Vin blanc uniquement
Robe jaune paille clair – Moyennement aromatique (fleurs blanches et amande) – Sec, souple et fruité – Se fait aussi en **Abboccato,** en **Amabile,** en **Dolce** et en **Spumante**

Avec un pourcentage d'alcool de 11,5 %, le vin a droit à la mention ***Superiore.***

Bianco secco : Poissons et fruits de mer – *Cozze alla marinara* (moules marinière) – *Saltimbocca alla Romana* (filets de veau au *prosciutto*)

Dino Limiti – **Paola di Mauro** (Colle Picchioni) – Cantina di Marino (Gotto d'Oro)

MONTECOMPATRI COLONNA

Que ce soit sous les noms respectifs des communes de Montecompatri et de Colonna, ou des deux à la fois, les vins de cette région, dont la consommation est locale, ressemblent à ce qui se produit à Frascati, le vignoble voisin. Heureusement, malgré des rendements encore beaucoup trop élevés, les techniques de vinification se sont quelque peu améliorées et l'on voit un peu moins de vins sensibles à l'oxydation.

Année du décret: 1973
Superficie: 7 ha (263)
Encépagement: Malvasia et Trebbiano (principalement) – Autres cépages autorisés (Bellone et Bonvino)
Rendement: 97,5 hl/ha
Production: 190 hl
Durée de conservation: 1 an
Température de service: 8-10 °C

Vin blanc uniquement
Robe plus ou moins pâle – Généralement sec – Léger et vif – Se fait également en **Amabile,** en **Dolce** et en **Frizzante**

*Avec un pourcentage d'alcool de 11,5 %, le vin a droit à la mention **Superiore.***

Voir Frascati

Cantina Cerquetta – **Tenuta le Quinte** – Cantina sociale de Montecompatri

TARQUINIA

À l'extrême sud de l'appellation Cerveteri, la ville de Tarquinia, qui donne son nom à cette petite DOC, est renommée pour ses vestiges étrusques. À défaut de vous passionner pour ses quelques vins sans grand relief, vous découvrirez les trésors que conserve le musée et la nécropole qui cache sous terre de fabuleux témoignages de cette civilisation ancienne.

Année du décret: 1996
Superficie: 13 ha (35)
Encépagement: B: *Trebbiano* (50 % minimum) – Malvasia (35 % maximum) – Autres cépages autorisés (30 % maximum)
R: Sangiovese et/ou Montepulciano (60 % minimum) – Cesanese (25 % minimum) – Autres cépages autorisés (30 % maximum)
Rendement: B: 97,5 hl/ha
R: 91 hl/ha
Production: 1 200 hl
Durée de conservation: B: 1 an
R: 1 à 3 ans
Température de service: B: 8-10 °C
R: 16 °C

Bianco (75 %): Robe claire aux reflets de couleur paille – Sec, vif et légèrement fruité – Se fait aussi en **Amabile** (semi-doux) et en **Frizzante** (perlant)
Rosso: Vin d'une belle couleur – Vif, assez généreux et moyennement tannique – Se fait aussi en **Amabile**

Voir Cerveteri

Castello di Torre in Pietra – Cantina Cerveteri

VELLETRI

Située dans la grande région des Castelli Romani, entre les DOC Cori et Colli Lanuvini, Velletri se distingue par sa petite production de vins rouges. Les blancs, qui constituent l'essentiel de la production, sont également très appréciés. Le seul institut de recherche viticole du Latium, qui est situé dans cette région, aide probablement les producteurs à améliorer la qualité de leurs vins. Il faudrait tout de même qu'ils se penchent sur le problème des rendements, toujours aussi pléthoriques...

Année du décret : 1999 (1972)
Superficie : 460 ha (2 200)
Encépagement : B : *Malvasia* (70 % maximum) – Trebbiano (30 % minimum) – Autres cépages autorisés (20 % maximum)
R : Sangiovese (30-45 %) – Montepulciano (30-50 %) – Cesanese (10 % minimum) – Autres cépages autorisés (30 % maximum)
Rendement : 104 hl/ha
Production : 37 000 hl
Durée de conservation : B : 1 an
R : 1 à 3 ans
Température de service : B : 8-10 °C
R : 16 °C

Bianco (94 %) : Robe assez pâle – Sec, souple et fruité – Se fait aussi en Amabile, Dolce et Spumante

*Avec un pourcentage d'alcool de 11,5 %, le vin a droit à la mention **Superiore.***

Rosso : Vin d'une belle couleur – Vif, généreux et plus ou moins tannique

*Avec un pourcentage d'alcool de 12,5 %, et après un vieillissement de deux ans, le vin a droit à la mention **Riserva.***

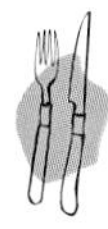

Bianco : Voir Colli Albani et Frascati
Rosso : Tomates farcies – *Osso buco* – *Abbachio brodettato* (agneau en sauce)

Azienda vinicola Ceracchi – Cantine Co. Pro. Vi. (Consorzio Produttori Vini di Velletri)

Le vin de Velletri est très populaire dans les restaurants de Roma où l'on sert du poisson.

VIGNANELLO

C'est dans la province de Viterbo, non loin du petit lac de Vico, que se situe cette appellation qui se décline en rouge et en blanc. Habituellement consommé sur place, ce vin présente un certain intérêt avec son Greco, cépage que l'on n'a pas l'habitude de trouver dans cette région.

Année du décret: 1994 (1992)
Superficie: 85 ha
Encépagement: B: Trebbiano et Malvasia – Autres cépages autorisés (10 % maximum)
R/Rs: Sangiovese et Ciliegiolo – Autres cépages autorisés (20 % maximum)
Greco: Greco (principalement)
Rendement: B: 91 hl/ha
R/Rs: 84,5 hl/ha
Greco: 71,5 hl/ha
Production: 6660 hl
Durée de conservation: B: 1 an
R: 1 à 3 ans
Température de service: B: 8-10 °C
R: 16 °C

Bianco (77 %): Robe assez pâle – Sec, vif avec parfois une finale légèrement amère – Se fait aussi en demi-sec

*Avec un pourcentage d'alcool de 11,5 %, le vin a droit à la mention **Superiore.***

Greco: Couleur paille – Sec, fruité et léger – Se fait aussi en **Spumante**

Ce vin peut se présenter sous la dénomination Greco di Vignanello.

Rosso (20 %): Robe rubis – Souple et fruité

*Avec un pourcentage d'alcool de 12 %, et après un vieillissement de deux ans, le vin a droit à la mention **Riserva.***

Bianco/Greco: Voir Colli Albani et Est! Est!! Est!!! di Montefiascone
Rosso: Viandes rouges grillées et poêlées – Tomates farcies

Cantine sociale Colli Cimini

ZAGAROLO

Cette zone de production située à l'extrême est de la région des Castelli Romani, tout près de Roma, vit un peu dans l'ombre de ses grands voisins que sont le Frascati et les Colli Albani. DOC depuis 1973, ce n'est qu'en 1983 que la mention apparut sur les étiquettes. Le vin est dans son ensemble consommé localement, ce qui n'est pas surprenant puisqu'il s'agit là d'une des plus petites productions du Latium.

Année du décret: 1973
Superficie: 8 ha (185)
Encépagement: B: Malvasia – Trebbiano – Autres cépages autorisés (30 % maximum)
Rendement: 97,5 hl/ha
Production: 200 hl
Durée de conservation: 1 an
Température de service: 8-10 °C

Vin blanc uniquement
Sec, parfois semi-doux, et légèrement fruité

*Avec un pourcentage d'alcool de 12,5 %, le vin a droit à la mention **Superiore.***

Voir Frascati

Azienda agricola Giancarlo Loreti – Cantina del Tufaio

La vigne en automne.

INDICAZIONE GEOGRAFICA TIPICA
INDICATION GÉOGRAPHIQUE TYPIQUE
IGT

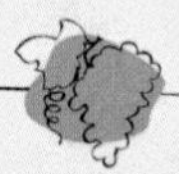

- Civitella d'Agliano
- Colli Cimini
- Frusinate ou del Frusinate
- **Lazio**
- Nettuno

QUELQUES VINS PARFOIS EXPORTÉS

Bianco

Antinoo (Chardonnay 90 % – Viognier 10 %). Belle couleur pour ce blanc sec au nez de notes vanillées. Du fruit et de la matière en bouche, avec une acidité en équilibre. Concentration moyenne. IGT Lazio ; *Casale del Giglio.*

Muffo (Grechetto 100 %). Belle couleur brillante. Très aromatique avec des notes d'abricot, d'écorce d'orange et de miel. Le vin est doux avec un très bel équilibre entre l'acidité et le moelleux. Une bonne harmonie en bouche et de la longueur pour ce vin issu en partie de raisins atteints de pourriture noble. IGT Lazio ; *Sergio Mottura.*

Le Vignole (Malvasia, Trebbiano et Sauvignon). Robe cristalline aux reflets dorés. Nez de beurre et de miel d'acacia. Sec et pourvu d'une bonne acidité. Bouche un peu marquée par le bois. Longueur moyenne. IGT Lazio ; *Colle Picchioni-Paolo di Mauro.*

Somiglio (Sauvignon et Sémillon). Robe d'un jaune paille intense avec des reflets verts. Senteurs de fruits exotiques et d'agrumes avec des notes légèrement herbacées. Sec et vif en bouche. De longueur moyenne. IGT Lazio ; *Azienda agricola Palombo.*

Rosso

Duca Cantelmi (Cabernet sauvignon, Cabernet franc et Syrah). Rouge intense. Nez de fruits mûrs – Confitures de prune – Vanille, tabac et herbes aromatiques en rétro-olfaction. Un certain équilibre malgré des tanins encore bien présents. IGT Lazio ; *Azienda agricola Palombo.*

Madreselva (Merlot 50 % – Cabernet sauvignon 50 %). Rouge d'une belle intensité. Des fruits bien mûrs au nez comme en bouche. Tanins présents et bien enrobés. Une belle surprise. IGT Lazio ; *Casale del Giglio.*

Mater Matuta (Syrah 60 % – Petit Verdot 40 %). Rouge grenat intense. Arômes prononcés de fruits noirs et de prune. De la matière en bouche avec des tanins présents et une acidité moyenne. Bonne longueur. IGT Lazio ; *Casale del Giglio.*

Montiano (Merlot 100 %). Rouge franc. Nez encore marqué par le bois dans lequel le vin a été élevé. Bonne extraction et de l'équilibre en bouche avec des tanins bien mûrs. IGT Lazio ; *Azienda vinicola Falesco.*

Shiraz (Syrah 100 %). Rouge vif et intense, au nez de fruits mûrs et de pruneau. Bonne structure tannique et acidité présente. Manque un peu de chair et de longueur. IGT Lazio ; *Casale del Giglio.*

Vigna del Vassallo (Merlot, Cabernet sauvignon et Cabernet franc). Robe rubis intense. Nez vanillé marqué par les fruits rouges, dont la cerise. Bonne structure avec des tanins moelleux. Belle persistance en bouche. IGT Lazio ; *Colle Picchioni-Paolo di Mauro.*

Cantine
co.pro.vi.
MERLOT DI APRILIA
RED WINE - VIN ROUGE
CONSORZIO PRODUTTORI VINI DI VELLETRI
750 ml - 12%alc./vol.

VINO FRASCATI VINO
A DENOMINAZIONE DI ORIGINE CONTROLLATA
Santarelli®
F
CONTENU NET 720 ml
NET CONTENTS 24 fl ozs liq
CONTENUTO NETTO lt 0,720
12% ALC./VOL.
ALCOHOL 12% BY VOLUME
GRADAZ. ALCOOLICA 12%
PRODUIT EMBOUTEILLÈ EN ITALIE PAR
PRODUCT BOTTLED IN ITALY BY
PRODOTTO IMBOTTIGLIATO IN ITALIA DA
VINITALIA S.p.A - Roma
Via della Stazione
Tuscolana, 104-110

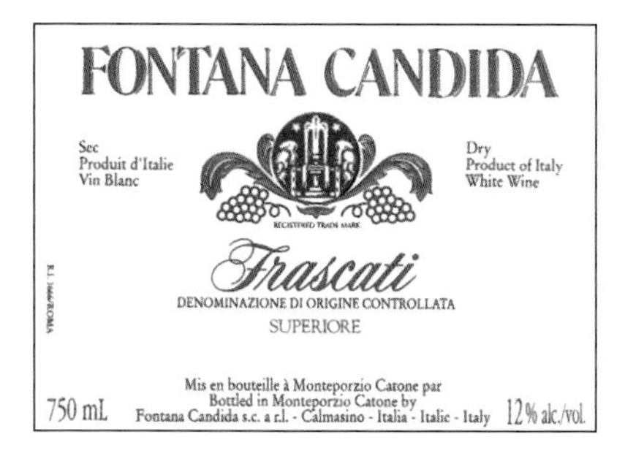
FONTANA CANDIDA
Sec
Produit d'Italie
Vin Blanc
Dry
Product of Italy
White Wine
Frascati
DENOMINAZIONE DI ORIGINE CONTROLLATA
SUPERIORE
Mis en bouteille à Monteporzio Catone par
Bottled in Monteporzio Catone by
Fontana Candida s.c. a r.l. - Calmasino - Italia - Italie - Italy
750 mL
12% alc./vol.

AZIENDA AGRICOLA
CASALE DEL GIGLIO
SHIRAZ
LAZIO
ROSSO
750ml e 12,5% vol·italia

LE CONTRADE®
CASTELLI ROMANI
DENOMINAZIONE DI ORIGINE CONTROLLATA
RED WINE - VIN ROUGE
CANTINE
CO.PRO.VI.
PRODUCT OF ITALY - PRODUIT D'ITALIE
PRODUCED AND BOTTLED BY - PRODUIT ET MIS EN BOUTEILLE PAR
CONSORZIO PRODUTTORI VINI DI VELLETRI
Cantine di Campoverde (LT) ITALY
1 Litre
11.5% alc./vol.

NET CONTENTS
1 LITRE
11,50 % ALC / VOL
Colli Albani
DENOMINAZIONE DI ORIGINE CONTROLLATA
Fontana di Papa
WHITE TABLE WINE - VIN DE TABLE BLANC
IMBOTTIGLIATO ALL'ORIGINE DALLA
PRODUCED AND BOTTLED IN ITALY BY
CANTINA SOC. COOP. COLLI ALBANI
ARICCIA (ROMA) - ITALIA
AGENT FOR THE PROVINCE
GIRARDI'S VINTNERS & SPIRIT AGENCIES LTD
VANCOUVER B. C. CANADA

LIGURIA

La Ligurie

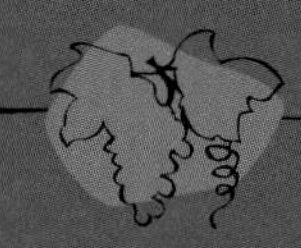

Comme un croissant posé sur la Méditerranée, la Ligurie sert de trait d'union entre la Provence française et la Toscane. Au nord, le Piémont coiffe cette région qui côtoie à l'est une petite partie de l'Émilie-Romagne.

L'histoire de la Ligurie est très complexe. Cette contrée hautement stratégique subit notamment les assauts répétés de nombreuses nations qui voulaient se l'accaparer. Elle était habitée depuis longtemps par les Ligures, un peuple prospère qui lui a donné son nom et qui jouissait de certains privilèges au temps de l'Empire romain, mais qui déclina en même temps que ce dernier.

De nombreuses invasions suivirent cette époque trouble. La Ligurie passa ainsi en alternance de la France à l'Italie jusqu'à ce qu'elle soit rattachée à la nation italienne au cours du XIXe siècle. Soulignons au passage que Mazzini, ardent patriote et artisan incontestable de l'unification, était originaire de Genova (Gênes), principale ville de cette région.

À l'ouest de Genova, et jusqu'à Ventimiglia, à la frontière franco-italienne, la Riviera semble avoir gardé ses traditions comme si le temps s'était arrêté. Pour avoir pris souvent la route aux nombreux tunnels qui longe la mer, je ne peux que recommander aux œnophiles et aux touristes de passage de visiter, sous un doux soleil printanier, ces petits villages côtiers peu achalandés. En plus du plaisir de communiquer avec les gens de l'endroit et la satisfaction de dégoter quelques bouteilles de vin, on en profitera pour s'offrir quelques flacons d'huile d'olive fine et délicieuse provenant de ces oliveraies qui se confondent avec le vignoble de la Riviera Ponente. Quelques heures de voiture, au départ de Nice, permettent cette escapade agréable à souhait.

Le paysage viticole de la Ligurie est tout simplement magnifique. À l'est, autour de La Spezia, la vigne s'accroche comme des jardins en terrasses aux flancs des montagnes qui deviennent falaises en descendant à pic vers cette mer qui adoucit les températures pendant la saison hivernale.

De Monterosso à Riomaggiore, en passant par Manarola et Vernazza, la *Via Dell'amore* (chemin de l'amour) vous attend. Il est indispensable, à mon humble avis, de profiter des basses saisons pour emprunter cette voie sinueuse et étroite réservée aux piétons courageux, question de le faire en toute quiétude. À travers vignes, pins et oliveraies, vous découvrirez ces Cinque Terre qui ont tant inspiré les peintres et les auteurs anciens. Ce sera aussi une façon originale de comprendre ce que signifie l'expression «vignoble d'exception». Et pour avoir une vue d'ensemble aussi envoûtante qu'imprenable, vous irez à Portovenere vous embarquer pour une mini croisière qui dévoilera devant vous ce site enchanteur. Puis vous flânerez dans les ruelles de la cité médiévale, sans oublier de vous recueillir à l'église San Pietro, bien installée depuis des siècles sur un promontoire rocheux qui s'avance dans la mer.

LA LIGURIE EN BREF

- 4 800 ha de vignes
- 725 ha en VQPRD*, dont 560 déclarés en l'an 2000
- 7 DOC
- 3 IGT (Colline del Genovesato, Colline Savonesi et Golfo dei Poeti)
- Un environnement à découvrir
- Des vignobles d'exception en voie de disparition
- Des vins (surtout blancs) à déguster sur place

* VQPRD : Vins de qualité produits dans une région déterminée (DOC + DOCG).

L I G U R I A

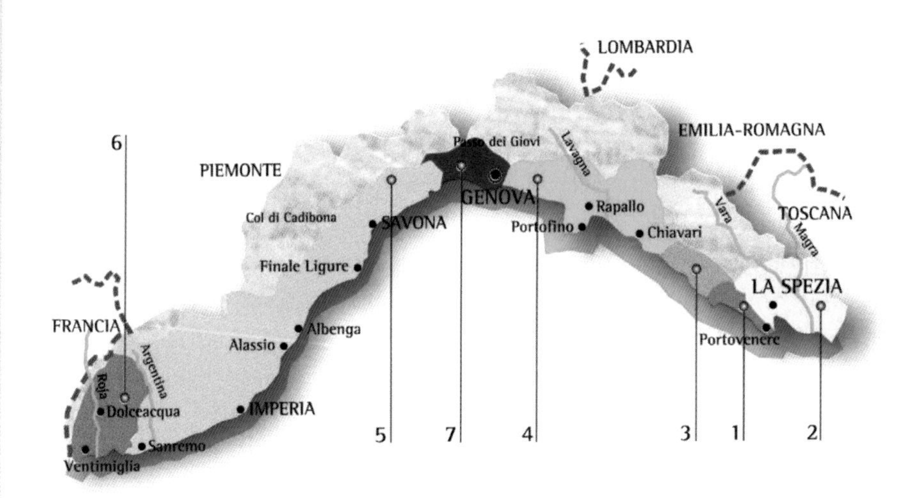

1	Cinque Terre Cinque Terre Sciacchetrà
2	Colli di Luni
3	Colline di Levanto
4	Golfo del Tigullio
5	Riviera Ligure di Ponente
6	Rossese di Dolceacqua o Dolceacqua
7	Val Polcèvera

CINQUE TERRE

CINQUE TERRE SCIACCHETRÀ

Voici à mes yeux, au propre comme au figuré, un autre vignoble d'exception. Hélas ! les conditions de culture condamnent ces vignes à disparaître à plus ou moins long terme, car les jeunes se désintéressent de ce terroir, ingrat à entretenir, il faut bien le dire. Voilà une bonne raison de découvrir au plus vite cette magnifique région située dans l'est de la Ligurie, tout près de la Toscane. La vigne y est cultivée sur des terrasses escarpées dominant vertigineusement la mer, et elle se travaille à l'aide de petits chariots installés sur des rails de fortune. Cinq adorables communes (ou terres) font officiellement partie de l'appellation. Ce sont, du nord au sud, Monterosso (idéal pour la plage après deux heures de marche), Vernazza (traversée elle aussi par le chemin de l'amour...), Corniglia (la plus difficile d'accès), Manarola (ma préférée) et Riomaggiore (tellement belle, vue de la mer). Le paysage est superbe, la mer est toute bleue et le vin, vendu à tout va à la manne touristique, s'améliore malgré tout d'année en année pour le plus grand plaisir du dégustateur averti. Les rendements ont baissé et les cépages Bosco et Albarola s'unissent parfois au Vermentino, plus connu en Corse et en Sardaigne.

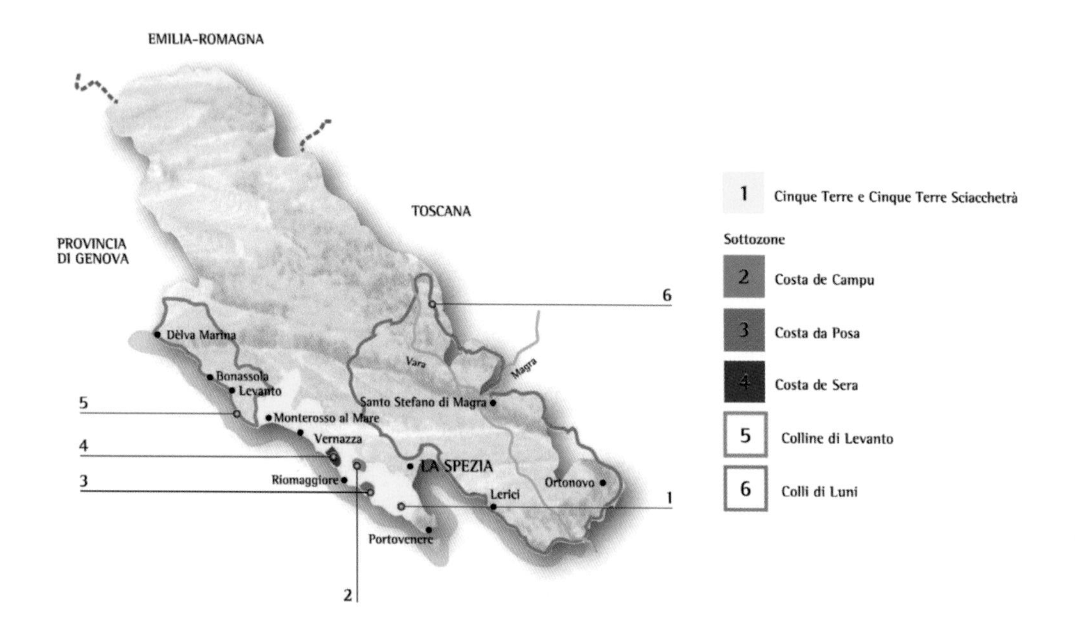

Année du décret: 1999 (1973)
Superficie: 72 ha (155)
Encépagement: Bosco (40 % minimum) – Albarola et/ou Vermentino (40 % maximum) – Autres cépages autorisés
Rendement: 58,5 hl/ha
Sous-zones Costa de Sera, Costa de Campu et Costa da Posa: 55 hl/ha
Production: 2 000 hl
Durée de conservation: 1 à 2 ans
Sciacchetrà: 4 à 6 ans
Température de service: 8-10 °C

Vin blanc uniquement
Jaune paille avec des reflets verts – Peu aromatique – Sec, léger et rafraîchissant

Trois excellents terroirs situés sur la commune de Riomaggiore ont le droit d'indiquer leur nom sur l'étiquette. Il s'agit de Costa de Sera, Costa de Campu et Costa da Posa.

Sciacchetrà: Rare vin doux issu de raisins passerillés (passito), d'une couleur dorée aux reflets d'ambre – Parfums de miel et onctueux en bouche

Ce vin peut porter la mention ***Riserva.***

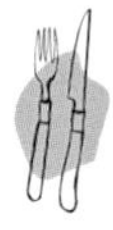

Antipasti di mare – Calmars frits – Salades de fruits de mer – Pâtes et riz aux fruits de mer – Poissons frits, grillés ou meunière – Moules marinière – Fricassée de poulet au citron
Sciacchetrà: À l'apéritif – Gâteaux secs et aux amandes – *Castagnaccio* (gâteau aux raisins et aux marrons)

Riccardo Arrigoni – Bisson – Forlini Cappellini – Cozzani – **Walter De Battè** – **Maria Rita Rezzano** – **Cooperativa Agricola Cinque Terre**

Vernazza, une des communes des Cinque Terre.

COLLI DI LUNI

À l'extrême est de la Ligurie, collées à la Toscane, les collines situées de chaque côté de la rivière Magra partagent cette appellation peu connue avec la zone sise le long du golfe de La Spezia. Le sol argilo-calcaire peut laisser espérer de bons résultats dans le futur.

Année du décret : 1996 (1989)
Superficie : 115 ha (130)
Encépagement : R : Sangiovese – Canaiolo et/ou Pollera nero et/ou Ciliegiolo nero – Autres cépages autorisés (25 % maximum)
B : Vermentino et Trebbiano toscano – Autres cépages autorisés (30 % maximum)
Vermentino : *Vermentino* – Autres cépages autorisés (10 % maximum)
Rendement : 65 hl/ha
Production : 5 300 hl
Durée de conservation : B : 1 an
R : 2 à 4 ans
Température de service : B : 8-10 °C
R : 16 °C

Rosso : Couleur franche – Arômes de fruits rouges légèrement épicés – Moyennement corsé

*Avec un pourcentage de 12,5 % d'alcool et un vieillissement de deux ans, le vin a droit à la mention **Riserva.***

Bianco : Jaune paille avec légers reflets verts – Sec et rafraîchissant
Vermentino (70 %) : Blanc – Couleur paille peu intense – Sec et léger

Rosso : Aubergines farcies au parmesan – Pâtes avec sauce à la viande peu relevée – Pavé de thon aux tomates – Fricassée d'agneau aux champignons – Viandes blanches et volailles rôties – Fromages moyennement relevés
Bianco et Vermentino : Voir Cinque Terre

Riccardo Arrigoni – Giancarlo Boriassi – Fattoria Casano – Giacomelli – **Ottaviano Lambruschi** – Il Monticello – La Colombiera – Il Torchio – Lunae Bosoni – Santa Caterina

COLLINE DI LEVANTO

Dans le prolongement du Ponente (Ponant) qui se situe entre Vintimiglia, à la frontière française, et Genova, la Riviera du Levanto (Levant) va de la capitale de la Ligurie à La Spezia. Quatre communes, dont Levanto et Bonassola, ont droit à cette dénomination qui se décline en rouge et en blanc.

Année du décret : 1995
Superficie : 25 ha (28)
Encépagement : *Vermentino* (40 % minimum) – Albarola (20 % minimum) et Bosco (5 % minimum) – Autres cépages autorisés
R : *Sangiovese* (40 % minimum) – Ciliegiolo nero (20 % minimum) – Autres cépages autorisés
Rendement : 58,5 hl/ha
Production : 725 hl
Durée de conservation : B : 1 an
R : 2 à 4 ans
Température de service : B : 8-10 °C
R : 16 °C

Bianco (88 %) : Vin sec, léger et fruité – Ressemble au Cinque Terre
Rosso : Vin rouge moyennement corsé qui ressemble au Colli di Luni rosso

Bianco : Voir Cinque Terre
Rosso : Voir Colli di Luni rosso

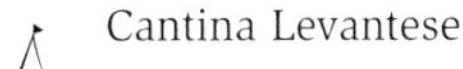

Cantina Levantese

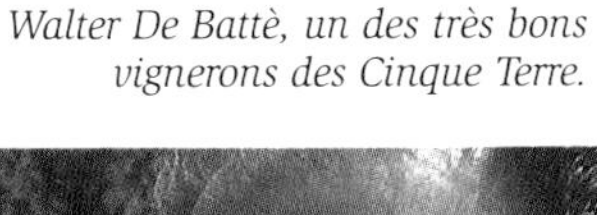

Walter De Battè, un des très bons vignerons des Cinque Terre.

GOLFO DEL TIGULLIO

C'est sur les collines qui dominent le magnifique golfe del Tigullio que les vignes de Vermentino, Bianchetta, Ciliegiolo et Dolcetto poussent pour donner les vins blancs et rouges identifiés par cette récente dénomination. On s'en délectera à la terrasse d'une trattoria *de Chiavari, de Santa Margherita ou de Portofino. Même si la presqu'île de Portofino semble réservée aux bien nantis de la terre, il ne faut pas manquer la Strada Panoramica qui y conduit de pittoresque façon, ni la promenade au phare, après un repas de pâtes cuites* al dente. *Au coucher du soleil, ce n'est pas mal du tout…*

Année du décret : 1997
Superficie : 42 ha (52)
Encépagement : B : Vermentino (20-70 %) - Bianchetta genovese (20-70 %) - Autres cépages autorisés (40 % maximum)
R/Rs : Ciliegiolo nero (20-70 %) - Dolcetto (20-70 %) - Autres cépages autorisés (40 % maximum)
Moscato : *Moscato bianco* (100 %)

Les autres vins sont élaborés avec 85 % minimum du cépage indiqué sur l'étiquette.

Rendement : 58,5 hl/ha
Production : 2 300 hl
Durée de conservation : B/Rs : 1 an
R : 2 à 4 ans
Température de service : B/Rs : 8-10 °C
R : 16 °C

Bianco : Jaune paille avec quelques reflets verts - Sec, vif et léger

*Peut se faire en **Spumante** et en **Passito.***

Bianchetta genovese : Vin blanc sec
Vermentino (48 %) : Blanc - Couleur paille peu intense - Sec et légèrement fruité
Moscato : Vin blanc doux et très moelleux lorsqu'il est élaboré en Passito

Rosato : Sec et fruité

Rosso : Rouge rubis - Arômes fruités discrets - Fruité et plus ou moins tannique, en fonction du cépage dominant
Ciliegiolo : Rouge clair à rubis - Léger et fruité

*Tous ces vins, excepté le Moscato, peuvent se faire en **Frizzante.***

Bianco : Voir Cinque Terre
Rosso : Voir Colli di Luni rosso

Bisson

RIVIERA LIGURE DI PONENTE

À quelques kilomètres à l'ouest de Genova se trouve le vignoble qui longe la Riviera di Ponente jusqu'aux environs de San Remo. En fait, compte tenu du potentiel cultivable, les vignes qui ont droit à l'appellation ne recouvrent qu'une petite surface, situation qui s'explique par une configuration géographique accidentée. Là aussi on plante sur des terrasses et des collines abruptes, et le travail manuel est nécessaire. Les éléments naturels comme l'ensoleillement, la régulation des températures et un sol ingrat sont donc au rendez-vous. Cependant, un peu plus de détermination dans les rendements et de rigueur à la cave pourraient encore améliorer la qualité de ces vins liguriens.

Année du décret: 1989
Superficie: 250 ha (280)
Encépagement: Pigato: *Pigato* (95 % minimum) – Autres cépages autorisés
Vermentino: *Vermentino* (100 %)
Ormeasco: *Dolcetto d'Imperia* (95 % minimum) – Autres cépages autorisés
Rossese: *Rossese* (95 % minimum) – Autres cépages autorisés
Rendement: Ormeasco/Rossese: 58,5 hl/ha
Pigato/Vermentino: 71,5 hl/ha
Production: 14 600 hl
Durée de conservation: 1 à 3 ans
Température de service: Pigato/Vermentino: 8-10 °C
Rossese/Ormeasco: 16 °C

Pigato (46 %): Blanc de couleur paille – Arômes floraux et fruités (pêche) – Sec, riche et généreux – Arrière-goût d'amande
Vermentino (37 %): Blanc – Robe paille plus ou moins soutenue – Peu aromatique – Sec, fruité et léger
Ormeasco: Rouge rubis – Arômes de fruits rouges et d'épices – Généreux avec une fin de bouche légèrement amère

*L'Ormeasco est en fait le nom que l'on donne au vin issu du Dolcetto. Il s'agit certainement d'un clone de ce cépage plus connu dans le Piémont voisin. Après un vieillissement d'un an et 12,5 % d'alcool, il a droit à la mention **Superiore.***

*Vinifié partiellement en blanc, on obtient un vin rosé sec de couleur corail (**Ormeasco Sciacchetrà**).*

Rossese: Ressemble au Rossese di Dolceacqua

Cette appellation peut être complétée par les indications (ou précisions) géographiques suivantes: Albenga ou Albenganese, Finale ou Finalese et Riviera dei Fiori.

Vermentino/Pigato: Voir Cinque Terre
Ormeasco/Rossese: Voir Rossese di Dolceacqua

Laura Aschero – Massimo Alessandri – **Azienda Agricola Bruna** – Cascina delle Terre Rossa – Colle dei Bardellini – **Cascina Fèipu dei Massaretti** – Enrico Dario – **Lupi** – Casanova – La Vecchia Cantina – Montali e Temesio – Ramoino – Terre Bianche – Vio

ROSSESE DI DOLCEACQUA OU DOLCEACQUA

La Riviera semble avoir conservé des habitudes traditionnelles et un paysage mieux épargné que sa voisine, la Côte d'Azur française, qui s'est vouée corps et âme au tourisme... Dans cette province d'Imperia, Ventemiglia, Bordighera et Dolceacqua offrent leurs magnifiques coteaux sauvages et escarpés à la culture de ce cépage peu connu, mais qui donne ici un des meilleurs vins de la Ligurie.

Année du décret : 1972
Superficie : 56 ha (77)
Encépagement : *Rossese* (presque exclusivement)
Rendement : 58,5 hl/ha
Production : 1 900 hl
Durée de conservation : 4 à 6 ans
Température de service : 16-18 °C

Vin rouge uniquement
Robe profonde et intense – Aromatique – Tannique – Généreux – Acquiert une certaine souplesse en vieillissant

*Après un vieillissement d'un an et 13 % d'alcool, il a droit à la mention **Superiore.***

Cima alla genovese (épaule de veau farcie) – *Coniglio al Rossese* (lapin braisé au vin avec ail, tomate, olive et romarin) – Viandes rouges poêlées et rôties – Canard rôti – Gibier à plume

Guglielmi – Luigi Mauro – **Terre Bianche**

VAL POLCÈVERA

Près de Genova, les collines du Val Polcèvera ont obtenu la reconnaissance officielle avec cette minuscule appellation. Les meilleurs crus viennent entre autres des terroirs rattachés aux communes de Sant'Olcese, Serra Riccò et Campomorone.

Année du décret : 1999
Superficie : 4 ha
Encépagement : B : Vermentino et/ou Bianchetta genovese et/ou Albarola (60 % minimum) – Autres cépages autorisés
R/Rs : Dolcetto et/ou Sangiovese et/ou Ciliegiolo nero (60 % minimum) – Autres cépages autorisés

Les autres vins sont élaborés avec 85 % minimum du cépage indiqué sur l'étiquette.

Rendement : 62 hl/ha
Coronata : 58,5 hl/ha
Production : 210 hl
Durée de conservation : B/Rs : 1 an
R : 2 à 4 ans
Température de service : B/Rs : 8-10 °C
R : 16 °C

Voir Golfo del Tigullio

*Les vins blancs peuvent se faire en **Spumante** et en **Passito,** et tous les vins peuvent aussi se faire en **Frizzante.***

*Le vin blanc avec mention **Coronata** vient exclusivement d'une zone spécifique de la commune de Genova.*

Bianco : Voir Cinque Terre
Rosso : Voir Colli di Luni rosso

Feola – Voir autres DOC

Cinque Terre
Sciacchetrà
Denominazione Di Origine Controllata
V.Q.P.R.D.
Non disperdere il vetro nell'ambiente
Bott. n. ______ di ______
Prodotto e imbottigliato da
Walter de Batté
Riomaggiore - Italia
L2/2000
350 ml e
14% vol

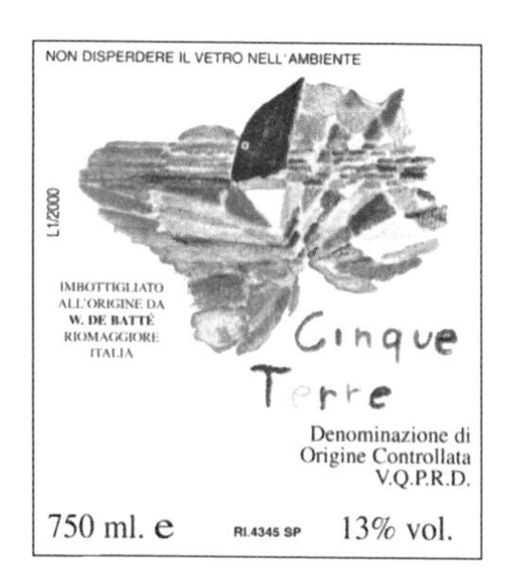
NON DISPERDERE IL VETRO NELL'AMBIENTE
L1/2000
IMBOTTIGLIATO
ALL'ORIGINE DA
W. DE BATTÈ
RIOMAGGIORE
ITALIA
Cinque
Terre
Denominazione di
Origine Controllata
V.Q.P.R.D.
750 ml. e
RI.4345 SP
13% vol.

ROSSESE EXTRA
CANTINA PRODUTTORI ASSOCIATI
SOC. AGR. COOPERATIVA - S.R.L.
(Imperia)
Dolceacqua

CINQUE TERRE
Denominazione di Origine Controllata - V.Q.P.R.D.
costa da'posa di Volastra
Vendemmia 1996
Produzione 13.460 bottiglie
0,75 ℓ e
ITALIA
12% VOL.

CINQUE TERRE
Denominazione di Origine Controllata - V.Q.P.R.D.
costa de sèra di Riomaggiore
Vendemmia 1996
Produzione 6.665 bottiglie
Imbottigliato nella zona di produzione dai viticoltori riuniti della
COOPERATIVA AGRICOLTURA di RIOMAGGIORE
MANAROLA CORNIGLIA VERNAZZA MONTEROSSO s.r.l.
Groppo di Riomaggiore Italia
0,75 ℓ e
ITALIA
12% VOL.

LOMBARDIA

La Lombardie

Quand on quitte le Piémont pour se rendre en Vénétie, il serait dommage de ne pas en profiter pour explorer cette importante région située au nord du pays, aux confins de la Suisse romande. Car dans le paysage viticole italien, la Lombardie, encore méconnue, offre à la fois qualité et variété.

Chargée d'histoire, la Lombardie a subi des invasions de toutes sortes. Depuis les Lombards, qui s'y étaient installés à la fin de l'Empire et avaient fait de Pavia (Pavie) leur capitale, jusqu'à Napoléon qui provoqua finalement son rattachement au Royaume d'Italie, la Lombardie connut batailles, discordes et dominations multiples, principalement allemandes, françaises, espagnoles et autrichiennes. Nul doute que ces influences diverses expliquent le riche patrimoine culturel et économique qui subsiste aujourd'hui, et cela pour notre plus grand plaisir.

Si Milano, Pavia, Bergamo et Mantova offrent aux touristes et aux amateurs d'art des visites historiques inoubliables, les paysages ne sont pas en reste. Il suffit de faire une halte au bord des romantiques lacs de Como (Côme), de Garda et d'Iseo, pour s'en convaincre. Quant à l'activité économique, la vie industrielle lombarde est une des plus intenses et florissantes d'Italie.

Le vignoble est assez morcelé et est composé de trois grandes sous-régions. Au nord, la Valtellina et ses terrasses impressionnantes découpent curieusement l'horizon qui se profile au pied des imposantes Alpes. Au centre est, les vignobles se succèdent de Bergamo au lac de Garda et ont pour noms, entre autres, Valcalepio, Franciacorta (renommé pour ses fines bulles), Botticino et Lugana. Enfin, au sud, tout près de Pavia, l'Oltrepò Pavese nous accueille avec ses bons vins rouges et ses vins effervescents de qualité, lorsqu'ils sont élaborés suivant la méthode traditionnelle.

Depuis quelques années, l'œnologie a fait dans ce coin de pays traditionnel un bond si important qu'on ne peut l'ignorer. Comparés à la moyenne nationale, les rendements chez les producteurs – consciencieux, je le précise – sont raisonnables. La modernisation des installations, qui s'était imposée dans les années quatre-vingt-dix, a encore progressé. Et s'il reste encore du travail à faire, de la conduite de la vigne aux approches œnologiques, le vent souffle toujours dans la bonne direction.

Il y a 10 ans, j'avais été surpris par la détermination de certains producteurs, mais ce que l'on retrouve dans le verre aujourd'hui prouve qu'ils avaient raison de croire en leur terroir.

LA LOMBARDIE EN BREF

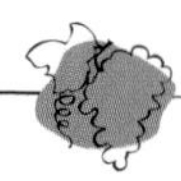

- 26 900 ha de vignes
- 17 600 ha en VQPRD*, dont 14 900 déclarés en l'an 2000
- 2 DOCG
- 14 DOC[6]
- 12 IGT
- Une belle diversité
- Un vignoble peu connu à découvrir absolument : la Valtellina
- Un grand vin effervescent : le Franciacorta

* VQPRD : Vins de qualité produits dans une région déterminée (DOC + DOCG).

6. Une toute nouvelle DOC lombarde vient de voir le jour. Il s'agit du Moscato di Scanzo ou Scanzo, vin blanc doux à base de Moscato, élaboré dans la province de Bergamo.

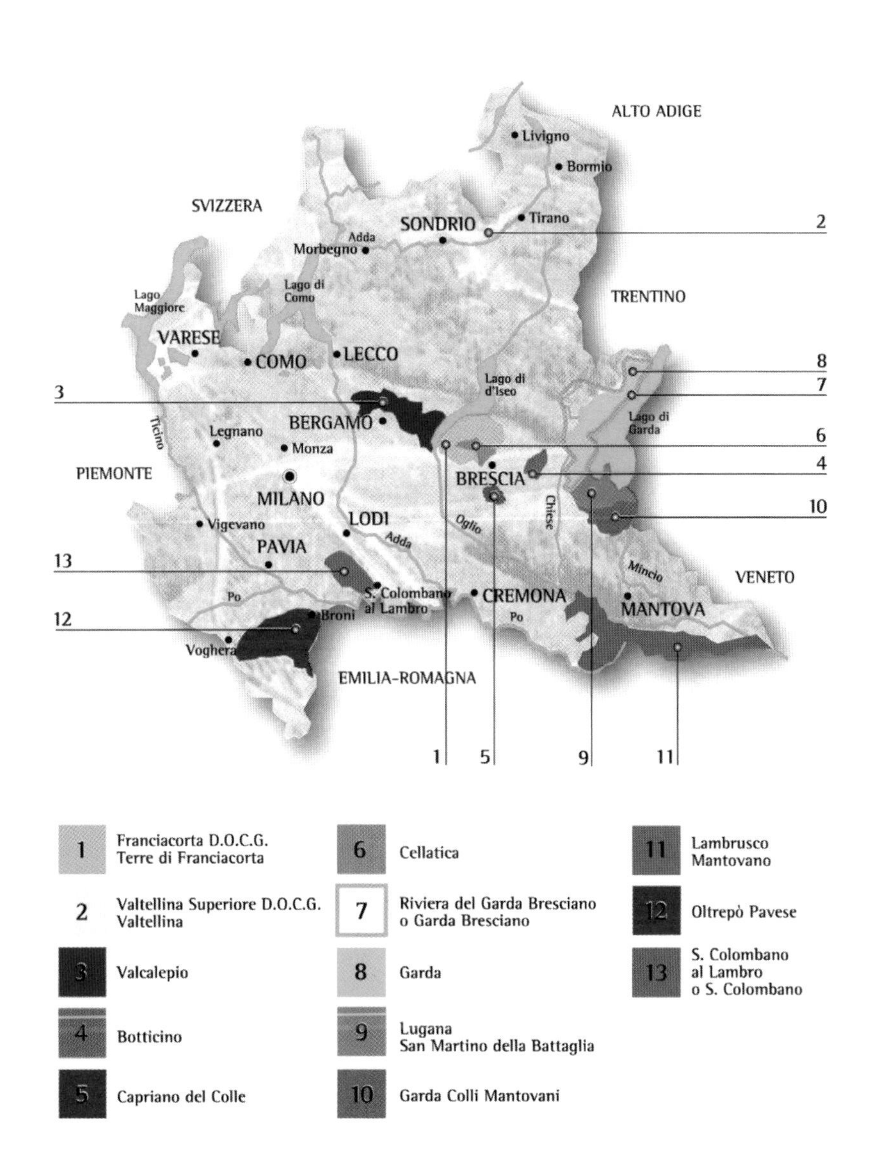

1	Franciacorta D.O.C.G. Terre di Franciacorta	6	Cellatica	11	Lambrusco Mantovano
2	Valtellina Superiore D.O.C.G. Valtellina	7	Riviera del Garda Bresciano o Garda Bresciano	12	Oltrepò Pavese
3	Valcalepio	8	Garda	13	S. Colombano al Lambro o S. Colombano
4	Botticino	9	Lugana San Martino della Battaglia		
5	Capriano del Colle	10	Garda Colli Mantovani		

BOTTICINO

Si vous prenez l'autoroute entre Milano et Verona, vous passerez par Brescia, grande ville de la Lombardie autour de laquelle on trouve plusieurs appellations d'origine. Botticino fait partie de ces dernières et comprend, outre la commune qui donne son nom à cette dénomination, des parcelles situées sur Brescia et Rezzato. Peu connu et produit en petite quantité, le vin est généralement consommé sur place.

Année du décret: 1998 (1968)
Superficie: 27 ha (44)
Encépagement: *Barbera* (30 % minimum) - Schiava gentile (10 % minimum) - Marzemino (20 % minimum) - Sangiovese (10 % minimum)
Rendement: 78 hl/ha
Riserva: 65 hl/ha
Production: 1 200 hl
Durée de conservation: 3 à 4 ans
Température de service: 16-18 °C

Vin rouge uniquement
Robe grenat - Peu aromatique - Assez corsé et généreux - Moyennement tannique

Avec un pourcentage de 12,5 % d'alcool et un vieillissement de deux ans, le vin a droit à la mention ***Riserva.***

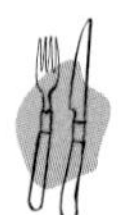

Voir Valtellina

Antica Tesa - Tenuta Bettina

CAPRIANO DEL COLLE

C'est juste au sud de la ville de Brescia que se trouve cette petite appellation dont le vignoble, installé sur des collines, est principalement constitué de Sangiovese pour les rouges et de Trebbiano pour les blancs. Chaque année, en septembre, les habitants organisent la joyeuse fête du Raisin, traditionnelle et colorée.

Année du décret: 1998 (1980)
Superficie: 40 ha (50)
Encépagement: R: *Sangiovese* (40 % minimum) - Marzemino (35 % minimum) - Barbera (3 % minimum) - Autres cépages autorisés (15 % maximum)
B: *Trebbiano* (85 % minimum) - Autres cépages autorisés
Rendement: 81,5 hl/ha
Rosso Riserva: 65 hl/ha
Production: 2 500 hl
Durée de conservation: 2 à 3 ans
Température de service: B: 8-10 °C
R: 16 °C

Rosso (58 %): Robe claire - Fruité et moyennement corsé

Avec un pourcentage de 12 % d'alcool et un vieillissement de deux ans, le vin a droit à la mention ***Riserva.***

Bianco ou **Trebbiano**: Jaune paille clair avec reflets verts - Sec, léger et trop souvent acide

Peut aussi se faire en Frizzante.

Voir Garda Colli Mantovani

Cantina cooperativa

CELLATICA

À l'ouest de la ville industrielle de Brescia, quelques communes, dont Cellatica, cultivent sur leurs coteaux argileux et bien exposés plusieurs cépages dont la Schiava gentile, clone de la Schiava grossa, plus connue en Allemagne sous le nom de Trollinger. Quant à l'Incrocio Terzi, il s'agit d'un curieux mariage entre la France et l'Italie puisqu'il est issu d'un croisement de Barbera et de Cabernet franc.

Date du décret: 1995 (1968)
Superficie: 25 ha (45)
Encépagement: *Marzemino* (30 % minimum) – Barbera (30 % minimum) – Schiava gentile (10 % minimum) – Incrocio Terzi N° 1 (10 % minimum)
Rendement: 74,75 hl/ha
Superiore: 65 hl/ha
Production: 960 hl
Durée de conservation: 2 à 3 ans
Température de service: 16-18 °C

Vin rouge uniquement
Rouge clair – Aromatique – Vif et moyennement corsé – Arrière goût légèrement amer

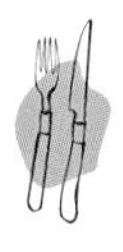

Voir Valtellina

Cooperativa viticola de Cellatica

Cette image semble faire croire que le chemin est bien court du raisin au verre de vin…

FRANCIACORTA

DOCG

Lorsque j'ai rencontré Maurizio Zanella pour la première fois, il y a plus de 10 ans, celui-ci était déjà convaincu de faire de son Franciacorta le Champagne de son pays. Cinq ans plus tard, il gagnait son pari haut la main. Il faut dire qu'il ne manquait pas d'enthousiasme et qu'il avait les moyens financiers pour faire avancer sa cause. En écoutant cet homme passionné nous confier ses secrets lors de la visite à Ca' del Bosco, on comprenait déjà qu'il allait se passer quelque chose. Les ingrédients de cette réussite : un encépagement peut-être moins traditionnel mais combien plus intéressant sur le plan qualitatif, une conduite de la vigne efficace, de petits rendements et des conditions d'élaboration remarquables. Ajoutez à cela un dynamisme communicatif et le tour était joué. Aujourd'hui, les vins tranquilles (non effervescents) font partie de la DOC Terre di Franciacorta, et la DOCG Franciacorta est réservée au seul Spumante obtenu par la méthode traditionnelle de prise de mousse en bouteille (comme en Champagne...). Dommage de ne pas avoir ailleurs l'idée brillante, comme ici, de créer des appellations distinctes lorsqu'il s'agit de décerner à certains vins la fameuse DOCG. Aujourd'hui, Maurizio et ses voisins sont heureux quand quelqu'un leur demande : « Du Franciacorta, tout simplement ! » lorsqu'ils veulent se délecter avec les meilleures bulles de l'Italie.

Année du décret : 1996 (1995-1967)
Superficie : 940 ha (1 015)
Encépagement : Chardonnay et/ou Pinot bianco et/ou Pinot nero
Rendement : 65 hl/ha
Production : 43 500 hl
Durée de conservation : 1 à 4 ans
Température de service : 8-10 °C

Vins blancs ou rosés de grande qualité obtenus à partir de la méthode traditionnelle (deuxième fermentation et prise de mousse en bouteille). L'affinement en cave obligatoire est de 18 mois avant le dégorgement et la commercialisation. Fruité, élégance et délicates bulles sont habituellement au rendez-vous.

Si le vin est exclusivement issu de Chardonnay et/ou de Pinot bianco, le Franciacorta a droit à la mention ***Satèn,*** *qui équivaut à l'expression française Crémant.*

Le Pinot nero doit être utilisé dans une proportion de 15 % minimum dans l'élaboration du Franciacorta rosé.

Le vin peut être millésimé s'il contient au moins 85 % de vin de l'année de référence.

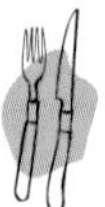

Idéal à l'apéritif – Crustacés et fruits de mer – Allumettes au fromage – Acras de saumon fumé – Beignets de crabe – Canapés à la mousse de foie gras – Apéritif et tartes aux fruits rouges pour le rosé

Bellavista (Cuvée Brut et Gran Cuvée) – Fratelli Berlucchi – **Guido Berlucchi** – **Ca'del Bosco** (Cuvée Annamaria Clementi) – Castel Faglia – Cornaleto – Lorenzo Faccoli – Ferghettina – Barone Pizzini – Cavalleri – **Il Mosnel** – Mirabella – Monte Rossa – Monti della Corte – **Ricci Curbastro** – Tenuta La Montina – **Monzio Compagnoni** – Principe Banfi – Tenuta Castellino – **Uberti** – Villa Franciacorta

GARDA CLASSICO OU GARDA

GARDA BRESCIANO OU RIVIERA DEL GARDA BRESCIANO

Tout le long de la côte ouest du lac de Garda s'étend cette zone viticole qui représente en superficie une appellation non négligeable. On y trouve deux DOC qui se chevauchent puisque Garda Bresciano est en quelque sorte enclavée dans l'aire de production Garda. Cette dernière s'étend d'ailleurs de l'autre côté du lac, en Vénétie, avec deux zones bien identifiées de chaque côté de Verona. Il faut s'armer de patience pour se retrouver dans ce dédale de typologies (pour reprendre la terminologie italienne) représentées par autant de cépages. On jettera son dévolu sur le Classico bianco, issu principalement de Riesling, et sur le Classico Gropello Riserva, un vin rouge sans prétention élaboré avec le cépage homonyme. Enfin, pour étancher la soif pendant les chaudes journées d'été, un Chiaretto (clairet) léger et bien fruité, servi très frais, fera l'affaire et surprendra plus d'un amateur.

Année du décret : Garda : 1996
Garda Bresciano : 1990 (1977)
Superficie : 800 ha (1 400)
Encépagement : B : Riesling (renano) et Riesling italico
Chiaretto : Gropello, Marzemino, Sangiovese, Barbera, etc.

La plupart des vins sont élaborés avec 85 % minimum du cépage indiqué sur l'étiquette.

Rendement : De 65 à 104 hl/ha, dépendant des cépages
Production : 25 600 hl
Durée de conservation : 1 à 5 ans en fonction des types de vins
Température de service : B/Rs : 8-10 °C
Chiaretto : 12-14 °C
R : 14-16 °C

Bianco : Bresciano bianco – Classico Bianco – Chardonnay – Cortese – Garganega – Pinot bianco – Pinot grigio – Riesling – Riesling italico – Sauvignon – Tocai – Frizzante
Rosso : Bresciano rosso – Bresciano Gropello – Classico rosso – Classico Gropello Riserva – Barbera – Cabernet – Cabernet franc – Cabernet sauvignon – Corvina – Marzemino – Merlot – Pinot nero – Chiaretto (rouge clair à rosé) – Spumante rosato

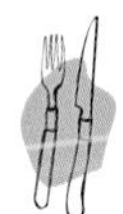

Harmonies diverses en fonction du type de vin ou du cépage

Cà dei Frati – Cascina La Pertica – **Costaripa** – La Prendina – Marangona – Pasini – Provenza – Reale – Redaelli de Zinis – Ricchi – Tenuta Roveglia

GARDA COLLI MANTOVANI

Comme son ancien nom – Colli Morenici – l'indiquait, le vignoble est situé sur des collines de composition morainique, au nord de Mantova et juste au sud du lac de Garda. Puisque ce vin n'est pas très connu, on profitera de la visite de la ville, de son Palazzo Ducale et de la Piazza Broletto pour se restaurer et goûter au cru local.

Année du décret : 1998 (1976)
Superficie : 208 ha (295)
Encépagement : B : *Trebbiano* (35 % maximum) – Chardonnay (35 % maximum) – Sauvignon et/ou Riesling italico et/ou Riesling renano (15 % maximum)
R/Rs : *Merlot* (45 % maximum) – Rondinella (40 % maximum) et Cabernet (20 % maximum) – Autres cépages autorisés (15 % maximum)

Les autres vins sont élaborés avec 85 % minimum du cépage indiqué sur l'étiquette.

Rendement : 84,5 hl/ha
Avec mention du cépage : 78 hl/ha
Production : 13 000 hl
Durée de conservation : B/Rs : 1 à 2 ans
R : 2 à 3 ans
Température de service : B/Rs : 8-10 °C
R : 16 °C

Bianco : Jaune paille – Peu aromatique – Sec et léger
Chardonnay (15 %) : Jaune paille – Sec et souple à la fois
Pinot bianco : Jaune paille clair – Arômes discrets – Sec, fruité et souple
Sauvignon : Jaune clair – Arômes fruités (agrumes) – Sec et vif
Pinot grigio : Jaune doré – Aromatique – Sec, frais et d'une bonne rondeur

Rosato : Robe pâle – Sec, frais et léger
*Peut porter la mention **Chiaretto**.*

Rosso (21 %) : Rubis clair – Fruité et souple
*Peut porter sur l'étiquette la mention **Rubino**.*

Merlot (31 %) : Rouge vif – Arômes de fruits rouges – Souple et fruité
Cabernet (Cabernet franc et Cabernet sauvignon) : Rouge profond – Arômes fruités légèrement herbacés – Moyennement corsé

*Avec un pourcentage de 12 % d'alcool et un vieillissement de deux ans, ces deux vins rouges ont droit à la mention **Riserva**.*

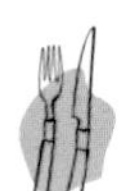

Bianco : Poissons et fruits de mer – *Pesce in Carpione* (poisson mariné)
Rosso : Viandes blanches grillées et poêlées – *Costoletta alla milanese* (côte de veau à la milanaise) – Fromages peu relevés
Rosato/Chiaretto : Charcuteries – *Bruschetta* – Volailles grillées

Fattoria Colombara – Cantine Virgili – Ricchi – Cantina Colli Morenici Alto Mantovano

LAMBRUSCO MANTOVANO

Dans le même style que les Lambruschi de l'Émilie-Romagne voisine, le Lambrusco, dont il existe de nombreuses variétés, est cultivé dans le sud de la Lombardie, en province de Mantova. Vin rouge plutôt original puisqu'il est légèrement mousseux, il a ses adeptes et ses inconditionnels… Un vin traditionnel pour habitués ! Deux zones géographiques plus précises peuvent être mentionnées : Viadanese-Sabbionetano et Oltrepò Mantovano.

Année du décret : 1999 (1987)
Superficie : 280 ha (325)
Encépagement : Lambrusco
Rendement : 110 hl/ha
Sous zones : 91 hl/ha
Production : 23 100 hl
Durée de conservation : 1 an
Température de service : 12-14 °C

Vino rosso et vino rosato
Couleurs diverses, du rosé au rouge foncé en passant par le rouge clair – Sec ou doux – Fruité et pétillant – Mousse légère obtenue soit naturellement, soit en cuve close.

Voir les Lambruschi au chapitre de l'Émilie-Romagne

Cantina Miglioli – Cantine Virgili – **Vinicola Negri** – Cantina cooperativa Quistello

LUGANA

C'est au sud du majestueux lac de Garda, aux confins de la Vénétie, que se trouve cette zone d'appellation dont le principal cépage cultivé est le Trebbiano di Soave, appelé localement Trebbiano di Lugana. Le sol argilo-calcaire et le climat influencé positivement par cette masse d'eau que représente le lac (le plus vaste d'Italie), sont certainement des facteurs naturels qui permettent de produire un vin tout à fait agréable. Cette appellation est également produite dans la Vénétie toute proche.

Année du décret : 1998 (1967)
Superficie : 430 ha (465)
Encépagement : Trebbiano di Soave – Autres cépages autorisés (10 % maximum)
Rendement : 81 hl/ha
Superiore : 71,5 hl/ha
Production : 24 400 hl
Durée de conservation : 1 à 2 ans
Température de service : 8-10 °C

Vin blanc uniquement
Robe paille avec des reflets verts – Arômes floraux délicats – Sec, vif et légèrement fruité

*Du **Spumante** et du **Superiore** sont aussi produits sous cette appellation.*

Coquillages et crustacés – Poissons et fruits de mer – *Risotto alla certosina* (riz avec crevettes, poissons, cuisses de grenouilles et légumes)

Cà dei Frati – Cantina Marangona – Premiovini (San Grato) – Pasini – Provenza – Visconti

OLTREPÒ PAVESE

La province de Pavia et le Pô prêtent leurs noms à cette importante appellation, la plus grande en ce qui concerne la surface et la quantité, et une des plus connues de la Lombardie. Située à la rencontre du Piémont, de la Ligurie et de l'Émilie-Romagne, cette zone viticole bénéficie d'un climat très favorable, notamment d'un été qui se prolonge, facilitant ainsi la maturation du raisin. De nombreux cépages font partie de l'appellation. On remarque que les variétés pour les vins rouges sont plantées sur des sols argilo-calcaires, et celles réservées aux blancs se plaisent dans des sols bien crayeux. Quant aux vignes situées en hauteur, celles-ci sont idéales pour l'élaboration de vins effervescents.

Année du décret : 1995 (1970)
Superficie : 10 340 ha (11 900)
Encépagement : Rosso/Rosato/Buttafuoco/Sangue di Giuda : Barbera – Croatina – Uva rara/Vespolina/Pinot nero
Spumante : Cépages divers – Pinot nero, Chardonnay, Pinot grigio et Pinot bianco

Les autres vins sont élaborés avec 85 % minimum du cépage indiqué sur l'étiquette.

Rendement : Barbera : 78 hl/ha
Bonarda/Buttafuoco/Sangue di Giuda/Cabernet sauvignon : 68 hl/ha
Rosso/Rosato/Cortese/Riesling italico/Moscato : 71,5 hl/ha
Malvasia : 75 hl/ha
Pinot nero/Pinot grigio/Sauvignon/Chardonnay/Riesling renano/Spumante : 65 hl/ha
Production : 537 000 hl
Durée de conservation : Barbera : 3 à 5 ans
Autres rouges : 1 à 3 ans
B : 1 à 2 ans
Température de service : R : 14-18 °C
B/Rs : 8-10 °C

Rosso : Rouge rubis – Tannique et légèrement amer
Après un vieillissement de deux ans, ce vin a droit à la mention ***Riserva.***

Bonarda (22 %) : Robe foncée – Fruité et tannique – Rustique – Le Bonarda est le nom traditionnel donné au cépage Croatina
Barbera (20 %) : Rouge intense – Aromatique et corsé
Sangue di Giuda (sang de Judas) (1 %) : Rouge, peut être demi-sec ou doux – Légèrement pétillant (Frizzante)
Buttafuoco : Rouge généreux – Parfois perlant
Pinot nero (19 %) : Blanc, rouge et rosé, généralement secs – Se fait aussi en Spumante bianco et rosato
Cabernet sauvignon : Rouge profond – Arômes fruités légèrement herbacés – Moyennement corsé

Rosato : Sec – Léger et fruité

Riesling italico (19 %) : Blanc sec, fruité et vif
Chardonnay : Jaune paille – Sec et souple à la fois
Malvasia : Blanc aromatique – Sec, demi-sec ou doux
Pinot grigio : Blanc sec, moyennement aromatique
Cortese : Blanc sec et léger
Riesling renano : Blanc sec très fruité
Sauvignon : Jaune clair – Arômes fruités (agrumes) – Sec et vif
Moscato : Blanc doux et fruité – Peut se faire aussi en Passito et en Liquoroso

La plupart de ces vins, excepté le Cabernet sauvignon, peuvent être élaborés, soit en ***Spumante,*** *soit en* ***Frizzante.***

Lorsque le Spumante est élaboré selon la méthode traditionnelle, les initiales M.C. (metodo classico) *sont indiquées sur l'étiquette, et l'emploi du Pinot nero est de 70 % minimum.*

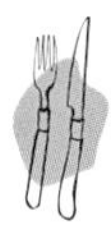

Harmonies diverses en fonction du type de vin ou du cépage

Anteo – Angelo Ballabio – **Ca'di Frara** – Ca' Montebello – Casa Re' – Castello di Luzzano – **Frecciarossa** – Giorgi – I Doria di Montalto – Le Fracce – Martilde – Monsupello – **Podere San Giorgio** – Quaquarini – San Vincenzo – **Tenuta Il Bosco (Zonin)** – Dino Torti – Luigi Valenti – **Travaglino** – Bruno Verdi – De nombreuses autres maisons et caves coopératives (Cantina di Casteggio, Cantina Sociale La Versa)

Cueillette sur rail dans le nord de la Lombardie.

SAN COLOMBANO AL LAMBRO OU SAN COLOMBANO

San Colombano est située à une trentaine de kilomètres à l'est de Pavia. Son histoire remonte à très loin puisqu'on a retrouvé un avis de tutelle du vin de San Colombano émis en 1374. Ce qui prouve, soit dit en passant, que les hommes ont depuis longtemps pris conscience de la nécessité de légiférer afin de contrôler la qualité de leurs vins. Mais la relation de cause à effet n'est malheureusement pas toujours conséquente. Malgré une petite baisse dans les rendements, les cépages Croatina et Barbera s'unissent pour donner un vin somme toute assez rustique.

Année du décret: 1984
Superficie: 100 ha (115)
Encépagement: Croatina (Bonarda) – Barbera et Uva rara (principalement) – Autres cépages autorisés
Rendement: 71,5 hl/ha
Production: 6700 hl
Durée de conservation: 1 an
Température de service: 14-16 °C

Vin rouge uniquement
Robe foncée – Corsé avec un arrière-goût légèrement amer – Un peu rustique

Voir Valtellina

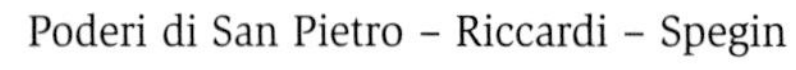

Poderi di San Pietro – Riccardi – Spegin

SAN MARTINO DELLA BATTAGLIA

L'influence climatique du lac de Garda se fait là aussi sentir en favorisant la culture du cépage Tocai friulano. Le sol argilo-calcaire de cette zone viticole située autour de San Martino della Battaglia joue également un rôle important dans l'élaboration d'un vin d'une qualité non négligeable, même si le Tocai est plus renommé dans le Frioul. Cette appellation est située près de la péninsule de Sirmione, mince bande de terre qui s'avance dans le lac. L'amateur notera que cette DOC est aussi produite en Vénétie, plus précisément à Peschiera del Garda.

Année du décret: 1998 (1970)
Superficie: 17 ha (68)
Encépagement: *Tocai friulano* (80 % minimum) – Autres cépages autorisés
Rendement: 75 hl/ha
Liquoroso: 52 hl/ha
Production: 715 hl
Durée de conservation: 1 an
Température de service: 8-10 °C

Vin blanc uniquement
Jaune légèrement doré – Arômes délicats d'agrumes – Sec, fruité et d'une bonne vivacité

Peut aussi se faire en ***Liquoroso.***

Antipasti di mare – Huîtres – Poissons grillés et meunière – *Vitello tonnato* (veau à la sauce au thon)

Cascina La Torretta – Zenato – Pellizzari di San Girolamo

TERRE DI FRANCIACORTA

Lorsque les producteurs, avec à leur tête un Maurizio Zanella convaincu, ont demandé une appellation spécifique pour le Franciacorta spumante, il a été intelligemment décidé de créer cette nouvelle dénomination. Celle-ci est donc réservée aux vins tranquilles rouges et blancs, élaborés pour la plupart par les producteurs de Franciacorta (voir page 170).

Année du décret: 1995
Superficie: 720 ha (840)
Encépagement: B: Chardonnay et/ou Pinot bianco et/ou Pinot nero
R: Cabernet franc et Cabernet sauvignon (25 % minimum) – Barbera/Nebbiolo/Merlot (10 % minimum chacun) – Autres cépages autorisés
Rendement: 75 hl/ha
Production: 36 800 hl
Durée de conservation: B: 1 à 3 ans
R: 3 à 5 ans
Température de service: B: 10 °C
R: 16-18 °C

Bianco: Jaune paille avec des reflets dorés – Sec, fruité et souple, avec une acidité en équilibre – Très fin en général

Rosso (58 %): Robe foncée intense – Arômes marqués de fruits rouges – Tanins présents et soyeux – Bonne structure – Bon rapport tanin-acidité-moelleux

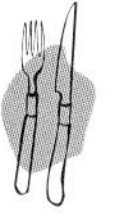

Blanc: Coquillages et crustacés (coquilles Saint-Jacques au gratin) – *Scaloppa di salmone* (poissons meunière et pochés) – *Involtini di Petti di Pollo* (blancs de poulet farcis)
Rouge: Viandes rouges rôties – Gibier à plume (salmis de canard) – *Nocette di agnello al forno in salsa di asparagi* (noisettes d'agneau) – Fromages moyennement relevés

Voir Franciacorta

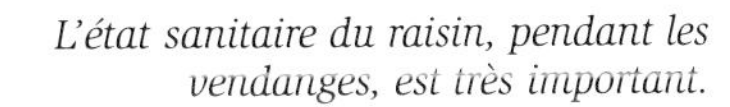

L'état sanitaire du raisin, pendant les vendanges, est très important.

VALCALEPIO

Située entre le lac d'Iseo et la ville de Bergamo, dans la province du même nom, la zone viticole de Valcalepio tire son nom de la vallée où se trouvait autrefois un grand domaine qui appartenait à la famille Calepio. Ce qui est curieux, c'est de constater que cette appellation, contrairement à la plupart des autres DOC de la même région, a fait appel à des cépages du Bordelais (pour les rouges). La crise phylloxérique de la fin du XIXe siècle n'est sans doute pas étrangère à cette décision, qui a cependant abouti à des résultats plus ou moins intéressants. Là encore, il faut être vigilant sur le choix du producteur. La législation récente permet cependant aujourd'hui une production de vins de meilleure qualité que l'on se fera un plaisir de consommer dans une trattoria *de Bergamo, et plus précisément dans la ville haute, pittoresque et riche de monuments anciens.*

Année du décret : 1993 (1976)
Superficie : 200 ha
Encépagement : R : Cabernet sauvignon (25-60 %) – Merlot
B : Pinot bianco, Chardonnay et Pinot grigio
Moscato Passito : Moscato bianco
Rendement : R : 65 hl/ha
B : 58,5 hl/ha
Moscato : 42 hl/ha
Moscato di Scanzo Passito : 39 hl/ha
Production : 9 800 hl
Durée de conservation : R : 4 à 6 ans
B : 1 an
Température de service : Rosso : 16 °C
Bianco : 8-10 °C

Rosso (64 %) : Robe assez sombre – Aromatique (un peu végétal) – Généreux, charnu et doté d'une acidité moyenne

Vieillissement obligatoire d'un an. Après un vieillissement de trois ans, ce vin a droit à la mention ***Riserva.***

Bianco (27 %) : Jaune paille – Moyennement aromatique – Sec, frais, léger et d'une bonne souplesse

Moscato Passito : Vin blanc doux issu de raisins surmûris. *Vieillissement obligatoire de 18 mois*

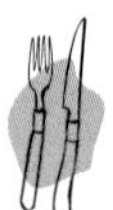

Rosso : Viandes rouges rôties et sautées – Dinde farcie – Pintade aux pruneaux – Fromages moyennement relevés
Bianco : Gnocchi à la crème de crevettes – Nouilles aux œufs, parmesan et truffe blanche – Lasagne à la mousseline de pétoncles – Poissons grillés et meunière – Fruits de mer

Monzio Compagnoni – Le Corne

Les vendanges sont parfois périlleuses dans la belle région de la Valtellina (voir cette appellation aux pages suivantes).

VALTELLINA

VALTELLINA SUPERIORE

DOCG

C'est dans le nord de la Lombardie, tout près de la frontière suisse, que s'étend d'est en ouest, sur une cinquantaine de kilomètres de chaque côté de la rivière Adda, le vignoble de la Valtellina. Le paysage est tout simplement saisissant et d'une rare beauté. Il faut en effet voir ces terrasses caillouteuses faites d'argile et de silice accrochées à la montagne – nous sommes au pied des Alpes à environ 600 m au-dessus de la mer – pour comprendre une fois de plus que la passion est souvent plus forte que la raison lorsqu'il s'agit de cultiver la vigne. L'histoire a laissé des traces et les viticulteurs d'aujourd'hui acceptent, un peu par la force des choses, cette nature difficile, pour ne pas dire ingrate, qui leur donne cependant en retour de bien belles satisfactions. Quand on marche à Grumello ou à Valgella, entre deux rangs de Chiavennasca, on ne peut que ressentir une certaine admiration pour ces vignerons du difficile, plus particulièrement pour ceux qui ont décidé, avec ténacité, de ne produire que le meilleur de leur terroir.

Année du décret : 1998 (1968)
Superficie : 725 ha (850)
Encépagement : *Chiavennasca* (synonyme du Nebbiolo connu à Barolo, dans le Piémont) (80 % minimum) – Autres cépages autorisés
Valtellina Superiore (DOCG) : *Chiavennasca* (90 % minimum)
Rendement : 65 hl/ha
Valtellina Superiore : 52 hl/ha
Production : 31 300 hl
Durée de conservation : Valtellina : 3 à 5 ans
Valtellina Superiore : 5 à 8 ans
Température de service : 18 °C

Vin rouge uniquement
Valtellina (27 %) : Rouge vif – Arômes typiques du Nebbiolo (violette, framboise, etc.) – Tanins présents mais relativement souples – Généreux et doté d'une bonne acidité

Pourcentage d'alcool minimum de 11 % et vieillissement obligatoire de six mois.

On produit également un vin très rare issu de raisins à demi séchés. Celui-ci a droit à la mention ***Sforzato*** *ou* ***Sfursàt*** *(14 % d'alcool minimum et vieillissement obligatoire de deux ans).*

Valtellina Superiore (73 %) : Vins plus soutenus, corsés, tanniques et de bonne garde

*Habituellement, quatre zones de production spécifiques situées sur la rive nord de l'Adda et dont le nom apparaît sur l'étiquette ont droit à cette appellation. Ce sont **Grumello, Inferno, Sassella** et **Valgella.***

*Pourcentage d'alcool minimum de 12 % et vieillissement obligatoire de deux ans, dont un en fût. Après un vieillissement de trois ans, le vin a droit à la mention **Riserva.** Enfin, le terme **Stagafassli** est réservé aux vins embouteillés en Suisse.*

Valtellina : *Osso buco e risotto alla milanese* (veau braisé avec riz au safran) – Volailles rôties – Fromages moyennement relevés
Valtellina Superiore : Viandes rouges rôties, pochées et braisées – Rognons de veau – Gibier à plume – *Tacchino ripieno arrosto* (dinde farcie) – Fromages relevés

Balgera – Casa Vinicola Bettini – **Casa Vinicola Nera** – **Conti Sertoli Salis** (Sforzato Canua) – Enologica Valtellinese – **Nino Negri** (Sfursat Cinquestelle) – Arturo Pellizzatti Perego – Mamete Prevostini – **Aldo Rainoldi** (Sfursat Fruttaio Ca'Rizzieri) – Fratelli Polatti – **Casa Vinicola Triacca** (Prestigio Millennium)

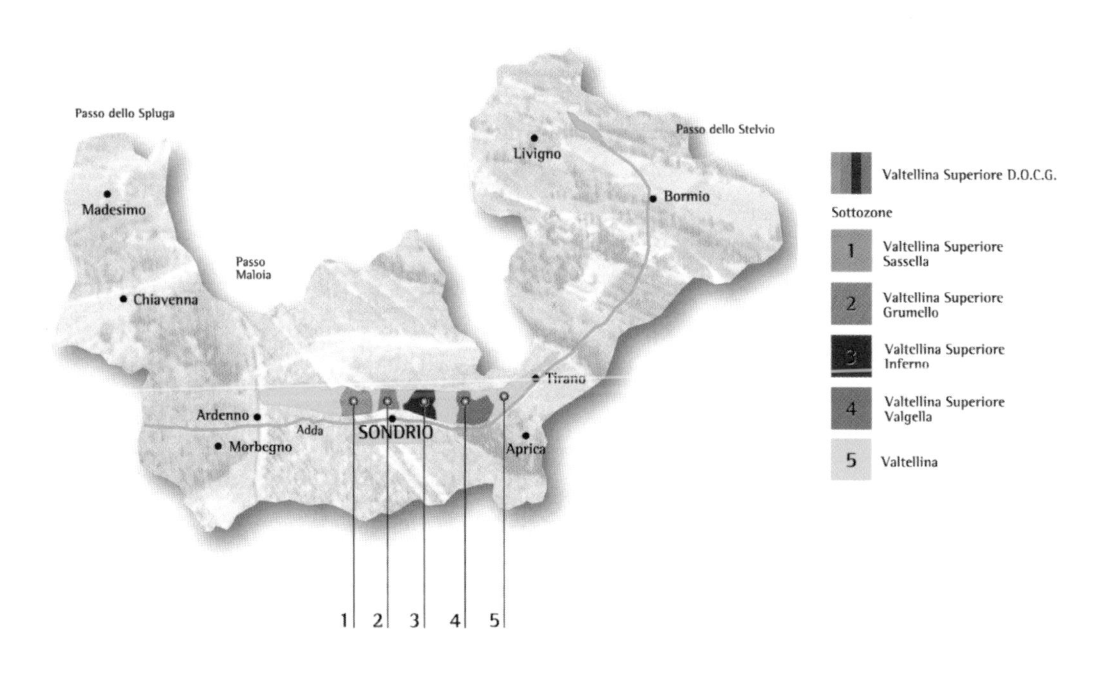

hl. 83

INDICAZIONE GEOGRAFICA TIPICA
INDICATION GÉOGRAPHIQUE TYPIQUE
IGT

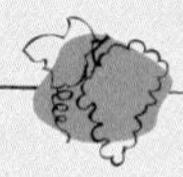

- Alto Mincio
- Benaco Bresciano
- Bergamasca
- Collina del Milanese
- Montenetto di Brescia
- Provincia di Mantova
- Provincia di Pavia
- Quistello
- Ronchi di Brescia
- Sabbioneta
- Sebino
- Terrazze Retiche di Sondrio

Étant donné la qualité des appellations Franciacorta, Terre di Franciacorta et Valtellina Superiore, peu d'IGT de très grand intérêt sont à souligner. La plupart de ces vins sont consommés sur place.

QUELQUES VINS PARFOIS EXPORTÉS

Bianco

Brolo dei Passoni (Chardonnay 100 %). Blanc doux élaboré avec des raisins passerillés sur pied jusqu'en décembre (Passito). La fermentation se fait en barrique de chêne français et le vin, très moelleux, présente des notes de fruits blancs très mûrs et de vanille. Belle persistance en bouche. IGT Sebino ; *Ricci Curbastro.*

Ca' Brione (Sauvignon, Chardonnay et Nebbiolo). Curieux vin sec vinifié en barrique avec des cépages blancs connus mais aussi avec une bonne quantité de Chiavennasca (Nebbiolo), cépage rouge vinifié en blanc. Il en résulte un vin très aromatique, riche et bien structuré, avec des notes en bouche de fruits exotiques et d'épices. En somme, un vin blanc de la Valtellina à déguster sur des poissons pochés. IGT Terrazze Retiche di Sondrio ; *Nino Negri.*

Cave d'élevage du vin dans la Valtellina (Conti Sertoli Salis).

Rosso

Maurizio Zanella (Cabernet sauvignon 45 %, Merlot 28 % et Cabernet franc 27 %). Grand vin rouge dans lequel les éléments semblent s'être donné rendez-vous dans l'équilibre et l'harmonie. La couleur est profonde, le nez est expressif et les tanins sont bien mûrs, le tout enrobé d'un boisé qui n'est pas envahissant. Pas donné mais d'une très grande élégance. IGT Rosso del Sebino ; *Ca'del Bosco.*

Pinero (Pinot nero). Vino da Tavola di Lombardia ; *Ca'del Bosco.*

Pinot nero (Pinot noir 100 %). Belle expression du Pinot noir dans ce vin d'une certaine élégance et dans lequel on retrouve en bouche des notes balsamiques et des saveurs de confitures de fruits rouges. L'influence du bois se fait tout de même sentir dans ce Pinot nero lombard. IGT Sebino ; *Ricci Curbastro.*

Ca' del Bosco
FRANCIACORTA
DENOMINAZIONE DI ORIGINE CONTROLLATA
0,75 l
Brut imbottigliato all'origine ed elaborato dall'Azienda Agricola
Ca' del Bosco di Annamaria Clementi Zanella - Erbusco (Italia)
12,5% vol.

MAURIZIO ZANELLA
ROSSO DEL SEBINO
Indicazione geografica tipica
0,75 l
NON DISPERDERE IL VETRO NELL'AMBIENTE

VALTELLINA
SUPERIORE
DENOMINAZIONE DI ORIGINE CONTROLLATA
SASSELLA
IMBOTTIGLIATO DA
CANTINE
SAN CARLO
CHIURO · SO · ITALIA
0,75 l e
12,50% VOL

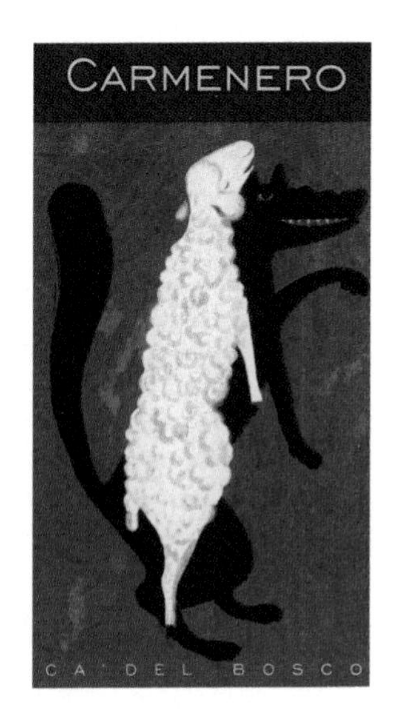
CARMENERO
CA' DEL BOSCO

Valtellina Superiore
Denominazione di origine controllata
Signorie
Imbottigliato da
Casa Vinicola NERA s.p.a. Chiuro - Italia
0,75 l e
12,5 % VOL.

Ca' del Bosco
TERRE DI FRANCIACORTA
Denominazione di Origine Controllata

FACTICE

IMBOTTIGLIATO DAL VITICOLTORE CA' DEL BOSCO S.P.A.
AZIENDA AGRICOLA · ERBUSCO (ITALIA)

0,750 l PRODOTTO IN ITALIA 12,5% vol.

NON DISPERDERE IL VETRO NELL'AMBIENTE

CONTI SERTOLI SALIS

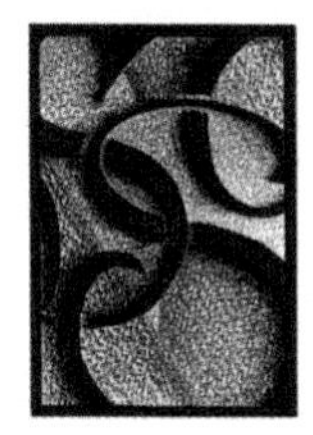

RACCOLTA
CORTE DELLA MERIDIANA
VALTELLINA SUPERIORE
DENOMINAZIONE DI ORIGINE CONTROLLATA
VINIFICATO E IMBOTTIGLIATO NELLE CANTINE DI PALAZZO SALIS
IN TIRANO, DA CONTI SERTOLI SALIS - SALIS 1637 SRL
13,5% vol. ITALIA 75 cl e

MARCHE

Les Marches

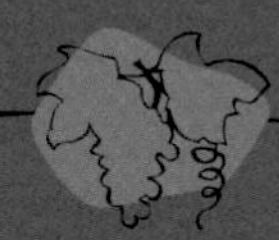

Ce curieux nom des Marches serait issu du mot *marca,* qui signifiait autrefois frontière, comme on dirait aujourd'hui démarcation. Celle-ci se trouvait d'ailleurs au sud et délimitait l'Empire romain des États pontificaux.

Encadrée par la mer Adriatique à l'est, l'Émilie-Romagne au nord, la Toscane et l'Ombrie à l'ouest, et enfin les Abruzzes au sud, cette région a toujours été des plus discrètes, et ce n'est certainement pas elle qui fait le plus parler de son patrimoine viticole. Pourtant, les Marches ne manquent pas d'attraits, que ce soit pour son histoire, ses plages, sa gastronomie axée sur le poisson ou, bien sûr, ses vins.

Assujettie à Roma pendant plusieurs siècles, la région des Marches fut, à la chute de l'Empire, le théâtre de sanglantes invasions. Le fossé se creusa entre l'Église et la féodalité soutenue par l'Empire germanique, qui s'était imposé là comme ailleurs. Les communes d'alors, conduites par des familles puissantes mais opposées à la papauté, abdiquèrent en 1631 au profit de cette dernière jusqu'à ce que les Marches soient touchées, elles aussi, par la Révolution française. Puis, changeant d'autorité à quelques reprises, les Marches connurent révoltes et soulèvements, participant à leur tour aux mouvements du XIXe siècle qui menèrent à l'unité nationale.

La région des Marches est constituée de montagnes, les Apennins, et de collines qui couvrent plus des deux tiers du territoire. Enclavées entre les montagnes et une bande côtière plane et rectiligne, ces collines, quand elles sont bien exposées, bénéficient d'un écosystème viticole privilégié. Le climat est frais en hiver et doux en été, puisque l'Adriatique et les Apennins jouent un rôle déterminant. L'ensoleillement est très élevé, mais on peut s'interroger sur le bien-fondé de certaines pratiques culturales qui mènent à des rendements exagérés et, par conséquent, à une production de vins quelque peu dilués.

Depuis quelques années cependant, certains propriétaires travaillent avec plus de rigueur, ce qui est heureux puisque plusieurs cépages ont trouvé là un terroir qui leur va comme un gant. Le Montepulciano, par exemple, donne sur un sol argilo-calcaire des résultats séduisants en Rosso Conero, au sud de la ville d'Ancona. Les vins de Rosso Piceno, en constante progression quantitative, les curieux Lacrima et Vernaccia, et les Sangiovese dei Colli Pesaresi et de Macerata complètent la liste des vins rouges.

Mais ce sont les vins blancs qui sont les plus représentatifs, avec en tête le Verdicchio dei Castelli di Jesi qui occupe près de 50 % de la production en appellation contrôlée. Les sols argilo-calcaires dominent et la présence de fossiles et de minéraux sur plusieurs parcelles influence positivement la qualité de certains crus. Quelques maisons sérieuses et innovatrices (Garofoli, Umani Ronchi ou la Fattoria Coroncino) le savent, élaborant leur vin avec le seul cépage Verdicchio et en utilisant des techniques de vinification modernes comme la fermentation à froid, la macération pelliculaire et l'utilisation de barriques de chêne pour la fermentation et l'élevage de quelques mois.

Quoi qu'il en soit, un bon repas de poisson grillé pris sous le chaud soleil de l'Adriatique et arrosé de ces vins simples et agréables, qu'il s'agisse de Verdicchio ou de Bianchello del Metauro, fera oublier, un moment, le temps qui passe toujours trop vite…

LES MARCHES EN BREF

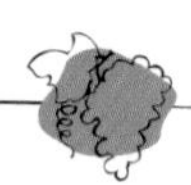

- 24 600 ha de vignes
- 9 600 ha en VQPRD*, dont 7 600 déclarés en l'an 2000
- 12 DOC
- 1 seule IGT : Marche
- Une région méconnue et des paysages à découvrir
- Un vin blanc populaire et dont la qualité progresse : le Verdicchio dei Castelli di Jesi
- Une gastronomie axée sur le poisson et les fruits de mer

* VQPRD : Vins de qualité produits dans une région déterminée (DOC + DOCG).

MARCHE

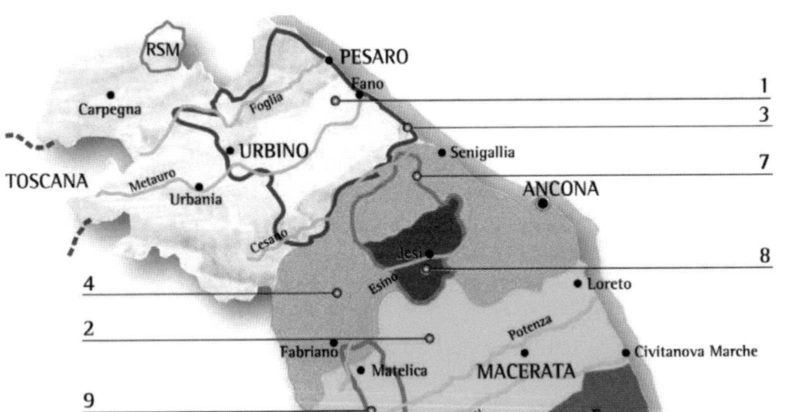
EMILIA-ROMAGNA
RSM
PESARO
Fano
Carpegna
Foglia
URBINO
Senigallia
TOSCANA
Metauro
Urbania
ANCONA
Cesano
Jesi
Esino
Loreto
Potenza
Fabriano
Civitanova Marche
Matelica
MACERATA
Chienti
Fermo
Pedaso
Aso
Tesino
Offida
S. Benedetto
del Tronto
ASCOLI PICENO
Tronto
UMBRIA
ABRUZZO
LAZIO
1
3
7
8
4
2
9
5
6

1 Bianchello del Metauro
2 Colli Maceratesi
3 Colli Pesaresi
4 Esino
5 Falerio dei Colli Ascolani o Falerio
6 Offida
7 Verdicchio dei Castelli di Jesi
8 Verdicchio dei Castelli di Jesi Classico
9 Verdicchio di Matelica

BIANCHELLO DEL METAURO

Le cépage Bianchello, qui serait un clone du Greco, donne son nom à cette appellation située aux abords du fleuve Metauro. Même si l'histoire a autrefois donné plus d'importance à cette région, les vins qu'on y produit ont été louangés par divers écrivains, dont Montaigne, avec son Journal de voyage en Italie. *Pas très loin de l'embouchure du Metauro se trouve Fano, une agréable station balnéaire.*

Année du décret : 1969
Superficie : 330 ha (530)
Encépagement : *Bianchello* (ou Biancame) – Malvasia toscana (5 % maximum)

Rendement : 91 hl/ha
Production : 20 300 hl
Durée de conservation : 1 an
Température de service : 8 °C

Vin blanc uniquement
Couleur jaune pâle – Peu aromatique – Sec, léger et très vif

Antipasti di mare – Poissons grillés – Soupe aux fruits de mer de Fano (port local)

Valentino Fiorini – Giovanetti – Claudio Morelli – Anzilotti Solazzi – **Umani Ronchi**

Le chai à barriques chez Umani Ronchi.

COLLI MACERATESI

Macerata, ville située au centre est des Marches, donne son nom au cépage Maceratino et aux collines avoisinantes sur lesquelles on cultive la vigne. Le vin est agréable, mais l'intérêt de cette région réside peut-être davantage dans ses magnifiques paysages et sa gastronomie du terroir, rustique parfois mais savoureuse en tous points. Le Maceratino possède de nombreux synonymes, dont les plus connus sont Greco Maceratino, Ribona et Montecchiese.

Année du décret : 2001 (1975)
Superficie : 75 ha (110)
Encépagement : B : *Maceratino* (70 % minimum) – De nombreux autres cépages dont Trebbiano, Verdicchio et Chardonnay
Ribona : *Maceratino* (85 % minimum) – Autres cépages autorisés
R : *Sangiovese* (50 % minimum) – De nombreux autres cépages dont les Cabernets, le Merlot et le Montepulciano (50 % maximum)
Rendement : 84,5 hl/ha
Production : 3 500 hl
Durée de conservation : B/Ribona : 1 à 2 ans
R : 3 à 5 ans
Température de service : B/Ribona : 8 °C
Rosso : 16 °C

Bianco : Sec, léger et rafraîchissant
Ribona : Ressemble au précédent, avec généralement un peu plus de fruit

*Ces deux vins peuvent être élaborés en **Spumante** et en **Passito**.*

Rosso : Robe rubis – Tanins présents – Moyennement corsé – Acidité prononcée

*Avec un pourcentage de 12,5 % d'alcool et un vieillissement de deux ans dont trois mois en fût, ce vin a droit à la mention **Riserva**.*

Bianco/Ribona : Voir Bianchello del Metauro
Rosso : Voir Rosso Conero

Azienda agricola Capinera – Attilio Fabrini – Villamagna

COLLI PESARESI

Voici une DOC qui a bien changé puisqu'on ne produisait autrefois que du vin rouge, et principalement avec le Sangiovese. On cultive aujourd'hui plusieurs cépages sur de nombreuses collines qui dominent Pesaro, entre autres, dans la vallée de la Foglia. La cité qui a donné son nom à cette dénomination est située dans le nord des Marches et est fière d'avoir vu naître le grand compositeur Gioacchino Rossini (1792-1868). On raconte d'ailleurs qu'il avait trouvé, dans les vins des Colli Pesaresi, l'inspiration qui lui manquait pour terminer le célèbre Barbier de Séville. *Le petit village médiéval de Gradara, situé tout près, est à visiter.*

Année du décret: 2000 (1972)
Superficie: 250 ha (440)
Encépagement: B: Trebbiano et/ou Verdicchio et/ou Biancame et/ou Riesling italico et/ou Chardonnay et/ou Sauvignon et/ou Pinot bianco et/ou Pinot grigio et/ou Pinot nero vinifié en blanc (75 % minimum) – Autres cépages autorisés
Roncaglia: Pinot nero (25 % minimum, vinifié en blanc) – Trebbiano et/ou Chardonnay et/ou Sauvignon et/ou Pinot bianco
R/Rs: *Sangiovese* (70 % minimum) – Autres cépages autorisés
Focara: Pinot nero et/ou Cabernets et/ou Merlot (50 % minimum) – Autres cépages autorisés (25 % maximum) excepté le Sangiovese (50 % maximum)

Les autres vins sont élaborés avec 85 % du cépage indiqué sur l'étiquette, sauf le Focara Pinot nero (90 % minimum).

Rendement: 71,5 hl/ha
Focara/Roncaglia: 58,5 hl/ha
Production: 12 900 hl
Durée de conservation: B: 1 à 3 ans
R: 3 à 5 ans
Température de service: B: 8-10 °C
R: 16 °C

Bianco: Blanc sec, vif et léger
Biancame: Couleur jaune pâle – Peu aromatique – Sec, léger et très vif
Trebbiano: Blanc sec, léger et plutôt neutre
Roncaglia: Blanc sec et fruité élaboré en partie avec le Pinot noir

Rosato: Rosé sec, léger et fruité

Rosso: Robe grenat peu intense – Arômes fruités – Souple avec légère amertume en fin de bouche
Sangiovese (86 %): Belle robe colorée – Aromatique (baies sauvages et épices) – Moyennement tannique
Focara: Robe rubis – Très fruité et d'une bonne souplesse
Focara Pinot nero: Belle robe assez intense – Arômes fruités (cerise) – De la matière et une structure tannique moyenne

*Après un vieillissement minimum de deux ans, dont quelques mois en bouteille, les trois derniers vins rouges ont droit à la mention **Riserva.***

Bianco: Voir Bianchello del Metauro
Sangiovese: Voir Rosso Piceno
Rosso/Focara: Voir Lacrima di Morro

Basili Crescentino – Ciardello & Evalli – Valentino Fiorini – Fattoria Mancini – Claudio Morelli – Giovanetti – Cantina Sociale dei Colli Pesaresi

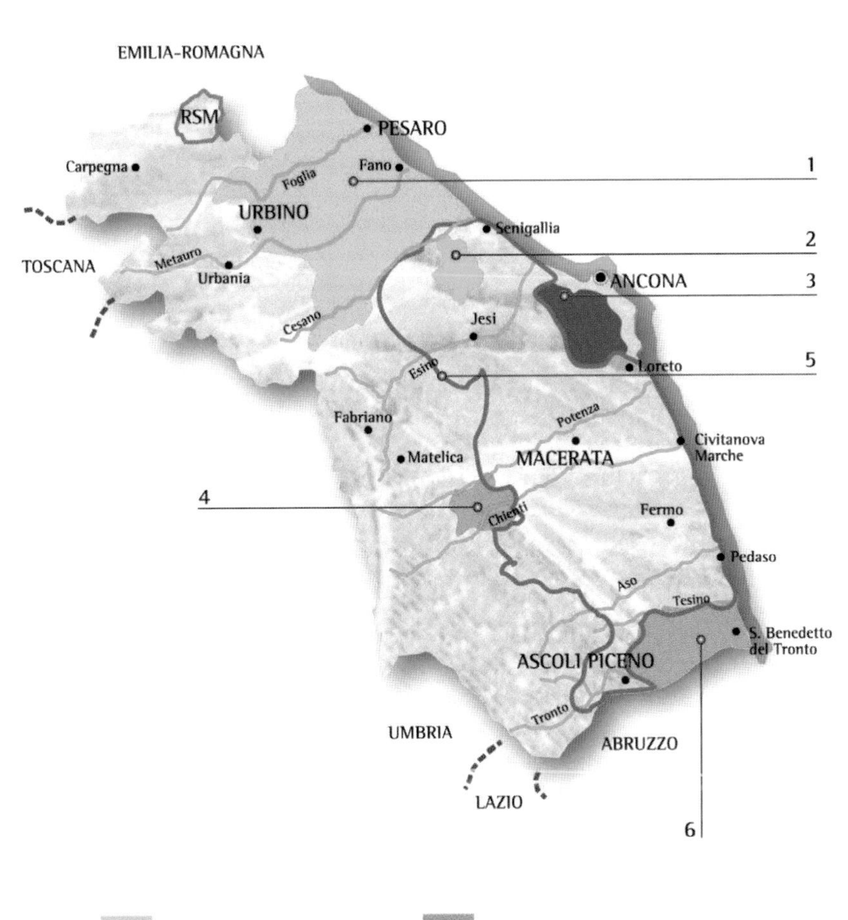

1	Colli Pesaresi	4	Vernaccia di Serrapetrona
2	Lacrima di Morro d'Alba o Morro d'Alba	5	Rosso Piceno
3	Rosso Conero	6	Rosso Piceno Superiore

ESINO

Le fleuve Esino donne son nom à cette appellation qui couvre en bonne partie les territoires où l'on produit les Verdicchio di Matelica et Verdicchio dei Castelli di Jesi. On élabore ici à la fois des vins rouges et des vins blancs.

Année du décret : 1995
Superficie : 430 (1 100)
Encépagement : B : *Verdicchio* (50 % minimum) – Autres cépages autorisés
R : *Sangiovese* et/ou Montepulciano (60 % minimum) – Autres cépages autorisés
Rendement : B : 97,5 hl/ha
R : 91 hl/ha
Production : 12 700 hl
Durée de conservation : B : 1 à 2 ans
R : 2 à 4 ans
Température de service : B : 8 °C
R : 16-18 °C

Bianco (84 %) : Robe jaune paille peu intense – Arômes de fruits blancs et parfois d'agrumes – Sec, léger et fruité

Peut aussi se faire en ***Frizzante.***

Rosso : Couleur assez intense – Aromatique (baies sauvages et épices) – Moyennement tannique et bien structuré

Bianco : Voir Verdicchio dei Castelli di Jesi
Rosso : Voir Rosso Conero

Cantina Sociale di Matelica (Belisario) – Cooperativa Terre Cortesi Moncaro

FALERIO DEI COLLI ASCOLANI OU FALERIO

La zone de production de cette appellation se situe dans le sud des Marches, entre la mer Adriatique et Ascoli Piceno. Falerio tire quant à lui son nom de Faleria, une ville de la Rome Antique appelée aujourd'hui Falerone et qui est célèbre pour ses vestiges historiques. On ne manquera pas de visiter en passant Ascoli Piceno, sa Piazza del Popolo (place du peuple), son joli centre historique et son duomo *datant du XIIe siècle.*

Année du décret : 1997 (1975)
Superficie : 500 ha (640)
Encépagement : Trebbiano (20-50 %) – Passerina (10-30 %) – Pecorino (10-30 %) – Autres cépages autorisés
Rendement : 84,5 hl/ha
Production : 33 400 hl
Durée de conservation : 1 an
Température de service : 8 °C

Vin blanc uniquement
Couleur jaune paille – Sec, léger et quelque peu acidulé

Antipasti di mare – Poissons grillés – *Olive all'ascolana* (olives vertes d'Ascoli avec viande farcie et frites dans l'huile d'olive)

Tenuta De Angelis – Rio Maggio – Claudio Ruscio – San Giovanni – Vallone – Villa Pigna – Tattà – **Ercole Velenosi** (Vigna Solaria) – Cooperativa Terre Cortesi Moncaro

LACRIMA DI MORRO OU LACRIMA DI MORRO D'ALBA

Le Lacrima est le nom du cépage cultivé presque exclusivement dans cette petite région située au nord-ouest d'Ancona, sur les communes de Morro d'Alba, de Monte San Vito, de San Marcello et de Senigallia. Les origines du Lacrima sont difficiles à retracer et on peut penser que l'appellation accordée à ce vin l'aura sauvé d'une disparition probable.

Année du décret : 2000 (1985)
Superficie : 92 ha (96)
Encépagement : *Lacrima* (85 % minimum) – Autres cépages autorisés
Rendement : 91 hl/ha
Production : 6250 hl
Durée de conservation : 1 à 3 ans
Température de service : 16-18 °C

Vin rouge uniquement
Robe pourpre intense – Arômes marqués de baies sauvages, parfois floraux – Assez corsé et passablement fruité – Tanins souples – Une belle surprise

Après une période de passerillage des raisins qui peut se prolonger jusqu'au 30 mars de l'année suivante, il est possible d'élaborer un vin rouge de type ***Passito.***

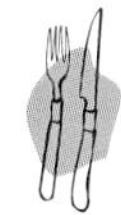

Viandes rouges grillées et viandes blanches rôties – Lapin farci – Fromages moyennement relevés – Desserts aux fruits rouges avec le Passito

Mario et Giorgio Brunori – **Stefano Mancinelli** – Alessandro Moroder – **Umani Ronchi** (Fonte del Re)

OFFIDA

C'est dans le sud des Marches que se trouve, dans la province d'Ascoli Piceno, la commune d'Offida. Toute récente, cette appellation se décline en blanc et en rouge. Offida est connue pour son activité artisanale. On y trouve de curieux cépages, dont le Pecorino, *en voie de disparition et qu'il ne faut pas confondre avec le fromage de brebis.*

Année du décret : 2001
Superficie : N.C.
Encépagement : Passerina : *Passerina* (85 % minimum) – Autres cépages autorisés
Pecorino : *Pecorino* (85 % minimum) – Autres cépages autorisés
Rosso : *Montepulciano* (50 % minimum) – Cabernet sauvignon (30 % minimum)
Rendement : N.C.
Production : N.C.
Durée de conservation : B : 1 à 3 ans (plus pour le Passito) – R : 2 à 4 ans
Température de service : B : 8 °C – R : 16 °C

Passerina : Jaune paille avec des reflets dorés – Arômes floraux et fruités – Sec mais d'une bonne rondeur
Peut se faire en ***Passito,*** *en* ***Vino Santo*** *et en* ***Spumante.***

Pecorino : Jaune paille avec des reflets verts – Sec, léger, vif et fruité

Rosso : Couleur profonde – Aromatique (fruits rouges) – Tannique et généreux

Passerina/Pecorino : Voir Falerio dei Colli Ascolani
Rosso : Voir Rosso Conero

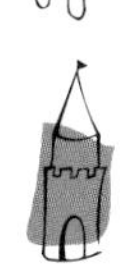

Voir Falerio dei Colli Ascolani

ROSSO CONERO

C'est sur les flancs du massif Conero qui domine la ville d'Ancona, capitale des Marches, que pousse notamment le Montepulciano, cultivé surtout dans les Abruzzes voisines. On se fera un devoir de goûter ce vin, sans doute un des meilleurs rouges de la région, lors de la visite d'Ancona, réputée pour son port commercial et ses fabriques d'instruments de musique.

Année du décret: 1991 (1967)
Superficie: 300 ha (430)
Encépagement: *Montepulciano* (principalement) – Sangiovese
Rendement: 91 hl/ha
Production: 17 800 hl
Durée de conservation: 2 à 4 ans
Température de service: 16-18 °C

Vin rouge uniquement
Couleur assez intense – Aromatique (baies sauvages et épices) – Relativement tannique – Bien structuré et d'une personnalité certaine lorsqu'il est élaboré avec 100 % de Montepulciano

Avec un pourcentage de 12,5 % d'alcool et un vieillissement de deux ans, ce vin a droit à la mention ***Riserva.***

Viandes rouges rôties et braisées – *Prosciutto di Carpegna – Agnello alla cacciatora – Osso buco* – Gibier à plume (faisan à la vigneronne) – Fromages relevés

Fazi-Battaglia (Passo del Lupo) – Fattoria Le Terrazze – Conte Leopardi – Enzo Mecella (Rubelliano) – Marchetti – **Alessandro Moroder** – Serenelli – **Umani Ronchi** (Cumaro – Serrano – San Lorenzo) – **G. Garofoli** (Grosso Agontano) – **Cooperativa Terre Cortesi Moncaro**

ROSSO PICENO

Cette appellation couvre une grande partie de l'est des Marches, d'Ascoli Piceno au sud jusqu'à Senigallia au nord d'Ancona, le long de l'Adriatique. L'intérêt de ce vin se trouve surtout dans le Superiore, qui est produit dans une toute petite zone autour d'Ascoli Piceno.

Année du décret: 1997 (1968)
Superficie: 1 830 ha (2 800)
Encépagement: Montepulciano (35-70 %) – Sangiovese (30-50 %) – Autres cépages autorisés
Rendement: 84,5 hl/ha
Superiore: 78 hl/ha
Production: 86 000 hl
Durée de conservation: 2 à 5 ans
Température de service: 16-18 °C

Vin rouge uniquement
Robe rubis intense – Bouqueté et plutôt élégant lorsque la proportion de Sangiovese est assez importante et que le vin a été élevé dans des fûts de chêne.

La mention ***Superiore*** *est réservée aux vins plus riches en alcool (12 % minimum) produits dans le sud de la région.*

Viandes rouges braisées – *Prosciutto di Carpegna – Osso buco – Anatra in porchetta* (canard au fenouil, à l'ail, au jambon et au bacon)

Azienda agricola Boccadigabbia – Vallerosa Bonci – Fratelli Bucci (Tenuta Pongelli) – Azienda agricola Capinera – Tenuta De Angelis – Romolo e Remo Dezi – **G. Garofoli** – Saladini Pilastri – Raffaele Vagnoni (Le Caniette) – **Ercole Velenosi** (Il Brecciarolo, Roggio del Filare) – Villamagna – Cocci Grifoni – Tattà – Villa Pigna – **Cooperativa Terre Cortesi Moncaro**

VERDICCHIO DEI CASTELLI DI JESI

*Jesi, petite ville située dans la grande zone de production de ce vin à une trentaine de kilomètres à l'ouest d'Ancona, était autrefois entourée de châteaux (*castelli*). Elle donne son nom à une partie de l'appellation puisque le cépage Verdicchio complète la dénomination. Celui-ci est originaire de cette région, même si on le retrouve en Vénétie, en Toscane, en Campanie et dans le Frioul. La fameuse bouteille verte en forme d'amphore a longtemps caractérisé cette appellation.*

Année du décret: 1995 (1968)
Superficie: 3 200 ha (3 500)
Encépagement: *Verdicchio* (85 % minimum) - Autres cépages autorisés
Rendement: 91 hl/ha
Classico/Riserva: 71,5 hl/ha
Production: 182 400 hl
Durée de conservation: 1 à 3 ans
Température de service: 8-10 °C

Vin blanc uniquement
Couleur jaune paille - Arômes de fruits blancs, parfois d'agrumes - Sec, fruité et d'une bonne rondeur

Quelques maisons élaborent des **Spumante,** *des* **Passito** *et des* **Riserva** *(vieillissement de 24 mois).*

Les vins produits dans la zone la plus ancienne, autour de Jesi, ont droit aux mentions **Classico** *(55 % de la production),* **Classico Superiore** *(17 % de la production) et* **Classico Riserva** *(10 % de la production).*

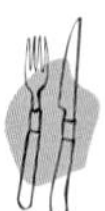

Antipasti di mare - Brodetto (soupe de poissons) - Poissons grillés et meunière - Fruits de mer - Pâtes - *Gnocchi verdi* (gnocchi aux épinards)

Fratelli Bucci (Villa Bucci) - Mario et Giorgio Brunori - Casalfarneto - Cimarelli - **Fattoria Coroncino** (Gaiospino) - **Fazi-Battaglia** (San Sisto, Le Moie) - **G. Garofoli** (Podium, Macrina) - Stefano Mancinelli - Alessandro Moroder - **Sartarelli** (Balciana) - Tenuta di Tavignano - **Umani Ronchi** (Casal di Serra) - Vallerosa Bonci - Monte Schiavo - Fratelli Zaccagnini - **Cooperativa Terre Cortesi Moncaro**

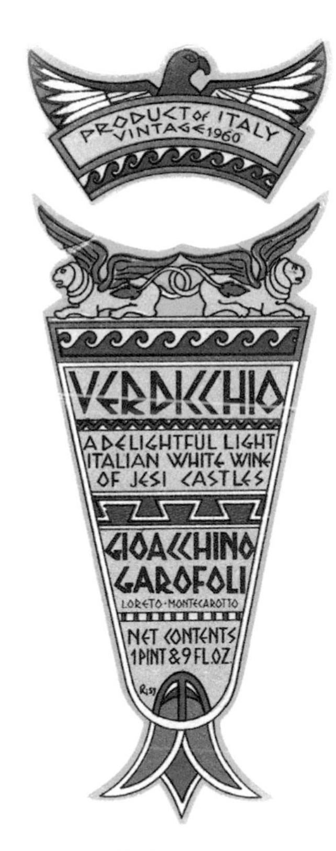

Étiquette caractéristique provenant d'une bouteille en forme d'amphore (maison Garofoli).

VERDICCHIO DI MATELICA

Peut-être moins connu que l'autre Verdicchio, celui de Matelica, dans la province de Macerata, est cependant généralement considéré par les connaisseurs comme le meilleur des deux. En fait, la zone de production située à l'ouest, au pied des Appenins, est beaucoup plus petite et le vin semble plus structuré et plus rond.

Année du décret : 1995 (1967)
Superficie : 270 ha (310)
Encépagement : *Verdicchio* (principalement) – Trebbiano et Malvasia
Rendement : 84,5 hl/ha
Riserva : 65 hl/ha
Production : 16 900 hl
Durée de conservation : 1 à 3 ans
Température de service : 8-10 °C

Vin blanc uniquement
Robe paille avec des reflets verts – Aromatique, sec, vif et bien structuré

Quelques maisons élaborent des ***Spumante,*** *des* ***Passito*** *et des* ***Riserva*** *(vieillissement de 24 mois).*

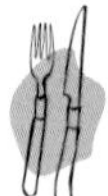

Voir Verdicchio dei Castelli di Jesi

Azienda agricola Bisci – **Fattoria la Monacesca** – Enzo Mecella – San Biagio – Cantina Sociale di Matelica (Belisario)

VERNACCIA DI SERRAPETRONA

La zone de production de ce vin rare et curieux se situe autour de Serrapetrona, dans la province de Macerata. Le cépage utilisé, homonyme de deux autres cépages blancs (en Toscane et en Sardaigne) mais avec lesquels il n'a aucun rapport, est à la base de ce vin rouge effervescent qui n'intéresse principalement que les habitués…

Année du décret : 1997 (1971)
Superficie : 38 ha (45)
Encépagement : *Vernaccia nera di Serrapetrona* (85 % minimum) – Autres cépages à peau rouge autorisés
Rendement : 78 hl/ha
Production : 1 700 hl
Durée de conservation : 1 à 2 ans
Température de service : 12-14 °C

Vin rouge effervescent uniquement
Se fait en sec (brut), demi-sec et doux

La technique utilisée est généralement la cuve close, mais la méthode traditionnelle intéresse certaines maisons.

Alberto Quacquarini – Massimo Serboni

INDICAZIONE GEOGRAFICA TIPICA
INDICATION GÉOGRAPHIQUE TYPIQUE
IGT

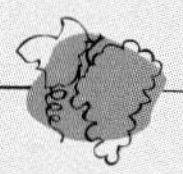

- Marche

QUELQUES VINS PARFOIS EXPORTÉS

Bianco

Arkezia Muffo di San Sisto (Verdicchio 100 %). Blanc doux aromatique aux notes de miel et de fruits exotiques. Vin riche et généreux issu de raisins surmûris et botrytisés. IGT Marche ; *Fazi-Battaglia.*

Colle Malerbi (Chardonnay). Blanc sec aux arômes floraux et de pain grillé. Vin agréable issu d'un rendement peu élevé et vinifié à basse température. IGT Marche ; *Villa Pigna.*

Maximo (Sauvignon 100 %). Blanc doux très aromatique aux notes de miel, très fruité et doté d'une acidité en équilibre. IGT Marche ; *Umani Ronchi.*

Rêve (Chardonnay 100 %). Blanc généreux aux notes de noisettes et de vanille, élevé en fût de chêne français ; un vin capiteux et surprenant. IGT Marche ; *Ercole Velenosi.*

Rosso

Ludi (Montepulciano, Cabernet sauvignon et Merlot). Très beau vin rouge issu de vignes plantées à forte densité. Bonne concentration ; de la matière et du fruit avec des notes épicées, vanillées et boisées en bouche (présence marquée du chêne). IGT Marche ; *Ercole Velenosi.*

Medoro (Sangiovese). Vin rouge tout en fruit, tant au nez qu'en bouche. Pas d'une grande complexité, mais possède de la matière et offre du plaisir à prix abordable. IGT Marche ; *Umani Ronchi.*

Pelago (Cabernet sauvignon 50 %, Montepulciano 40 % et Merlot). Beau rouge grenat avec des arômes confiturés de prune et de cerise. Du fruit en bouche avec une acidité présente et des tanins soutenus. Laisser vieillir quelques années avant de consommer. IGT Marche ; *Umani Ronchi.*

LE MOIE®
verdicchio dei castelli di jesi
DENOMINAZIONE DI ORIGINE CONTROLLATA
classico
FAZI-BATTAGLIA
MIS EN BOUTEILLE PAR IMBOTTIGLIATO DA BOTTLED BY
FAZI BATTAGLIA S.p.A. CASTELPLANIO - ITALIA
750 ml
VIN PRODUIT D'ITALIE
WINE PRODUCT OF ITALY
12,5% alc./vol.

IL BRECCIAROLO®
ROSSO PICENO
DENOMINAZIONE DI ORIGINE CONTROLLATA
SUPERIORE
e 750 ml
13 % vol.
IMBOTTIGLIATO DALL' AZ. VIT.
VELENOSI ERCOLE SOC. SEMPL. - ASCOLI PICENO - ITALIA - ITALIA

RossoConero
DENOMINAZIONE DI ORIGINE CONTROLLATA
CÚMARO
Umani Ronchi
ITALIA
e 75 cl
13,5% Vol

Pelago®
MARCHE ROSSO
Indicazione Geografica Tipica
Umani Ronchi
e 75 cl 13% vol

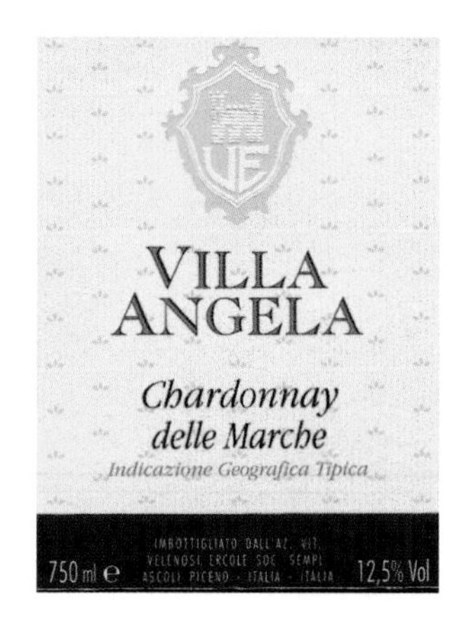
VILLA
ANGELA
Chardonnay
delle Marche
Indicazione Geografica Tipica
750 ml e
IMBOTTIGLIATO DALL'AZ. VIT.
VELENOSI ERCOLE SOC. SEMPL.
ASCOLI PICENO - ITALIA - ITALIA
12,5% Vol

Vigna Solaria
FALERIO
Denominazione di Origine Controllata
IMBOTTIGLIATO DALL'AZ. VIT.
VELENOSI ERCOLE SOC. SEMPL. - ASCOLI PICENO - ITALIA - ITALIA
750 ml e
13,5% vol

LUDI

Casal di Serra
VERDICCHIO
DEI CASTELLI DI JESI
CLASSICO SUPERIORE
750 ml e
Umani Ronchi
ITALIA

LA MORCIOLA
CANTINA SOCIALE DEI COLLI PESARESI
Wine-Vin
«In Dio, o dolce anima, bevi e vivi»
SANGIOVESE
DEI COLLI PESARESI
DENOMINAZIONE DI ORIGINE CONTROLLATA
Product of Italy - Produit d'Italie
PRODUCED AND BOTTLED BY/PRODUIT ET MIS EN BOUTEILLE PAR
CONSORZIO CANTINE COOPERATIVE ITALIANE
750 ml
12% alc./vol

LACRIMA
DI
MORRO D'ALBA
Denominazione d'Origine Controllata
Imbottigliato all'origine dall'Azienda Agricola
STEFANO MANCINELLI
MORRO D'ALBA (AN)
0,750 l. e
ITALIA
12,5% Vol.

Verdicchio
dei Castelli di Jesi
Denominazione di Origine Controllata
Classico Superiore
ANNATA
VILLA BIANCHI®
Umani Ronchi
75 cl e
Imbottigliato da Umani Ronchi S.p.A. - Osimo Italia
12%vol

ROGGIO
DEL FILARE
ROSSO PICENO
SUPERIORE
Denominazione di Origine Controllata

MOLISE

Le Molise

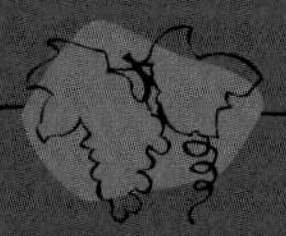

Cette région peu connue de l'Italie a partagé avec les Abruzzes son histoire ainsi que les vicissitudes, les espoirs et les responsabilités économiques et administratives, et cela jusqu'en 1963. Le Molise, qui borde l'Adriatique sur une cinquantaine de kilomètres, est une région de montagnes et de vallons propices à la culture de la vigne.

Grimpant sur des collines parfois même au-delà de 500 m d'altitude, la vigne se plaît surtout au sud-est, dans la province de Campobasso. Les sols généralement argilo-calcaires et schisteux se prêtent bien à la culture des cépages rouges comme le Montepulciano et le Sangiovese. Mais depuis quelques années, l'Aglianico, cette variété qui se distingue un peu partout en Campanie, notamment dans la DOCG Taurasi, améliore sensiblement la qualité des vins du Molise. Il faut dire que la conduite de la vigne a bien changé, comme j'ai pu le constater il y a quelques mois à Campomarino, chez les sympathiques Di Majo Norante. En effet, la conduite en pergola tend à disparaître au profit d'un palissage des vignes. Par conséquent, les densités de plantation sont plus élevées, avec pour effets des rendements plus bas et des moûts plus concentrés.

Campomarino, tout près de la mer, est une petite ville qui ne laisse pas le visiteur indifférent. Les belles églises aux lignes nobles sont typiques de l'art roman et les rues étroites et pittoresques incitent à la promenade. Elles nous mènent d'ailleurs tout droit au port, à la rencontre des pêcheurs de l'endroit. C'est sur cette commune, et plus précisément sur le lieu-dit Ramitello, qu'est située la ferme viticole Di Majo Norante, celle qui bénéficie de la plus grande renommée de l'appellation Biferno.

On y produit de délicieux vins blancs issus du Greco, aux saveurs de pêche et de melon, du Fiano, aux parfums d'amande et d'acacia, et du rare Falanghina, aux notes délicates de genêt et de pomme grenade. Le Sangiovese, appelé ici Prugnolo, apporte au vin la charpente et le fruit. La production de vins rouges est très importante aux yeux des propriétaires de cette maison, qui sont fiers de ces cépages propres à ce terroir du sud de l'Italie. Au Sangiovese on associe le fameux Aglianico, qui donne au Ramitello, leur grande cuvée, couleur, générosité et saveurs de violette, de prune et d'épices.

Sur le plan climatique, le vignoble du littoral est de type méditerranéen, tandis que le vin d'Isernia, dans la province du même nom, jouit d'un climat continental en raison de la proximité des montagnes voisines, qui culminent à 2000 m.

Autrefois, beaucoup d'Italiens ont quitté ce coin de pays pour émigrer au Canada ou aux États-Unis, par exemple. À l'époque, l'avenir dans le Molise était peu prometteur. Aujourd'hui, l'exode se poursuit, mais ceux qui l'ont quitté aiment y revenir, ne serait-ce que pour retrouver la famille, flâner, aller pêcher sur l'Adriatique et goûter dans leur *trattoria* préférée les vins aux noms évoquant les meilleurs moments de leur passé.

LE MOLISE EN BREF

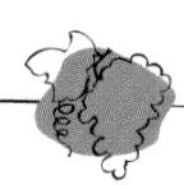

- 7650 ha de vignes
- 820 ha en VQPRD*, dont 570 déclarés en l'an 2000
- 3 DOC
- 2 IGT
- Une des plus petites productions de l'Italie
- Un cépage qui prend de l'expansion: l'Aglianico
- Le nom Molise peut être employé au féminin comme au masculin

* VQPRD: Vins de qualité produits dans une région déterminée (DOC + DOCG).

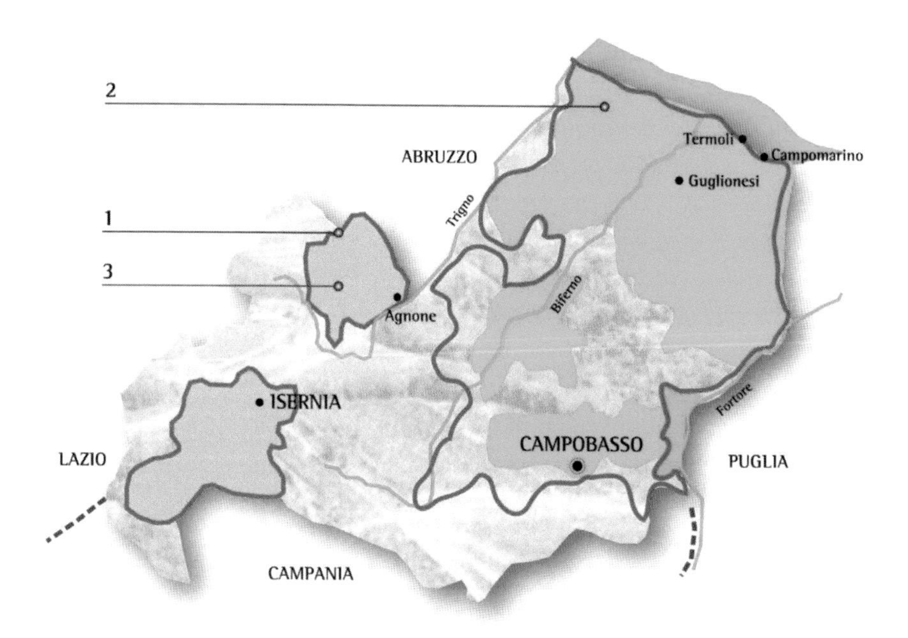

1	Molise o del Molise
2	Biferno
3	Pentro d'Isernia o Pentro

BIFERNO

Situé le long de la mer Adriatique, juste au sud des Abruzzes, dont il faisait d'ailleurs partie autrefois, le Molise produit cette DOC qui tire son nom de la rivière Biferno. Celle-ci traverse la province de Campobasso et 42 communes ont droit à cette appellation. Les vignobles bien exposés sont situés sur des coteaux jusqu'à une hauteur de 500 m, pour les rouges et les rosés, et 600 m (maximum) pour les blancs. À n'en pas douter, la Masseria (domaine viticole) Di Majo Norante est le chef de file des producteurs de la région. Longtemps considérée comme la seule cave privée de l'appellation, cette entreprise possède des installations dignes de grands domaines. À découvrir lors de votre passage chez eux : une excellente grappa *et toutes sortes de confitures bonnes à s'en lécher les doigts.*

Année du décret : 1983
Superficie : 165 ha (220)
Encépagement : R/Rs : *Montepulciano* (60-70 %) – Aglianico (15-20 %) – Trebbiano (15-20 %) – Autres cépages (5 % maximum)
B : *Trebbiano* (65-70 %) – Bombino bianco (25-30 %) – Malvasia (5-10 %)
Rendement : 78 hl/ha
Production : 9 800 hl
Durée de conservation : R : 2 à 5 ans
B/Rs : 1 à 2 ans
Température de service : R : 16-18 °C
B/Rs : 8-10 °C

Rosso (77 %) : Vin aromatique (mûre et épices) et assez corsé – Présente d'agréables qualités lorsqu'il est vieilli pendant un minimum de trois ans avant la mise en bouteille (Riserva)
Rosato : Vin sec, léger et fruité – Ressemble au Cerasuolo des Abruzzes
Bianco : Jaune paille avec des reflets verts – Légèrement aromatique – Sec et léger

Rosso : Viandes rouges sautées (steak au poivre) et braisées – Fromages relevés
Rosato : Charcuteries – *Penne arrabiata*
Bianco : Poissons grillés et fruits de mer

Cantine Borgo di Colloredo – Casa Vinicola Botter – **Di Majo Norante** (Ramitello, Moli') – Quelques caves coopératives : Vita (Rocca del Falco – Serra Meccaglia) – Cantina Valbiferno

Venafro, vu du Castello Caracciolo.

MOLISE OU DEL MOLISE

Cette récente DOC est produite dans les deux provinces de la région, Campobasso et Isernia. Les conditions de production, tant sur le plan des zones de plantation qu'en matière de rendements, sont moins sévères que les deux autres DOC. Il s'agit en fait d'une dénomination régionale. D'après la modification de 2001, il semblerait qu'à partir de la vendange 2002, la mention du cépage Montepulciano ne pourra plus être revendiquée, et cela au profit de la mention Rosso.

Année du décret: 2001 (1998)
Superficie: 400 ha (600)
Encépagement: Tous ces vins sont élaborés avec 85 % minimum du cépage indiqué sur l'étiquette
Rendement: Tintilia: 52 hl/ha
Greco/Chardonnay/Cabernet sauvignon/
Aglianico: 65 hl/ha
Trebbiano/Moscato/Sauvignon/
Pinot bianco: 78 hl/ha
Falanghina/Sangiovese: 84,5 hl/ha
Montepulciano/Vino Novello: 91 hl/ha
Production: 29 700 hl
Durée de conservation: B: 1 à 2 ans
R: 3 à 5 ans
Température de service: B: 8-10 °C
R: 16-18 °C

Falanghina: Blanc sec, vif et assez aromatique (genêt et pomme grenade)
Greco: Jaune paille, parfois doré – Arômes fruités (pêche et melon) – Sec, avec une bonne présence acide en bouche
Moscato: Blanc doux et fruité
Trebbiano: Blanc sec, vif et plutôt neutre
Chardonnay: Blanc sec, souple et légèrement fruité
Pinot bianco: Blanc sec et assez souple
Sauvignon: Blanc sec, vif et bien fruité

Chardonnay, Pinot bianco et Moscato peuvent aussi se faire en ***Spumante.***

Aglianico: Vin rouge aux notes florales (violette) et fruitées (prune) – Corsé et tannique – Bien structuré – Peut porter la mention **Riserva**
Sangiovese: Rouge fruité aux arômes épicés – Moyennement structuré
Montepulciano: Rouge rubis plus ou moins intense – Souple, fruité et peu tannique – Peut porter la mention **Riserva**
Cabernet sauvignon: Vin d'une belle couleur intense – Tanins présents – Acidité moyenne – Une certaine élégance
Tintilia: Rouge profond avec des reflets violacés – Plus soutenu et assez corsé
Après un affinage de 24 mois, dont 6 en fût de chêne, il a droit à la mention ***Riserva.***

Voir Biferno

Cantine Borgo di Colloredo – **Di Majo Norante** (Don Luigi) – Plusieurs caves coopératives

PENTRO DI ISERNIA OU PENTRO

Deux petits vignobles situés dans la province d'Isernia, à l'ouest et au nord de Campobasso (DOC Biferno) peuvent prétendre à cette dénomination peu connue et difficile à se procurer, pour ne pas dire en voie de disparition. Le premier est situé dans la vallée du Verrino alors que l'autre est plus au sud, autour d'Isernia.

Année du décret: 1984
Superficie: 2 ha
Encépagement: R/Rs: *Montepulciano* (45-55 %) – Sangiovese (45-55 %) – Autres cépages (10 % maximum)
B: *Trebbiano* (60-70 %) – Bombino bianco (30-40 %) – Autres cépages (10 % maximum)
Rendement: 71,5 hl/ha
Production: Pas de déclaration en 2000
Durée de conservation: voir Biferno
Température de service: voir Biferno

Ressemblent à l'appellation Biferno… quand on en trouve !

Voir Biferno

Cantina Valbiferno (cantina cooperativa)

Isernia est une petite ville tranquille du Molise.

INDICAZIONE GEOGRAFICA TIPICA
INDICATION GÉOGRAPHIQUE TYPIQUE
IGT

- Osco ou Terre degli Osci
- Rotae

QUELQUES VINS PARFOIS EXPORTÉS

Bianco

Biblos (Falanghina et Greco). Blanc aux saveurs de pêche, sec et très élégant. IGT Terre degli Osci ; *Di Majo Norante*[7].

Rosso

Sangiovese. Rouge assez souple et tout en fruit. IGT Terre degli Osci ; *Cantine Borgo di Colloredo.*

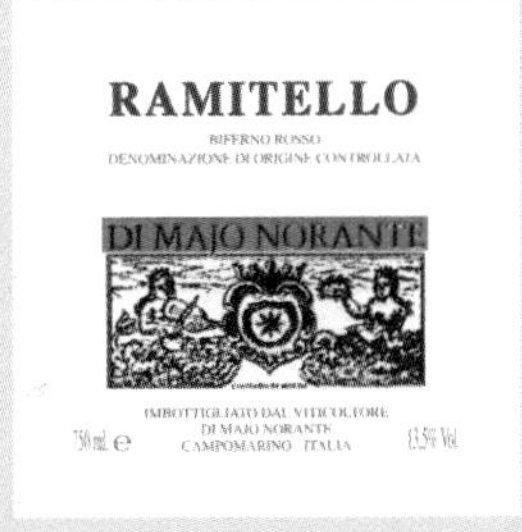

7. Di Majo Norante produit également d'excellents vins de table dont le Apiane, un vin de Muscat doux et aux arômes de miel et de fleur d'oranger, idéal en apéritif. Son Ramitello bianco (Falanghina et Fiano) au nez de pêche et d'abricot est sec, vif et très agréable.

PIEMONTE

LE PIÉMONT

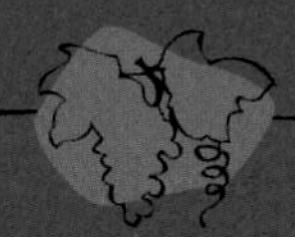

Le Piémont est sans contredit une des grandes et des plus prestigieuses régions viticoles de l'Italie ; la meilleure, vous diront certains. Il est vrai qu'avec les nouvelles dispositions de la réglementation vitivinicole italienne – 44 DOC et 7 vins qui ont obtenu le grade élevé de DOCG – le Piémont se distingue surtout pour sa recherche constante de qualité. On y trouve la plus forte densité de vins de haut calibre, principalement des rouges.

Le Piémont, qui porte bien son nom, partage ses frontières escarpées avec celles de la France, de la Suisse, du Val d'Aoste et de la Ligurie. Seule la partie est, commune avec la Lombardie, s'ouvre tout en douceur sur la plaine du Pô.

Historiquement, cette région a joué un rôle important dans la création du nouveau Royaume d'Italie. Entrée dans le giron de Roma au début de l'Empire, cette région fut au Moyen Âge occupée par les Lombards, par les Francs puis par les Savoie. Au XVIIIe siècle, l'« État » savoyard détenait l'ensemble de ce qui constitue aujourd'hui le Piémont, qui fit aussi partie de l'Empire français à l'époque napoléonienne. Peu après, des soulèvements populaires et des insurrections y ont eu lieu et ont abouti à l'unification de l'Italie.

Même si Firenze (Florence), en 1865, puis Roma, en 1870, ont été choisies comme capitales successives, c'est à Torino, en 1861, que le premier parlement de toute l'Italie s'est réuni.

À part quelques exceptions, la partie ouest du Piémont est trop montagneuse pour permettre à la viticulture de s'épanouir. C'est donc au sud-est de Torino que le vignoble s'est développé.

Les collines, qui constituent environ un tiers de cette riche région de l'Italie, sont en effet merveilleusement adaptées à la culture de la vigne. Du Monferrato, sur la rive droite du Pô, jusqu'à la région des Langhe traversée par la rivière Tanaro, les éléments naturels s'associent judicieusement pour produire les vins qui ont pour noms Barolo, Barbaresco, Nebbiolo d'Alba et d'autres encore.

Pour brosser un portrait plus clair et illustrer cette philosophie qui révèle une réalité où tradition et recherche de la qualité ne sont pas incompatibles, je reprends de nouveau des extraits d'une entrevue qu'Angelo Gaja, vigneron visionnaire aussi généreux qu'intransigeant, avait accordée il y a quelques années à un quotidien de la Suisse romande. Non seulement ses propos sont toujours d'actualité, mais entre-temps, la nouvelle DOC Langhe est née.

« Les zones de Barolo et de Barbaresco se trouvent dans les Langhe, collines aux pentes douces entourant la ville d'Alba. La combinaison du sol (terre argileuse riche en calcium) et du climat (continental relativement frais, souvent humide et brumeux) permet de produire des vins exceptionnels. Le terme « Nebbiolo » qui désigne le cépage produisant aussi bien le Barolo que le Barbaresco, vient d'ailleurs de *nebbia*, qui signifie brouillard ou brume.

« Les vignobles sont tous plantés sur des coteaux entre 250 et 400 m pour le Barbaresco, entre 300 et 500 m pour le Barolo. La région est également connue pour ses truffes blanches, ses noisetiers et sa viande de bœuf.

« Comme celle de toutes les grandes régions viticoles d'Europe, l'histoire des Langhe est marquée par des années d'expérimentation visant à combiner au mieux des pratiques culturales avec les potentialités d'un terroir.

« Aujourd'hui, la tendance est à la recherche de l'élégance plutôt qu'à celle de l'opulence. Il est inutile de recourir à des moyens techniques pour gommer les aspérités d'un vin. Le vin doit être travaillé artistiquement et sculpté de façon à rester élégant tout le temps. Les Nebbiolo ont des arômes uniques caractéristiques du cépage mais différents selon les versants et les parcelles. Le pari, c'est de réussir à garder la puissance, la profondeur et la complexité typiques du Nebbiolo tout en lui apportant équilibre et finesse. »

Il faut souligner que Gaja tient le même discours depuis plus de 20 ans. Bravo ! Sous l'impulsion de producteurs tels que lui (heureusement, il n'est pas tout seul), beaucoup de choses ont changé depuis 10 ans. De nouvelles appellations ont vu le jour, donnant aux vignerons une certaine latitude dans l'utilisation des cépages. Les rendements ont légèrement diminué alors que les densités de plantation ont augmenté (ce qui est beaucoup mieux) et le travail à la vigne comme à la cave s'est modernisé. Plus question de faire des vins à attendre 10 ans pour mieux les apprécier. Les nouvelles dispositions de la loi ont diminué le temps de passage sous bois, longue période qui oxydait les vins, asséchait et durcissait les tanins, et renforçait l'acidité. Tous ces progrès, il faut bien l'avouer, sont liés avant tout à l'état d'esprit des hommes qui ont bien voulu troquer leur vieille casquette de vigneron pour une approche nuancée des modes de culture et de vinification (vignes palissées, tailles Guyot simple ou double et Cordon de Royat, ébourgeonnage, vendanges en vert, cuverie modèle, passage plus court dans le bois, utilisation rationnelle du bois neuf, et j'en passe...).

Si, à mon humble avis, la région compte aujourd'hui un nombre d'appellations à donner le tournis à l'œnophile débutant, plusieurs se chevauchant allègrement, il n'en demeure pas moins que celles-ci permettent à de vieux cépages oubliés d'exprimer leur ancestrale personnalité.

Aussi, après avoir savouré les yeux fermés un grand cru de Barolo, n'oublions pas les autres vins, issus ceux-là de la Barbera (c'est bien au féminin) et autres Dolcetto, Freisa, Brachetto, Moscato, Grignolino, Cortese, Doux d'Henry ou Pelaverga. Qu'ils proviennent du Monferrato, des Langhe ou de la région d'Asti, l'environnement est souvent le même (avec des coteaux plus ou moins bien exposés), les conditions climatiques varient peu, ce sont plutôt le raisin et la terre qui changent. Plus au nord cependant, du côté de Gattinara ou de Carema, on aperçoit la pergola et les températures baissent. Mais peu importe leur lieu de naissance, leurs nombreux charmes font de toute évidence partie intégrante de la remarquable carte des vins piémontaise[8].

8. Le lecteur voudra bien noter que dans ce chapitre j'use régulièrement de renvois, puisque de nombreux vins partagent des points communs dans la mesure où ils sont élaborés avec le ou les mêmes cépages. D'autre part, j'indique entre parenthèses et après le nom des producteurs, des crus et autres mentions que l'on peut lire sur l'étiquette (beaucoup sont en dialecte piémontais). Enfin, mis à part quelques *Vini da Tavola* que je n'ai pas cru bon de mentionner à la fin de ce chapitre, on ne trouvera pas non plus de description détaillée d'IGT (Indication géographique typique) pour la bonne raison que cette région, qui compte à ce jour 51 appellations, n'en possède pas.

LE PIÉMONT EN BREF

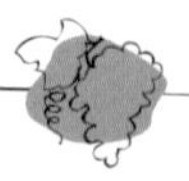

- 57 500 ha de vignes
- 38 200 ha en VQPRD* déclarés en l'an 2000
- 7 DOCG
- 44 DOC
- Pas d'IGT
- Une des plus importantes régions viticoles de l'Italie
- Un blanc effervescent célèbre : l'Asti
- Plusieurs grands vins rouges dont le Barolo et le Barbaresco
- La patrie du fameux Nebbiolo
- Plusieurs cépages anciens à découvrir

* VQPRD : Vins de qualité produits dans une région déterminée (DOC + DOCG).

Musée Poderi Colla, à Alba.

PIEMONTE

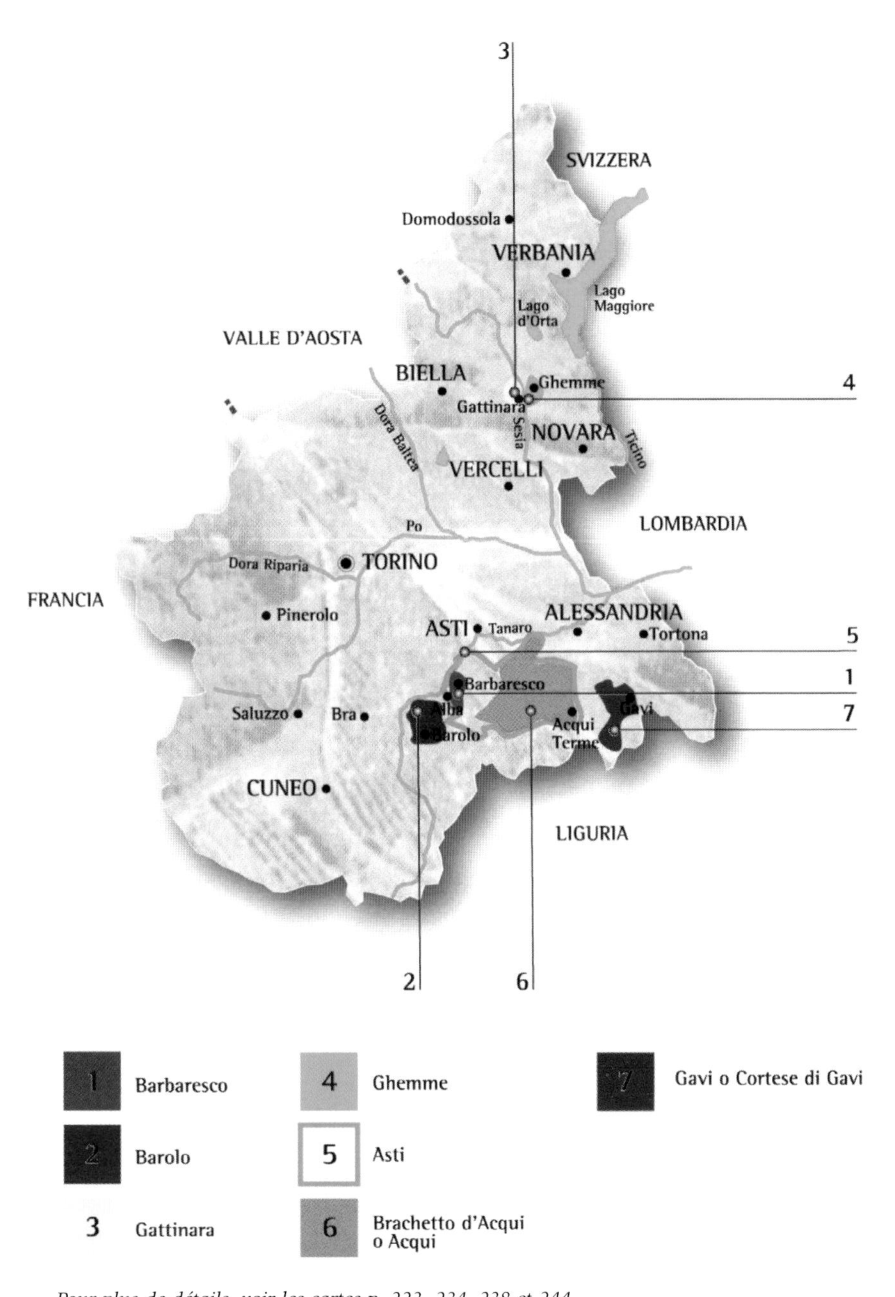

1	Barbaresco	4	Ghemme	7	Gavi o Cortese di Gavi
2	Barolo	5	Asti		
3	Gattinara	6	Brachetto d'Acqui o Acqui		

Pour plus de détails, voir les cartes p. 223, 234, 238 et 244.

ALBUGNANO

Voilà l'une des récentes appellations en rouge et en rosé de la grande région d'Asti qui n'apporte pas grand-chose au catalogue déjà imposant des vins piémontais. On aurait pu l'appeler Nebbiolo d'Asti…

Année du décret : 1997
Superficie : 7 ha
Encépagement : *Nebbiolo* (85 % minimum) – Freisa et/ou Barbera et/ou Bonarda
Rendement : 62 hl/ha
Rosso Superiore : 55 hl/ha
Production : 270 hl
Durée de conservation : 1 à 3 ans
Température de service : R : 16 °C
Rs : 8 °C

Rosso : Voir Nebbiolo d'Alba

Avec un degré d'alcool minimum de 11,5 %, et un an de vieillissement après le 1er janvier de l'année qui suit celle de la vendange, il a droit à la mention ***Superiore.***

Rosato : Rosé sec à demi-sec, vif et fruité

Rosso : Voir Nebbiolo d'Alba

Voir les appellations de la région d'Asti

Vieille affiche vantant les vertus sensuelles de l'Asti Spumante.

ASTI OU ASTI SPUMANTE

MOSCATO D'ASTI

DOCG

C'était à prévoir, les Italiens aiment tellement leur Spumante à base de Moscato qu'ils lui ont donné en 1995 la DOCG, le plus haut grade de la hiérarchie au royaume des appellations. Décision discutable? Très certainement, mais c'est ainsi. Et puis on ne peut pas reprocher à ce vin de manquer de typicité, tant le raisin imprime dans les bulles vivaces son fruité inimitable. Il existe cependant encore une certaine confusion puisque sous la même appellation, il peut se faire à partir du même cépage et du vin tranquille (qui ne mousse pas) et du vin effervescent. C'est d'ailleurs ce dernier qui est célèbre dans le monde entier et qui comble de bonheur un peu partout les Italiens amateurs de vins mousseux, car l'Asti Spumante est largement exporté. C'est à Canelli, à une vingtaine de kilomètres d'Asti, que d'importantes maisons produisent ce vin que je qualifie de rentable, puisque la méthode utilisée (conservation du moût à 0 °C et prise de mousse en cuve close) permet jusqu'à trois élaborations par année. Cela dit, certaines maisons élaborent maintenant des Asti à partir de la méthode (meilleure qualitativement) de prise de mousse en bouteille. Au sein de la même appellation, le Moscato d'Asti, que plusieurs excellentes maisons produisent avec bonheur, gagnerait à être plus connu. Un record: à eux deux, ces vins blancs représentent 32 % de la production totale des vins d'appellation du Piémont.

Année du décret: 1995 (1967)
Superficie: 9400 ha (9600)
Encépagement: *Moscato bianco*
Rendement: 65 hl/ha
Production: 574000 hl
Durée de conservation: 1 an
Température de service: 8-10 °C

Vin blanc uniquement
Asti ou **Asti Spumante:** Jaune paille plus ou moins doré avec parfois de légers reflets verts – Mousse persistante – Arômes typiques du cépage – Doux et très fruité
Moscato d'Asti: Jaune paille plus ou moins intense – Très aromatique (typique du cépage Muscat) – Doux, très fruité et agréable – Légère acidité qui participe à l'équilibre de ce vin

À l'apéritif – Desserts (fruits rafraîchis – tartes au citron ou aux poires) – *Zabaglione* (sabayon)

Luigi Alpiste – **Bava** – **Giacomo Bologna & Figli** – Bricco Maiolica – Cascina Fonda – **Contratto** (De Miranda, Gilardino) – Dogliotti (La Selvatica) – Piero Gatti – **La Spinetta** – Martini & Rossi – Marchesi di Barolo – Saracco

BARBARESCO

DOCG

Le Barbaresco est sans nul doute l'un des plus grands vins d'Italie et une magnifique illustration de l'élégance que le cépage Nebbiolo peut apporter. Sa zone de production se situe à l'est d'Alba, face à cette ville, et les communes principales sont Barbaresco, bien sûr, mais aussi Treiso et Neive. Le sol est généralement argilo-calcaire et les meilleures vignes se trouvent adossées à des collines, entre 250 et 300 m d'altitude. Ce paysage viticole dans lequel il fait toujours bon flâner offre une certaine quiétude et montre bien la complicité qui peut régner entre la nature et les hommes, une complicité qui est la conséquence d'une longue tradition interprétée par les producteurs d'aujourd'hui. Le Barbaresco est en général toujours aussi bon, et l'on peut souligner sa régularité qualitative. Angelo Gaja, un visionnaire et producteur exceptionnel, qui fait certainement des vins parmi les meilleurs (et les plus chers...), a décidé de transférer ses crus de Barbaresco dans l'appellation Langhe (voir p. 242) afin de mettre en lumière son Barbaresco de base. Son vin est vraiment bon, mais il ne faut pas négliger les autres maisons.

Année du décret: DOC: 1966
DOCG: 1981
Superficie: 490 ha (530)
Encépagement: *Nebbiolo*
Rendement: 52 hl/ha
Production: 22 700 hl
Durée de conservation: 10 à 15 ans et plus
Température de service: 16-18 °C

Vin rouge uniquement

Robe profonde et intense – Arômes fruités et floraux (violette) évoluant vers des bouquets complexes d'épices, de fumée, de réglisse et parfois de cacao – Tannique – Concentré et bien structuré sur un bon support acide

La qualité et l'équilibre d'un grand Barbaresco se reconnaissent dans sa puissance, sa profondeur et sa longueur en bouche, mais aussi dans sa finesse et son élégance.

*Le vieillissement minimum est de deux ans, dont un an maximum en fût. Après quatre ans, il a droit à la mention **Riserva**.*

Manzo brasato al vino rosso (bœuf braisé au vin rouge) – Gibier à poil (civet de lièvre) – Fromages relevés

Marziano et Enrico Abbona – Bersano – Piero Busso – Ca' del Baio – **Ceretto** (Asij, Bricco Asili) – Ca' Bianca – Ca'Rome' (Maria di Brun) – Michele Chiarlo – Fontanafredda (La Villa, Vigna La Delizia) – **Angelo Gaja** – **Bruno Giacosa** (Santo Stefano di Neive, Gallina di Neive, Rabaja) – **Contratto** (Alberta) – **La Spinetta** (Vigneto Starderi et Gallina, des frères Rivetti) – Marchesi di Gresy – Moccagatta – Pelissero – **Pio Cesare** (Il Bricco) – **Poderi Colla** (Tenuta Roncaglia) – **Prunotto** (Bric Turot – appartient au toscan Antinori) – Punset – Rabajà (Bruno Rocca) – Produttori del Barbaresco

BARBERA D'ALBA

C'est sur les collines bien exposées d'Alba et des communes avoisinantes, dans le sud du Piémont, que l'on cultive la Barbera, ce cépage parfois encore mal considéré. Pourtant, avec des rendements raisonnables et des techniques de vinification appropriées, cette variété ne manque pas d'attrait, à plus forte raison dans la région d'Alba. Grâce à des vignes plantées en coteaux et des expositions dignes du Barolo ou du Barbaresco, certains vignerons tirent aujourd'hui de la Barbera le maximum de qualité. Il faut avouer que depuis quelques années, on peut faire de belles découvertes. À preuve les vins de Clerico, Ceretto, Conterno et d'Aldo Vajra. De ce dernier, je garde un très bon souvenir avec son Bricco delle Viole dégusté en bonne compagnie, une belle soirée de mai, à la Locanda nel Borgo Antico, à Barolo.

Année du décret: 1987 (1970)
Superficie: 1 370 ha (1 700)
Encépagement: *Barbera*
Rendement: 65 hl/ha
Production: 74 000 hl
Durée de conservation: 4 à 6 ans et plus
Température de service: 16-18 °C

Vin rouge uniquement
Robe riche et intense – Arômes de fruits très mûrs (cassis, mûre...) – Corsé, juteux et drapé de beaux tanins soyeux lorsque le raisin est cueilli bien mûr – Dans le cas contraire, l'acidité est trop affirmée

Avec un degré d'alcool minimum de 12,5 % et un an de vieillissement minimum, ce dernier a droit à la mention ***Superiore.***

Cannelloni – Lasagnes relevées – Viandes rouges rôties et sautées – Gibier à plume et à poil (civet de lièvre) – Fromages assez forts (*raschera*)

Giovanni Almondo – Christina Ascheri – **Elio Altare** – Batasiolo (Sovrana) – Giacomo Borgogno & Figli – Francesco Boschis (Vigna Le Masserie) – Ca' Bianca – Cascina Chicco – Cascina Pellerino – Cascina Val del Prete – **Ceretto** (Piana) – **Domenico Clerico** (Fatiga) – **Aldo Conterno** (Conca Tre Pile) – Teo Costa – Fontanafredda (Papagena) – Gagliardo – **Bruno Giacosa** – La Granera – Marchesi di Barolo (Ruvei) – Negro – Paitin – **Pio Cesare** – **Prunotto** – Rocche dei Manzoni – **G.D. Vajra** (Bricco delle Viole) – Varaldo – Vietti – **Roberto Voerzio**

BARBERA D'ASTI

On en produit tellement que vous ne pourrez y échapper, car de toutes les Barbera piémontaises, elle est la plus répandue (12 % de la production, toutes appellations confondues). Quand elle est élaborée par une bonne maison, et il n'en manque pas aujourd'hui, cette variété sympathique réserve quelques surprises agréables. À mi-chemin entre celles d'Alba et de Monferrato, la Barbera d'Asti peut avoir une certaine rondeur et moins d'acidité. Merci aux grands producteurs comme le regretté Giacomo Bologna (avec son célèbre Bricco dell'Uccellone), d'avoir ouvert la voie aux nouvelles tendances de la viticulture, de la vinification et surtout de l'élevage du vin. Trois mentions correspondant à des zones de production plus précises peuvent être présentées: Nizza, Tinella et Colli Astiano (ou Astiano, avec 90 % de Barbera minimum).

Année du décret: 2000 (1970)
Superficie: 4 800 ha (6 500)
Encépagement: *Barbera* (85 % minimum) – Freisa – Dolcetto et Grignolino
Rendement: 58,5 hl/ha
Production: 213 300 hl
Durée de conservation: 4 à 6 ans et plus
Température de service: 16-18 °C

Vin rouge uniquement
Robe rubis intense – Arômes floraux et fruités – Bien charpenté et charnu – Bonne longueur en bouche

Avec un degré d'alcool minimum de 12,5 %, et un an de vieillissement à partir du 1er janvier de l'année qui suit celle de la vendange, il a droit à la mention ***Superiore.***

Voir Barbera d'Alba

Accornero (Bricco Battista) – **Bava** (Arbest, Libera, Piano Alto, Stradivario) – Benotto – Bersano (Cremosina, La Generala) – Dezzani (I Ronchetti) – **Braida di Giacomo Bologna** (Bricco dell Uccellone, Bricco della Bigota) – Brema – Bricco Mondalino – Ca'Bianca – Cascina Garitina – **Cascina La Barbatella** – Michele Chiarlo (La Court) – **L. Coppo** (Pomorosso) – **Contratto** (Panta Rei, Solus Ad) – **La Spinetta** – La Zucca – Marchesi Alfieri (La Tota) – **Prunotto** (Costamiòle – appartient au toscan Antinori) – Scarpa – Valfieri – Vietti – Vigne Uniche Alfiero Boffa (Colline della Vedova)

En grande conversation avec Aldo Vajra, excellent producteur de Barolo, de Barbera et de Dolcetto d'Alba.

BARBERA DEL MONFERRATO

D'après les ampélographes, c'est probablement dans cette zone viticole située dans le sud du Piémont qu'on trouve les origines de la Barbera. Aujourd'hui, sa culture y est concentrée et donne, en association avec d'autres cépages, des vins plus souples et plus légers que ses proches voisines d'Alba et d'Asti.

Année du décret: 1991 (1970)
Superficie: 2 300 ha (3 200)
Encépagement: *Barbera* (85 % minimum) – Freisa – Dolcetto et Grignolino
Rendement: 65 hl/ha
Production: 104 600 hl
Durée de conservation: 4 à 6 ans
Température de service: 16 °C

Vin rouge uniquement
Robe rubis clair – Légèrement aromatique – Fruité et moyennement corsé, avec une acidité présente – Parfois un peu perlant, ou Frizzante (gaz carbonique résiduel)

Avec un degré d'alcool minimum de 12,5 % et un an de vieillissement minimum, ce vin a droit à la mention ***Superiore.***

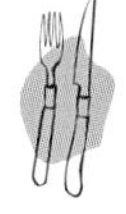

Viandes rouges grillées et sautées – Fromages moyennement relevés

Accornero (Bricco Battista – Giulin) – R. Angelino (Ariund) – Peracchio
Voir aussi Monferrato

BAROLO

DOCG

J'avais déjà écrit que, comme pour bien d'autres amateurs, le Barolo est un des rares vins qui m'a amené à la découverte du vignoble italien. Il représente aujourd'hui encore l'un de ses plus beaux fleurons. Comme j'ai pu le faire à nouveau dernièrement, il faut marcher dans la vigne et découvrir celle-ci du haut de la commune de Castiglione Falletto pour comprendre qu'on a affaire à un vignoble d'exception. Les collines bien exposées sont habituellement situées sur des sols argilo-calcaires, et le Nebbiolo trouve là un terroir qui lui convient à merveille. Le Barolo a toujours occupé une place importante dans l'histoire, mais les producteurs d'aujourd'hui, tout en respectant les traditions, ont su adapter les nouvelles techniques à un patrimoine que tout le monde respecte. Que le raisin provienne de La Morra, de Barolo, de Serralunga d'Alba ou de Castiglione Falletto, les vignerons mettent en valeur les différences, même si les tenants d'un certain classicisme s'opposent encore parfois à ceux qui ont voulu moderniser le style de leurs vins. Chacun y trouve son compte et l'important est d'attendre quelques années avant d'apprécier, entre autres, la riche palette aromatique de ce vin superbe. Attention de ne pas confondre avec le Barolo chinato, un vin apéritif (aromatisé) de la région.

Année du décret : DOC : 1966
DOCG : 1981
Superficie : 1 270 ha (1 330)
Encépagement : *Nebbiolo*
Rendement : 52 hl/ha
Production : 61 300 hl
Durée de conservation : 10 à 20 ans et plus
Température de service : 16-18 °C

Vin rouge uniquement
Robe grenat intense avec de légers reflets orangés (même dans sa jeunesse) – Arômes floraux (violette, rose fanée) – Fruités (fruits mûrs, confitures) et épicés (muscade) qui se transforment en vieillissant en bouquet riche et complexe de tabac, de fumé, de cuir, etc. – Bonne structure tannique – Charpenté – Acidité présente, avec du poivre et parfois de la réglisse en rétro-olfaction – Finale assez longue

La structure n'empêche pas l'élégance, mais les styles varient en fonction des crus et des maisons. Trois ans de vieillissement obligatoire, dont deux ans maximum sous bois. Après un vieillissement de cinq ans au total, il a droit à la mention ***Riserva.***

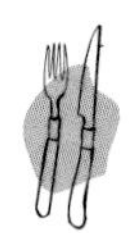

Viandes rouges avec sauce relevée (filet de bœuf au poivre ou aux truffes blanches) – Gibier à plume et à poil (gigue de chevreuil) – Fromages relevé

Fratelli Alessandria – **Elio Altare** – Christina Ascheri – Azelia – Batasiolo (Bofani, la Corda della Bricolina) – **Bava** – Bersano – Enzo Boglietti – **Giacomo Borgogno & Figli** – **Brezza** (Cannubi, Castellero) – Brovia – Ca'Bianca – Ca' Rome' – **Ceretto** (Bricco Rocche, Bricco Rocche Papò, Zonchera) – Michele Chiarlo – **Domenico Clerico** (Pajana) – Conterno Fantino – **Aldo Conterno** (Colonello, Bussia Soprana) – Giacomo Conterno (Monfortino) – **Contratto** (Secolo) – Giovanni Corino – Fontanafredda (Vigna La Rosa) – **Angelo Gaja** – **Bruno Giacosa** (Falletto di Serralunga) – Elio Grasso – Mascarello – Andrea Oberto – Marchesi di Barolo – Fratelli Parusso (Bussia Vigna Rocche) – **Pio Cesare** (Ornato) – Rocche dei Manzoni – **Poderi Colla** (Bussia Dardi Le Rose) – **Prunotto** (appartient au toscan Antinori) – Renato Ratti – Fratelli Revello – **Luciano Sandrone** – **Paolo Scavino** (Bric dël Fiasc) – Aurelio Settimo – **G.D. Vajra** (Bricco delle Viole) – Valfieri – Viberti – Vietti – Gianni Voerzio – **Roberto Voerzio** (Brunate)

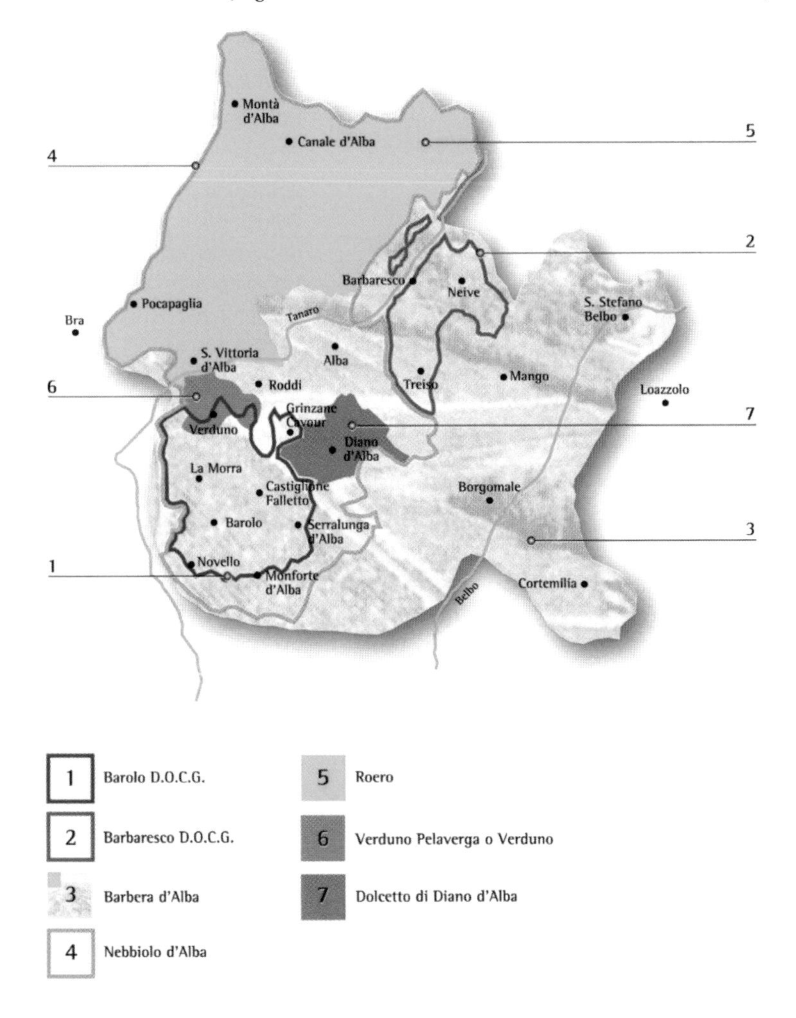

BOCA

Toujours aussi difficile à trouver le Boca ! Le vin d'abord, parce que la production est très limitée, puis la zone viticole, dont font partie Boca et Maggiora, dans la province de Novara. Pour les personnes intéressées, sachez que Boca est nichée sur des collines situées dans le nord du Piémont, entre l'appellation Gattinara et le superbe lac d'Orta, lui-même tout proche du légendaire lac Maggiore (Majeur), deux lacs à découvrir à tout prix en bateau.

Date du décret : 1969
Superficie : 5 ha (8)
Encépagement : *Nebbiolo* (Spanna) (45-70 %) - Vespolina (20-40 %) - Bonarda (20 % maximum)
Rendement : 58,5 hl/ha
Production : 150 hl
Durée de conservation : 8 à 10 ans
Température de service : 16-18 °C

Vin rouge uniquement
Robe grenat - Arômes floraux (violette) typiques du Nebbiolo - Robuste, tannique et généreux

Trois ans de vieillissement obligatoire.

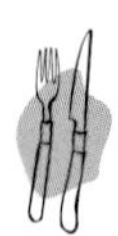

Voir Gattinara

Podere ai Valloni - Vallana - Santa Flavia

BRACHETTO D'ACQUI OU ACQUI

DOCG

Curieux vin que ce Brachetto qui pétille et dont les Piémontais raffolent depuis des lustres ! Il faut dire que nous ne sommes pas vraiment habitués, comme les Italiens peuvent l'être, à ce type de vin rouge doux et mousseux. Honnêtement, c'est sympathique et pas mauvais du tout… J'en ai même goûté dernièrement en bonne compagnie sur une bombe glacée aux cerises : toute une surprise pour mes amis ! Aqui Terme se trouve au sud d'Asti, dans la province d'Alessandria.

Année du décret : DOC : 1969
DOCG : 1996
Superficie : 600 ha (765)
Encépagement : *Brachetto*
Rendement : 52 hl/ha
Production : 32 300 hl
Durée de conservation : 1 à 3 ans
Température de service : 8-10 °C

Vin rouge uniquement
Couleur claire - Très aromatique (fruits rouges marqués parfois par des odeurs de muscat) - Doux - Pétillant à mousseux (**Spumante**)

Vin obtenu par la méthode Charmat, c'est-à-dire dont le gaz carbonique résiduel est obtenu grâce à une deuxième fermentation en cuve close.

Desserts (gâteaux secs, salades de fruits) - Bombe glacée aux griottes - *Zuppa di Ciliege* (cerises au vin rouge)

Banfi - Braida di Giacomo Bologna - Ca'Bianca

BRAMATERRA

À l'instar du Gattinara, l'appellation voisine connue pour sa qualité, le Bramaterra, offre, grâce au Nebbiolo qui y est cultivé, des cuvées intéressantes lorsqu'elles sont bien vinifiées. Le centre viticole de l'endroit est Villa del Bosco, dans la province de Biella.

Année du décret : 1979
Superficie : 20 ha
Encépagement : *Nebbiolo* (Spanna) (principalement) – Croatina – Bonarda et Vespolina
Rendement : 49 hl/ha
Production : 580 hl
Durée de conservation : 8 à 10 ans
Température de service : 16-18 °C

Vin rouge uniquement
Couleur intense – Aromatique (violette et épices) – Corsé et tannique – Acidité marquée avec parfois une fin de bouche légèrement amère

Deux ans de vieillissement obligatoire, et trois pour le ***Riserva.***

Voir Gattinara

Sella – Perazzi

CANAVESE

Cette appellation partage en bonne partie son territoire avec celui d'Erbaluce di Caluso. Cinq types de vins y sont élaborés, malgré une superficie autorisée plus que limitée.

Année du décret : 1996
Superficie : 43 ha (57)
Encépagement : B : *Erbaluce*
R : Nebbiolo, Barbera, Bonarda, Freisa et Neretto (60 % minimum) – Autres cépages autorisés

Les autres vins sont élaborés avec 85 % minimum du cépage indiqué sur l'étiquette.

Rendement : B : 78 hl/ha
R/Rs/Barbera : 71,5 hl/ha
Nebbiolo : 65 hl/ha
Production : 2 340 hl
Durée de conservation : B : 1 à 2 ans
R : 3 à 5 ans
Température de service : B : 8-10 °C
R : 16-18 °C

Bianco : Jaune paille brillant – Arômes floraux – Sec, léger et un peu acidulé
Rosato : Rosé sec et fruité
Rosso : Rouge vif – Arômes floraux et fruités – Assez tannique et généreux
Barbera : Robe rubis intense – Arômes floraux et fruités – Bien charpenté et charnu
Nebbiolo : Couleur plus ou moins intense – Aromatique – Moyennement corsé – Agréable malgré une certaine acidité

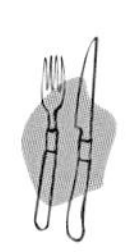

B : Voir Gavi
Barbera : Voir Barbera d'Alba
Nebbiolo : Voir Gattinara

Voir Erbaluce di Caluso

CAREMA

Il faut être courageux et passionné pour cultiver la vigne dans ces conditions plus que précaires, conséquences d'un relief viticole des plus accidentés et d'un climat fort rigoureux. En effet, la vigne est ici cultivée en terrasses sur des collines abruptes qu'il faut parfois «remonter» à la suite de sérieux caprices de la nature. Mais le panorama et le Nebbiolo qu'on y produit valent à eux deux le déplacement. D'ailleurs, ce qui m'épate dans cette région, comme dans le Val d'Aoste voisin, ce sont les toits des maisons, faits de lourdes dalles de pierre de la région, et le vin, pas facile à trouver, qui n'est que meilleur lorsqu'il est bu sur place.

Année du décret: 1998 (1967)
Superficie: 15 ha
Encépagement: *Nebbiolo* (85 % minimum) – Autres cépages autorisés
Rendement: 52 hl/ha
Production: 500 hl
Durée de conservation: 8 à 10 ans
Température de service: 16-18 °C

Vin rouge uniquement
Robe grenat intense – Arômes floraux (rose et violette) – Assez corsé, tannique et souple à la fois – Bon support acide – Fin et élégant

*Trois ans de vieillissement obligatoire. Après un vieillissement de quatre ans, il a droit à la mention **Riserva.***

Voir Gattinara

Ferrando – Morbelli – Produttori Nebbiolo di Carema

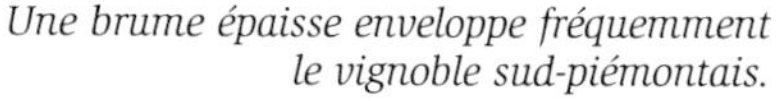

Une brume épaisse enveloppe fréquemment le vignoble sud-piémontais.

COLLINA TORINESE

C'est sur les collines au sud de la ville de Torino que poussent quelques cépages, dont la Pelaverga, inconnue au bataillon et qui est en régression. D'ailleurs, même si la réglementation permet de l'indiquer sur l'étiquette, la synonymie avec le Cari ne semble pas faire l'unanimité chez les ampélographes. Torino, capitale du Piémont, est une ville de près d'un million d'habitants et mérite le détour. La Piazza San Carlo, le Palazzo Madama, au beau milieu de la Piazza Castello, le Palazzo Reale, le Duomo San Giovanni, pour ne citer que ceux-là, sont des lieux à découvrir dans une cité prospère et grouillante.

Année du décret : 1999
Superficie : 6,5 ha (10)
Encépagement : R : *Barbera* (60 % minimum) – Freisa (25 % minimum) – Autres cépages autorisés

Les autres vins sont élaborés avec 85 % minimum du cépage indiqué sur l'étiquette.

Rendement : Malvasia : 71,5 hl/ha
Rosso : 65 hl/ha
Barbera/Bonarda : 58,5 hl/ha
Pelaverga : 52 hl/ha
Production : 265 hl
Durée de conservation : 1 à 3 ans
Température de service : 16-18 °C

Vin rouge uniquement
Barbera : Robe rubis intense – Arômes floraux et fruités – Bien charpenté et charnu – Bonne longueur en bouche
Bonarda : Vin rouge fruité et peu tannique
Malvasia : Couleur rouge rubis très claire – Assez aromatique – Doux et très fruité – Vin obtenu avec le cépage Malvasia (nera) di Schierano
Pelaverga (ou Cari) : Vin d'un rouge cerise issu d'un cépage peu connu et en régression
Rosso : Ressemble beaucoup à la Barbera

Barbera/Bonarda : Voir Barbera d'Alba
Malvasia : Voir Malvasia di Casorzo
Pelaverga (ou Cari) : Voir Grignolino d'Asti

Voir Freisa di Chieri

COLLINE NOVARESI

Vingt-cinq communes de la province de Novara disposent de leurs terroirs en collines les mieux exposés pour produire sept types de vins. Ceux-ci veulent sans doute se distinguer de tout ce qui se fait autour, et la consommation est locale.

Année du décret: 1994
Superficie: 110 ha
Encépagement: B: *Erbaluce*
R: *Nebbiolo* (30 % minimum) - Bonarda (40 % maximum) - Vespolina et Croatina

Les autres vins sont élaborés avec 85 % minimum du cépage indiqué sur l'étiquette.

Rendement: 62 hl/ha
Rosso: 71,5 hl/ha
Barbera/Croatina: 65 hl/ha
Production: 6350 hl
Durée de conservation: 1 à 3 ans
Température de service: B: 8-10 °C
R: 16 °C

Bianco: Jaune paille brillant - Arômes floraux - Sec, léger et un peu acidulé
Barbera: Robe rubis intense - Arômes floraux et fruités - Bien charpenté et charnu - Bonne longueur en bouche
Bonarda (Uva rara): Vin rouge fruité
Croatina/Vespolina: Vins rouges rubis - Moyennement corsés
Nebbiolo: Couleur plus ou moins intense - Aromatique - Moyennement corsé - Agréable malgré une certaine acidité
Rosso: Aromatique (fleurs et épices) - Moyennement corsé et tannique - Acidité marquée

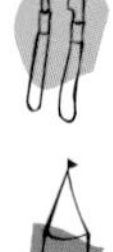

Voir autres appellations avec les mêmes types de vins

Voir Ghemme

COLLINE SALUZZESI

Une autre petite appellation, située cette fois dans le sud-ouest du Piémont, dans la province de Cuneo. Même si la surface autorisée est des plus restreintes, près de 10 villages, dont Saluzzo, ont droit à cette dénomination qui ne fait que s'ajouter au catalogue œnologique piémontais.

Année du décret: 1996
Superficie: 9 ha (12)
Encépagement: R: Pelaverga et/ou Nebbiolo et/ou Barbera (60 % minimum) - Autres cépages autorisés

Les autres vins sont élaborés avec 100 % du cépage indiqué sur l'étiquette.

Rendement: Rosso: 65 hl/ha
Pelaverga/Quagliano: 58,5 hl/ha
Production: 390 hl
Durée de conservation: 1 à 3 ans
Température de service: 16 °C

Vin rouge uniquement
Rosso: Rouge léger et fruité
Pelaverga: Vin d'un rouge cerise issu d'un cépage peu connu (voir Collina Torinese)
Quagliano: Rouge rustique et semi-doux élaboré avec le cépage homonyme - Peut se faire en Spumante

N.C.

COLLI TORTONESI

La ville de Tortona, dans le sud du Piémont, tout près de la Lombardie, est à l'origine de cette appellation secondaire qui donne, à partir des collines avoisinantes, des vins blancs et rouges plus ou moins intéressants. La réglementation de 1996 n'a pas changé grand-chose, si ce n'est d'avoir ajouté l'autorisation de produire quatre nouveaux types de vins.

Année du décret : 1996 (1974)
Superficie : 425 ha (1 100)
Encépagement : B/R : À partir d'un ou de plusieurs cépages (blanc ou rouge selon le cas) autorisés dans la province d'Alessandria
Cortese : *Cortese*

Les autres vins sont élaborés avec 85 % minimum du cépage indiqué sur l'étiquette.

Rendement : 78 hl/ha
Cortese : 65 hl/ha
Barbera/Dolcetto : 58,5 hl/ha
Production : 13 750 hl
Durée de conservation : R : 4 à 6 ans
B : 1 an
Température de service : R : 16-18 °C
B : 8-10 °C

Bianco : Blanc sec
Cortese : Vin blanc sec d'une couleur jaune paille clair, avec de légers reflets verts – Peu aromatique – Se fait aussi en **Frizzante** et en **Spumante**

Chiaretto : Rouge rubis très clair, presque rosé
Rosso : Rouge fruité
Barbera : Couleur vive – Arômes fruités – Robuste et un peu rustique
Avec un degré d'alcool minimum de 12,5 % et un an de vieillissement minimum, ce vin a droit à la mention ***Superiore.***

Dolcetto : Robe rubis clair – Arômes de fruits rouges – Souple, léger et fruité, avec une finale légèrement amère

Barbera : Voir Barbera d'Alba
Cortese/Bianco : Voir Gavi
Dolcetto : Voir Dolcetto d'Acqui

Fratelli Massa – Cantine Volpi

CORTESE DELL'ALTO MONFERRATO

Parmi les nombreuses appellations du Monferrato, celle-ci vient du Alto Monferrato, enclave située plus au sud, dans une partie des provinces d'Asti et d'Alessandria. Le Cortese, cépage blanc productif et populaire dans le Piémont, donne ici des vins agréables mais hélas ! sans grand relief ni finesse, contrairement à ce qui se fait aujourd'hui à Gavi.

Année du décret : 1993 (1979)
Superficie : 430 ha (770)
Encépagement : *Cortese* (85 % minimum) – Autres cépages autorisés
Rendement : 65 hl/ha
Production : 25 400 hl
Durée de conservation : 1 à 2 ans
Température de service : 8-10 °C

Vin blanc uniquement
Jaune paille avec des reflets verts – Peu aromatique – Sec et très léger, avec parfois une fin de bouche légèrement amère

Se fait également en ***Frizzante*** *et en* ***Spumante.***

Voir Gavi

Voir Monferrato

COSTE DELLA SESIA

Les vignes qui poussent sur les coteaux qui font face à la rivière Sesia profitent d'un climat et d'un terroir favorables à la production de ces vins. Douze hectares pour autant de types de vins : on comprendra la disparité dans la qualité.

Année du décret : 1996
Superficie : 12 ha
Encépagement : B : *Erbaluce*
R/Rs : Nebbiolo – Barbera – Bonarda – Vespolina et Croatina (50 % minimum)

Les autres vins sont élaborés avec 85 % minimum du cépage indiqué sur l'étiquette.

Rendement : 71,5 hl/ha
Bonarda/Vespolina : 65 hl/ha
Nebbiolo : 58,5 hl/ha
Production : 400 hl
Durée de conservation : R : 4 à 6 ans
B : 1 an
Température de service : R : 16-18 °C
B : 8-10 °C

Bianco : Jaune paille brillant – Arômes floraux – Sec, léger et un peu acidulé
Rosato : Vin rosé sec et fruité
Bonarda (Uva rara) : Vin rouge fruité
Croatina/Vespolina : Vins rubis moyennement corsés
Nebbiolo : Couleur plus ou moins intense – Aromatique – Moyennement corsé – Agréable malgré une certaine acidité
Rosso : Aromatique (fleurs et épices) – Moyennement corsé et tannique – Acidité marquée

Voir autres appellations avec les mêmes types de vins

Voir Bramaterra

DOLCETTO D'ACQUI

À part quelques exceptions, le Dolcetto d'Acqui (de la commune d'Acqui Terme dans la province d'Alessandria) figure parmi les vins les plus souples et les plus légers des sept appellations produites à partir de ce cépage. Sans vouloir faire de comparaison, celui-ci se veut en quelque sorte le pendant du Gamay qui est à l'origine du Beaujolais.

Année du décret: 1972
Superficie: 375 ha (510)
Encépagement: *Dolcetto*
Rendement: 52 hl/ha
Production: 15 700 hl
Durée de conservation: 1 à 3 ans
Température de service: 16 °C

Vin rouge uniquement
Robe rubis clair – Arômes de fruits rouges – Souple, léger et fruité – Acidité parfois un peu élevée

Avec un degré d'alcool minimum de 12,5 % et un an de vieillissement minimum, ce vin a droit à la mention ***Superiore.***

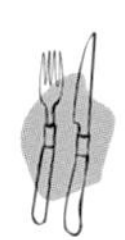

Charcuteries – *Carpaccio* – Rôti de porc – Fricassée de lapin – Volailles grillées (poulet à la diable) – Riz aux truffes blanches – Fromages peu relevés

Banfi (Argusto) – Villa Sparina

DOLCETTO D'ALBA

Le Dolcetto d'Alba est sans contredit le vin le plus produit et le plus répandu des sept appellations issues du même cépage. Cela tombe bien puisque c'est particulièrement dans cette région qu'on trouve quelques-uns des meilleurs producteurs et des meilleurs terroirs. Et puisque le Dolcetto élaboré dans de bonnes conditions – goûtez le Coste e Fossati d'Aldo Vajra – donne généralement d'excellents résultats, il est facile d'en tirer certaines conclusions.

Année du décret: 1988 (1974)
Superficie: 1 450 ha (1800)
Encépagement: *Dolcetto*
Rendement: 58,5 hl/ha
Production: 64 500 hl
Durée de conservation: 1 à 3 ans
Température de service: 16 °C

Vin rouge uniquement
Belle robe riche et intense – Aromatique (très fruité) – Tanins un peu rugueux parfois, malgré une certaine souplesse – Fruité et très agréable

Avec un degré d'alcool minimum de 12,5 % et un an de vieillissement minimum, ce vin a droit à la mention ***Superiore.***

Viandes rouges sautées et grillées – Rôti de veau – *Osso buco* – Fromages moyennement relevés – Volailles rôties

Voir Barolo

DOLCETTO D'ASTI

Les producteurs de la région d'Asti élaborent du Spumante et d'autres vins rouges, notamment ceux à base de Barbera. Celui-ci fait partie des plus légers et des moins passionnants.

Année du décret: 1974
Superficie: 150 ha (200)
Encépagement: *Dolcetto*
Rendement: 52 hl/ha
Production: 6950 hl
Durée de conservation: 1 à 3 ans
Température de service: 16 °C

Vin rouge uniquement
Robe rubis clair – Arômes de fruits rouges – Souple, léger et fruité, avec parfois une fin de bouche légèrement amère

*Avec un degré d'alcool minimum de 12,5 % et un an de vieillissement minimum, ce vin a droit à la mention **Superiore.***

Voir Dolcetto d'Acqui

Voir Barbera d'Asti

DOLCETTO DELLE LANGHE MONREGALESI

Située entre Dogliani et Mondovi, dans l'extrême sud du Piémont, cette appellation semble plutôt en voie de disparition. Les rares vins produits dans cette zone viticole sont consommés sur place.

Année du décret: 1974
Superficie: 30 ha (42)
Encépagement: *Dolcetto*
Rendement: 45 hl/ha
Production: 970 hl
Durée de conservation: 1 à 3 ans
Température de service: 16 °C

Vin rouge uniquement
Robe rubis clair – Léger, souple et fruité

*Avec un degré d'alcool minimum de 12 % et un an de vieillissement minimum, ce vin a droit à la mention **Superiore.***

Voir Dolcetto d'Acqui

Voir Langhe

DOLCETTO DI DIANO D'ALBA OU DIANO D'ALBA

Enclavée dans l'aire de production régionale d'Alba, cette dénomination, comme son nom l'indique, provient de la commune de Diano d'Alba. On en produit relativement peu, mais ses caractéristiques se rapprochent du Dolcetto d'Alba, surtout lorsqu'il est élaboré par une maison reconnue pour d'autres vins tels que les Barolo et Barbaresco.

Année du décret: 1989 (1974)
Superficie: 210 ha (290)
Encépagement: *Dolcetto*
Rendement: 52 hl/ha
Production: 7 800 hl
Durée de conservation: 1 à 3 ans
Température de service: 16 °C

Vin rouge uniquement
Belle robe intense – Arômes fruités – Tannique et souple à la fois – Très fruité

*Avec un degré d'alcool minimum de 12,5 % et un an de vieillissement minimum, ce vin a droit à la mention **Superiore**.*

Voir Dolcetto d'Alba

Claudio Alario – Bricco Maiolica – Ceretto – Fontanafredda – Cantina Produttori Dianesi

DOLCETTO DI DOGLIANI

Voici un autre Dolcetto, situé celui-ci juste au nord des Langhe Monregalesi. Les producteurs sont fiers de vivre dans la zone d'où serait originaire le Dolcetto. Ce qui n'en fait pas nécessairement le meilleur… ni le pire.

Année du décret: 1974
Superficie: 722 ha (935)
Encépagement: *Dolcetto*
Rendement: 52 hl/ha
Production: 24 400 hl
Durée de conservation: 1 à 3 ans
Température de service: 16 °C

Vin rouge uniquement
Rouge rubis – Aromatique (très fruité) – Plus ou moins souple avec une légère amertume en fin de bouche

*Avec un degré d'alcool minimum de 12,5 % et un an de vieillissement minimum, ce vin a droit à la mention **Superiore**.*

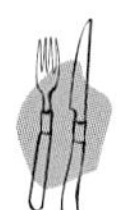

Voir Dolcetto d'Acqui

Anne Maria Abbona – Marziano et Enrico Abbona – Francesco Boschis (Vigna dei Prey) – Antonio del Tufo – Aldo Marenco – Pecchenino
Voir aussi Langhe

DOLCETTO DI OVADA

Tout près d'Acqui, Ovada se situe dans le sud-est du Piémont et semble jouir d'un terroir et d'un climat assez favorables à la culture de la vigne, en particulier du Dolcetto. Celui-ci, dont le nom fait d'ailleurs référence à du raisin doux et sucré, donne ici des vins de qualité comparable à ceux de la région d'Alba.

Année du décret : 1972
Superficie : 722 ha (1 160)
Encépagement : *Dolcetto*
Rendement : 52 hl/ha
Production : 27 000 hl
Durée de conservation : 1 à 3 ans
Température de service : 16 °C

Vin rouge uniquement
Belle robe riche et intense - Aromatique (très fruité) - Tannique et structuré malgré une certaine souplesse - Fruité et très agréable

*Avec un degré d'alcool minimum de 12,5 % et un an de vieillissement minimum, ce vin a droit à la mention **Superiore.***

Voir Dolcetto d'Alba

Abazzia di Valle Chiara - Cascina Scarsi Olivi - Fattoria Valle dell'Eden - La Guardia - Giuseppe Scazzola - Tre Castelli

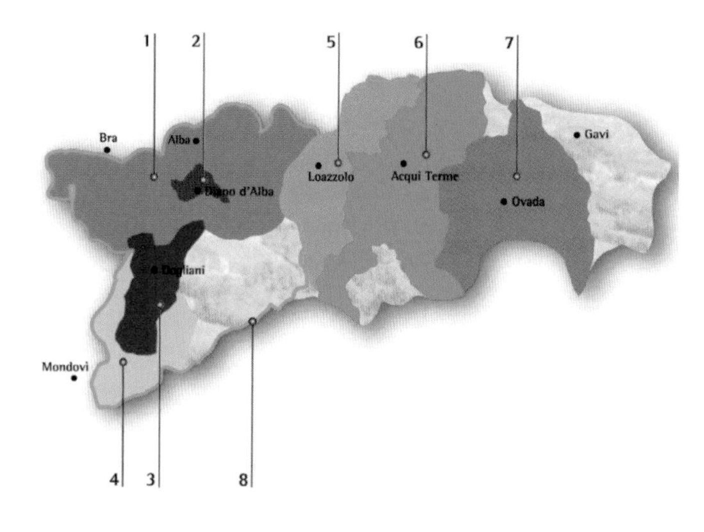

1	Dolcetto d'Alba
2	Dolcetto di Diano d'Alba
3	Dolcetto di Dogliani
4	Dolcetto delle Langhe Monregalesi
5	Dolcetto d'Asti
6	Dolcetto d'Acqui
7	Dolcetto di Ovada
8	Langhe Dolcetto

ERBALUCE DI CALUSO OU CALUSO

Trente-trois communes situées au nord de Torino, dont Caluso, peuvent revendiquer cette appellation peu connue en dehors de sa zone de production. Le cépage piémontais Erbaluce, dont le nom signifie littéralement « herbe et lumière », semble se plaire sur les douces collines du Canavese (voir cette DOC) et fait parler de lui depuis plusieurs siècles. Le Caluso Passito est agréable et surprenant.

Erbaluce di Caluso : Voir Gavi
Caluso Passito : Desserts (tarte au citron – tarte à la napolitaine) – *Bisquit tostoni alla mandorla* (biscuit et glace aux amandes grillées)

Orsolani – Luigi Ferrando (Cariola etichetta nera) – Boratto (Caluso Passito) – Cieck

Année du décret : 1998 (1967)
Superficie : 200 ha
Encépagement : *Erbaluce*
Rendement : 78 hl/ha
Production : 8 000 hl
Durée de conservation : 1 an
Caluso Passito : 10 ans
Température de service : 8-10 °C

Vin blanc uniquement
Erbaluce di Caluso : Jaune paille brillant – Arômes floraux – Sec, léger et un peu acidulé

Le Caluso peut être vinifié en Spumante et certains producteurs le font selon la méthode traditionnelle (prise de mousse en bouteille).

Caluso Passito : Robe dorée – Très aromatique (agrumes, miel, fruits secs et grillés, etc.) – Doux, onctueux et riche

*Ce vin est obtenu après un passerillage des raisins, une très lente fermentation et un vieillissement minimum de quatre ans. Après cinq ans de vieillissement, ce vin a droit à la mention **Riserva.***

FARA

Quelques coteaux bien exposés des collines situées dans le nord du Piémont, entre Novara et Gattinara, se prêtent à la culture de la vigne pour donner une autre appellation, connue et consommée localement. Le résultat est agréable mais sans grand relief.

Année du décret : 1969
Superficie : 20 ha
Encépagement : *Nebbiolo* (Spanna) (principalement) - Vespolina et Bonarda
Rendement : 71,5 hl/ha
Production : 1 300 hl
Durée de conservation : 4 à 6 ans
Température de service : 16-18 °C

Vin rouge uniquement
Robe rouge vif - Arômes floraux (violette) - Généreux et assez tannique - Bon potentiel de vieillissement

Vieillissement obligatoire de trois ans.

Voir Gattinara

Giuseppe Bianchi - Giuseppe Castaldi

FREISA D'ASTI

Voilà un cépage bien particulier qui donne des résultats qui ne sont pas inintéressants. Originaire, semble-t-il, de la région même, la Freisa est à la base de vins curieusement sucrés et acides, aux arômes floraux délicats. Ils sont très appréciés des Italiens. Les personnes peu habituées ont du mal à apprécier ce type de boisson d'ailleurs difficile à servir au cours d'un repas. J'ai pour ma part découvert dernièrement des vins de Freisa fort agréables produits et vinifiés en appellation Langhe par des vignerons renommés pour leur Barolo et leur Barbera d'Alba. Comme quoi le savoir-faire de l'homme joue un rôle primordial dans la production du vin.

Année du décret : 1995 (1972)
Superficie : 270 ha (370)
Encépagement : *Freisa*
Rendement : 52 hl/ha
Production : 11 150 hl
Durée de conservation : 1 à 3 ans
Température de service : 14-16 °C
Spumante : 8 °C

Vin rouge uniquement
Rouge clair - Senteurs de rose, de fraise et de framboise - Acidité élevée et relativement tannique
Se fait en ***Secco,*** *en* ***Amabile,*** *en* ***Frizzante*** *ou en* ***Spumante.***

Avec un degré d'alcool minimum de 11,5 % et un an de vieillissement, ce vin a droit à la mention ***Superiore.***

Giorgio Carnavale - **Contratto**

FREISA DI CHIERI

À une douzaine de kilomètres de la ville industrielle de Torino, Chieri et quelques communes avoisinantes cultivent le curieux cépage Freisa, originaire du Piémont. Comme la Freisa d'Asti et les vins de table élaborés avec la même variété, celle de Chieri est habituellement consommée sur place.

Année du décret: 1974
Superficie: 70 ha (95)
Encépagement: *Freisa*
Rendement: 56 hl/ha
Production: 2 800 hl
Durée de conservation: 1 à 3 ans
Température de service: 14-16 °C
Spumante: 8 °C

Vin rouge uniquement
Voir Freisa d'Asti

Balbiano

GABIANO

La surface de production de cette appellation est si petite que le vin de Gabiano est tout simplement inconnu. Même s'il était, paraît-il, très populaire voici quelques décennies, on se demande pourquoi on tient toujours à produire ce vin, dont l'intérêt est somme toute limité.

Année du décret: 1984
Superficie: 7 ha
Encépagement: *Barbera* (principalement) – Freisa et Grignolino
Rendement: 52 hl/ha
Production: 230 hl
Durée de conservation: 4 à 6 ans
Température de service: 16-18 °C

Vin rouge uniquement
Rouge vif – Peu aromatique – Fruité et moyennement corsé

Avec un degré d'alcool minimum de 12,5 % et deux ans de vieillissement, ce vin a droit à la mention ***Riserva.***

Voir Barbera del Monferrato

Castello di Gabiano

GATTINARA

DOCG

En 1991, lorsqu'on a attribué la DOCG à cette appellation sise dans le nord du Piémont, dans la province de Vercelli, beaucoup se sont interrogés ; on se demandait si la qualité suivrait. On pouvait en effet poser la question : Pourquoi accorder cette reconnaissance à un vin pour lequel tant de travail restait à faire, aussi bien à la vigne qu'à la cave ? Heureusement, certains producteurs ne s'y sont pas trompés. En étant vigilant dans le choix de l'étiquette, on peut trouver un bon vin de Nebbiolo, digne de son rang et de ses origines.

Année du décret : DOC : 1967
DOCG : 1991
Superficie : 95 ha
Encépagement : *Nebbiolo* (Spanna) (principalement) – Bonarda et Vespolina
Rendement : 49 hl/ha
Production : 3 500 hl
Durée de conservation : 8 à 10 ans
Température de service : 18 °C

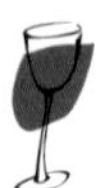

Vin rouge uniquement
Robe grenat intense – Arômes floraux (violette) – Tannique, charnu et vif, avec des épices et des notes de tabac en rétro-olfaction – La fin de bouche est parfois marquée par l'amertume

Trois ans de vieillissement obligatoire, dont un an sous bois. Avec un degré d'alcool minimum de 13 % et quatre ans de vieillissement, dont deux ans maximum en fût, ce vin a droit à la mention ***Riserva.***

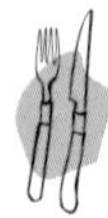

Bollito misto alla piemontaise (bœuf et veau [langue et cervelle] bouillis, servi avec sauce verte à l'ail) – Viandes rouges sautées (entrecôte au poivre) et rôties – Gibier à plume (perdrix au chou) – Fromages à pâte persillée (*gorgonzola*)

Antoniolo – **Luigi Ferrando** – Nervi – **Travaglini**

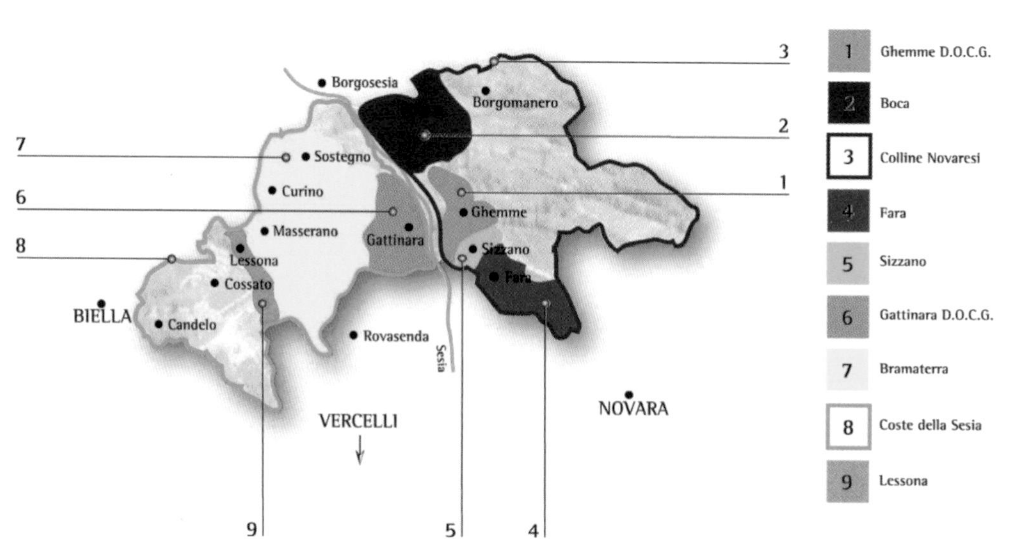

GAVI OU CORTESE DI GAVI

DOCG

Les sols calcaires et argilo-calcaires de cette région du Alto Monferrato se prêtent bien à la culture du cépage Cortese puisqu'il est à l'origine de plusieurs appellations, dont la plus connue est sans hésiter Gavi. Dans une région vouée à la production de vins rouges, le blanc sec de Gavi s'en tire finalement plutôt bien et trouve sa place à table, surtout lorsqu'il est élaboré d'une façon moderne par des producteurs consciencieux. Conséquence? À force d'augmenter les densités de plantation, de baisser (légèrement) les rendements et de récolter les raisins au bon moment, pour garder une acidité en équilibre, on obtient un vin d'une meilleure qualité. En 1998, le Gavi est donc passé tout naturellement de la DOC à la DOCG, et cette fois, c'était plutôt mérité... pour les vins secs. Car la réglementation permet aussi d'élaborer des Spumanti. Mais attention aux prix, en hausse constante.

Année du décret: DOC: 1974
DOCG: 1998
Superficie: 995 ha (1 020)
Encépagement: *Cortese*
Rendement: 62 hl/ha
Production: 61 500 hl
Durée de conservation: 1 à 2 ans
Température de service: 8-10 °C

Vin blanc uniquement
Couleur pâle avec des reflets jaune paille – Nez un peu végétal avec une touche d'agrumes (pointe de citron) – Sec et frais, avec des notes de fruits secs en rétro-olfaction – Peut se faire (hélas!) en **Frizzante** et en **Spumante**

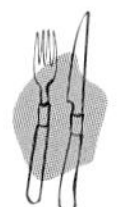

Fruits de mer – Poissons grillés et meunière (truite aux herbes) – *Tajarin al tartufo* (nouilles aux œufs avec beurre, parmesan et truffes blanches) – Fromages de chèvre secs

Christina Ascheri – **Banfi** (Principessa Gavia) – Batasiolo – **Bava** – Broglio – Ca' Bianca – Michele Chiarlo – **Contratto** (Arnelle) – **La Scolca** – **Pio Cesare** – Tenuta San Pietro – Villa Sparina

GHEMME

DOCG

Peut-être moins connu que son voisin le Gattinara, le Ghemme peut se vanter d'une certaine régularité dans la qualité. Le cépage principal, le Nebbiolo, joue ici aussi un rôle important. Il est d'ailleurs intéressant de savoir que sa culture remonte à très loin dans l'histoire. On a trouvé des écrits de Pline (auteur latin mort en 79) qui critiquait les vignerons de l'époque qui faisaient pousser la vigne « en hautain », c'est-à-dire directement sur les arbres, ce qui assurait une production énorme au détriment de la qualité. Beaucoup plus tard, les moines se chargèrent de faire respecter des règles plus « catholiques ». Comme quoi le problème des rendements ne date pas d'hier ! Ghemme a obtenu la DOCG en 1997, un an avant Gavi.

Année du décret : DOC : 1969
DOCG : 1997
Superficie : 41 ha (48)
Encépagement : *Nebbiolo* (Spanna) (75 % minimum) – Vespolina et Bonarda (25 % maximum)
Rendement : 52 hl/ha
Production : 1 400 hl
Durée de conservation : 8 à 10 ans
Température de service : 18 °C

Vin rouge uniquement
Grenat intense – Aromatique (violette et épices) – Charpenté, tannique et charnu – Bon support acide et arrière-goût légèrement amer

Trois ans de vieillissement obligatoire, dont 20 mois en fût. Avec un degré d'alcool minimum de 13 % et quatre ans de vieillissement, dont deux ans maximum en fût de chêne, ce vin a droit à la mention ***Riserva.***

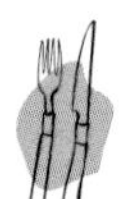

Voir Gattinara

Antichi Vigneti di Cantalupo – Giuseppe Bianchi

Très vieille étiquette de Ghemme.

GRIGNOLINO D'ASTI

À l'origine de vins clairets au XVIe siècle, le Grignolino donne des vins aussi sympathiques que le nom du cépage dont ils sont issus. À table, où il est largement consommé, on ne lui demande pas beaucoup plus que ce qu'il peut faire, c'est-à-dire désaltérer et assouplir la cuisine rustique parfois trop riche que l'on vous propose au détour d'un village piémontais.

Année du décret: 1973
Superficie: 385 ha (450)
Encépagement: *Grignolino* (principalement) – Freisa
Rendement: 52 hl/ha
Production: 17 100 hl
Durée de conservation: 1 à 3 ans
Température de service: 14-16 °C

Vin rouge uniquement
Couleur rubis clair – Arômes discrets de fruits rouges – Léger et peu tannique – Finale en bouche quelque peu amère

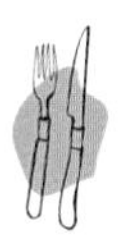

Viandes rouges grillées – Fromages peu relevés – Cuisine campagnarde assez riche

Voir Barbera d'Asti

GRIGNOLINO DEL MONFERRATO CASALESE

Située juste au nord de celle d'Asti, la zone du Monferrato, sur la rive droite du Pô, donne un vin équivalent au Grignolino d'Asti. À l'instar de son célèbre voisin, celui-ci était, paraît-il, apprécié au Moyen Âge.

Année du décret: 1974
Superficie: 275 ha (460)
Encépagement: *Grignolino* (principalement) – Freisa
Rendement: 49 hl/ha
Production: 9 400 hl
Durée de conservation: 1 à 3 ans
Température de service: 14-16 °C

Vin rouge uniquement
Ressemble au Grignolino d'Asti (voir appellation précédente)

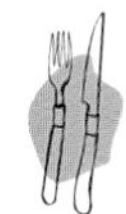

Voir Grignolino d'Asti

Accornero (Bricco del Bosco) – **Bricco Mondalino** – Castello di Gabiano – **Pio Cesare**
Voir aussi Monferrato

LANGHE

*Lors de la publication de mon premier livre sur les vins d'Italie, je sentais bien que la dénomination Langhe ne resterait pas longtemps dans l'anonymat. Deux ans plus tard, cette vaste zone viticole recevait le droit à l'appellation contrôlée. Je crois que les Langhe dont parle Angelo Gaja au début de ce chapitre fascinent tout autant le visiteur d'un jour que les personnes qui y vivent depuis des décennies. Patrie du Barolo et du Barbaresco, cette belle région de collines autour d'Alba est un véritable conservatoire de parfums et de saveurs. Les petits bourgs médiévaux nichés sur les crêtes des coteaux (*bricco*) et reliés les uns aux autres par des routes sinueuses jouent avec le soleil (*sorì *ou* soli*) et la brume (*nebbia*).*

Si Gaja utilise aujourd'hui cette DOC pour mettre en valeur ses crus de Barbaresco, c'est certainement pour plusieurs raisons: diminuer l'importance des crus au profit de l'appellation communale qu'il a tant défendue et se servir d'une DOC moins connue – Langhe – qui lui laisse plus de latitude (six cépages peuvent être vinifiés et présentés séparément). C'est aussi sans doute parce qu'il a toujours aimé mettre en avant la spécificité de l'environnement des Langhe, terroir auquel il est très attaché. Quoi qu'il en soit, Langhe, Barolo ou Barbaresco, des types comme Gaja ne feront pas de compromis. Les densités de plantation ont augmenté et un désherbage rationnel est pratiqué. Tailles, ébourgeonnage et vendange en vert sont aussi l'objet de soins attentifs. Arrivés à la cave dans un état sanitaire impeccable, les raisins sont vinifiés dans des conditions idéales: matériel vinaire irréprochable, fermentations à basse température avec levures autochtones, élevage et utilisation intelligente (mesurée, rationnelle et nuancée) du bois neuf, pour les blancs comme pour les rouges. Le résultat est dans le verre... mais aussi dans le prix, de plus en plus élevé.

*Un séjour dans ce lieu magique s'impose, pour le vin, bien sûr, pour les paysages, mais aussi pour sa gastronomie et ses habitants, légitimement fiers de leur patrimoine. En ce qui concerne l'hébergement, ce ne sont pas les bonnes adresses qui manquent (94 villes et villages font partie de l'appellation), mais à l'attention de ceux qui cherchent des endroits calmes, simples, accueillants et à prix abordables, je suggère la catégorie *agriturismo*. Certains gîtes sont charmants, comme la Ca' San Ponzio, à Frazione Vergne (sur la commune de Barolo).*

Année du décret: 1994
Superficie: 1 075 ha
Encépagement: B/R: À partir d'un ou de plusieurs cépages (blanc ou rouge selon le cas) autorisés dans la province de Cuneo

Les autres vins sont élaborés avec 100 % du cépage indiqué sur l'étiquette.

Rendement : 65 hl/ha
B/Arneis : 71,5 hl/ha
Freisa/Nebbiolo : 58,5 hl/ha
Production : 58400 hl
Durée de conservation : B : 1 à 4 ans
R : 3 à 5 ans et plus
Température de service : B : 8-10 °C
R : 16-18 °C

Bianco/Rosso : Plusieurs types de vins, dépendant des cépages utilisés
Arneis : Voir Roero Arneis
Chardonnay : Le Rossj-Bass (de Gaja) est un bel exemple de vin riche et opulent, mais dont la matière n'empêche pas la finesse et l'équilibre
Favorita : Vin blanc sec de couleur paille obtenu avec le cépage homonyme (et méconnu)
Nebbiolo : Voir les appellations Barolo, Barbaresco et Nebbiolo d'Alba
Dolcetto : Voir Dolcetto de la région d'Alba
Freisa : Voir Freisa d'Asti

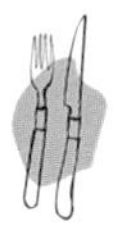

Voir les appellations mentionnées plus haut

Anna Maria Abbona – Marziano et Enrico Abbona – Fratelli Alessandria – **Elio Altare** – Batasiolo – **Braida di Giacomo Bologna** (Il Fiore) – **Giacomo Borgogno & Figli** – Bricco Maiolica – Ca' Viola – **Ceretto** – **Domenico Clerico** (Arte) – **Aldo Conterno** (Bussiador) – **Angelo Gaja** (Sori Tildin, Sori San Lorenzo, Rossj-Bass, Sito Moresco, Sitorey) – Gagliardo – Moccagatta – Negro – **Pio Cesare** (Piodilei) – **Poderi Colla** (Bricco del Drago, Campo Romano) – **G.D. Vajra** (Kyè) – Villa Lanata – Gianni Voerzio

Voir aussi Barolo et Barbaresco

LESSONA

Vin confidentiel par excellence, le Lessona, dont l'appellation est située tout près de celles de Bramaterra et de Gattinara, brille autant par sa qualité que par sa rareté. Rien n'a vraiment changé sous le soleil de Lessona, et les Sella, vignerons de l'endroit depuis 1600, continuent de le produire avec passion et bonheur. Paolo de Marchi, grand propriétaire dans le Chianti, mais originaire du Piémont, vient de reprendre les rênes de la vigne familiale.

Année du décret : 1977
Superficie : 7 ha
Encépagement : *Nebbiolo* (Spanna) (principalement) – Vespolina et Bonarda
Rendement : 52 hl/ha
Production : 215 hl
Durée de conservation : 4 à 6 ans
Température de service : 16-18 °C

Vin rouge uniquement
Robe intense et brillante – Arômes de framboise et de violette – Souple et peu tannique – Bonne longueur en bouche

Vieillissement obligatoire de deux ans, dont un en fût.

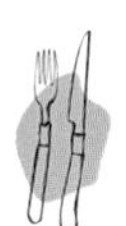

Voir Gattinara

Sella

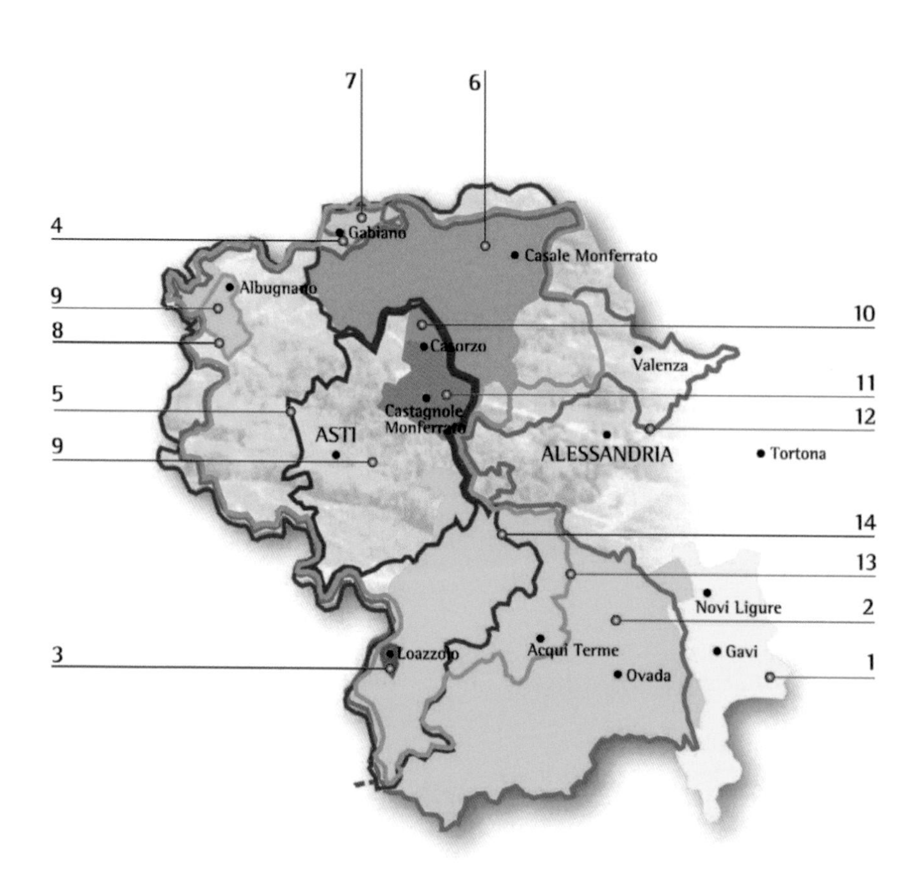
7
6
4
9
8
5
9
3
10
11
12
14
13
2
1
Gabiano
Casale Monferrato
Valenza
Castagnole
ASTI
ALESSANDRIA
Tortona
Novi Ligure
Acqui Terme
Gavi
Ovada

1 Gavi o Cortese di Gavi D.O.C.G.
2 Cortese dell'Alto Monferrato
3 Loazzolo
4 Gabiano
5 Grignolino d'Asti
6 Grignolino del Monferrato Casalese
7 Rubino di Cantavenna
8 Albugnano
9 Malvasia di Castelnuovo Don Bosco
10 Malvasia di Casorzo o Casorzo
11 Ruchè di Castagnole Monferrato
12 Barbera del Monferrato
13 Barbera d'Asti
14 Freisa d'Asti

LOAZZOLO

Entre Alba et Acqui Terme, la commune de Loazzolo dans la province d'Asti, donne au Piémont sa plus petite appellation. Le cépage très aromatique Moscato signe ici, à partir de petits rendements, des cuvées d'exception offrant de belles surprises à la dégustation.

Année du décret : 1992
Encépagement : *Moscato bianco*
Superficie : 2 ha
Rendement : 32,5 hl/ha
Production : 45 hl
Durée de conservation : 1 à 2 ans
Température de service : 8 °C

Vin blanc uniquement
Jaune doré brillant – Arômes typiques du Moscato avec des fragrances vanillées et musquées – Doux et onctueux

Doit vieillir deux ans, dont six mois en petite barrique de chêne, avant la commercialisation. Peut se faire en ***Vendemmia Tardiva*** *(vendanges tardives).*

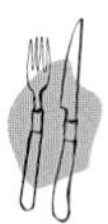

À l'apéritif et pour la méditation...

Giuseppe Piancanelli

MALVASIA DI CASORZO OU CASORZO

Cette Malvasia noire est principalement cultivée dans le nord de la zone de production d'Asti, et plus précisément pour celle-ci, sur les collines de Casorzo. Des techniques de vinification précises et assez élaborées permettent d'obtenir des vins particuliers appréciés localement.

Année du décret : 1997 (1968)
Superficie : 44 ha (52)
Encépagement : *Malvasia nera di Schierano* (90 % minimum) – Freisa, Grignolino et Barbera
Rendement : 71,5 hl/ha
Production : 2 900 hl
Durée de conservation : 1 an
Température de service : 10-12 °C

Couleur rubis très clair – Assez aromatique – Doux et très fruité

Ce vin est aussi élaboré en ***Rosato,*** *en* ***Spumante*** *et en* ***Passito.***

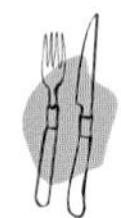

Avec certains desserts (gâteaux secs – tartes aux fruits rouges)

Accornero – Bricco Mondalino – Cantina cooperativa di Casorzo

MALVASIA DI CASTELNUOVO DON BOSCO

Comme la Malvasia di Casorzo, celle-ci, qui provient de la limite nord-ouest de la zone d'Asti, est généralement appréciée localement.

Année du décret: 1995 (1974)
Superficie: 75 ha (84)
Encépagement: *Malvasia nera di Schierano* (principalement) – Freisa
Rendement: 71,5 hl/ha
Production: 4 200 hl
Durée de conservation: 1 an
Températures de service: 10-12 °C

Vin rouge uniquement
Ressemble à la Malvasia di Casorzo

Voir Malvasia di Casorzo

Bava – Balbiano – Cascina Gilli

MONFERRATO

Dans la foulée des appellations sous-régionales créées au milieu des années quatre-vingt-dix, Monferrato englobe de nombreuses autres dénominations dans les provinces d'Asti et d'Alessandria.

Année du décret: 1994
Superficie: 495 ha
Encépagement: B/R: À partir d'un ou de plusieurs cépages (blanc ou rouge, selon le cas) autorisés

Les autres vins sont élaborés avec 85 % minimum du cépage indiqué sur l'étiquette.

Rendement: Casalese-Cortese: 65 hl/ha
B/R/Chiaretto: 71,5 hl/ha
Freisa/Dolcetto: 58,5 hl/ha
Production: 28 600 hl
Durée de conservation: B: 1 à 3 ans
R: 3 à 5 ans
Température de service: B: 8-10 °C
R: 16 °C

Bianco/Rosso: Plusieurs types de vins, dépendant des cépages utilisés
Casalese-Cortese: Voir Cortese dell'Alto Monferrato
Chiaretto ou Ciaret: Rouge rubis clair ou rosé foncé; très fruité
Dolcetto: Voir Dolcetto d'Asti
Freisa: Voir Freisa d'Asti

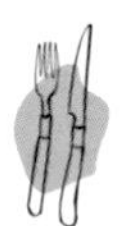

Voir les appellations mentionnées plus haut

Accornero (Centenario) – **Bava** (Alteserre) – Bersano (Pomona) – **Braida di Giacomo Bologna** (Bacialé) – Cantine Sant'Agata – **Cascina La Barbatella** – Michele Chiarlo (Airone) – Dezzani (La Guardia) – **La Spinetta** (Pin) – Marchesi Alfieri – Renato Ratti (Villa Pattono) – Villa Sparina

NEBBIOLO D'ALBA

Plus d'une vingtaine de communes autour d'Alba, dont cette dernière, pour une petite partie, peuvent revendiquer cette appellation qui, avec Barolo et Barbaresco, complète cette trilogie associée exclusivement au célèbre Nebbiolo. Moins structuré et plus simple que ses illustres pairs, le Nebbiolo d'Alba n'en demeure pas moins un vin plus accessible et relativement facile à marier à table. Dommage que la DOC lui permette cette excentricité qu'aucun amendement n'a pu faire disparaître et qui consiste à élaborer des vins doux ou mousseux. Pas très reluisant pour ce fameux cépage. Mais bon, en plus du vin qui attire les touristes, on profitera d'un passage dans la région d'Alba pour visiter cette petite ville courtisée par les gourmands pour ses truffes blanches (la foire d'automne est à ne pas manquer). De nombreux restaurants proposent une cuisine savoureuse et certains petits villages en font tout autant, comme Monforte d'Alba, La Morra ou Priocca d'Alba.

Année du décret: 1985 (1970)
Superficie: 360 ha (480)
Encépagement: *Nebbiolo*
Rendement: 58,5 hl/ha
Production: 19 150 hl
Durée de conservation: 3 à 5 ans
Température de service: 16-18 °C
Doux: 14-16 °C
Spumante: 10 °C

Vin rouge uniquement
Robe rubis plus ou moins intense – Arômes fruités et floraux (toujours la violette...) – Tannique et assez corsé, avec beaucoup de fruit en bouche – Acidité en équilibre et longueur moyenne

Vieillissement obligatoire d'un an.

La réglementation permet hélas! l'élaboration de vins doux (avec sucres résiduels) et ***Spumante.***

Insalata di carne cruda (bœuf mariné servi avec salade, champignons et truffes blanches) – *Carpaccio* – Viandes rouges grillées, rôties ou sautées – *Osso buco* – Spaghetti avec sauce à la viande – Fromages moyennement relevés

Marziano et Enrico Abbona – **Claudio Alario** – Christina Ascheri – Bricco Maiolica – Ca' Bianca – Cascina Val del Prete – **Ceretto** (Lantasco) – Matteo Correggia – Fontanafredda – **Bruno Giacosa** – La Granera – Marchesi di Barolo – **Pio Cesare** – **Poderi Colla** – **Prunotto** (Occhetti – appartient au toscan Antinori) – Renato Ratti – Scarpa

Armoiries en pierre d'une des bonnes maisons de la région d'Alba.

PIEMONTE

Après la DOCG Asti, cette dénomination à tiroirs est la plus grande du nord de l'Italie (elle compte 13 % de la production de toutes les appellations contrôlées du Piémont). Couvrant une vaste partie des terroirs viticoles des provinces d'Asti, d'Alessandria et de Cuneo, la DOC Piemonte permet aux vignerons de jouer avec beaucoup de latitude le jeu des cépages utilisés seuls ou en assemblages. Mais attention, pour s'y retrouver, il faut une patience à toute épreuve.

Année du décret: 1994
Superficie: 4200 ha
Encépagement: Spumante: Chardonnay et/ou Pinot bianco et/ou Pinot grigio et/ou Pinot nero
Moscato et Moscato Passito: *Moscato bianco* (100 %)

Les autres vins sont élaborés avec 85 % minimum du cépage indiqué sur l'étiquette.

Rendement: 71,5 hl/ha
Brachetto/Grignolino: 58,5 hl/ha
Moscato Passito: 39 hl/ha
Production: 234600 hl
Durée de conservation: B: 1 à 3 ans
R: 2 à 4 ans
Température de service: B: 8-10 °C
R: 16-18 °C

Moscato: Voir Moscato d'Asti – Le Passito est plus doux et généreux
Chardonnay: Vin blanc sec et souple – Se fait aussi en **Spumante**
Cortese: Voir Cortese dell Alto Monferrato
Spumante: Vin blanc mousseux issu d'un assemblage

Pinot bianco/Pinot grigio/Pinot nero: Vins blancs mousseux (Spumante) obtenus avec le cépage indiqué sur l'étiquette (en grande majorité)

Barbera: Voir les DOC à base de Barbera
Bonarda: Vin rouge fruité et peu tannique
Grignolino: Voir les DOC à base de Grignolino
Brachetto: Voir Brachetto d'Acqui

Voir les appellations mentionnées plus haut

Beaucoup de producteurs se retrouvent dans les diverses appellations. Les vins blancs de Chardonnay de Bava (Thou Bianc) et Pio Cesare (L'Altro) sont à signaler.

PINEROLESE

Pinerolo, au sud-ouest de Torino, donne son nom à cette DOC dont les vins sont essentiellement consommés sur place. Les amateurs d'ampélographie (connaissance scientifique des cépages) remarqueront cette curieuse variété répondant au nom de Doux d'Henry. Appelée aussi Dono d'Enrico ou Gros d'Henry, elle serait originaire de Pinerolo et fait partie de ces cépages méconnus que les nouvelles dispositions de la loi remettent au goût du jour.

Année du décret: 1996
Superficie: 63 ha (77)
Encépagement: R/Rs: Nebbiolo, Barbera, Bonarda et Neretto (50 % minimum) – Autres cépages autorisés
Ramìe: Avana (30 %) – Neretto (20 % minimum) – Avarengo (15 % minimum) – Autres cépages autorisés

Les autres vins sont élaborés avec 85 % minimum du cépage indiqué sur l'étiquette.

Rendement: R/Rs: 58,5 hl/ha
Barbera/Bonarda/Dolcetto/Freisa: 52 hl/ha
Doux d'Henry/Ramìe: 45,5 hl/ha
Production: 2 800 hl
Durée de conservation: Rs: 1 à 2 ans
R: 1 à 3 ans
Température de service: Rs: 8-10 °C
R: 16 °C

Rosso: Plusieurs types de vins, dépendant des cépages utilisés
Rosato: Vin rosé sec et fruité
Dolcetto: Voir les DOC à base de Dolcetto
Freisa: Voir les DOC à base de Freisa
Barbera: Voir les DOC à base de Barbera
Bonarda: Vin rouge fruité et peu tannique
Doux d'Henry: Vin rouge très léger et manquant de couleur
Ramìe: Vin rouge particulier issu de raisins peu connus et récoltés sur deux villages en particulier

Voir les appellations mentionnées plus haut

N.C.

Très vieille étiquette de Dolcetto d'Acqui, bien avant l'accession de ce vin à la DOC.

ROERO

C'est au nord de la ville d'Alba que se trouve cette appellation, dont le nom serait celui de la famille qui a régné en maître durant des siècles sur ces collines qui se prêtent si bien à la culture de la vigne. Si le Nebbiolo est le cépage utilisé pour le vin rouge, l'Arneis est à l'origine d'une production de vins blancs secs de qualité.

Année du décret: 1989 (1985)
Superficie: 515 ha (645)
Encépagement: R: *Nebbiolo* (95-98 %)
B: *Arneis* (100 %)
Rendement: R: 52 hl/ha
Arneis: 65 hl/ha
Production: 30 700 hl
Durée de conservation: R: 3 à 5 ans
Arneis: 1 à 2 ans
Température de service: R: 16-18 °C
B: 8-10 °C

Rosso: Couleur plus ou moins intense – Aromatique – Moyennement corsé – Agréable malgré une certaine acidité

Avec un degré d'alcool minimum de 12 %, ce vin a droit à la mention ***Superiore.***

Arneis: Jaune paille plus ou moins foncé – Arômes légèrement herbacés – Sec, fruité en bouche (notes de poire) et d'une bonne vivacité

Se produit aussi en ***Spumante.***

Rosso: Voir Nebbiolo d'Alba
Arneis: Asperges blanches – Coquillages et crustacés – Poissons grillés et meunière – *Tajarin al tartufo* (nouilles aux œufs avec beurre, parmesan et truffes blanches) – Fromages de chèvre secs

Voir Nebbiolo d'Alba et Langhe

RUBINO DI CANTAVENNA

Peu d'hectares pour cette appellation méconnue qui se trouve dans le nord du Monferrato et dont la production, qui n'est pas exportée, fait le régal des gens de la région, des amateurs de vins légers, fruités et rubis (comme son nom l'indique).

Année du décret: 1970
Superficie: 8 ha (10)
Encépagement: *Barbera* (principalement) – Freisa et Grignolino
Rendement: 65 hl/ha
Production: 240 hl
Durée de conservation: 2 à 3 ans
Température de service: 16 °C

Vin rouge uniquement
Robe rubis – Peu aromatique – Léger, fruité, frais et gouleyant

Voir Gabiano et Monferrato

RUCHÈ DI CASTAGNOLE MONFERRATO

Considéré autrefois par les producteurs de la région du Monferrato comme un vin de consommation courante et familiale, celui-ci n'était même pas embouteillé. Les origines de ce curieux cépage appelé Ruchè ou Rouchet sont plutôt nébuleuses et on ne le trouve, à ma connaissance, que dans ce coin du Piémont, au nord-est de la ville d'Asti.

Année du décret: 1988
Superficie: 25 ha (29)
Encépagement: *Ruchè* (Rouche ou Rouchet) (principalement) – Barbera et Brachetto
Rendement: 58,5 hl/ha
Production: 1 500 hl
Durée de conservation: 2 à 3 ans
Température de service: 16 °C

Vin rouge uniquement
Couleur claire avec des reflets violets – Arômes fruités – Moyennement tannique et charpenté

Voir Monferrato

SIZZANO

Coincée entre les zones viticoles de Fara, au sud, et de Ghemme, au nord, la commune de Sizzano donne son nom à cette petite appellation qui ravit depuis longtemps les amateurs de ce vin élaboré principalement avec le Nebbiolo. À en croire le comte de Cavour qui, vers la moitié du XIXe siècle, en vantait les mérites, le vin de Sizzano avait déjà du bouquet et de la finesse.

Année du décret: 1969
Superficie: 10 ha (13)
Encépagement: *Nebbiolo* (Spanna) – Vespolina et Bonarda
Rendement: 65 hl/ha
Production: 550 hl
Durée de conservation: 5 à 6 ans
Température de service: 16-18 °C

Vin rouge uniquement
Rouge vif – Arômes floraux de violette – Assez tannique et généreux, avec un bon potentiel de conservation

Vieillissement obligatoire de trois ans.

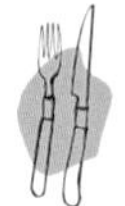

Voir Gattinara

Giuseppe Bianchi

VALSUSA

C'est dans la magnifique vallée de Susa, à l'ouest de Torino et à quelques kilomètres de la frontière française, que niche au pied des montagnes cette fort discrète appellation. Pour déguster ce vin rouge, il faudra s'arrêter au village lors de vos prochaines randonnées alpestres.

Année du décret : 1997
Superficie : 7 ha (9)
Encépagement : Avana, Barbera, Bonarda, Dolcetto et Neretta cuneese (60 % minimum) – Autres cépages autorisés
Rendement : 58,5 hl/ha
Production : 160 hl
Durée de conservation : 1 à 3 ans
Température de service : 16 °C

Vin rouge uniquement
Robe rubis plus ou moins intense – Légèrement acidulé et moyennement tannique

N.C.

VERDUNO PELAVERGA OU VERDUNO

La zone de production de cette appellation méconnue est située dans le village de Verduno et dans une partie des communes de La Morra et de Roddi. Pour avoir la chance d'en goûter, il faudra sillonner cette belle région des Langhe, et peut-être qu'en flânant du côté de Verduno, à 10 minutes de voiture d'Alba, vous remarquerez la pancarte du producteur Fratelli Alessandria ; il fait aussi du Barolo…

Année du décret : 1995
Superficie : 9 ha
Encépagement : *Pelaverga piccolo* (85 % minimum)
Rendement : 58,5 hl/ha
Production : 475 hl
Durée de conservation : 1 à 2 ans
Température de service : 16 °C

Vin rouge uniquement
Vin d'un rouge cerise issu d'un cépage peu connu et en régression. Voir Collina Torinese

Fratelli Alessandria

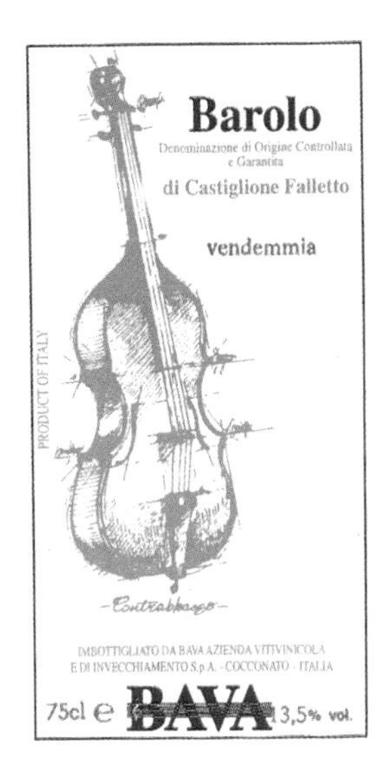

GAIA & REY®

Nebbiolo d'Alba

PODERI COLLA®

Il Bricco
PRODUCED AND BOTTLED IN ITALY BY PIO CESARE - ALBA - ITALIA - R.I. 39 CN
PIO CESARE
NET CONTENTS 750 ML.
Barbaresco
ALCOHOL 13,5 % BY VOLUME
DENOMINAZIONE DI ORIGINE CONTROLLATA E GARANTITA
RED WINE

produit d'italie - product of italy
vin rouge sec - dry red wine
BARBARESCO
DENOMINAZIONE DI ORIGINE CONTROLLATA E GARANTITA
MIS EN BOUTEILLE PAR BOTTLED BY
Renato Ratti
750 ml.
ANNUNZIATA - LA MORRA - ITALIE - ITALY
13% alc./vol.

VINO DA TAVOLA
Bricco dell'Uccellone
Barbera di Rocchetta Tanaro
Imbottigliato da "Braida"
di Giacomo Bologna s.r.l.
Rocchetta Tanaro (ITALIA)
R.I. 501/AT
13,5% Vol.
0,75 lt e
NON DISPERDERE IL VETRO NELL'AMBIENTE

Roero Arneis
PRODOTTO IN ITALIA
75 cl e
12% vol

Campo Quadro
BARBARESCO
DENOMINAZIONE DI ORIGINE CONTROLLATA E GARANTITA
MARINA MARCARINO - Neive - Italia
PARTITA DI N° 4000 BOTTIGLIE
BOTTIGLIA N° 003051
750 ml e
PRODOTTO IN ITALIA
13.5% vol.
NON DISPERDERE IL VETRO NELL' AMBIENTE

VENDAGE
G.D.VAJRA
BAROLO - ITALIA
coste & fossati
DOLCETTO D'ALBA
DENOMINAZIONE D'ORIGINE CONTROLLATA
IMBOTTIGLIATO NELL'AZIENDA AGRICOLA
G.D. VAJRA - BAROLO - ITALIA
PRODUCT OF ITALY
PRODUIT D'ITALIE
13,5% alc./vol.
VIN ROUGE - RED WINE
Embouteillé à la propriété
750 ml

BARBARESCO
DENOMINAZIONE DI ORIGINE CONTROLLATA E GARANTITA

PRODOTTO E IMBOTTIGLIATO DALL'AZ. AGR.
MARZIANO E ENRICO ABBONA
DOGLIANI - (CN - ITALY)

PRODOTTO CON NEBBIOLI
DI BARBARESCO

vin rouge produit d'Italie red wine product of Italy

produit et mis en bouteille par:
produced and bottled by:
Az. Ag. Marziano E Enrico Abbona
Barbaresco - Italia
750 ml 14% alc./vol

Barbaresco
DENOMINAZIONE DI ORIGINE CONTROLLATA E GARANTITA

Bricco Asili
Estate bottled
Azienda Agricola Bricco Asili Ceretto
Barbaresco - Italia

SPECIMEN LABEL

750 ML e

PRODUCT OF ITALY - DRY RED WINE - CONTAINS SULFITES

PUGLIA

Les Pouilles

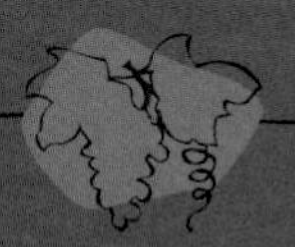

C'est sur une longueur d'environ 400 km que cette partie de l'Italie s'étale du nord au sud, bordée par la mer Adriatique à l'est, la Campanie et la Basilicate à l'ouest, et le Molise au nord.

Habituellement désignée par l'expression le « talon de l'Italie », cette région produit plus de vins que toute autre. Il faut souligner cependant que la quantité a souvent été – et c'est encore le cas, hélas ! – au cœur des préoccupations, et cela au détriment d'une qualité rarement atteinte. Mais les choses commencent à bouger avec l'arrivée de producteurs renommés qui ont fait leurs preuves ailleurs. Le cas Antinori en est sans doute le meilleur exemple.

Comme en Bretagne, on trouve dans les Pouilles des dolmens et des menhirs fièrement dressés, témoins d'une civilisation ancienne. Tournée vers l'Orient et plongée dans la mer, cette région a vu pénétrer de nombreuses populations, mais ce sont les Grecs qui ont laissé le plus de traces. Ainsi, Tarento, dans la province du même nom, était une ville portuaire des plus florissantes de la Grèce antique.

Sous l'influence romaine, Brindisi devint un centre névralgique pour les activités maritimes, mais après la chute de l'Empire et devant les menaces insistantes des Sarrasins et des Turcs, la région périclita quelque peu. Venezia (Venise) prit ensuite le relais comme capitale du commerce maritime, puis les Espagnols et enfin les Bourbons possédèrent les Pouilles avant que celles-ci se rattachent au reste de l'Italie.

Les Pouilles sont composées de cinq provinces qui ont pour noms, du nord au sud, Foggia, Bari, Tarento, Brindisi et Lecce. C'est dans la première que se trouve le Gargano, un des massifs les plus élevés des Pouilles, mais qui reste modeste malgré tout puisqu'il culmine à environ 1 000 m d'altitude.

Le reste de la région est essentiellement constitué de plaines et de reliefs assez doux qui rejoignent la mer et qui se prêtent bien aux industries agricoles et forestières. Les céréales et l'élevage jouent un rôle important mais les oliviers et la vigne ne sont pas en reste ; de fait, ils font toute la réputation de ce coin chaud de l'Italie.

Le climat varie d'un lieu à un autre et les pluies ne sont pas très fréquentes. On réalisa donc de grands travaux pour amener l'eau dans une région où elle a pratiquement disparu. Il y a en effet peu de fleuves et de rivières à l'exception de la zone située dans la province de Foggia.

On a retrouvé de nombreux écrits sur les vins et les procédés de vinification de l'époque romaine, et si l'on se fie à la prose dithyrambique des poètes de l'époque, ce qui s'y buvait était bien meilleur que nombre de vins d'aujourd'hui, lourds, manquant d'acidité, forts en alcool et utilisés le plus souvent pour le coupage.

Heureusement, plusieurs producteurs désireux de mieux faire se démarquent en replantant sur des collines bien exposées, et avec des densités de plantations plus importantes, des cépages qui ont fait leurs preuves en France et dans d'autres régions d'Italie.

Ce qui n'empêche cependant pas de retrouver dans les Pouilles des vins agréables élaborés avec des variétés régionales telles que le Negro amaro pour le rouge et le rosé, et le Verdeca pour les blancs de Locorotondo et de Martina.

La province de Bari m'apparaît comme une des zones viticoles les plus séduisantes avec son Moscato di Trani – idéal à l'apéritif mais que je garde pour ma tarte aux fruits – , son Locorotondo – sur un poisson grillé – , et son Castel del Monte Riserva – avec du gibier.

Et puis ces pittoresques habitations appelées *trulli* ne valent-elles pas à elles seules le détour ? Plantées là sur le plateau des Murges, comme des huttes africaines, ces maisons d'origine très ancienne sont construites avec des rochers calcaires généralement stratifiés, minces et facilement détachables. Ces lamelles servent ainsi de base à une structure qui se termine par une coupole au joli pinacle blanc. L'intérieur très propre est blanchi à la chaux et la seule vue de ces maisons disséminées çà et là en plein cœur du vignoble, isolées ou en groupe, donne au visiteur une impression presque surréaliste.

LES POUILLES EN BREF

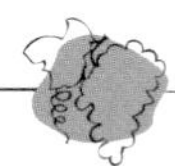

- 106 700 ha de vignes
- 12 450 ha en VQPRD*, dont 7 900 déclarés en l'an 2000
- 25 DOC
- 6 IGT
- Première région en surface et deuxième en production, après la Vénétie
- Les IGT sont de plus en plus recherchées
- Le cépage Primitivo se fait remarquer
- Des producteurs confirmés découvrent le potentiel viticole de cette région

* VQPRD : Vins de qualité produits dans une région déterminée (DOC + DOCG).

On voit ici des trulli, *ces constructions typiques de la région des Pouilles.*

PUGLIA

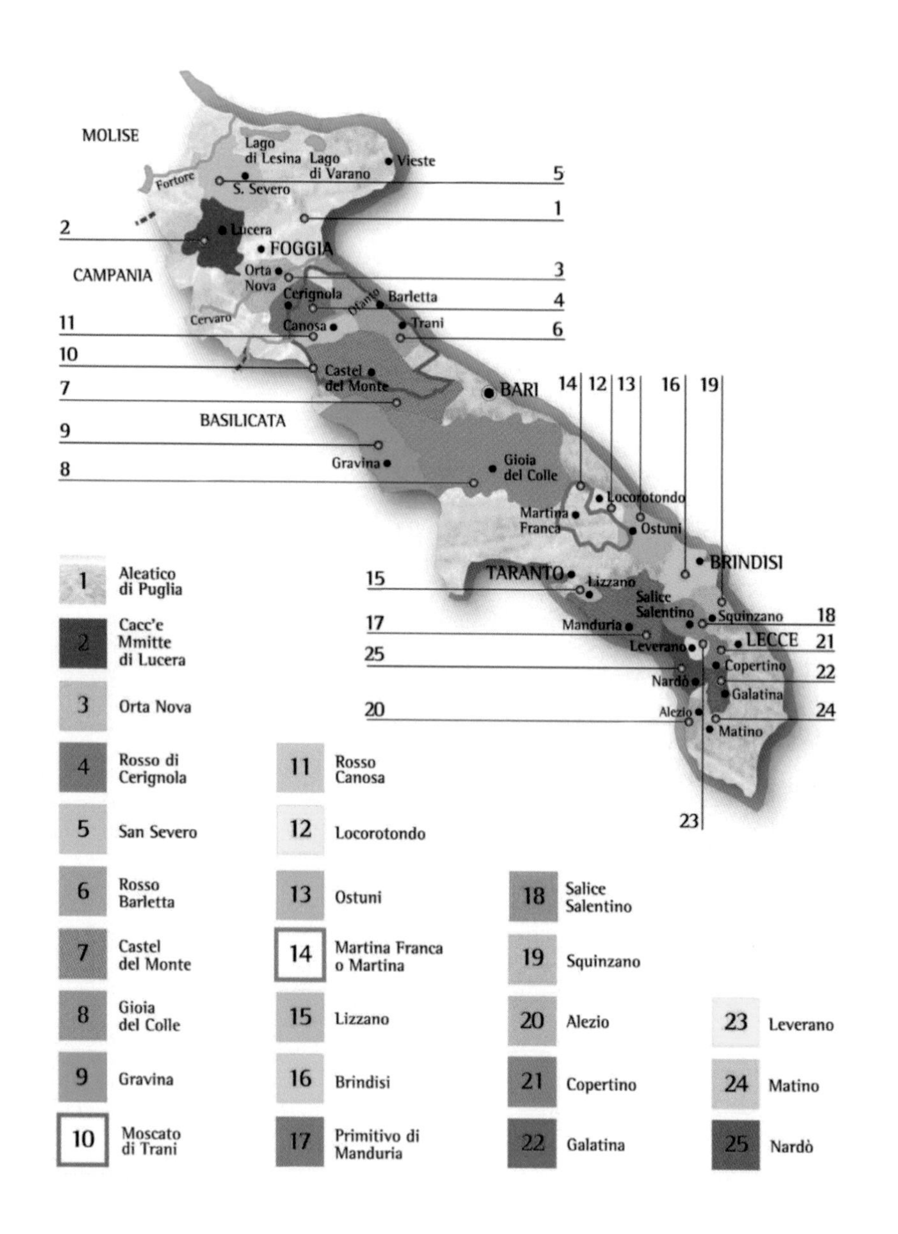

MOLISE
CAMPANIA
BASILICATA
Lago di Lesina
Lago di Varano
Vieste
Fortore
S. Severo
Lucera
FOGGIA
Orta Nova
Cerignola
Ofanto
Barletta
Cervaro
Canosa
Trani
Castel del Monte
BARI
Gravina
Gioia del Colle
Locorotondo
Martina Franca
Ostuni
BRINDISI
TARANTO
Lizzano
Salice Salentino
Squinzano
Manduria
Leverano
LECCE
Copertino
Nardò
Galatina
Alezio
Matino
1 Aleatico di Puglia
2 Cacc'e Mmitte di Lucera
3 Orta Nova
4 Rosso di Cerignola
5 San Severo
6 Rosso Barletta
7 Castel del Monte
8 Gioia del Colle
9 Gravina
10 Moscato di Trani
11 Rosso Canosa
12 Locorotondo
13 Ostuni
14 Martina Franca o Martina
15 Lizzano
16 Brindisi
17 Primitivo di Manduria
18 Salice Salentino
19 Squinzano
20 Alezio
21 Copertino
22 Galatina
23 Leverano
24 Matino
25 Nardò

ALEATICO DI PUGLIA

Même si cette appellation peut être produite partout dans les Pouilles, c'est principalement autour de l'importante ville de Bari que l'on trouve quelques producteurs qui élaborent ce vin tout à fait particulier sur de rares hectares.

Année du décret : 1973
Superficie : 10 ha
Encépagement : *Aleatico* (85 % minimum) – Negro amaro/Primitivo/Malvasia nera
Rendement : 52 hl/ha
Production : 140 hl
Durée de conservation : Dolce naturale : 3 à 5 ans
Liquoroso dolce naturale : 5 à 8 ans
Température de service : 14-16 °C

Vin rouge uniquement
Dolce naturale : Robe grenat violacé intense – Très aromatique (rappelant le Muscat) – Doux et très généreux
Liquoroso dolce naturale : Généralement élaboré avec des raisins séchés après la cueillette et parfois fortifié avec de l'alcool – Le vin est liquoreux et capiteux (18,5 %)

Après un vieillissement de trois ans, ces deux vins ont droit à la mention ***Riserva.***

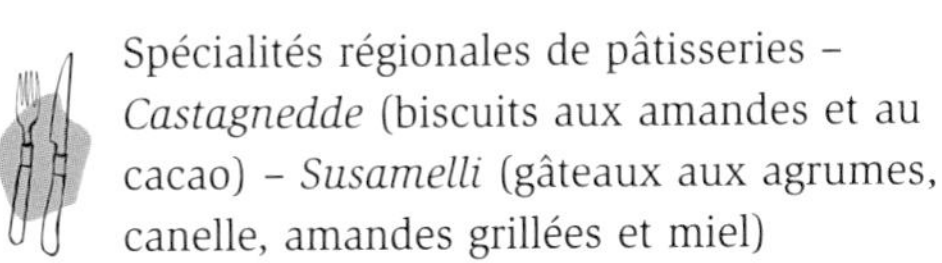

Spécialités régionales de pâtisseries – *Castagnedde* (biscuits aux amandes et au cacao) – *Susamelli* (gâteaux aux agrumes, canelle, amandes grillées et miel)

Felice Botta

ALEZIO

C'est dans la péninsule de Salento, dans la province de Lecce située à l'extrême sud des Pouilles, que se trouve la petite commune d'Alezio, connue pour son site archéologique et son centre touristique. Le cépage traditionnel Negro amaro y est particulièrement intéressant pour le vin rosé.

Année du décret : 1983
Superficie : 25 ha (40)
Encépagement : *Negro amaro* (80-100 %) – Malvasia nera/Sangiovese/Montepulciano
Rendement : R : 91 hl/ha
Production : 950 hl
Durée de conservation : Rs : 1 an
R : 1 à 2 ans
Riserva : 3 à 5 ans
Température de service : Rs : 10 °C
R : 16 °C

Vin rouge principalement
Rosso : Couleur intense – Aromatique – Généreux et assez corsé

Après un vieillissement de deux ans, celui-ci a droit à la mention ***Riserva.***

Un peu de vin rosé sec et fruité est aussi produit.

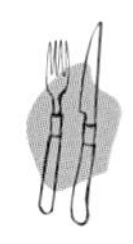

Rosso : Viandes rouges – Gibier à plume – Fromages moyennement relevés (*caciocavallo, pecorino*)
Rosato : Charcuteries et viandes blanches grillées

Niccolò Coppola – Michele Calò & Figli

BRINDISI

Que d'histoire autour de cette ville importante si proche de la Grèce! Les fondateurs, venus de Crète plusieurs siècles avant J.-C., en avaient fait un centre viticole d'importance. Plus tard, dans la Rome Antique, les vins de Brindisi (ville considérée à cette époque comme une des portes de l'Orient) ont été décrits et vantés par des écrivains tels que Horace et Pline l'Ancien. Aujourd'hui, le port est connu des voyageurs qui y transitent et ses chantiers navals participent à l'économie régionale.

Année du décret: 1980
Superficie: 400 ha (1 350)
Encépagement: *Negro amaro* (70-100 %) – Malvasia nera/Sussumaniello/ Montepulciano/Sangiovese
Rendement: 97,5 hl/ha
Production: 1 490 hl
Durée de conservation: R: 3 à 5 ans
RS: 1 an
Température de service: R: 16-18 °C
Rs: 10 °C

Rosso: Robe sombre – Aromatique (notes de réglisse) – Riche et généreux – Tanins présents et fin de bouche légèrement amère (*amaro* signifie amer) – Meilleur après quelques années

Après deux ans de vieillissement en cave, il a droit à la mention ***Riserva.***

Rosato: Sec, léger et fruité

Voir Alezio

Agricole Vallone – Cantine due Palme – **Cosimo Taurino**

CACC'È MMITTE DI LUCERA

Voilà un nom bien compliqué pour un vin tout simple. Lucera est située au nord des Pouilles et donne son nom à cette appellation dont le dialecte ferait référence à un ajout de raisins dans le moût en fermentation. Les amateurs d'histoire visiteront Lucera, son château construit au XIIIe siècle par les Angevins, son amphithéâtre et sa cathédrale.

Année du décret: 1976
Superficie: 46 ha (60)
Encépagement: Uva di Troia (35-60 %) – Montepulciano/Sangiovese/Malvasia nera – Trebbiano/Bombino bianco/Malvasia bianca
Rendement: 91 hl/ha
Production: 3 050 hl
Durée de conservation: 1 à 2 ans
Température de service: 16-18 °C

Vin rouge uniquement
Robe peu intense – Plus ou moins généreux – Assez souple et fruité en bouche

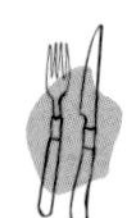

Viandes rouges grillées – Pâtes avec sauce à la viande peu relevée – Fromages (*pecorino*)

Federico II – Cooperativa Svevo

CASTEL DEL MONTE

Située à l'ouest de la ville de Bari, dans la province du même nom, cette zone viticole est, par sa superficie, la plus importante des Pouilles. Elle doit son nom à l'imposant et magnifique château octogonal construit au XIIIe siècle sous l'autorité de Frédéric II de Souabe. Le dernier décret (1997) permet à cette appellation l'élaboration de nouveaux types de vins.

Année du décret : 1997 (1971)
Superficie : 1460 ha (1800)
Encépagement : R : *Uva di Troia* (65-100 %) Sangiovese/Montepulciano/Aglianico/Pinot noir (35 % maximum)
Rs : *Bombino noir* (principalement) – Autres cépages autorisés
B : *Pampanuto* (65-100 %) – Autres cépages autorisés

Les autres vins sont élaborés avec 90 % minimum du cépage indiqué sur l'étiquette.

Rendement : R : 84,5 hl/ha B/Rs : 91 hl/ha
Production : 96300 hl
Durée de conservation : R : 2 à 4 ans
Riserva : 5 à 8 ans
B/Rs : 1 an
Température de service : R : 16-18 °C
Rs/B : 8-10 °C

Rosso (40 %) : Robe sombre et profonde – Arômes de confitures de fruits rouges – Généreux et relativement tannique

*Le **Riserva** (trois ans de vieillissement dont un en fût), beaucoup plus charpenté, est assez intéressant.*

Rosato (45 %) : Sec, léger et fruité – Rafraîchissant et agréable
Bianco : Sec et léger – Peu d'intérêt – Produit aussi en Frizzante
Bombino bianco : Blanc sec, vif et assez aromatique
Chardonnay : Jaune paille plus ou moins intense – Arômes subtils de fruits blancs (poire) – Sec et souple
Pinot bianco : Jaune paille, parfois dorée – Arômes fruités – Sec et doté d'une bonne souplesse
Sauvignon : Blanc sec et fruité

Aglianico : Vin rouge corsé et tannique – Bien structuré – Peut porter la mention Riserva – Se fait aussi en rosé
Bombino nero : Rouge fruité aux arômes épicés – Assez souple
Cabernet : Rouge plus soutenu et moyennement corsé
Pinot nero : Rouge rubis plus ou moins intense – Souple et fruité
Uva di Troia : Rouge foncé – Arômes de fruits rouges – Moyennement corsé – Peut porter la mention Riserva

Rosso : Viandes rouges grillées – *Funghi ripieni* (champignons farcis) – Fromages peu relevés (*Burrata*)
Riserva et Aglianico : Viandes rouges rôties et en sauce – Gibier – Fromages relevés
Rosato : Charcuteries – Viandes blanches grillées – *Tiella di funghi* (terrine de champignons) – *Penne arrabiata*
Bianco : Fruits de mer et poissons grillés – Voir Locorotondo

Azienda Agricola Rivera (Il Falcone) – Azienda Agricola Santa Lucia – Azienda Vinicola Torrevento – Felice Botta – Bruno – Vinicola Palumbo

COPERTINO

Le village de Copertino donne son nom à cette appellation dont la zone, située à l'ouest de Lecce, dans la péninsule de Salento, produit des vins rouges et rosés dont le plus intéressant, à mes yeux, est sans nul doute le Rosso Riserva. Ce dernier est d'ailleurs considéré comme l'un des meilleurs de cette région.

Année du décret: 1977
Superficie: 505 ha (575)
Encépagement: *Negro amaro* (70 % minimum) – Malvasia/Montepulciano/Sangiovese
Rendement: 91 hl/ha
Production: 20 260 hl
Durée de conservation: R: 3 à 5 ans
Rs: 1 à 2 ans
Température de service: R: 18 °C
Rs: 10 °C

Rosso: Robe rubis plus ou moins intense – Aromatique – Moyennement corsé avec une finale légèrement amère

*Après avoir vieilli deux ans en cave, il a droit à la mention **Riserva.***

Rosato: Couleur rose saumon – Léger, frais et fruité

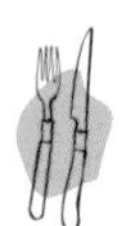

Rosso: Viandes rouges grillées et rôties – Fromages plus ou moins relevés – Agneau à la carbonara – *Caciocavallo*
Rosato: Charcuteries – *Cavatieddi con la ruca* (pâtes servies avec sauce tomate et fromage *pecorino*)

Casa Vinicola Apollonio – Barone Bacile di Castiglione – Cantina sociale di Copertino

GALATINA

Récente appellation de la province de Lecce, Galatina est le centre artisanal et vinicole de la péninsule du Salento. En plus des nombreux types de vins que l'on pourra se procurer sur place, même si le rouge représente le gros de la production, on visitera la jolie cathédrale aux accents baroques.

Année du décret: 1997
Superficie: 43 ha (76)
Encépagement: R/Rs: *Negro amaro* (65 % minimum)
B: *Chardonnay* (55 % minimum)

Les autres vins (Chardonnay et Negro amaro) sont élaborés avec 85 % minimum du cépage indiqué sur l'étiquette.

Rendement: 97,5 hl/ha
Production: 1450 hl
Durée de conservation: R: 3 à 5 ans
B/RS: 1 à 2 ans
Température de service: R: 16-18 °C
B/Rs: 8-10 °C

Rosso (93 %): Couleur riche et profonde – Aromatique (notes de fruits rouges très mûrs) – Robuste, avec une fin de bouche amère – Se fait aussi en Vino Novello
Negro amaro: Robe sombre – Aromatique (réglisse) – Riche et généreux – Tanins présents et fin de bouche – Légèrement amère *Après deux ans de vieillissement, ce vin a droit à la mention* ***Riserva.***
Rosato: Rose assez intense – Arômes fruités, sec et généreux – Se fait aussi en Frizzante

Bianco: Blanc sec, souple et légèrement fruité – Se fait aussi en Frizzante
Chardonnay: Jaune doré plus ou moins intense – Arômes subtils de fruits blancs – Sec et souple

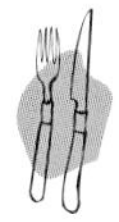

Rosso, Rosato et Negro amaro: Voir Salice Salentino
Bianco et Chardonnay: Voir Locorotondo

Cantina Sociale di Aradeo

Castel del Monte, l'imposant château octogonal construit au XIIIe siècle, sous l'autorité de Frédéric II de Souabe.

GIOIA DEL COLLE

C'est au sud de Bari que se trouve Gioia del Colle. Dans cette région typique, on remarquera les trulli, *pittoresques constructions blanches dont les toits de pierre en forme de cône donnent au paysage un aspect quelque peu surréaliste, même si cette architecture remonte à des temps anciens. La vigne est cultivée sur les collines avoisinantes et donne des vins de types très différents, principalement le fameux Primitivo.*

Année du décret: 1987
Superficie: 25 ha (50)
Encépagement: R/Rs: *Primitivo* (50-60 %) - Montepulciano/Sangiovese/Negro amaro/ Malvasia nera
B: *Trebbiano toscano* (50-70 %) - Autres cépages autorisés
Primitivo: *Primitivo* (100 %)
Aleatico dolce: *Aleatico* (85 % minimum)
Rendement: R/Rs: 78 hl/ha
B: 84,5 hl/ha
Primitivo: 52 hl/ha
Aleatico Dolce: 52 hl/ha
Production: 940 hl
Durée de conservation: B/Rs: 1 an
Rouge: 2 à 3 ans
Primitivo/Aleatico: 3 à 5 ans
Température de service: B/Rs: 10 °C
R/Primitivo/Aleatico: 16 °C

Primitivo: Vin rouge à la robe intense - Bouqueté et généreux avec des notes d'épices en bouche

Le Primitivo qui a vieilli deux ans en cave a droit à la mention ***Riserva.***

Aleatico dolce: Voir Aleatico di Puglia
Rosso: Fruité - Moyennement tannique et relevé
Rosato: Sec - Très fruité et léger
Bianco: Sec - Léger et fruité

Aleatico dolce/Liquoroso: Voir Aleatico di Puglia

Cantine Coppi - Giuseppe Strippoli - Pasquale Petrera (Vini Fatalone)

GRAVINA

C'est aux confins de la Basilicate, au sud de Bari, que se trouve Gravina, petite ville qui tire son nom de sa situation particulière en bordure d'un ravin profond. Les communes de Poggiorsini, Altamura et Spinazzola font partie de l'appellation. Quant au vin, seulement du blanc, il est un des plus connus des Pouilles.

Année du décret: 1984
Superficie: 25 ha (30)
Encépagement: Malvasia del Chianti (40-65 %) – Greco di Tufo/Bianco d'Alessano (35-60 %) – Autres cépages autorisés
Rendement: 97,5 hl/ha
Production totale: 1 560 hl
Durée de conservation: 1 an
Température de service: 8 °C

Vin blanc uniquement
Robe jaune paille avec des reflets verts – Moyennement aromatique – Sec, vif et rafraîchissant

Peut se faire également en ***Amabile*** *(demi-sec) et en* ***Spumante*** *(mousseux).*

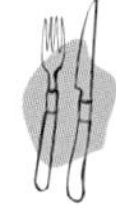

Bianco secco: Poissons grillés et fruits de mer (voir Locorotondo)

Cantine Botromagno

Vigneron attachant de jeunes pousses de vigne.

LEVERANO

Connue surtout pour la culture des fleurs, cette petite ville est située au sud des Pouilles dans le Salento méridional, entre Brindisi et Lecce. Elle est entourée de paysages magnifiques et invite à la flânerie. Lors de votre prochain séjour dans cette contrée, jetez votre dévolu sur le rouge – notamment le Negro amaro – et le rosé toujours aussi fringant.

Année du décret : 1997 (1980)
Superficie : 308 ha (350)
Encépagement : R/Rs : *Negro amaro* (50 % minimum) – Malvasia nera et/ou Sangiovese et/ou Montepulciano (40 % maximum)
B : *Malvasia bianca* (50 % minimum) – Bombino bianco (40 % maximum) – Autres cépages blancs autorisés (30 % maximum)

Les autres vins (Negro amaro et Malvasia bianca) sont élaborés avec 85 % minimum du cépage indiqué sur l'étiquette.

Rendement : 97,5 hl/ha
Production totale : 11 900 hl
Durée de conservation : R : 3 à 5 ans
B/Rs : 1 à 2 ans
Température de service : R : 18 °C
B/RS : 8-10 °C

Rosso (88 %) : Robe grenat intense – Arômes de fruits mûrs – Assez généreux – Finale le plus souvent amère

Vin produit aussi en Rosso Novello. Après deux ans de vieillissement, il a droit à la mention ***Riserva.***

Negro amaro : Robe profonde et colorée – Aromatique – Corsé, avec des saveurs légèrement amères en fin de bouche
Rosato : Sec – Fruité, léger et rafraîchissant

Bianco : Jaune paille – Peu aromatique – Sec et léger
Se fait aussi en ***Passito*** *et en* ***Vendanges Tardives.***

Malvasia bianca : Jaune paille plus ou moins intense – Arômes subtils et fruités – Sec, souple et d'une bonne vivacité

Voir Castel del Monte

Azienda Agricola Conti Zecca – Cantina cooperativa di Leverano

LIZZANO

Plusieurs types de vins sont produits sous cette petite appellation située au sud-est de Taranto, tout près de Manduria. Le Negro amaro, qui, semble-t-il, y était déjà cultivé six siècles avant J.-C., règne toujours en roi et maître.

Année du décret : 2001 (1989)
Superficie : 20 ha (75)
Encépagement : R/RS : *Negro amaro* (60-80 %) - Montepulciano/Sangiovese/Bombino nero/Pinot nero (40 % maximum) - Autres cépages autorisés
B : Trebbiano toscano/Chardonnay et/ou Pinot bianco - Malvasia bianca (10 % maximum) - Sauvignon et/ou Bianco d'Alessano (25 % maximum)

Les autres vins (Negro amaro et Malvasia nera) sont élaborés avec 85 % minimum du cépage indiqué sur l'étiquette.

Rendement : R/Rs : 91 hl/ha
B : 104 hl/ha
Production : 1 600 hl
Durée de conservation : R : 3 à 5 ans
RS : 1 à 2 ans
B : 1 an
Température de service : R : 18 °C
B/Rs : 8-10 °C

Rosso (60 %) : Rouge généreux surtout lorsqu'il s'agit de vin élaboré avec une plus forte proportion de Negro amaro

*Existe aussi en versions **Giovane** (jeune), **Novello** (nouveau) et **Frizzante.***

Rosato : Vin sec, léger et fruité
Bianco : Jaune paille peu intense - Sec et fruité

*Rosato et Bianco peuvent se faire en **Spumante.***

Negro amaro : Robe profonde et colorée - Aromatique - Corsé, avec des saveurs légèrement amères en fin de bouche
Malvasia nera : Couleur grenat - Aromatique, souple et relativement généreux

*Avec un vieillissement d'un an et 13 % d'alcool, ces derniers ont droit à la mention **Superiore.***

Voir Castel del Monte

Cantina sociale di Lizzano

LOCOROTONDO

Productrice de l'un des plus célèbres vins blancs de la région des Pouilles, cette appellation tire son curieux nom (qui signifie lieu rond, à cause de ses ruelles concentriques) de cette petite ville toute blanche, pittoresque à souhait et connue pour ses fameuses habitations appelées trulli. *L'appellation Locorotondo est située à cheval sur les provinces de Brindisi et de Bari, non loin de la mer Adriatique.*

Année du décret: 1988 (1969)
Superficie: 425 ha (800)
Encépagement: Verdeca – Bianco d'Alessano – Ajout éventuel de Fiano, Bombino et Malvasia
Rendement: 84,5 hl/ha
Production: 28 300 hl
Durée de conservation: 1 an
Température de service: 8 °C

Vin blanc uniquement
Robe jaune paille limpide, avec des reflets verts – Fruité, sec et léger – Arrière-goût légèrement amer

Se fait aussi en ***Spumante.***

Poissons grillés (daurades, maquereaux...) – Fruits de mer – *Ostriche alla tarantina* (huîtres fraîches cuites avec de l'huile d'olive et du persil) – *Cozze gratinate* (moules farcies)

Azienda Agricola Rivera – Azienda Vinicola Càntele – **Conti Leone de Castries** – Borgo Canale – Cantina Calella – Distante Vini – Cantina del Locorotondo

MARTINA OU MARTINA FRANCA

Proche de Locorotondo par la distance et le type de vin produit, cette appellation porte le nom de cette jolie cité toute blanche et pittoresque qui aurait été fondée en 1300 par Philippe Ier duc d'Anjou. Aurait-il influencé le style du vin de cette région? Il n'empêche qu'on retrouve là, dans ce curieux paysage de trulli, *un vin blanc bien agréable.*

Année du décret: 1990 (1969)
Superficie: 265 ha (550)
Encépagement: Verdeca – Bianco d'Alessano – Ajout éventuel de Fiano, Bombino et Malvasia
Rendement: 84,5 hl/ha
Production: 10 900 hl
Durée de conservation: 1 an
Température de service: 8 °C

Vin blanc uniquement
Robe jaune paille limpide, avec des reflets verts – Fruité, sec et léger – Arrière-goût légèrement amer

Se fait aussi en ***Spumante.***

Voir Locorotondo

Azienda Agricola Soloperto – Borgo Canale – Distante Vini – Lippolis – Miali Vinicola – Cantina cooperativa de Alberobello

MATINO

Ce n'est pas parce que c'est la plus ancienne des appellations de la région du Salento que celle-ci nous donne des vins de grande qualité. Pour ma part, malgré de récentes dégustations, je n'en garde toujours pas un souvenir impérissable...

Année du décret : 1971
Superficie : 75 ha (80)
Encépagement : Negro amaro – Ajout éventuel de Malvasia nera et/ou Sangiovese
Rendement : R/Rs : 78 hl/ha
Production : 1 500 hl
Durée de conservation : Rs : 1 à 2 ans
R : 1 à 3 ans
Température de service : Rs : 10 °C
R : 16 °C

Rosato : Sec – Léger – Court en bouche – Peu de caractère
Rosso : Robe foncée – Peu aromatique – Tannique – Amertume prononcée et manque d'équilibre

Voir Alezio

Cantina cooperativa de Matino

MOSCATO DI TRANI

Le Muscat, cépage qui se décline de bien des façons, donne ici un des vins doux les plus fins de la région. Le sol argileux avec une dominante calcaire (tuffeau) n'est pas étranger à la qualité de cette production. Trani, port situé sur l'Adriatique, est célèbre depuis longtemps pour le commerce vinicole.

Année du décret : 1987 (1975)
Superficie : 22 ha (30)
Encépagement : *Moscato bianco* (principalement)
Rendement : 78 hl/ha
Production : 450 hl
Durée de conservation : Dolce naturale : 1 à 3 ans
Liquoroso : 3 à 5 ans
Température de service : 8-10 °C

Vin blanc uniquement
Dolce naturale : Robe jaune dorée – Très aromatique – Doux et fruité – Bonne onctuosité
Liquoroso : Vin obtenu avec adjonction d'alcool neutre – 18 % d'alcool minimum – Très doux et assez bien équilibré

Apéritif – Fromages à pâte persillée – Desserts (tartes aux fruits) – *Marzapani bianchi* (massepain ou petit gâteau aux amandes)

Azienda Agricola Capo Leuca (Villa Mottura) – Azienda Vinicola Torrevento – Felice Botta – G. Marasciuolo – Azienda Agricola Rivera

NARDO

Quelques producteurs – qui se comptent sur les doigts des deux mains – se partagent les rares hectares consacrés à cette appellation située à une vingtaine de kilomètres de Lecce, dans la région du Salento.

Année du décret: 1987
Superficie: 53 ha (65)
Encépagement: *Negro amaro* (principalement) – Ajout éventuel de Malvasia nera et de Montepulciano
Rendement: 117 hl/ha
Production: 2 600 hl
Durée de conservation: Rs: 1 à 2 ans
R: 3 à 5 ans
Température de service: Rs: 10 °C
R: 16 °C

Rosso: Robe foncée – Charpenté, tannique et généreux

Après un vieillissement de deux ans, le rosso a droit à la mention ***Riserva.***

Rosato: Sec, léger et rafraîchissant

Rosso: *Sanguinaccio alla leccese* (boudin noir) – Fromages relevés
Rosato: Charcuteries – *Cavatieddi con la ruca* (pâtes servies avec sauce tomate et fromage *pecorino*)

Angelo Rocca et fils

ORTA NOVA

Voilà certainement une des plus petites DOC de l'Italie. Un seul propriétaire, paraît-il, déclare ce vin que d'ailleurs personne ne connaît et qui provient du nord des Pouilles, au sud-est de la ville de Foggia.

Année du décret: 1984
Superficie: 2 ha environ
Encépagement: *Sangiovese* (principalement) – Ajout éventuel de Uva di Troia, Montepulciano, Lambrusco et Trebbiano
Rendement: 97,5 hl/ha
Production: Pas de déclaration officielle en 2000
Durée de conservation: Rs: 1 an
R: 1 à 3 ans
Température de service: Rs: 10 °C
R: 16 °C

Rosato: Sec et fruité
Rosso: Bonne couleur – Légèrement aromatique – Tannique et généreux

Voir Alezio

Azienda Agricola Franco Ladogana

OSTUNI

Curieuse région que celle d'Ostuni, située au nord-ouest de Brindisi et où s'éparpillent dans les collines verdoyantes la vigne, les oliviers, les trulli *ainsi que les sites préhistoriques. Mais les vins, issus de cépages pour la plupart inconnus, passent inaperçus. La cathédrale d'Ostuni, construite à la fin du* XV*e siècle, est à visiter.*

Année du décret : 1972
Superficie : N.C.
Encépagement : B : Impigno et Francavilla (principalement) – Ajout éventuel de Bianco d'Alessano et de Verdeca
Ottavianello : *Ottavianello* (principalement) – Ajout éventuel de Negro amaro, Malvasia nera, Notar domenico et Sussumaniello
Rendement : 71,5 hl/ha
Production : N.C.
Durée de conservation : B : 1 an
Ottavianello : 1 à 2 ans
Température de service : B : 8 °C
Ottavianello : 14-16 °C

Bianco : Jaune paille – Arômes discrets – Sec et assez généreux
Ottavianello : Rouge cerise, presque rosé – Fruité et très souple
Le cépage Ottavianello est le Cinsault, une variété d'excellente qualité connue dans le sud de la France.

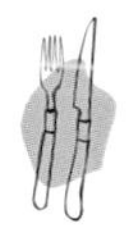

Voir Castel del Monte
Ottavianello : Voir Castel del Monte rosé

Cantina sociale di Ostuni

La mer fait partie du quotidien de nombreux habitants des Pouilles.

PRIMITIVO DI MANDURIA

C'est à l'est de Tarento que se trouve Manduria, où l'on cultive depuis très longtemps le Primitivo, ce cépage particulier dont le nom peut faire référence à ses origines anciennes ou à sa maturation assez précoce. On a de bonnes raisons de croire – mais ce n'est pas confirmé – que cette variété est apparentée au fameux Zinfandel connu depuis longtemps en Californie. Par ailleurs, on profitera de son passage à Taranto pour flâner devant la mer sur la promenade joliment aménagée en l'honneur du roi Vittorio Emanuele.

Année du décret : 1975
Superficie : 520 ha (730)
Encépagement : Primitivo
Rendement : 58,5 hl/ha
Production : 21 500 hl
Durée de conservation : 3 à 5 ans
Température de service : 14-18 °C (en fonction du type de vin)

Vin rouge uniquement
Robe pourpre violacé – Arômes de baies sauvages (mûre) – Généreux et assez riche en alcool – Tanins quelque peu rustiques
Dolce naturale : 16 % d'alcool minimum – Rouge moelleux avec sucre résiduel

Liquoroso secco : 18 % d'alcool
Liquoroso dolce naturale : 17,5 % d'alcool
Ces deux vins, obtenus avec ajout d'alcool, sont assujettis à un vieillissement obligatoire de deux ans.

Rosso : *Gniumerieddi* (filet d'agneau farci au fromage *pecorino*, lard, citron et persil) – Fromages relevés et pâtes persillées
Dolce naturale et **Liquoroso :** À l'apéritif – *Susamelli* (gâteaux aux agrumes, cannelle, amandes grillées et miel) – Pour la méditation...

Accademia dei Racemi – Agricola Pliniana – **Azienda Agricola Felline** – Azienda Vinicola Soloperto – **Conti Leone de Castris** (Santera) – Vinicola Amanda – Vinicola Savese – Cantina del Locorotondo

ROSSO BARLETTA

Le vin rouge de Barletta (petit port situé sur l'Adriatique à l'ouest de Trani) aurait été, en 1503, au centre d'un défi dans la ville du même nom, opposant des chevaliers italiens et français. L'histoire ne dit pas qui a gagné, mais le vin en a profité pour se faire un nom. Autrefois base de départ des croisés qui partaient pour l'Orient, Barletta possède une belle cathédrale des XIIe et XIIIe siècles.

Année du décret: 1977
Superficie: 12 ha (18)
Encépagement: *Uva di Troia* (principalement) – Ajout éventuel de Montepulciano, Sangiovese et Malbec
Rendement: 97,5 hl/ha
Production: 950 hl
Durée de conservation: 2 à 4 ans
Température de service: 16-18 °C

Vin rouge uniquement
Robe rubis accusant rapidement des reflets orangés – Moyennement généreux avec des tanins rustiques et anguleux

*Après un vieillissement de deux ans, il a droit à la mention **Invecchiato** (vieilli).*

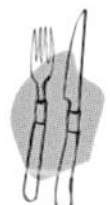

Voir Castel del Monte Rosso

Cantina sociale de Barletta – Torricciola

ROSSO CANOSA

Canosa est situé dans la province de Bari, dans les terres, au sud-ouest de Barletta. Le vin porte souvent sur son étiquette la mention Canusium, le nom latin de sa ville d'origine. Autrefois cité grecque, puis romaine, Canosa possède une magnifique cathédrale romane datant du XIe siècle.

Année du décret: 1979
Superficie: 26 ha
Encépagement: *Uva di Troia* (principalement) – Ajout éventuel de Montepulciano et Sangiovese
Rendement: 98 hl/ha
Production: 570 hl
Durée de conservation: 2 à 4 ans
Température de service: 16-18 °C

Vin rouge uniquement
Ressemble au vin rouge de Barletta – L'aspect rustique des tanins du cépage principal Uva di Troia est à mentionner

*Après deux ans de vieillissement, il a droit à la mention **Riserva.***

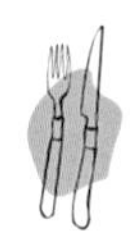

Voir Castel del Monte Rosso

G. Strippoli – Cantina cooperativa Nicola Rossi

ROSSO DI CERIGNOLA

Il est assez difficile de trouver ce vin dont la production est plutôt limitée et généralement commercialisée sur place (c'est d'ailleurs aussi le cas de plusieurs de ses voisins). Cerignola est située au sud-est de la ville de Foggia, dans la province du même nom, dans les Pouilles septentrionales.

Année du décret: 1974
Superficie: N.C.
Encépagement: Uva di Troia et Negro amaro (principalement) – Ajout éventuel de Sangiovese, Barbera, Montepulciano, Malbec et Trebbiano
Rendement: 91 hl/ha
Production: Pas de déclaration en 2000
Durée de conservation: 3 à 5 ans
Température de service: 16-18 °C

Vin rouge uniquement
Belle couleur – Moyennement aromatique – Généreux et robuste

Après deux ans de vieillissement, il a droit à la mention ***Riserva.***

Voir Castel del Monte Rosso

Torricelli – Cirillo-Farrusi (Torre Quarto)

SALICE SALENTINO

Même si l'on se trouve dans la péninsule du Salento, cette appellation concerne plutôt un vignoble bien précis autour de la commune homonyme, au nord-ouest de Lecce. La production de ce vin est relativement importante et la constance de sa qualité est à souligner.

Année du décret: 1991 (1976)
Superficie: 2700 ha (3600)
Encépagement: R/Rs: *Negro amaro* (80 % minimum) - Malvasia nera
B: *Chardonnay* (70 % minimum)

Les autres vins (Pinot bianco et Aleatico) sont élaborés avec 85 % minimum du cépage indiqué sur l'étiquette.

Rendement: 78 hl/ha
Aleatico: 65 hl/ha
Production: 70000 hl
Durée de conservation: R: 3 à 5 ans et plus
Rs: 1 à 2 ans
Température de service: R: 16-18 °C
Rs: 10 °C

Rosso: Couleur riche et profonde - Aromatique (notes de fruits rouges très mûrs et de réglisse) - Robuste, avec une fin de bouche amère

Après un vieillissement de deux ans, dont un en fût, il a droit à la mention ***Riserva.***

Rosato: Rose assez intense - Arômes fruités, sec et généreux - Se fait aussi en Spumante

Aleatico dolce: Robe grenat violacé intense - Très aromatique - Doux et très généreux
Aleatico liquoroso dolce: Généralement élaboré avec des raisins séchés après la cueillette et parfois fortifié avec de l'alcool, le vin est liquoreux et capiteux (18,5 %)

Après un vieillissement de deux ans, ces deux vins ont droit à la mention ***Riserva.***

Bianco: Blanc sec, souple et légèrement fruité
Pinot bianco: Blanc sec et assez souple - Se fait aussi en Spumante

Rosso: Viandes rouges rôties et en sauce - *Agnello al cartoccio* (côtes d'agneau aux olives vertes et aux oignons amers) - Fromages relevés
Rosato: Charcuteries - *Pasta con peperoni* (spaghetti aux poivrons) - Viandes blanches grillées
Aleatico dolce et liquoroso: Spécialités régionales de pâtisseries - *Castagnedde* (biscuits aux amandes et au cacao) - *Susamelli* (gâteaux aux agrumes, cannelle, amandes grillées et miel)
Bianco et **Pinot bianco**: Voir Locorotondo

Accademia dei Racemi - Agricole Vallone - Azienda Vinicola Càntele - **Azienda Agricola Capo Leuca** (Villa Mottura) - **Conti Leone de Castris** (Donna Lisa, Maiana) - **Cosimo Taurino** - **Francesco Candido** (Aleatico) - Masseria Torre Mozza

SAN SEVERO

L'aire viticole San Severo est la plus septentrionale des Pouilles et la plus ancienne DOC de cette région. Beaucoup de vignerons et une production non négligeable en font une des plus importantes appellations, du moins en quantité.

Année du décret : 1968
Superficie : 730 ha (1 600)
Encépagement : B : Bombino bianco et Trebbiano (principalement) – Ajout éventuel de Malvasia bianca et de Verdeca
R/Rs : *Montepulciano* (principalement) et Sangiovese
Rendement : 91 hl/ha
Production : 58 550 hl
Durée de conservation : B/Rs : 1 an
R : 2 à 3 ans
Température de service : B/Rs : 8-10 °C
R : 16-18 °C

Bianco : Couleur pâle – Peu aromatique – Sec, léger et rafraîchissant

Peut se faire en ***Spumante.***

Rosso : Belle robe profonde et intense – Arômes fruités – Assez corsé
Rosato : Sec, léger, fruité et frais

Voir Castel del Monte

Aldo Pugliese – Cantine D'Alfonso del Sordo – Cantina cooperativa de San Severo

SQUINZANO

Située dans la région du Salento, entre Brindisi et Lecce, Squinzano propose des vins dont la qualité n'est pas négligeable. Pour ma part, je préfère le rosé vif et rafraîchissant à souhait. À visiter, la très belle église Saint-Nicolas, édifiée au XVIIe siècle.

Année du décret : 1976
Superficie : 180 ha (460)
Encépagement : *Negro amaro* (principalement) – Malvasia nera et Sangiovese
Rendement : 91 hl/ha
Production : 11 500 hl
Durée de conservation : R : 3 à 5 ans
Rs : 1 à 2 ans
Température de service : R : 16-18 °C
Rs : 10 °C

Rosso : Couleur très foncée – Robuste et charpenté – Un peu rustique – Attendre deux à trois ans

Après un vieillissement de deux ans et 13 % d'alcool, il a droit à la mention ***Riserva.***

Rosato : Belle robe rose corail – Arômes fruités – Sec et rafraîchissant

Rosso : Voir Salice Salentino
Rosato : *Ncapriata* (spécialité de haricots secs bouillis et pilés avec salade, piments, oignons, tomate et huile d'olive) – Charcuteries – *Penne arrabiata*

Azienda Agricola Capo Leuca (Villa Mottura) – Cantine due Palme – Cantine Santa Barbara – Marco Maci – Villa Valetta

INDICAZIONE GEOGRAFICA TIPICA
INDICATION GÉOGRAPHIQUE TYPIQUE
IGT

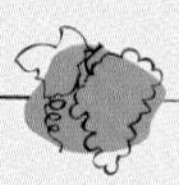

- Daunia
- Murgia
- **Puglia**
- **Salento**
- Tarantino
- Valle d'Itria

QUELQUES VINS PARFOIS EXPORTÉS

Bianco

La Corte di Chardi (Greco). Blanc sec et fruité. IGT Daunia ; *Franco Ladogana.*

Paule Calle (Malvasia bianca 50 % et Chardonnay 50 %). Vin blanc original issu de raisins passerillés. Doux, riche et doté d'une bonne acidité. IGT Salento ; *Francesco Candido.*

Roccia Bianco (Verdeca et Chardonnay). Blanc d'une couleur pâle, sec et fruité. IGT Valle d'Itria ; *Cantina del Locorotondo.*

Rosato

Five Roses (Negro amaro 90 % et Malvasia nera). Rosé aromatique, sec, fruité et savoureux. IGT Salento ; *Conti Leone de Castris.*

Scaloti (Negro amaro 100 %). Rosé sec et fruité. IGT Salento ; *Cosimo Taurino.*

Rosso

Canaletto (Primitivo 100 %). Belle couleur, nez de fruits noirs avec des notes épicées en bouche. IGT Puglia ; *Casa Girelli.*

Carparelli (Primitivo 100 %). Rouge coloré au bouquet fruité et épicé. Des tanins bien présents, avec une certaine rusticité en finale. IGT Tarantino ; *Azienda Vinicola Corato.*

Col'di Sotto (Primitivo 100 %). Belle couleur, fruité et légèrement épicé, un peu rustique. IGT Salento ; *Carlo Botter.*

Lapaccio (Primitivo 100 %). Rouge d'une belle couleur, au bouquet fruité et épicé, doté de tanins bien mûrs. IGT Salento ; *Agricola Surani.*

La Rena, Primitivo rosso (Primitivo 100 %). Rouge coloré, bouqueté et robuste, quelque peu rustique. IGT Salento ; *Conti Leone de Castris.*

Mother Zin (Primitivo 100 %). Rouge très coloré avec un bouquet de fruits très mûrs, de cuir et d'épices. Vin puissant et opulent. On en a plein la bouche. IGT Tarantino ; *Borgo al Castello.*

Terrale (Primitivo 100 %). Belle couleur, avec beaucoup de fruit et des épices en bouche, finale très légèrement amère. Un bon vin. IGT Puglia ; *Casa Vinicola Calatrasi.*

Terre del Sole (Primitivo 100 %). De la couleur, du fruit et du corps. IGT Salento ; *Pasqua Collection.*

Tormaresca (Aglianico 40 %, Merlot 30 % et Cabernet sauvignon 30 %). Sympathique vin rouge au nez de fruits noirs et d'épices. Des tanins souples et du fruit en bouche. IGT Puglia ; *Vigneti del Sud (P. Antinori).*

Vino da Tavola

Notarpanaro (Negro amaro 85 % et Malvasia nera 15 %). Rouge coloré tout en fruit, Vino da Tavola Rosso del Salento ; *Cosimo Taurino. Les derniers millésimes de ce vin sont en IGT Salento.*

CASE
BIANCHE
Rosso
CANTINA DEL LOCOROTONDO

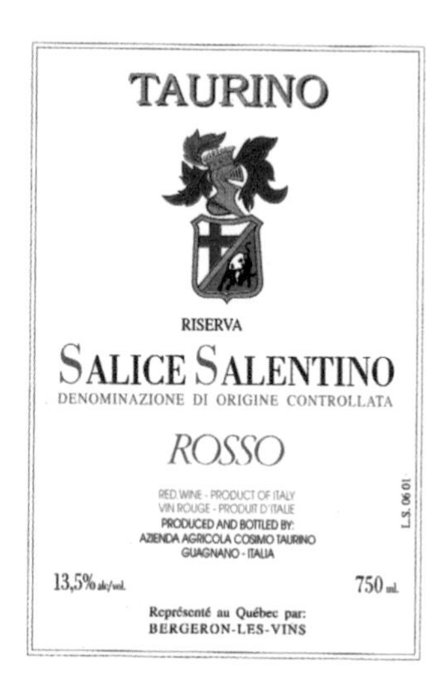
TAURINO
RISERVA
SALICE SALENTINO
DENOMINAZIONE DI ORIGINE CONTROLLATA
ROSSO
RED WINE - PRODUCT OF ITALY
VIN ROUGE - PRODUIT D'ITALIE
PRODUCED AND BOTTLED BY:
AZIENDA AGRICOLA COSIMO TAURINO
GUAGNANO - ITALIA
13,5% alc/vol.
750 ml.
Représenté au Québec par:
BERGERON-LES-VINS
L.S. 06 01

SALICE
SALENTINO
Denominazione di origine controllata
VINO ROSSO
RISERVA 1996
Imbottigliato nella zona di produzione dalla
ANTICA AZIENDA AGRICOLA VITIVINICOLA DEI CONTI
Leone de Castris
SALICE SALENTINO - ITALIA
PRODUCT OF ITALY
75 cl e
13% vol.

ROSSO RUBINO
VINO DA TAVOLA DI PUGLIA
IMBOTTIGLIATO ALL'ORIGINE DALLA S.C.A R.L.
CANTINA SOCIALE COOPERATIVA
LOCOROTONDO - ITALIA
ITALIA
e 0,750 l
12% Vol.
CANTINA DEL LOCOROTONDO

ROSATO DELLA
VALLE D'ITRIA
VINO
DA TAVOLA
ROCCIA®
IMBOTTIGLIATO ALL'ORIGINE DALLA S.C.A R.L.
CANTINA SOCIALE COOPERATIVA
LOCOROTONDO - ITALIA
ITALIA
75 cl e 11.5% vol
CANTINA
DEL LOCOROTONDO

Locorotondo®
DENOMINAZIONE DI ORIGINE CONTROLLATA
CANTINA DEL LOCOROTONDO

ROSE' de ROSE'
VINO DA TAVOLA DI PUGLIA
ITALIA
CANTINA DEL LOCOROTONDO

Locorotondo
DENOMINAZIONE DI ORIGINE CONTROLLATA
DEI VIGNETI IN TALLINAIO
℮ 75cl
12% vol

TORMARESCA
PUGLIA
Indicazione Geografica Tipica

CASALE
SAN GIORGIO
ROSSO
CANTINA DEL LOCOROTONDO

NOTARPANARO®

ROSSO DEL SALENTO
RED TABLE WINE
L.N. 02.00
PRODUCED AND BOTTLED BY:
AZIENDA AGRICOLA COSIMO TAURINO
GUAGNANO - ITALY
PRODUCT OF ITALY
TAURINO

BERGERON-LES-VINS
VINO DA TAVOLA DEL SALENTO

SARDEGNA

La Sardaigne

À part les touristes, qui ont découvert depuis quelques années les vertus bienfaisantes de la Sardaigne, avouons que cet endroit n'est pas la première destination des œnophiles désireux de comprendre le vignoble italien. Cette île sauvage et pittoresque, la deuxième de la Méditerranée par sa grandeur, ne manque pourtant pas d'attraits.

En Sardaigne la vie semble s'être quelque peu arrêtée, et cela rassure, en ces temps de consommation et de vitesse, de savoir que quelque part, les minutes durent plus longtemps...

La civilisation en pays sarde ne date pas d'hier. À preuve ces fameux *nuraghi*, d'énormes constructions en pierre en forme de tour datant de l'âge du bronze (environ deux millénaires av. J.-C.) et qui servaient soit d'habitation, soit de forteresse, ou peut-être les deux à la fois. De nos jours, les visiteurs font d'ailleurs de ces vestiges empreints de mystère une de leurs principales raisons de découvrir l'île. Et c'est très certainement en référence à ces curieuses constructions que les Sardes ont donné à un de leurs plus vieux cépages le nom de Nuragus (voir Nuragus di Cagliari).

De nombreuses ethnies et peuplades, ainsi que des conquérants, se disputèrent cette région à la situation stratégique exceptionnelle. Phéniciens, Carthaginois et Grecs envahirent la Sardaigne avant de la laisser finalement aux Romains, deux siècles avant notre ère. Puis les Byzantins gouvernèrent l'île avant que celle-ci, isolée et abandonnée, ne se défende principalement contre les Musulmans.

Pisa, qui avait aidé avec Genova à libérer la Sardaigne de l'envahisseur, gouverna jusqu'au XIVe siècle mais laissa peu après défiler tour à tour les Aragonnais, la Maison de Savoie, les Piémontais et les Français. C'est en 1861 que la Sardaigne fut intégrée au Royaume d'Italie. Elle devint une région autonome en 1948.

À part le tourisme, qui prend de l'importance, les Sardes vivent essentiellement de l'agriculture (artichaut, amande, betterave à sucre, olive, tabac, agrumes) et de l'élevage qui se développe sur les hauts plateaux, dans les plaines et les vallées.

Quant au vignoble, même s'il est facile de croire que celui-ci existe depuis des lustres, il est aussi aisé de constater l'influence ibérique dans cette région officiellement italienne. En effet, les cépages Monica, Torbato, Giro, Bovale di Spagna et peut-être la Vernaccia viennent d'Espagne, tout comme le Cannonau (qui n'est autre que le Grenache) et le Carignano (synonyme du Carignan). Même la Malvoisie, originaire d'Asie Mineure, aurait transité par l'Espagne avant d'arriver en Sardaigne. La vigne pousse surtout dans la grande partie sud de l'île, entre Oristano et Cagliari, ainsi qu'à l'extrême nord, dans les arides collines de Gallura.

On ne peut cependant pas dire que la finesse et la subtilité soient le signe distinctif des vins de la Sardaigne. Des rendements trop abondants et des conditions de vinification parfois incertaines ne font rien pour donner aux vins sardes, souvent lourds et capiteux, le fruit, la légèreté et l'équilibre tant recherchés. Hélas ! pendant que les autres régions font des efforts pour essayer de réduire les quantités, ici on reste à la traîne et on continue de diluer les vins en toute impunité. Heureusement, quelques coopératives de mieux en mieux équipées et de rares producteurs indépendants tentent de jouer la carte de la qualité et réussissent à se démarquer dans cet océan de vins de table souvent trop ordinaires. Parmi eux, plusieurs élaborent, d'une part, la Vernaccia di Oristano, dont les meilleurs me font penser à d'excellents Xérès, et, d'autre part, certains Moscato, de Sorso ou de Sennori, qui ne manquent pas d'intérêt. Mais encore faut-il être capable de s'en procurer. À part cela, au milieu des nombreuses appellations, qui souvent se chevauchent, sur le plan géographique, le Cannonau di Sardegna Riserva et le Vermentino di Gallura se détachent sans peine du peloton œnologique de cette île qu'il faut découvrir à pied, à cheval, à vélo, en scooter ou en bateau.

Pour mieux s'y retrouver, un nouveau décret datant de mai 2001 autorise les producteurs à faire précéder la DOCG et les DOC qui ne spécifient pas déjà le nom de l'île dans l'appellation, de l'indication géographique Sardegna. Une excellente idée !

LA SARDAIGNE EN BREF

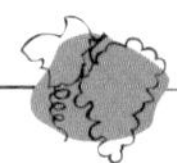

- 43 330 ha de vignes
- 6 050 ha en VQPRD*, dont 3 500 déclarés[9] en l'an 2000[9]
- 1 DOCG
- 19 DOC
- 15 IGT
- Des rendements souvent trop élevés
- Quelques appellations à découvrir
- Un héritage ampélographique surprenant

* VQPRD : Vins de qualité produits dans une région déterminée (DOC + DOCG).

9. Les chiffres concernant certaines DOC de la province d'Oristano, dont Arborea et Vernaccia di Oristano, ne sont pas inclus dans ces statistiques.

SARDEGNA

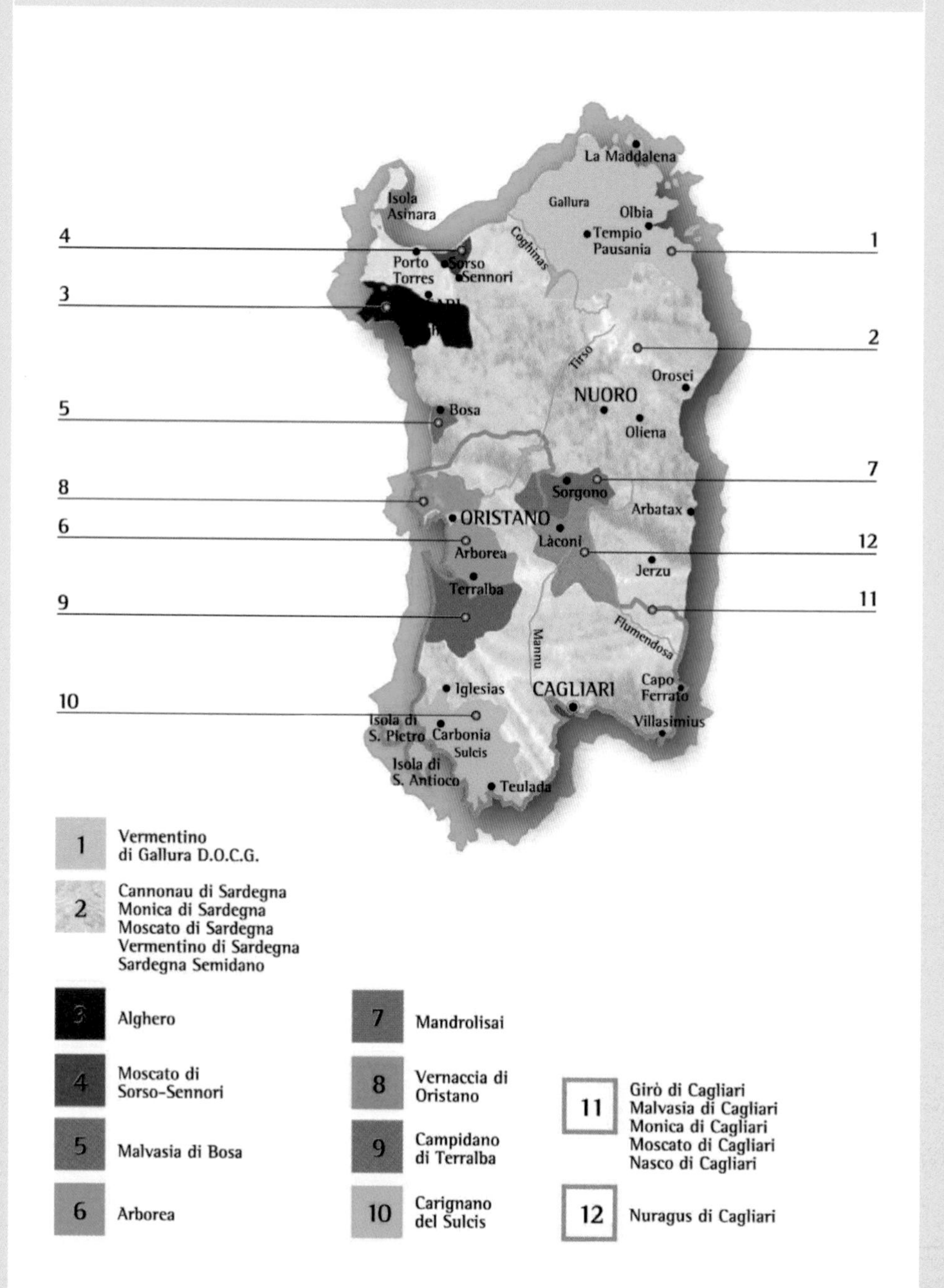

1	Vermentino di Gallura D.O.C.G.
2	Cannonau di Sardegna Monica di Sardegna Moscato di Sardegna Vermentino di Sardegna Sardegna Semidano
3	Alghero
4	Moscato di Sorso-Sennori
5	Malvasia di Bosa
6	Arborea
7	Mandrolisai
8	Vernaccia di Oristano
9	Campidano di Terralba
10	Carignano del Sulcis
11	Girò di Cagliari Malvasia di Cagliari Monica di Cagliari Moscato di Cagliari Nasco di Cagliari
12	Nuragus di Cagliari

ALGHERO

Sur les territoires de plusieurs communes de la province de Sassari, dont Alghero, bien entendu, plusieurs cépages sont cultivés et ont droit à cette dénomination relativement récente. À moins de choisir le vin d'un cépage en particulier élaboré par une maison reconnue, on risque d'avoir des surprises désagréables avec cette appellation fourre-tout où l'on fait un peu n'importe quoi. À défaut de vins de qualité, on fera d'Alghero une destination touristique à ne pas manquer pour la vieille ville marquée par le passage des Catalans au XIVe siècle. La pêche au corail (si cela vous est possible) et quelques promenades dans les alentours vous feront oublier cette déception œnologique.

Année du décret: 1995
Superficie: 400 ha (440)
Encépagement: B: Les cépages blancs autorisés dans la province de Sassari, à l'exclusion des cépages aromatiques
R/Rs: Les cépages rouges autorisés dans la province de Sassari

Les autres vins sont élaborés avec 85 % minimum du cépage indiqué sur l'étiquette.

Rendement: B: 104 hl/ha
R/Rs: 97,5 hl/ha
Torbato/Sangiovese: 91 hl/ha
Autres cépages: 84,5 hl/ha
Production: 30000 hl
Durée de conservation: B/Rs: 1 à 3 ans
R: 3 à 5 ans
Température de service: R: 16 °C
B/Rs: 8-10 °C

*Le **Bianco** peut se faire en sec, en Frizzante, en Spumante et en Passito.*
*Le **Rosato** se fait en sec ou en Frizzante.*
*Le **Rosso** (27 %) peut se faire en Novello, en Liquoroso, en Riserva et en Spumante.*

Torbato (25 %): Vin blanc aux légers reflets verts – Sec et rafraîchissant – Peut se faire en Spumante (ce cépage s'appelle Tourbat ou Malvoisie du Roussillon dans le sud de la France)
Vermentino Frizzante: Jaune paille clair – Arômes neutres – Sec, fruité et légèrement pétillant
Chardonnay: Vin blanc sec et souple – Peut se faire en Spumante
Sauvignon: Blanc sec, léger et fruité

Cagnulari (ou Cagniulari): Vin rouge fruité, souple, peu tannique et doté d'une acidité marquée
Sangiovese: Rouge fruité aux arômes épicés – D'une bonne souplesse et moyennement corsé
Cabernet: Bon vin rouge élaboré principalement avec Cabernet franc et/ou Cabernet sauvignon et/ou Carmenère

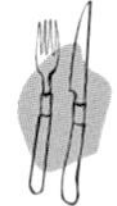

Voir Arborea et Monica di Sardegna pour les rouges

Giovanni Cherchi – **Sella & Mosca** (Le Arenarie pour le Sauvignon, le Marchese di Villamarina pour le Cabernet sauvignon et le Tanca Farrà pour l'association d'égal à égal Cabernet sauvignon et Cannonau)

ARBOREA

Arborea est une sympathique petite ville située au centre d'une vallée vouée aux cultures maraîchère et fruitière (agrumes, pêche, poire et melon), mais l'on y cultive aussi la vigne. Cette région située sur la côte occidentale de l'île surplombe l'important et magnifique golfe d'Oristano. Le choix ampélographique de cette zone viticole s'est porté sur des cépages importés du continent.

Année du décret : 1987
Superficie : N.C.
Encépagement : R/Rs : *Sangiovese* (85 % minimum) – Autres cépages autorisés
B : *Trebbiano bianco* (85 % minimum) – Autres cépages autorisés
Rendement : 117 hl/ha
Production : N.C.
Durée de conservation : R : 2 à 3 ans
B/Rs : 1 an
Température de service : R : 16 °C
B/Rs : 8-10 °C

Rosso : Robe rubis – Arômes de fruits rouges – Peu tannique et moyennement corsé
Rosato : Sec, léger et fruité
Bianco : Couleur pâle – Peu aromatique – *Ce dernier peut également être produit en* ***Frizzante naturale*** *(pétillant naturel).*

Rosso : *Prosciutto di cinghiale* (jambon de sanglier fumé) – *Agnello in umido alla Sarda* (gigot d'agneau sarde) – *Provolone*
Rosato : Charcuteries – *Impanadas* (petites timbales de viande)
Bianco : Poissons frits et grillés – *Pecorino sardo* non affiné

Cantina coopérativa d'Arborea

CAMPIDANO DI TERRALBA ou TERRALBA

Habituellement appelé en Sardaigne Rosso di Terralba, ce vin provient en grande partie de la plaine de Campidano, dont Terralba fait partie, à quelques kilomètres d'Arborea. Connu autrefois comme vin de coupage, le Campidano di Terralba essaie tant bien que mal de s'affiner par la technique, pour faire oublier son côté passablement rustique.

Année du décret : 1976
Superficie : N.C.
Encépagement : Bovale di Spagna/Bovale Sardo (principalement) – Pascale di Cagliari, Greco nero et Monica
Rendement : 97,5 hl/ha
Production : 52 hl
Durée de conservation : 2 à 3 ans
Température de service : 18 °C

Vin rouge uniquement
Robe pourpre – Arômes de fruits très mûrs – Tanins souvent rugueux conférant au vin un certain manque de finesse

Voir Monica di Sardegna

Cantina cooperativa del Campidano di Terralba

CANNONAU DI SARDEGNA

De bonne source ampélographique, le Cannonau correspond au Grenache. Bien connue en France, cette variété est en fait originaire d'Espagne où on le connaît aussi sous le nom d'Alicante noir. C'est au XIVe siècle qu'il serait apparu en Sardaigne, pour le plus grand plaisir de ses habitants puisque ceux-ci lui ont donné au fil des ans près d'un cinquième de l'importance viticole de leur île. Trois dénominations correspondant à des zones de production spécifiques sont officiellement reconnues. Il s'agit de Oliena (ou Nepente di Oliena), Capo Ferrato et Jerzu.

Année du décret: 1992 (1972)
Superficie: 1 600 ha environ
Encépagement: *Cannonau* (principalement) – Autres cépages locaux autorisés
Rendement: 72 hl/ha
Production: 36 100 hl
Durée de conservation: Riserva: 3 à 5 ans
Plus pour le Liquoroso
Température de service: R: 16-18 °C
Rs: 10 °C

Vin rouge principalement
Beaucoup de couleurs et de saveurs pour ce vin aux multiples élaborations. L'intérêt réside dans l'achat de Rosso Riserva. Élaboré par de bonnes maisons, le vin se présente sous une belle robe rubis foncé. Arômes de confitures de fruits rouges, parfois de cacao et d'un peu d'épices – Généralement juteux et charnu en bouche, avec de la rondeur et des notes florales en finale – Manque parfois d'acidité

*Après un vieillissement de deux ans, il a droit à la mention **Riserva.***

*Un peu de rosé est aussi élaboré, ainsi que des **Liquoroso Secco** et **Liquoroso Dolce Naturale,** tous les deux obtenus par mutage à l'alcool.*

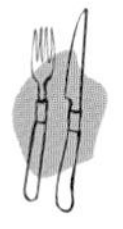

Rosso Riserva: Ragoût d'agneau aux oignons et au fenouil – *Tonnino al pomodoro alla sarde* (thon à la sauce tomate) – Pâtes avec sauce à la viande – *Osso buco* – *Pecorino sardo* affiné

Argiolas (Costera) – **Attilio Contini** (Riserva) – Giuseppe Gabbas – Alberto Loi – Piero Mancini – Vini Meloni – Cantina Pala – Cantine Picciau – **Sella & Mosca** (Riserva) – Tenute Soletta – Cantine di Dolianova – Cantina cooperativa di Oliena

CARIGNANO DEL SULCIS

Décidément, l'Espagne, où l'on cultive depuis longtemps le Carinena, aura fourni plus d'un cépage à la Sardaigne. Même si c'est en France qu'il s'est beaucoup propagé, le Carignano, qui est souvent méprisé à tort, semble avoir trouvé là un terrain de prédilection. C'est plus précisément dans ce petit coin du Sulcis, à l'extrême sud-ouest du territoire sarde, ainsi que sur les îles de San Pietro et Sant'Antioco, que pousse cette variété.

Année du décret : 1995 (1977)
Superficie : 100 ha environ
Encépagement : *Carignano* (85 % minimum) – Autres cépages autorisés
Rendement : 71,5 hl/ha
Superiore/Passito : 48 hl/ha
Production : 6750 hl
Durée de conservation : 2 à 3 ans
Passito : 3 à 5 ans
Température de service : Rs : 10 °C
R : 16-18 °C

Rosato : Sec, léger et rafraîchissant
Rosso : Robe grenat – Assez aromatique – Généreux, robuste et légèrement épicé – Quelque peu rustique

Après un vieillissement de deux ans, le vin a droit à la mention ***Riserva.*** *Avec un degré d'alcool plus élevé (13 %), il a droit à la mention* ***Superiore.*** *On y produit aussi un peu de* ***Passito,*** *un vin rouge doux obtenu avec des raisins en surmaturité (passerillés).*

Rosso : *Porchetta arrosto* (cochon de lait à la broche) – *Pecorino sardo* affiné
Rosato : Charcuteries – Pâtes avec sauce rosée – *Penne arrabiata*
Bianco : Poissons frits et grillés – *Pecorino sardo* non affiné

Cantina sociale Santadi – Cantine Sardus Pater

GIRÒ DI CAGLIARI

Probablement originaire d'Espagne, le Girò est un cépage qui semble être en voie de disparition, même si celui-ci peut être cultivé dans toute la province de Cagliari et dans une partie de celle d'Oristano.

Année du décret: 1979 (1972)
Superficie: N.C.
Encépagement: *Girò*
Rendement: 78 hl/ha
Production: Pas de déclaration en l'an 2000
Durée de conservation: 2 à 4 ans, selon le type de vin
Température de service: 14-18 °C, selon le type de vin

Vin rouge uniquement
Parfois vinifié en sec, c'est comme vin doux que ce produit est connu – Fortifié à l'alcool, il porte la mention **Liquoroso Dolce Naturale**

S'il est soumis à un vieillissement de deux ans, dont un en fût de chêne, il a droit à la mention ***Riserva.***

Meloni Vini – Zedda Piras

MALVASIA DI BOSA

Le petit village de Bosa, situé sur la côte occidentale de l'île, entre Alghero et Oristano, donne son nom à cette minuscule appellation, intéressante à découvrir mais bien difficile à se procurer.

Année du décret: 1972
Superficie: 0 ha (40)
Encépagement: *Malvasia di Sardegna*
Rendement: 52 hl/ha
Production: 24 hl
Durée de conservation: 3 à 5 ans
Température de service: 8 °C

Vin blanc uniquement
Du jaune paille au ambré en passant par des reflets dorés – Aromatique – Du sec au très doux en fonction du type d'élaboration – Fin de bouche habituellement amère – Existe en Secco et en Dolce Naturale

Lorsque le vin est fortifié à l'alcool, celui-ci porte les mentions ***Liquoroso Secco*** *ou* ***Liquoroso Dolce Naturale.*** *Dans ce cas, le vieillissement minimum obligatoire est de deux ans.*

À l'apéritif – Desserts (tartes aux pommes, aux pêches, aux poires ou aux abricots)

Cau Sechi

Accueil et dégustation chez Sella & Mosca.

MALVASIA DI CAGLIARI

La zone d'appellation Cagliari couvre une vaste région qui occupe la presque totalité de la partie sud de la Sardaigne. Comme la Malvasia di Bosa, celle de Cagliari donne des vins de toutes sortes, généralement réservés à l'apéritif ou au dessert.

Année du décret : 1979 (1972)
Superficie : N.C.
Encépagement : *Malvasia di Sardegna*
Rendement : 71,5 hl/ha
Production : 235 hl
Durée de conservation : 3 à 5 ans
Température de service : 8 °C

Vin blanc uniquement
Voir Malvasia di Bosa

*Lorsque le vin est fortifié à l'alcool, celui-ci porte les mentions **Liquoroso Secco** ou **Liquoroso Dolce Naturale**. Dans ce cas, le vieillissement minimum obligatoire est de neuf mois. Après un vieillissement de deux ans, ces vins ont droit à la mention **Riserva.***

Voir Malvasia di Bosa

Zedda Piras – Cantine Picciau – Meloni Vini – Plusieurs caves coopératives (Cantina di Dolianova)

MANDROLISAI

C'est en plein cœur de la Sardaigne, au pied du massif du Gennargentu, sur le flanc ouest, que s'étend cette appellation qui répond au curieux nom de Mandrolisai. Quelques communes de la province de Nuero, et Samugheo, dans la province d'Oristano, ont droit à cette dénomination.

Année du décret : 1982
Superficie : 8 ha (215)
Encépagement : Bovale sarde, Cannonau et Monica – Autres cépages autorisés (10 % maximum)
Rendement : Rs : 78 hl/ha
R : 84 hl/ha
Production : 600 hl
Durée de conservation : 2 à 3 ans
Température de service : Rs : 10 °C
R : 16-18 °C

Rosato : Rose intense – Sec, léger et fruité, avec une petite finale amère
Rosso : Rouge rubis avec reflets orangés – Corsé – Amertume en fin de bouche

*Après un vieillissement de deux ans et un degré d'alcool plus élevé (12,5 %), ce vin a droit à la mention **Superiore.***

Voir Monica di Sardegna

Cantina Sociale Mandrolisai

MONICA DI CAGLIARI

Même s'il n'existe plus en Espagne, c'est de ce pays que proviendrait aussi ce cépage qui a fait son nid en Sardaigne. La zone de Cagliari s'étend sur la majeure partie du sud de l'île, et le vin de Monica, très rare et produit en petites quantités, est généralement consommé sur place.

Date du décret: 1979 (1972)
Superficie: N.C.
Encépagement: *Monica*
Rendement: 71,5 hl/ha
Production: N.C.
Durée de conservation: 5 à 6 ans et plus
Température de service: 16-18 °C

Vin rouge uniquement
Robe rubis pâle avec des reflets orangés – Arômes prononcés de fruits rouges – Habituellement vinifié en Dolce (doux), mais se fait aussi en Secco (sec) – Tendance à l'oxydation

Lorsque le vin est fortifié à l'alcool, celui-ci porte les mentions ***Liquoroso Secco*** *ou* ***Liquoroso Dolce Naturale****. Dans ce cas, le vieillissement minimum obligatoire est de neuf mois. Après un vieillissement de deux ans, ces vins ont droit à la mention* ***Riserva****.*

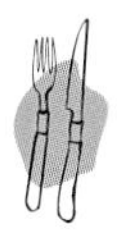

Voir Monica di Sardegna

Zedda Piras – Plusieurs caves coopératives

MONICA DI SARDEGNA

À l'instar du Monica di Cagliari, le vin de cette appellation est élaboré à partir de ce cépage peu connu mais relativement important en Sardaigne. Produit dans l'ensemble de l'aire viticole sarde, ce vin se distingue de l'autre Monica par le fait qu'il est toujours élaboré en sec.

Année du décret: 1987 (1972)
Superficie: 150 ha environ
Encépagement: *Monica* (principalement) – Autres cépages autorisés
Rendement: 97,5 hl/ha
Production: 13 000 hl
Durée de conservation: 4 à 6 ans
Température de service: 16-18 °C

Vin rouge uniquement
Robe rubis clair – Arômes de fruits très mûrs et d'épices – Bonne acidité, corsé et riche en saveurs

Après un vieillissement d'un an et un degré d'alcool de 12,5 %, il a droit à la mention ***Superiore.*** *Un Frizzante naturale peut également être produit.*

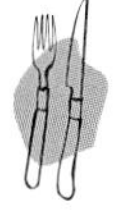

Prosciutto di cinghiale (jambon de sanglier fumé) – *Agnello in umido alla Sarda* (gigot d'agneau sarde) – *Farsumagru* (viande roulée et farcie) – *Favata* (ragoût de porc aux haricots) – *Osso buco* – *Provolone* – *Pecorino* affiné

Argiolas (Perdera) – Vini Meloni – Zedda Piras – **Sella & Mosca** – Cantina Pala – Plusieurs caves coopératives (Cantine di Dolianova, Cantina Il Nuraghe, **Cantina Santadi,** Cantine Sardus Pater, Cantina Trexenta, etc.)

MOSCATO DI CAGLIARI

Un peu de Muscat blanc, très fin généralement, est aussi produit dans cette vaste région qui couvre la majeure partie du sud de la Sardaigne. La production, confidentielle, est généralement consommée sur place. Dommage pour nous!

Année du décret: 1979 (1972)
Superficie: N.C.
Encépagement: *Moscato bianco*
Rendement: 71,5 hl/ha
Production: 175 hl
Durée de conservation: 2 à 3 ans
Température de service: 8-10 °C

Vin blanc uniquement
Robe dorée – Très aromatique – Le vin se fait en deux versions: le Dolce Naturale et le Liquoroso Dolce Naturale, obtenus par mutage à l'alcool

Après un an de vieillissement, ce dernier a droit à la mention ***Riserva.***

À l'apéritif – *Sebadas* (pâtisseries au miel) – Tartes aux pommes, aux pêches, aux poires ou aux abricots

Zedda Piras – Quelques caves coopératives (Cantine di Dolianova – Cantina Il Nuraghe)

MOSCATO DI SARDEGNA

On se demande pourquoi une appellation produite en aussi petite quantité peut encore exister. D'autant plus que l'intérêt de ce vin, qui ressemble un peu à l'Asti Spumante, est assez limité. Cette dénomination peut être suivie du nom des zones géographiques Tempio Pausania, Tempio ou Gallura.

Année du décret: 1980 (1972)
Superficie: N.C.
Encépagement: *Moscato bianco* (principalement) – Autres cépages autorisés
Rendement: 84,5 hl/ha
Production: 2 100 hl
Durée de conservation: 1 an
Température de service: 8-10 °C

Vin blanc effervescent uniquement
Robe dorée – Aromatique – Doux, fruité et effervescent

Après un an de vieillissement, ce dernier a droit à la mention ***Riserva.***

À l'apéritif

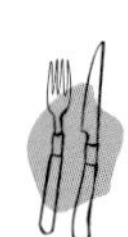

Piero Mancini – Vini Meloni – Cantina Gallura – Cantina Trexenta

MOSCATO DI SORSO-SENNORI

Aussi petite que les autres appellations à base de Muscat blanc, celle-ci provient du nord de la Sardaigne, en province de Sassari. La qualité de ce vin très agréable est directement proportionnelle à la difficulté de s'en procurer…

Date du décret: 1972
Superficie: N.C.
Encépagement: *Moscato bianco*
Rendement: 58,5 hl/ha
Production: N.C.
Durée de conservation: 1 an
Température de service: 10 °C

Vin blanc uniquement
Robe dorée soutenue – Très aromatique (miel) – Très doux, onctueux et capiteux

Lorsqu'il est fortifié à l'alcool, le vin a droit à la mention ***Liquoroso Dolce.***

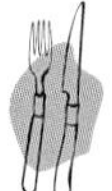

Voir Moscato di Cagliari

Sella & Mosca – Cantina cooperativa de Sorso-Sennori

NASCO DI CAGLIARI

Considéré comme un cépage autochtone par certains spécialistes de la vigne (ampélographes), le Nasco est certainement une des variétés les plus anciennes de la Sardaigne. C'est à la suite de la crise phylloxérique que le Nasco a commencé à péricliter, laissant la place à des cépages plus faciles à cultiver et surtout plus productifs.

Année du décret: 1979 (1972)
Superficie: 10 ha environ
Encépagement: *Nasco*
Rendement: 65 hl/ha
Production: 500 hl
Durée de conservation: 3 à 5 ans et plus
Température de service: 8-10 °C

Vin blanc uniquement
Du jaune pâle aux teintes ambrées en passant par des notes dorées – De sec à très doux, en fonction du type d'élaboration

Existe en ***Secco, Dolce Naturale*** *et* ***Liquoroso.***

Pour les Liquoroso, le vieillissement obligatoire est de neuf mois; il est de deux ans pour le ***Riserva.***

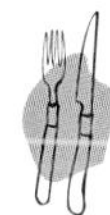

Voir Moscato di Cagliari

Cantine Picciau – Cantina sociale di Dolianova

NURAGUS DI CAGLIARI

C'est dans la majeure partie du sud de la Sardaigne que l'on cultive en grande quantité ce cépage assez particulier qui aurait été introduit sur l'île par les Phéniciens, plusieurs siècles avant J.-C. Les épidémies n'auront pas eu raison de cette variété qui résiste très bien aux maladies et qui produit beaucoup (environ 12 % de la production parmi toutes les DOC). Il suffit de regarder le rendement maximum à l'hectare que se sont fixé les producteurs pour essayer de croire – si c'est possible – que qualité peut rimer avec quantité. On profitera cependant d'un passage dans la région pour découvrir Cagliari, la capitale de la Sardaigne. La cathédrale, l'amphithéâtre romain et le musée national d'archéologie valent le détour.

Année du décret : 1987 (1975)
Superficie : N.C.
Encépagement : *Nuragus* (principalement) – Autres cépages autorisés
Rendement : 130 hl/ha
Production : 24 600 hl
Durée de conservation : 1 an
Température de service : 8 °C

Vin blanc uniquement
Jaune paille avec de légers reflets verts – Peu aromatique – Sec, léger et vif (parfois acidulé) – Assez agréable (quand il fait très chaud...)

*Peut être produit en **Frizzante naturale** (pétillant naturel).*

Antipasti di mare – Tonno sott'olio con cipolle (salade de thon) – Poissons frits, grillés et meunière – Huîtres nature

Argiolas – Vini Meloni – Cantina Pala – De nombreuses caves coopératives (Cantine di Dolianova, **Cantina Santadi,** Cantina Trexenta, etc.)

En Sardaigne, de nombreux sites archéologiques valent le détour.

SARDEGNA SEMIDANO

Également appelé Semidanu blanc, ce cépage presque inconnu est allé chercher sa propre appellation (minuscule, soit dit en passant) dans les provinces de Cagliari, Nuoro, Oristano et Sassari. Le produit se décline en plusieurs types, allant du vin sec au Passito en passant par le Spumante. Comme quoi certains Italiens ont beaucoup de talent pour favoriser la versatilité de leurs cépages… Mogoro peut figurer sur l'étiquette; il correspond à une commune et à une sous-région distincte.

Année du décret: 1995
Superficie: 3 ha (6)
Encépagement: *Semidano* (85 % minimum) – Autres cépages autorisés
Rendement: 71,5 hl/ha
Spumante: 84,5 hl/ha
Production: 260 hl
Durée de conservation: 1 à 2 ans
Température de service: 8-10 °C

Vin blanc uniquement
Robe claire – Aromatique, délicat malgré une forte présence alcoolique – Sec et peu acide

Avec un degré d'alcool de 13 %, il a droit à la mention ***Superiore.*** *Se fait aussi en* ***Passito*** *et en* ***Spumante****.*

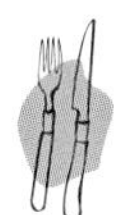

Poissons assez gras – Fruits de mer et crustacés en sauce

Cantina Il Nuraghe

VERMENTINO DI GALLURA

DOCG

La partie nord qui coiffe la Sardaigne est particulièrement propice, avec son sol de nature granitique, à la culture du cépage Vermentino, connu dans de nombreux terroirs bordant la Méditerranée. La Costa Smeralda (côte d'émeraude), sur le côté est de l'île, offre des paysages magnifiques. Plages de sable fin et criques sauvages invitent à la baignade avant d'aller manger des sardines grillées arrosées de ce Vermentino, seule DOCG de l'île, dans une trattoria *de Baia Sardinia…*

Année du décret: 1996 (1975)
Superficie: 780 ha (910)
Encépagement: *Vermentino* (95-100 %) – Autres cépages autorisés
Rendement: 65 hl/ha
Superiore: 58,5 hl/ha
Production: 38 300 hl
Durée de conservation: 2 à 3 ans
Température de service: 8 °C

Vin blanc uniquement
Jaune pâle avec de légers reflets verts – Peu aromatique – Sec, léger, vif et rafraîchissant avec parfois un petit arrière goût amer

Avec un degré d'alcool de 13 %, il a droit à la mention ***Superiore.***

Antipasti di mare – Tonno sott'olio con cipolle (salade de thon) – Poissons frits, grillés et meunière – Huîtres nature – Fruits de mer

Tenute di Capichera – Fattoria Giunchizza – Piero Mancini – Montespada – **Sella & Mosca** (Monteoro) – Cantina delle Vigne – Cantina del Vermentino – **Cantina Gallura**

VERMENTINO DI SARDEGNA

Est-ce pour permettre l'élaboration de vins divers à partir de ce cépage que l'on a créé cette dénomination régionale ? Sans doute, car le Vermentino di Gallura répondait déjà à une certaine exigence sur le plan de la qualité. Il n'y a qu'à comparer les rendements officiels entre les deux appellations (du simple au double), pour comprendre que les vins issus de gros rendements sont dilués et n'offrent aucun intérêt. Il faudra donc être vigilant dans la lecture de la carte des vins...

Année du décret : 1989
Superficie : 890 ha (965)
Encépagement : *Vermentino* (85 % minimum) – Autres cépages autorisés
Rendement : 130 hl/ha
Production : 56 200 hl
Durée de conservation : 1 an
Température de service : 8 °C

Vin blanc uniquement
Jaune paille aux reflets verts – Arômes neutres – Peu de personnalité

*Se fait en **Secco**, en **Amabile** (demi-sec) et en **Spumante***

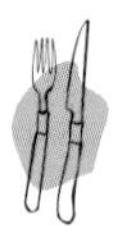

Voir Vermentino di Gallura

Argiolas (Costamolino) – **Attilio Contini** – **Giovanni Cherchi** – Alberto Loi – Piero Mancini – Vigneti Mauritania – Vini Meloni – **Sella & Mosca** (La Cala) – Tenute Soletta – De nombreuses caves coopératives (Cantina del Vermentino, Cantine di Dolianova, **Cantina Santadi**, Cantine Sardus Pater, Cantina Trexenta, etc.)

VERNACCIA DI ORISTANO

D'origine séculaire, la Vernaccia est installée depuis si longtemps dans la région d'Oristano, qu'elle donne par sa personnalité un des vins sardes les plus estimés. Au cours de l'histoire, beaucoup de légendes ont été écrites sur les vertus fabuleuses qu'apportait la « liqueur de Vernaccia » aux malades et aux indigents. Quoi qu'il en soit, il est intéressant de découvrir aujourd'hui ce vin qui ressemble à bien des égards au fameux Xérès (Sherry), ce qui peut s'expliquer, puisque l'on dit aussi que cette Vernaccia (qu'il ne faut pas confondre avec celle de San Gimignano, en Toscane) serait originaire d'Espagne.

Année du décret : 1971
Superficie : 850 ha environ
Encépagement : Vernaccia d'Oristano
Rendement : 52 hl/ha
Production : N.C.
Durée de conservation : 4 à 6 ans et plus pour les vins issus de Solera
Température de service : 8 à 10 °C

Vin blanc uniquement
Jaune ambré plus ou moins intense – Bouquet subtil (dominante florale) – Sec, capiteux et long en bouche (15 % d'alcool minimum)

Très intéressant lorsqu'il est élaboré comme les grands Xérès, c'est-à-dire avec le système de Solera.

Après un vieillissement de trois ans et un degré d'alcool de 15,5 %, il a droit à la mention ***Superiore.*** *Après un vieillissement de quatre ans, ces vins ont droit à la mention* ***Riserva.***

Lorsque le vin est fortifié à l'alcool, celui-ci porte les mentions ***Liquoroso Secco*** *ou* ***Liquoroso Dolce.*** *Dans ce cas, le vieillissement minimum obligatoire est de deux ans.*

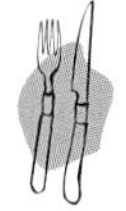

À l'apéritif et pour la méditation…

Attilio Contini – Riuniti – Francesco Atzori – **Sella & Mosca** – Josto Puddu – **Fratelli Serra** – Cantina Sociale della Vernaccia

INDICAZIONE GEOGRAFICA TIPICA
INDICATION GÉOGRAPHIQUE TYPIQUE
IGT

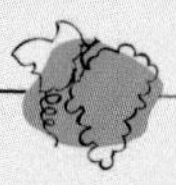

- Barbagia
- Colli del Limbara
- **Isola dei Nuraghi**
- Marmilla
- Nurra
- Ogliastra
- Parteolla
- Planargia
- Provincia di Nuoro ou Nuoro
- Romangia
- Sibiola
- Tharros
- Trexenta
- Valle del Tirso
- Valli di Porto Pino

QUELQUES VINS PARFOIS EXPORTÉS

Bianco

Angialis (Nasco 70 % et Malvasia bianca). Curieux vin blanc moelleux issu de raisins récoltés en vendange tardive. Bouquet superbe de miel, d'agrumes et d'abricot. Un vin à découvrir et à servir en apéritif ou avec une tarte aux abricots. IGT Isola dei Nuraghi ; *Argiolas.*

Rosso

Korem (Bovale Sardo, Carignano, Grenache, Syrah et Merlot). Vin rouge très consistant en couleur, au nez comme en bouche. Le boisé est très présent, mais l'ensemble est corsé et fruité avec des tanins bien mûrs. IGT Isola dei Nuraghi ; *Argiolas.*

Raim (Carignano et Merlot). Vin rouge d'une bonne couleur, avec beaucoup de fruit et une certaine souplesse. IGT Isola dei Nuraghi ; *Sella & Mosca.*

Turriga (Cannonau 70 %, Carignano, Malvasia nera et Bovale Sardo). Vin rouge puissant aux épaules carrées. Beaucoup de matière, beaucoup de fruit et beaucoup de bois aussi. Vino da Tavola di Sardegna ; *Argiolas.*

ANGIALIS
Vendemmia Tardiva
Isola dei Nuraghi
Indicazione Geografica Tipica
IMBOTTIGLIATO DA ARGIOLAS & C. s.p.a.
SERDIANA - ITALIA
500 ml e ITALIA 14% vol

TANCA FARRA
UN TOTAL DE 107 712 BOUTEILLES ONT ÉTÉ PRODUITES DE CE MILLESIME
SELLA&MOSCA
CASA FONDATA NEL 1899
ALGHERO
Denominazione di Origine Controllata
Vin rouge / Red wine
Produit d'Italie / Product of Italy
Mis en bouteille par / Bottled by
TENUTE SELLA & MOSCA - ALGHERO - SARDEGNA
ITALIA
750 ml. e 12,5% alc./vol.

CASA FONDATA NEL 1899
Situé dans le quadrant de Libeccio du vignoble Sella & Mosca, sur des terrains ensoleillés et sablonneux composés de vastes couches de grès anciens, la culture du cépage noble Sauvignon produit des raisins de très grande qualité.
Le Arenarie
ALGHERO
Denominazione di Origine Controllata
Vin blanc /White wine
Mis en bouteille par/Bottled by
SELLA&MOSCA S.p.A. - Alghero - Sardegna - Italia
750 ml. e ITALIA 12% alc./vol.
Produit d'Italie SELLA&MOSCA Product of Italy

ANGHELU RUJU
SELLA & MOSCA
ALGHERO (SARDEGNA)

TURRIGA
ISOLA DEI NURAGHI
Indicazione Geografica Tipica
IMBOTTIGLIATO DA ARGIOLAS & C. s.p.a. - SERDIANA - ITALIA
750 ML e - ITALIA - 12,5% VOL

ARGIOLAS
COSTERA
CANNONAU DI SARDEGNA
DENOMINAZIONE DI ORIGINE CONTROLLATA
IMBOTTIGLIATO DA ARGIOLAS & C. s.p.a. - SERDIANA - ITALIA
750 ML e ITALIA 13% VOL

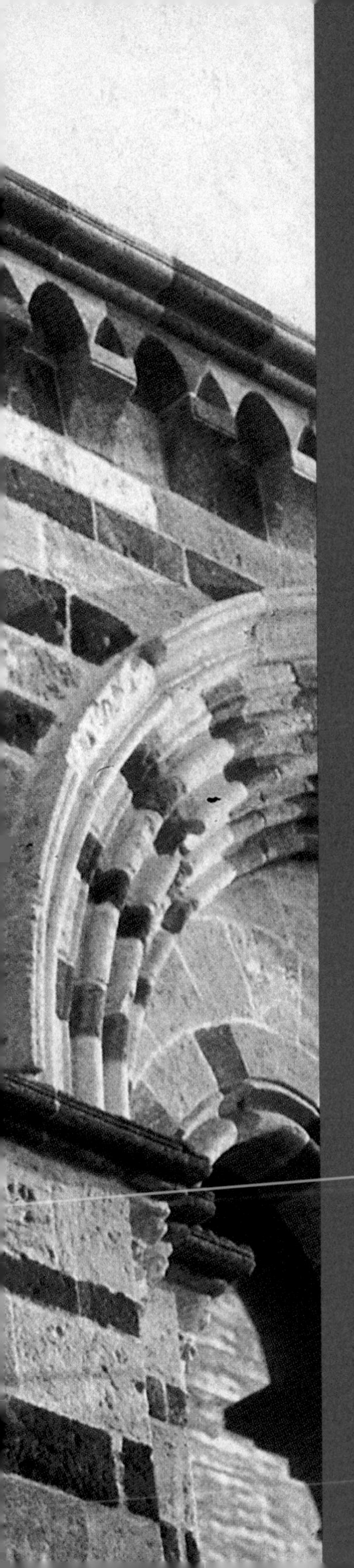

SICILIA

La Sicile

La première fois que j'ai mis les pieds en Italie, c'était en Sicile ! Hormis une brève escale à Roma, Palermo a été la première ville à m'accueillir. Mais étais-je vraiment en Italie ? Oui, sans doute, même si la Sicile constitue à elle seule un État, avec ses propres institutions, ses traditions, son dialecte, son tempérament bouillant, sa chaleur humaine et son histoire extraordinaire. En effet, plusieurs civilisations se sont succédé en Sicile, chacune y laissant des traces plus ou moins importantes. Les Grecs fondèrent de nombreuses villes dont Siracusa et Agrigento, toutes aussi florissantes les unes que les autres. Roma commença à s'intéresser à la Sicile environ trois siècles av. J.-C., pour la posséder complètement cinq siècles plus tard. Puis, les Vandales, venus de Germanie et suivis des Goths, envahirent l'île, le plus souvent pour des raisons stratégiques, avant de laisser la place aux Byzantins vers 535.

La Sicile est très belle. Des collines et quelques montagnes, situées pour la plupart au nord-est, composent en grande partie le paysage de cette île, la plus grande de la Méditerranée. La partie occidentale est caractérisée par de hauts plateaux parfois isolés et parfois regroupés, et sur le versant méridional, l'Etna découpe l'horizon de ses lignes altières. Ce dernier, apparu à l'ère quaternaire, est entouré à son sommet de terres argileuses que les divers séismes ont fait remonter ; elles furent ensuite recouvertes de poussières et d'alluvions. D'autres volcans en activité se trouvent sur les îles Éoliennes, et celle de Lipari donne son nom aux vins issus du cépage Malvasia.

Mais c'est à l'ouest, dans la province de Trapani, que se réalise la plus grosse production de vins siciliens. Les jolies collines d'Alcamo conviennent bien à la culture du Catarratto. Quant à la vaste zone qui a droit à l'appellation Marsala, elle se divise en deux parties assez distinctes dont la meilleure, située dans un triangle délimité par Marsala, Calatafimi et Castelvetrano, est composée d'argiles et de sols brun rougeâtre, jouissant par ailleurs d'un climat très sec et aride qui favorise des petits rendements. Plus au nord, les sols siliceux calcaires situés dans une région humide et fertile, donnent des vins dilués et moins structurés.

La Sicile viticole d'aujourd'hui, c'est aussi de nombreux vins à indication géographique typique qui valent le détour (voir à la fin de ce chapitre) plus souvent que certaines appellations contrôlées. Il faut préciser que le carcan IGT est beaucoup moins astreignant que la réglementation appliquée aux DOC. Par conséquent, les propriétaires ont plus de latitude dans le choix des cépages, des assemblages, des vinifications et des conditions d'élevage du vin. Les producteurs de cette région ont également été parmi les premiers à se plier aux nouvelles technologies (fermentations à basse température, par exemple), à s'adapter aux récentes tendances (vins frais et moins lourds, utilisation de petites barriques de chêne neuf, affinage sous bois plus court, etc.) et à se procurer du matériel vinaire performant. Aidés en cela par des œnologues consciencieux et par l'Institut régional de la vigne et du vin, un organisme d'avant-garde, les viticulteurs obtiennent aujourd'hui des résultats dignes d'intérêt. Je pense entre autres aux vins de Duca di Salaparuta, situé près de Palermo et plus connu sous le nom de Corvo, mais aussi aux savoureuses cuvées de la famille Rallo (Donnafugata) et de Francesco Spadafora.

Lors de ma deuxième visite en Sicile, où j'ai passé deux semaines avec l'équipe de tournage de l'émission de télévision *Vins & Fromages*, j'ai senti à nouveau les parfums de la Sicile et j'ai palpé cette fierté qui anime ses habitants. Comment oublier ces odeurs, ces couleurs et les cris des enfants jouant entre deux étals au marché nocturne de Palermo ? Comment oublier ce marchand de poisson chantant comme Caruso sous les halles de Marsala, de bonne heure le matin ?

C'est justement lors de ce voyage que j'ai rencontré pour la première fois Francesco Spadafora, fils du prince Don Pietro, régnant en son domaine situé près de Monreale avec beaucoup de sérénité et dans une totale liberté. Une centaine d'hectares sur plus de 180, situés sur de jolies collines où poussent la vigne et l'olivier, est consacrée à la culture des meilleurs cépages. C'est à une altitude de 250 à 350 m au-dessus du niveau de la mer que mûrissent les raisins. Cela garantit une qualité optimale de la vendange puisque dans une région aussi chaude que la Sicile, les fluctuations thermiques entre le jour et la nuit jouent un rôle très important. Aussitôt cueillies, les belles grappes de Nero d'Avola (un cépage aussi appelé Calabrese et qui a le vent en poupe actuellement), d'Inzolia, de Grillo, mais aussi de Syrah et de Cabernet sont vinifiées à l'*azienda* où Francesco veille au grain... D'une colline à l'autre, d'une parcelle de Catarratto à une vigne de Merlot, Francesco observe, compare, étudie, goûte et, le soir venu, partage ses impressions avec les visiteurs d'un jour autour d'une table bien garnie.

Je suis aussi retourné sur des lieux connus, comme à Samperi, plus exactement, où j'ai retrouvé avec une certaine émotion Marco De Bartoli, un des vignerons les plus attachants de l'Italie. Chaleureux, amical et fougueux quand il parle de son terroir, Marco a la passion des voitures tout autant que celle des vins. Ancien coureur automobile, infatigable défenseur du vrai vin de Marsala et amoureux des bonnes choses, sa simplicité n'a d'égal que sa conviction et sa détermination à élaborer, comme ils disent là-bas, des vins de méditation.

Il suffit d'ailleurs de passer quelques heures dans sa cave à le suivre d'un fût à l'autre, verre et pipette à la main, pour comprendre que le grand vin, malgré l'intelligence humaine, garde quelques mystères. C'est pour cela que Marco De Bartoli, humblement, cherche encore, évalue, compare et se mesure tous les jours à ses cuvées d'anthologie... Pour lui, et malgré quelques déceptions face aux hommes, la partie n'est pas encore terminée, même s'il sait déjà que c'est à Pantelleria, son île chérie, qu'il terminera doucement cette course folle dans laquelle la vie l'a entraîné.

Enfin, je ne peux oublier cette rencontre fortuite avec le père Don Falcone, un prêtre bon samaritain (ça va presque de soi...) qui comprit la détresse qui se lisait sur nos yeux de touristes égarés entre Caltavuturo et Sclafani Bagni. Au cœur de la Sicile, et après deux heures sur des routes sinueuses tracées dans la montagne, nous nous sommes perdus à la tombée du jour. S'emparant de son téléphone cellulaire, le padre joignit en deux minutes Giuseppe Tasca avec qui nous avions rendez-vous. Après une bénédiction de l'abbé aussi inattendue qu'émouvante sous un ciel éclairé par la lune, nous nous sommes enfin rendus à destination.

Dans un paysage à faire rêver, sur les collines de Regaleali, l'Azienda Tasca d'Almerita est une véritable oasis de plus de 500 ha. Ici, la chasse est interdite et de nombreuses espèces d'oiseaux passent l'hiver dans cet environnement exceptionnel. Les rangs d'Inzolia et de Nero d'Avola alternent avec les arbres fruitiers, les amandiers et les oliviers. La fabrication du fromage reste une activité importante du domaine. Et chaque soir, les brebis (*pecora*) rentrent sagement au bercail donner le lait qui servira à faire le fameux *Pecorino*. Si, dans les années quatre-vingt, le comte Tasca a fait connaître le domaine, son fils Lucio a pris les rênes de celui-ci avec beaucoup de fermeté, conscient de la valeur du patrimoine viticole dont il est le gardien. Propriété vouée initialement à l'agriculture, Regaleali allait en fait devenir un exemple en Sicile, avec l'introduction de la vigne en espalier et la transformation de la cuverie. Celle-ci est une des plus modernes du sud de l'Italie, et les règles d'hygiène et le contrôle des températures sont une préoccupation constante des propriétaires. Inaugurée au cours de la vendange de 1999, la nouvelle cave a été dotée d'un chai de vieillissement digne des plus grands châteaux. Aujourd'hui, si Giuseppe, le fils de Lucio, vit sur le domaine où les Tasca ont fait du bleu la couleur qui pigmente leur quotidien, il veille attentivement à la bonne marche du vignoble en toute simplicité.

LA SICILE EN BREF

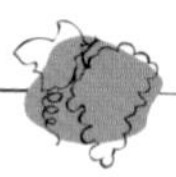

- 133 500 ha de vignes
- 7 260 ha en VQPRD*, dont 4 150 déclarés en l'an 2000[10]
- 19 DOC
- 7 IGT
- L'IGT Sicilia est de plus en plus populaire
- Une œnologie tournée vers l'avenir
- Des vins de plus en plus attrayants
- Un très grand vin : le Marsala

* VQPRD : Vins de qualité produits dans une région déterminée (DOC + DOCG).

10. Les chiffres concernant certaines DOC, dont Etna, Faro et Malvasia delle Lipari, ne sont pas inclus dans ces statistiques.

Aux âmes bien nées, la valeur n'attend pas le nombre des années.
Pas de problème de descendance pour la famille Rallo, de Donnafugata.

S I C I L I A

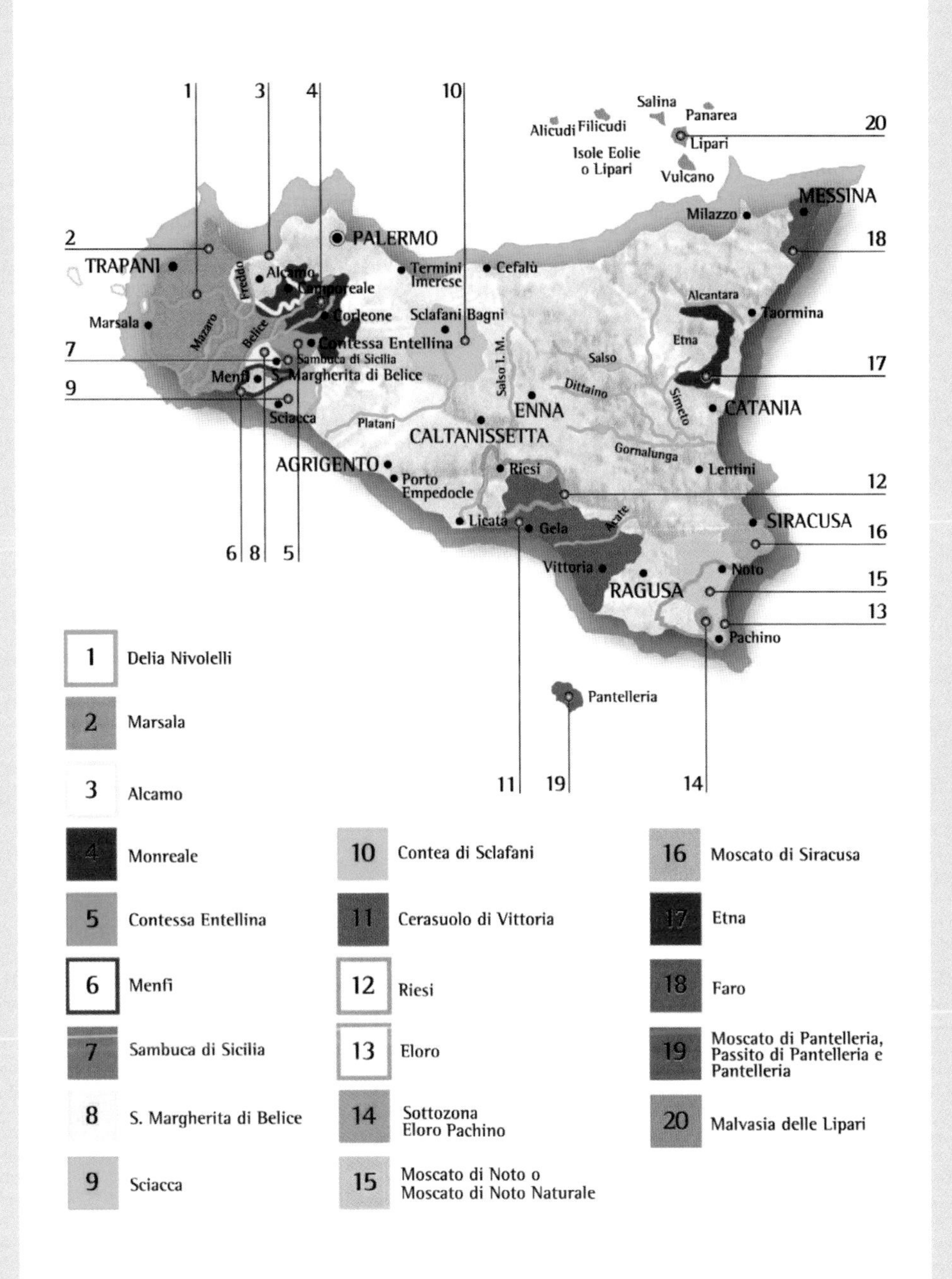

Alicudi
Filicudi
Salina
Panarea
Lipari
Isole Eolie o Lipari
Vulcano
MESSINA
Milazzo
PALERMO
TRAPANI
Alcamo
Camporeale
Termini Imerese
Cefalù
Marsala
Corleone
Sclafani Bagni
Contessa Entellina
Sambuca di Sicilia
Menfi
S. Margherita di Belice
Sciacca
Freddo
Mazaro
Belice
Platani
Salso I. M.
Salso
Dittaino
Alcantara
Taormina
Etna
Simeto
ENNA
CATANIA
CALTANISSETTA
Gornalunga
AGRIGENTO
Porto Empedocle
Riesi
Lentini
Licata
Gela
Acate
SIRACUSA
Vittoria
RAGUSA
Noto
Pachino
Pantelleria
1 Delia Nivolelli
2 Marsala
3 Alcamo
4 Monreale
5 Contessa Entellina
6 Menfi
7 Sambuca di Sicilia
8 S. Margherita di Belice
9 Sciacca
10 Contea di Sclafani
11 Cerasuolo di Vittoria
12 Riesi
13 Eloro
14 Sottozona Eloro Pachino
15 Moscato di Noto o Moscato di Noto Naturale
16 Moscato di Siracusa
17 Etna
18 Faro
19 Moscato di Pantelleria, Passito di Pantelleria e Pantelleria
20 Malvasia delle Lipari

ALCAMO

Située au sud-ouest de Palermo, près du magnifique golfe de Castellammare, la petite ville d'Alcamo donne son nom à cette appellation qui s'étend principalement dans la province de Trapani. Lors de mon premier séjour en Sicile, j'avais adoré conduire sur cette route panoramique qui va de Palermo à Marsala. Celle-ci traverse les vignobles et nous mène parmi des collines bien exposées, propices à la culture du raisin. Les terres argileuses sont parfois trop fertiles et il faut chercher les vins des meilleurs terroirs… et des meilleures maisons. Parmi celles-ci, je tiens à mentionner Francesco Spadafora, qui élabore parmi ses nombreux vins à IGT, un très agréable blanc d'Alcamo issu du cépage Catarratto; ainsi que la Tenute Rapitalà, propriété de Gigi Guarrasi, Sicilienne qui a épousé le comte de la Gatinais (breton originaire de Saint-Malo), qui dirige son vignoble de main de maître. Vouée autrefois au vin blanc, la dénomination Alcamo se décline aujourd'hui en 15 types de vins issus de nombreux cépages différents.

Année du décret: 1999 (1972)
Superficie: 500 ha (870)
Encépagement: B: *Catarratto* (60 % minimum) – Inzolia et/ou Grillo et/ou Grecanico et/ou Chardonnay (40 % maximum) – Autres cépages autorisés (20 % maximum)
R: *Nero d'Avola* (60 % minimum) – Frappato et/ou Perricone et/ou Sangiovese et/ou Cabernet sauvignon et/ou Merlot et/ou Syrah (40 % maximum) – Autres cépages autorisés (10 % maximum)
Rs: Nerello mascalese – Nero d'Avola et tous les autres cépages rouges autorisés

Les autres vins sont élaborés avec 85 % minimum du cépage indiqué sur l'étiquette.

Rendement: B/Rs: 78 hl/ha
Vendange tardive: 52 hl/ha
R: 71,5 hl/ha
Production: 17 200 hl
Durée de conservation: B/Rs: 1 à 2 ans
R: 3 à 6 ans (dépendant du cépage)
Température de service: B/Rs: 8 à 10 °C
R: 16 °C

Bianco: Robe jaune paille avec reflets verts – Agréablement aromatique – Sec, fruité et d'une bonne fraîcheur

Avec 80 % minimum de Catarratto, le vin a droit à la mention ***Classico.*** *Avec des raisins cueillis après le 15 septembre, et 14 % d'alcool, le vin peut porter la mention* ***Vendemmia Tardiva*** (*Vendange Tardive*).

Rosso : En général, d'une couleur intense – Du fruit, de la matière, charnu et plus ou moins tannique dépendant du cépage dominant

Rosato : Rosé sec, vif et fruité

Blancs et rosés peuvent être produits en ***Spumante.***

Müller Thurgau : Curieux de retrouver ici ce cépage d'origine allemande issu du croisement des cépages Riesling et Chasselas (et non de Sylvaner), et donnant un vin sec, très fruité et un peu mou

Pour la description des autres cépages, on peut se référer à la fiche Contea di Sclafani.

Inzolia (appelé aussi **Ansonica**), **Catarratto, Grecanico, Grillo, Chardonnay** et **Sauvignon**

Nero d'Avola (appelé aussi Calabrese), **Cabernet sauvignon, Merlot** et **Syrah**

Voir Contea di Sclafani

Azienda Agricola Spadafora – Azienda Agricola Ceuso – Cantine Foraci – **Cantine Rallo** (Vesco) – Casa Vinicola Torrevecchia – **Tenute Rapitalà – Duca di Castelmonte** (Carlo Pellegrino) – **Firriato** – Pollara (Principe di Corleone) – Rincione – Cantina cooperativa de Paladino

CERASUOLO DI VITTORIA

Cette petite appellation est située sur cinq communes, dans la province de Ragusa. Quatre villages des provinces de Caltanissetta et Catania sont également concernés. Comme son nom l'indique, la couleur du vin (cerasuolo) *ressemble à celle des cerises* (ciliege)*, mais s'agit-il de la rouge ou de la noire ? L'Azienda C.O.S. (sigle issu du nom des fondateurs de la cave : Cillia, Occhipinti et Strano) a ravivé et modernisé cette sympathique dénomination.*

Année du décret : 1992 (1973)
Superficie : 110 ha (150)
Encépagement : *Frappato* et *Calabrese* – Grosso nero/Nerello mascalese (maximum 10 %)
Rendement : 65 hl/ha
Production : 4 900 hl
Durée de conservation : 1 à 2 ans
Température de service : 16-18 °C

Vin rouge uniquement
Généralement rose foncé (parfois rouge intense) – Arômes de fruits rouges et d'épices – Généreux et très fruité – Manque parfois de finesse et de longueur en bouche

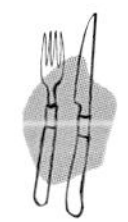

Caponata – *Farsumagru* (viande roulée et farcie) – *Coniglio con olive verdi* (lapin aux olives vertes) – Rôti de veau – Côtelettes d'agneau à la braise – Fromages moyennement relevés

Azienda Agricola C.O.S. – Giuseppe Coria – Cantine Avide Vitivinicola – Maggio – Cantina Valle dell'Acate – Casa Vinicola Torrevecchia – Romolo Buccellato – Poggio di Bortolone – Tenuta del Nanfro

CONTEA DI SCLAFANI

Comme son nom l'indique, cette dénomination se situe dans le comté de Sclafani (Bagni). Elle s'étale sur 11 communes de la province de Palermo et déborde également sur les provinces de Caltanissetta et d'Agrigento. On remarquera que l'appellation autorise de nombreux types de vins, ce qui peut donner le vertige. D'autant plus que vins doux et vendanges tardives font partie de la réglementation. Il sera difficile de se bâtir une réputation avec une telle permissivité…

Année du décret : 1996
Superficie : 110 ha (350)
Encépagement : B : Catarratto et/ou Inzolia et/ou Grecanico (50 % minimum) – Autres cépages autorisés
R : Nero d'Avola et/ou Perricone (50 % minimum) – Autres cépages autorisés
Rs : *Nerello mascalese* (50 % minimum) – Autres cépages autorisés

Les autres vins sont élaborés avec 85 % minimum du cépage indiqué sur l'étiquette.

Rendement : B/Ansonica/Catarratto/Grecanico/Grillo : 78 hl/ha
Rosso et les vins avec indication du cépage : 65 hl/ha
Rs : 71,5 hl/ha
Vendange tardive : 52 hl/ha
Production : 4 100 hl
Durée de conservation : B/Rs : 1 à 2 ans
R : 3 à 6 ans (dépendant du cépage)
Température de service : B/Rs : 8-10 °C
R : 16 °C

Bianco : Robe jaune paille avec reflets verts – Agréablement aromatique – Sec, fruité et d'une bonne fraîcheur
Rosso : Belle couleur intense – Du fruit, de la matière, charnu et moyennement tannique
Rosato : Rosé sec, vif et fruité

*Blancs et rosés peuvent être produits en **Spumante**.*

Inzolia (appelé aussi **Ansonica**) **:** Robe légèrement dorée – Bouquet intense avec des notes d'agrumes – Sec, frais et d'une bonne persistance en bouche
Catarratto : Jaune paille avec des reflets verts – Parfum de pomme – Sec, frais et léger – Petite finale amère
Grecanico : Jaune paille avec des reflets verts – Légèrement aromatique – Sec, souple et d'une bonne vivacité
Grillo : Vin blanc d'une couleur plus ou moins intense – Arômes délicats – Sec et fruité – De la matière en bouche
Chardonnay : Jaune paille doré – Arômes subtils de fruits blancs avec des notes de noisette légèrement beurrées – Sec, souple et d'une bonne longueur
Pinot bianco : Jaune paille, parfois doré – Arômes fruités – Sec et doté d'une bonne souplesse
Sauvignon : Blanc sec, léger et fruité

Ces vins blancs peuvent être produits en Dolce (doux) et en Vendemmia tardiva (vendanges tardives).

Nerello mascalese : Robe grenat intense – Aromatique et capiteux – Des tanins un peu rugueux
Nero d'Avola : Robe foncée – Arômes de fruits mûrs (confitures de prune) et d'épices – Du corps, de la souplesse et beaucoup de fruit en bouche – Saveurs de réglisse en finale

Perricone : Belle robe rubis – Nez de fruits rouges bien mûrs – Structure tannique moyenne
Sangiovese : Rouge fruité aux arômes épicés – Assez souple et moyennement corsé
Cabernet sauvignon : Rouge soutenu – Aromatique (nez de cassis et de poivron) – Charnu et généreux
Pinot nero : Rouge rubis plus ou moins intense – Souple et fruité
Merlot : Robe profonde – Arômes de fruits rouges – Généreux avec de la matière et de la rondeur
Syrah : D'un beau rouge aux reflets violacés – Arômes fruités et épicés (poivre) – Juteux et moyennement tannique

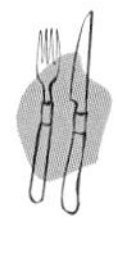

Bianco/Inzolia/Sauvignon/Grillo/Catarratto/Grecanico : *Antipasti di mare* – Calmars frits – Salades de fruits de mer – Pâtes aux fruits de mer – Poissons fumés, grillés ou meunière – Moules marinière – *Involtini* aux aubergines – Escalopes de veau au citron

Chardonnay/Pinot bianco : Pâtes aux fruits de mer – Crustacés et poissons en sauce – Gratin d'aubergine au parmesan – Volaille et viandes blanches en sauce (porc et veau) *Provolone* moelleux

Rosato : Charcuteries – *Spaghetti alla Siracusana* (spaghetti aux légumes divers) – Aubergines farcies

Rosso/Nerello mascalese/Nero d'Avola/Syrah : *Caponata* – *Farsumagru* (viande roulée et farcie) – Viandes rouges braisées – Gibier à poil (civet de lièvre) – Fromages relevés (*pecorino* affiné et *ragusano*)

Sangiovese/Cabernet sauvignon : Canard à l'orange et au Marsala – Côtelettes d'agneau à la braise – Viandes rouges rôties et sautées – Brochettes de bœuf au poivre vert – Gibier à plume – Riz au Marsala et aux champignons
Perricone/Pinot nero/Merlot : Gnocchi au Marsala et aux champignons – Viandes rouges grillées – *Coniglio con olive verdi* (lapin aux olives vertes) – Pâtes avec sauce à la viande – *Osso buco* – Rôti de veau aux champignons – Steak de thon – Volailles rôties – Fromages moyennement relevés

Azienda Agricola Fontanarossa (Cerdése) – **Conte Tasca d'Almerita** (Nozze d'oro)

Une partie de la cave chez le comte Tasca d'Almerita, de Regaleali.

CONTESSA ENTELLINA

Coiffant géographiquement l'appellation Sambuca di Sicilia, la dénomination Contessa Entellina porte le nom de la commune homonyme, située dans la province de Palermo. La très sympathique famille Rallo, qui possède ici 170 ha de vignes[11]*, règne sur cette appellation joliment nichée dans les collines de Belice. Leur propriété s'appelle Donnafugata – textuellement, la femme en fuite – en référence à la reine Maria Carolina, épouse de Ferdinand IV de Bourbon, qui trouva refuge dans cette région en 1806, après avoir été chassée du palais royal à Napoli. C'est au domaine Donnafugata que Giuseppe Tomasi di Lampedusa situa une partie de son fameux roman* Le Guépard. *En plus de ce grand vignoble qu'ils exploitent avec passion et professionnalisme, Giacomo et Gabriella, épaulés par leur fils Antonio et sa sœur José, veillent amoureusement sur leurs vins de Marsala et leurs vignes de Pantelleria (13 ha).*

Année du décret : 1996
Superficie : 66 ha (120)
Encépagement : B : *Ansonica* (50 % minimum) – Catarratto, Grecanico, Grillo, Chardonnay et autres cépages autorisés
R/Rs : Nero d'Avola et/ou Syrah (50 % minimum) – Autres cépages autorisés

Les autres vins sont élaborés avec 85 % minimum du cépage indiqué sur l'étiquette.

Rendement : 78 hl/ha
Production : 3400 hl
Durée de conservation : B/Rs : 2 à 4 ans
R : 5 à 8 ans (dépendant du cépage)
Température de service : B/Rs : 10 °C
R : 16 °C

Bianco : Robe jaune paille avec reflets verts – Agréablement aromatique – Sec, fruité et d'une bonne fraîcheur
Rosso : Belle couleur intense – Du fruit, de la matière, charnu et moyennement tannique
Rosato : Rosé sec, vif et fruité

11 La différence entre cette superficie et celle qui est déclarée en DOC, s'explique par le fait que cette maison élabore également des vins de table et des IGT.

Pour la description des autres cépages, on peut se référer à la fiche Contea di Sclafani.

Ansonica (appelé aussi **Inzolia**), **Grecanico, Chardonnay** et **Sauvignon**

Cabernet sauvignon, Pinot nero et **Merlot**

*Après un vieillissement de deux ans, tous les vins rouges ont droit à la mention **Riserva.***

Description des principaux vins de Donnafugata :

Vigna di Gabri (Ansonica 100 %) : Robe légèrement dorée – Bouquet intense avec des notes d'agrumes – Sec, frais et d'une bonne persistance en bouche – Très agréable

La Fuga (Chardonnay 100 %) : Jaune paille dorée – Arômes subtils de fruits blancs avec des notes de noisette – Sec, souple et d'une bonne longueur – Vin équilibré et d'une très belle élégance

Chiarandà del Merlo (Ansonica et Chardonnay) : Très beau vin blanc sec avec beaucoup de matière et assez généreux

Tancredi (Nero d'Avola et Cabernet sauvignon) : Nez sensuel de mûre et de cerise avec des notes de tabac et d'épices en bouche – Charnu, corsé et persistant

Mille e Una Notte (Nero d'Avola et autres cépages) : Vin rouge foncé – Nez très riche de baies noires bien mûres avec une touche de réglisse en bouche – Généreux et doté de tanins bien enrobés

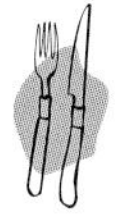

Voir Contea di Sclafani

Tenuta di Donnafugata (voir description des vins ci-contre).

DELIA NIVOLELLI

Cette nouvelle appellation sicilienne correspond à la partie sud de l'aire de production réservée au fameux Marsala. Les communes de Mazara del Vallo, Salemi, Petrosino et Marsala font partie de cette entité géographique où coule sur une courte distance la rivière Delia.

Année du décret: 1998
Superficie: 145 ha (160)
Encépagement: B: Grecanico et/ou Inzolia et/ou Grillo (65 % minimum) - Autres cépages autorisés
R: Nero d'Avola, Perricone, Sangiovese, Merlot, Cabernet sauvignon et Syrah seuls ou en assemblage (65 % minimum) - Autres cépages autorisés
Spumante: Grecanico et/ou Inzolia et/ou Grillo et/ou Chardonnay et/ou Damaschino

Les autres vins sont élaborés avec 85 % minimum du cépage indiqué sur l'étiquette.

Rendement: 81,5 hl/ha
Production: 5 300 hl
Durée de conservation: B: 2 à 3 ans
R: 3 à 6 ans (dépendant du cépage)
Température de service: B: 10 °C
R: 16 °C

Bianco: Robe jaune paille avec reflets verts - Moyennement aromatique - Sec, fruité et d'une bonne vivacité - Peut se faire en Frizzante

Rosso: En général, d'une couleur intense - Du fruit, de la matière, charnu et plus ou moins tannique, dépendant du cépage dominant

Spumante: Lorsque le vin est élaboré avec 85 % d'un seul cépage, celui-ci peut-être mentionné sur l'étiquette

Damaschino: Vin blanc moyennement aromatique - Sec, très souple et fruité

Müller Thurgau: Comme à Alcamo, il est curieux de retrouver ici ce cépage d'origine allemande issu du croisement des cépages Riesling et Chasselas (et non de Sylvaner), et donnant un vin sec, très fruité et un peu mou

Pour la description des autres cépages, on peut se référer à la fiche Contea di Sclafani.

Inzolia (appelé aussi **Ansonica**), **Grecanico, Grillo, Chardonnay et Sauvignon**

Nero d'Avola, Perricone (appelé Pignatello à Trapani), **Sangiovese, Cabernet sauvignon, Merlot** et **Syrah**

*Après un vieillissement de deux ans, les vins rouges ont droit à la mention **Riserva.***

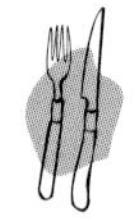

Voir Contea di Sclafani

Carlo Pellegrino - Voir aussi Marsala

ELORO

Au sud de la ville de Noto, et en grande partie commune à l'appellation Moscato di Noto, Eloro est une dénomination inspirée par l'histoire puisque l'on fait référence au site archéologique d'Eloro, situé au bord de la mer. L'aire de production s'étend sur les terroirs des communes de Noto, Portopalo di Capo Passero, Rosolini, Ispica et Pachino. Cette dernière a d'ailleurs droit à sa propre mention, avec le Nero d'Avola comme cépage principal. Incidemment, on passe par Avola en se rendant à Siracusa.

Année du décret : 1994
Superficie : 25 ha
Encépagement : R/Rs : Nero d'Avola, Frappato et Pignatello – Autres cépages autorisés (10 % maximum)
Pachino : *Nero d'Avola* (80 % minimum) – Frappato et/ou Pignatello

Les autres vins sont élaborés avec 90 % minimum du cépage indiqué sur l'étiquette.

Rendement : 71,5 hl/ha
Production : 1 400 hl
Durée de conservation : Rs : 1 à 2 ans
R : 3 à 5 ans
Température de service : Rs : 8-10 °C
R : 16 °C

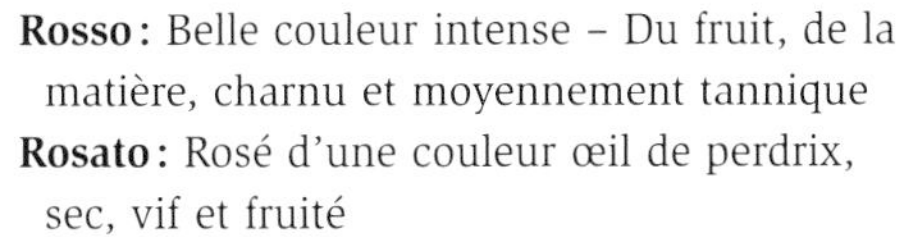

Rosso : Belle couleur intense – Du fruit, de la matière, charnu et moyennement tannique
Rosato : Rosé d'une couleur œil de perdrix, sec, vif et fruité
Nero d'Avola : Robe foncée – Arômes de fruits mûrs (confitures de prune) et d'épices – Du corps, de la souplesse et beaucoup de fruit en bouche
Pignatello (appelé aussi **Perricone**) : Belle robe rubis – Nez de fruits rouges bien mûrs – Structure tannique moyenne
Frapatto : Généralement rouge assez intense – Arômes fruités et épicés – Généreux et très fruité – Ensemble plutôt rustique
Pachino : Voir Nero d'Avola – *Après un vieillissement de deux ans, ce vin a droit à la mention **Riserva**.*

Voir Contea di Sclafani

Assennato Corrado – Azienda Agricola Riofavara – Curto – Cooperativa Elorina (Eloro Pachino)

Cépage Nero d'Avola.

ETNA

Qui n'a pas entendu parler de ce célèbre volcan, point culminant de la Sicile (environ 3 340 m) ? Par son activité sporadique, il nous rappelle qu'il est toujours bien là... Et c'est à l'est de celui-ci, sur les collines qui y sont adossées, que la vigne est cultivée. Une température plus fraîche grâce à une altitude relativement élevée du vignoble, conjuguée à un sol noir d'origine volcanique, autorise une certaine qualité qui ne s'est malheureusement pas généralisée. Pour des excursions aux abords de l'Etna, il faudra prévoir suffisamment de temps afin d'apprécier les différentes végétations, de la plus luxuriante à sa base jusqu'aux cratères secondaires couverts de scories et de pierre ponce. Après la visite des lieux, on ne manquera pas d'aller à Taormina admirer le théâtre grec, flâner dans les jardins et regarder, de la Piazza 9 Aprile, le soleil couchant jouer avec le sommet enneigé de l'Etna.

Année du décret : 1968
Superficie : 1 800 ha environ (500)
Encépagement : R/Rs : *Nerello mascalese* – Nerello mantello – Autres cépages noirs autorisés
B : *Carricante* – Catarratto – Autres cépages blancs autorisés
Rendement : 58,5 hl/ha
Production : 15 000 hl environ
Durée de conservation : R : 3 à 5 ans
B/Rs : 1 à 2 ans
Température de service : B/Rs : 10 °C
R : 16-18 °C

Rosso : Robe grenat intense – Aromatique et capiteux – Tanins parfois rugueux et anguleux
Rosato : Rose clair – Sec, fruité et léger
Bianco : Jaune paille avec des reflets dorés – Sec, léger, fruité et court en bouche

Le Bianco Superiore est issu principalement de Carricante, planté sur la commune de Milo, province de Catania – Il est généralement plus corsé et plus fruité – Un vin intéressant

Rosso : Viandes rouges rôties – *Farsumagru* (viande roulée et farcie) – Civet de lièvre – Fromages relevés (*pecorino* affiné et *ragusano*)
Rosato : Charcuteries – *Spaghetti alla Siracusana* (spaghetti aux légumes divers) – Aubergines farcies
Bianco : *Antipasti di mare* – Pâtes aux fruits de mer – Poissons grillés et meunière

Antichi Vinai – Azienda Benanti – **Barone di Villagrande** – Azienda Vincenzo Russo – **Duca di Castelmonte** (Ulysse – appartient à Carlo Pellegrino) – Etna Rocca d'Api – **Firriato** – Murgo – Tenuta di Castiglione – Tenuta Scilio – Plusieurs caves coopératives

FARO

S'il est une production confidentielle en Sicile, c'est bien celle du Faro. En effet, cette appellation (qui signifie phare) située à la pointe septentrionale de l'île, sur le territoire de Messina, est produite par une poignée de producteurs qui croient encore, contre vents et marées mais à juste titre, à la qualité de leur vin. Comme le dit la chanson : « Allons à Messine pêcher la Sardine... », et l'on pourrait ajouter : « Allons à Faro boire son vino rosso ! »

Année du décret : 1977
Superficie : 4 ha environ
Encépagement : *Nerello mascalese* – Nocera – Nerello cappuccio – Autres cépages autorisés
Rendement : 65 hl/ha
Production : N.C.
Durée de conservation : 1 à 2 ans
Température de service : 16-18 °C

Vin rouge uniquement
Robe rubis – Aromatique – Tanins souples – Bien charpenté, beaucoup de saveurs et long en bouche

Voir Cerasuolo di Vittoria

Azienda Agricola Bagni – Azienda Agricola Palari – Bucca (Duca Farese) – Casa Vinicola Grasso

MALVASIA DELLE LIPARI

Lipari est une des îles Éoliennes, magnifique archipel volcanique situé au nord-ouest de Messina. Cultivée depuis des lustres, cette Malvasia y aurait été introduite par les Grecs. Le vin, original et délicieux, est apprécié depuis toujours – Maupassant en parle dans La vie errante. *En plus de la culture de la vigne et des câpres, on y pratique la pêche et l'on extrait la pierre ponce sur la côte orientale de l'île.*

Année du décret : 1974
Superficie : 20 ha
Encépagement : *Malvasia di Lipari* (principalement)
Rendement : 58,5 hl/ha
Production : N.C.
Durée de conservation : 1 à 2 ans
Température de service : 8-10 °C

Vin blanc uniquement
Robe jaune d'or à ambré – Très aromatique (miel, abricot, agrumes, cire, plantes aromatiques, etc.) – Doux – Riche et opulent

Passito *et* ***Dolce Naturale*** *(18 % minimum) sont issus d'un passerillage et subissent un vieillissement de 9 mois avant la commercialisation. Le* ***Liquoroso*** *(20 % minimum) est issu d'un passerillage plus léger, il est fortifié à l'alcool, puis vieilli 6 mois avant d'être vendu.*

À l'apéritif – Tarte au citron – Écorces d'oranges confites – Glace au miel et aux fruits secs – Gâteau sec aux noisettes

Carlo Hauner – **Barone di Villagrande** – Cantine Colosi – Mimmo Paone

MARSALA

L'amiral Nelson disait que le Marsala « est digne de figurer sur la table de tout gentilhomme ». Il avait certainement raison, même à cette époque. En effet, Marsala (de marsah *et* Allah *qui signifient port de Dieu), célèbre port de la côte ouest de la Sicile, a donné son nom au non moins célèbre vin que l'on déguste aujourd'hui. À l'instar des Xérès, Porto et Madère, ce sont les Anglais qui l'ont fait connaître. Il faut remonter jusqu'en 1773, à l'époque d'un certain John Woodhouse, marchand et armateur qui, pour transporter et protéger son vin, le fortifia à l'alcool. C'est depuis ce temps que l'on pratique le mutage (de diverses façons, avec des eaux de vie de vin ou des mistelles). Bien des types de Marsala sont ainsi élaborés. Il y a d'ailleurs de quoi s'y perdre, même si le législateur a mis de l'ordre dans les années quatre-vingt et en 1995. L'aire d'appellation se trouve à l'intérieur de la province de Trapani, à l'exception de la commune d'Alcamo et des îles qui s'y rattachent.*

Année du décret : 1995 (1969)
Superficie : 2 650 ha (4 400)
Encépagement : Oro/Ambra : Grillo et/ou Catarratto et/ou Inzolia et/ou Damaschino
Rubino : Perricone (Pignatello) et/ou Calabrese (Nero d'Avola) et/ou Nerello mascalese
Rendement : Oro/Ambra : 65 hl/ha
Rubino : 58,5 hl/ha
Autres types : 58,5-65 hl/ha
Production : 93 800 hl

Durée de conservation : 1 à 3 ans
Marsala Vergine/Soleras : 10 à 20 ans
Température de service : Ora/Ambra : 8 °C
Rubino : 16 °C

Oro/Ambra : Suivant les types, du jaune or au jaune ambré – Aromatiques – Du plus sec aux plus doux
Rubino : Robe rubis – Reflets ambrés en vieillissant – Aromatiques – Du plus sec aux plus doux

Cinq grandes familles de Marsala
Marsala Fine : Vieillissement minimum d'un an – Se fait en sec, demi-sec et doux – 17 % d'alcool minimum

Marsala Superiore : Vieillissement minimum de 2 ans – Se fait en sec, demi-sec et doux – 18 % d'alcool minimum – Arômes de vanille, de noix verte, de raisin sec et de noisette grillée

Marsala Superiore Riserva : Vieillissement minimum de 4 ans – 18 % d'alcool minimum – Arômes de fruits séchés (abricot, date, prune)

Marsala Vergine et/ou **Soleras** (voir glossaire) : Vieillissement minimum de 5 ans – 18 % d'alcool minimum – Excellent vin sec avec des notes de vanille et de réglisse en bouche

Marsala Vergine et/ou **Soleras Stravecchio** et/ou **Soleras Riserva :** Vieillissement minimum de 10 ans – 18 % d'alcool minimum – Vins puissants et généralement très élégants

Ces deux derniers types de vins sont légèrement fortifiés et ne se font qu'en sec. Tous ces vins sont vieillis en fût de chêne rouvre (variété de chêne).

Signification des initiales:
SOM = Superiore Old Marsala
LP = London Particular
GD = Garibaldi Dolce
OP = Old Particular
IP = Italy Particular

Même s'il fait officiellement partie des Vini da Tavola *parce qu'il n'a subi aucun mutage, je tiens à mentionner ici l'admirable Vecchio Samperi Riserva Solera de 20 ans, issu du cépage Grillo, du grand et sympathique Marco De Bartoli. Son vin, de couleur ambrée, offre des notes balsamiques, de noix et d'écorce d'orange. Équilibre, élégance et une rare persistance en bouche sont les caractéristiques de ce précieux nectar fait pour la méditation. Le 30 ans, d'une production confidentielle, est réservé aux amis…*

En apéritif (sec et demi-sec) – Canapés de poissons fumés et fromages relevés (sec) – Fruits secs – *Cassata alla Siciliana* et gâteau aux marrons (demi-sec et doux) – Melon frais, desserts aux fruits rouges ou au chocolat (*rubino*)

Les Vergine Riserva, Soleras, Vecchio et Stravecchio s'apprécient seuls à toute heure du jour (et de la nuit…) ainsi qu'avec des fromages à pâte persillée telle que le gorgonzola

Giuseppe Alagna (1947) – Arini (1952) – Fratelli Buffa (1931) – **Marco De Bartoli** (Vigna La Miccia) – Cantine Fici (1945) – **Cantine Florio** (1833) – Francesco Intorcia (1930) – Fratelli Lombardo (1881) – Martinez (1866) – **Carlo Pellegrino** (1880) – **Cantine Rallo** (1860) – De Vita – **Vinci Vini** (1947)
Attention de ne pas confondre sur l'étiquette le millésime avec l'année de création de la maison (indiquée ici entre parenthèses).

En compagnie de Marco de Bartoli.

MENFI

La petite ville de Menfi donne son nom à cette appellation qui s'étend en partie sur les territoires de Sambuca di Sicilia et Sciacca dans la province d'Agrigento, et de Castelvetrano, dans la province de Trapani. Une quinzaine de types de vins différents sont proposés, ce qui peut donner du choix au touriste de passage… et des maux de tête à qui veut les mémoriser.

Année du décret: 1997 (1995)
Superficie: 50 ha (430)
Encépagement: B: Inzolia et/ou Grecanico et/ou Chardonnay (75 % minimum) - Autres cépages autorisés
R: Nero d'Avola et/ou Sangiovese et/ou Merlot et/ou Cabernet sauvignon et/ou Syrah (85 % minimum) - Autres cépages autorisés
Feudo dei Fiori: Chardonnay et/ou Inzolia (80 % minimum) - Autres cépages autorisés
Bonera: Cabernet sauvignon et/ou Nero d'Avola et/ou Merlot et/ou Sangiovese et/ou Syrah (85 % minimum)

Les autres vins sont élaborés avec 85 % minimum du cépage indiqué sur l'étiquette.

Rendement: 78 hl/ha
Chardonnay/Cabernet sauvignon: 65 hl/ha
Vendange tardive: 32,5 hl/ha
Production: 1 850 hl
Durée de conservation: B: 1 à 2 ans
R: 3 à 6 ans (dépendant du cépage)
Température de service: B: 8-10 °C
R: 16 °C

Bianco: Robe jaune paille avec reflets verts - Agréablement aromatique - Sec, fruité et d'une bonne souplesse

*Certains vins blancs peuvent être produits en **Vendemmia tardiva** (vendanges tardives).*

Feudo dei Fiori: Vin blanc d'une couleur plus ou moins intense - Sec et fruité avec de la matière en bouche

Rosso: Belle couleur intense - Du fruit, de la matière, charnu et moyennement tannique
Bonera: Rouge soutenu, fruité et assez généreux

*Après deux ans de vieillissement, ces deux vins rouges ont droit à la mention **Riserva.***

Pour la description des autres cépages, on peut se référer à la fiche Contea di Sclafani.

Inzolia (appelé aussi **Ansonica**), **Grecanico** et **Chardonnay**

Nero d'Avola, Sangiovese, Cabernet sauvignon, Merlot et **Syrah**

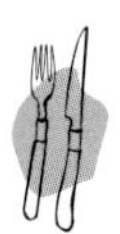

Feudo dei Fiori: *Antipasti di mare* - Pâtes aux fruits de mer - Poissons grillés
Bonera: Viandes rouges grillées
Voir Contea di Sclafani pour les autres vins

Baglio di San Vincenzo - Cantine Settesoli - Voir aussi la DOC Sambuca di Sicilia

MONREALE

Quand on se rend à Palermo, on est à une dizaine de kilomètres de Monreale, et il serait fort regrettable d'ignorer cette petite ville qui domine de ses 310 m la jolie baie palermitaine. En effet, il faut absolument visiter le duomo *construit en 1174, sous Guillaume II. Si l'extérieur est caractérisé par une certaine sobriété, les mosaïques qui couvrent les murs et les voûtes à l'intérieur valent le détour. À côté de ce site, que l'on dit unique en Italie, le magnifique cloître vous invitera à la méditation. Après, il sera toujours temps de se restaurer dans une* trattoria *de la ville avec un repas arrosé de vins gratifiés de la récente appellation Monreale.*

Année du décret : 2000
Superficie : N.C.
Encépagement : B : Catarratto et/ou Inzolia (50 % minimum) – Autres cépages autorisés
R : Nero d'Avola et/ou Perricone (50 % minimum) – Autres cépages autorisés
Rs : Nerello mascalese et Perricone et/ou Sangiovese – Autres cépages autorisés

Les autres vins sont élaborés avec 85 % minimum du cépage indiqué sur l'étiquette.

Rendement : B/R/Rs/Grillo/Inzolia/Catarratto : 78 hl/ha
Chardonnay/Pinot bianco et autres cépages rouges : 65 hl/ha
Vendange tardive : 52 hl/ha
Production : N.C.
Durée de conservation : B/Rs : 1 à 2 ans
R : 3 à 6 ans (dépendant du cépage)
Température de service : B/Rs : 8-10 °C
R : 16 °C

Bianco : Robe jaune paille avec reflets verts – Agréablement aromatique – Sec, fruité et d'une bonne fraîcheur

Les vins blancs peuvent être produits en ***Superiore*** *et en* ***Vendemmia tardiva*** *(vendanges tardives).*

Rosso : Belle couleur intense – Du fruit, de la matière, charnu et moyennement tannique
Rosato : Rosé sec, vif et fruité

Pour la description des autres cépages, on peut se référer à la fiche Contea di Sclafani.

Inzolia (appelé aussi **Ansonica**), **Catarratto, Grillo, Chardonnay** et **Pinot bianco**

Nero d'Avola (appelé aussi **Calabrese**), Perricone, **Sangiovese, Cabernet sauvignon, Pinot nero, Merlot** et **Syrah**

Après deux ans de vieillissement, les vins rouges ont droit à la mention ***Riserva.***

Voir Contea di Sclafani

Voir Alcamo

MOSCATO DI NOTO

Noto, située à l'extrême sud de la Sicile, dans la province de Siracusa, donne son nom à ce Muscat vinifié de diverses façons – trop sans doute – mais bien difficile à se procurer. On ne manquera pas de visiter cette charmante petite ville entièrement reconstruite avec la pierre calcaire aux couleurs de miel de la région, à la fin du XVIIe siècle, à la suite d'un tremblement de terre qui l'avait complètement anéantie.

Année du décret : 1974
Superficie : N.C. (25)
Encépagement : *Moscato bianco*
Rendement : 81 hl/ha
Production : 200 hl
Durée de conservation : 1 an
Température de service : 10 °C

Vin blanc uniquement
Naturale : Jaune paille – Très aromatique – Demi-sec à doux
Spumante : Robe pâle – Aromatique – Demi-sec
Liquoroso : Jaune doré – Aromatique, doux et alcoolisé (ce dernier est fortifié à l'alcool, puis vieilli 5 mois avant d'être vendu ; il doit atteindre 22 % d'alcool minimum)

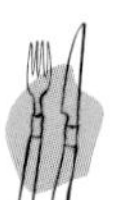

À l'apéritif – Desserts (tartes aux fruits blancs) – Pour la méditation…

Cave expérimentale de Noto – **Duca di Salaparuta** (Corvo) – Cooperativa Elorina

Scène de vendanges.

IUDICO CORPOREUS
ΓΑΒΡΙΗΛ

MOSCATO DI PANTELLERIA

PASSITO DI PANTELLERIA

PANTELLERIA

Plus proche de la Tunisie que de la Sicile (une centaine de kilomètres environ), l'île de Pantelleria est surnommée la « Perle noire de la Méditerranée » à cause de son sol d'origine volcanique. Connue pour sa situation géographique stratégique, mais aussi tout simplement pour la culture des câpres, l'île faisait déjà parler d'elle dans la mythologie romaine. De plus en plus fréquentée par les producteurs siciliens, Pantelleria est dotée d'un vignoble original. Le Zibbibo (ou Muscat d'Alexandrie), chauffé par un soleil intense, donne ici un des plus beaux vins doux d'Italie. C'est le grand vinificateur Marco de Bartoli (voir Marsala) qui m'a fait connaître, avec son magnifique Bukkuram (mot arabe qui signifie « père de la vigne »), les plaisirs de ce vin original. D'autres maisons y produisent également de splendides cuvées telles que le savoureux Ben Ryé de la famille Rallo. Depuis peu, les producteurs peuvent indiquer sur les étiquettes de Moscato et de Passito la mention : vin issu de raisins passerillés au sol. Signe des temps : les membres de la jet set s'intéressent à cette île, et l'acteur Gérard Depardieu vient d'y acquérir quelques hectares de vignes.

Année du décret : 2000 (1971)
Superficie : 480 ha (580)
Encépagement : B : *Zibbibo* (Muscat d'Alexandrie ou Muscat à gros grains – 85 % minimum)
Moscato et Passito : Zibbibo exclusivement
Rendement : Naturale : 45,5 hl/ha
Passito : 28 hl/ha
Production : 9 500 hl
Durée de conservation : 1 à 2 ans
Température de service : Naturale : 10-12 °C
Passito : 8-10 °C

Vin blanc uniquement

Pantelleria bianco : Robe jaune paille, doucereux et léger en alcool – Se fait aussi (hélas ! ?) en Frizzante

Moscato di Pantelleria : Du jaune paille clair au jaune doré – Arômes typiques du cépage – Plus ou moins doux suivant le type : **Naturalmente Dolce** (15 % minimum)

Pantelleria Moscato Liquoroso (21,5 %)
Peut également se faire en mousseux (Pantelleria Moscato Spumante)

Passito di Pantelleria : Vin plus riche et plus concentré avec des notes de miel, de figue et de raisin très mûr : **Naturalmente Dolce** (20 % minimum)

Pantelleria Passito Liquoroso (22 % minimum)

Le Liquoroso est issu d'un passerillage plus léger des raisins, puis est fortifié à l'alcool.

Vendanges de nuit à Pantelleria à la Tenuta di Donnafugata. C'est plus facile pour travailler, car il fait plus frais que le jour et l'on préserve ainsi les arômes du raisin.

Il existe deux autres variantes : le Pantelleria Moscato Dorato et le Pantelleria Zibbibo Dolce (qui est beaucoup plus léger).

Le Bukkuram de De Bartoli est un Passito Naturalmente Dolce. Les grappes rigoureusement sélectionnées sont séchées au sol trois semaines sous le soleil du mois d'août. Puis, les raisins macèrent dans un moût frais et l'ensemble est mis à fermenter doucement jusqu'en décembre. Après un vieillissement de deux ans en fûts de 225 litres, il est prêt à être consommé.

Robe ambrée – Nez superbe de miel, de pain d'épices et de raisin sec – Riche, onctueux et très long en bouche – Merveilleusement équilibré.

À l'apéritif – Fromages persillés – Gâteaux secs et aux amandes – *Cassata alla Sicilia* (dessert au chocolat) – Pour la méditation...

De Bartoli (Cantine Bukkuram) – **Tenuta di Donnafugata** (Kabir – Ben Ryé) – Garche del Barone – Salvatore Murana (Martingana) – **Carlo Pellegrino**

MOSCATO DI SIRACUSA

Siracusa, ou Syracuse, ville chargée d'histoire, est à visiter absolument. Patrie d'Archimède, elle attire les touristes plus pour ses charmes et son site archéologique que pour son vin, qui avait pour ainsi dire disparu. Aujourd'hui, la famille Pupillo en produit quelques centaines de bouteilles pour notre plus grand plaisir.

Année du décret : 1973
Superficie : 0 ha (13)
Encépagement : *Moscato bianco*
Rendement : 49 hl/ha
Production : Pas de déclaration officielle en 2000
Durée de conservation : 1 à 2 ans
Température de service : 10 °C

Vin blanc uniquement
Robe dorée avec des reflets d'ambre – Doux, aromatique et d'une bonne longueur – Ce vin est obtenu avec des raisins qui ont subi un léger passerillage

À l'apéritif – Desserts (tartes aux fruits blancs) – Pour la méditation…

Azienda Agricola Pupillo

RIESI

C'est dans la province de Caltanissetta que les communes de Riesi, Butera et Mazzarino forment un triangle géographique correspondant à l'aire de production de cette nouvelle appellation.

Année du décret : 2001
Superficie : N.C.
Encépagement : B : Inzolia et/ou Chardonnay (75 % minimum)
R : Nero d'Avola et/ou Cabernet sauvignon (80 % minimum) – Autres cépages autorisés
Rs : Nero d'Avola (50-75 %) – Nerello mascalese et Cabernet sauvignon (25-50 %)
Rendement : B : 84,5 hl/ha
R : 71,5 hl/ha — Rs : 78 hl/ha
Rosso Superiore : 58 hl/ha
Spumante/Vendange tardive : 45,5 hl/ha
Production : N.C.
Durée de conservation : B/Rs : 1 à 2 ans
R : 3 à 5 ans
Température de service : B/Rs : 10 °C
R : 16 °C

Bianco : Jaune paille avec des reflets verts – Aromatique – Sec, fruité et souple
*Certains vins blancs peuvent être produits en **Vendemmia tardiva** et en Spumante.*

Rosso : Belle couleur foncée – Fruité, charnu et moyennement tannique
Rosato : Rose plus ou moins intense – Sec, fruité et léger
*Le **Rosso Superiore** est issu du Nero d'Avola (85 % minimum). Après un vieillissement de trois ans il a droit à la mention **Riserva.***

Voir Contea di Sclafani

Voir Cerasuolo di Vittoria

SAMBUCA DI SICILIA

Il ne faut pas confondre le nom de ce village situé au nord de Sciacca, dans la province d'Agrigento, avec la liqueur d'anis Sambuca, italienne elle aussi. Les vignes de cette appellation peu connue sont situées à une altitude supérieure à 200 m, conférant un équilibre au jus des raisins, notamment en ce qui a trait à l'acidité.

Année du décret: 1995
Superficie: 23 ha (30)
Encépagement: B: *Inzolia* (50-75 %) - Catarratto et/ou Chardonnay (25-50 %) - Autres cépages autorisés (15 % maximum)
R/Rs: *Nero d'Avola* (50-75 %) - Nerello mascalese et/ou Sangiovese et/ou Cabernet sauvignon (25-50 %) - Autres cépages autorisés (15 % maximum)

Les autres vins (Chardonnay et Cabernet sauvignon) sont élaborés avec 85 % minimum du cépage indiqué sur l'étiquette.

Rendement: 78 hl/ha
Chardonnay/Cabernet sauvignon: 65 hl/ha
Production: 700 hl
Durée de conservation: B/Rs: 1 à 2 ans
R: 3 à 5 ans
Température de service: B/Rs: 10 °C
R: 16 °C

Bianco: Robe jaune paille avec reflets verts - Agréablement aromatique - Sec, fruité et d'une bonne souplesse
Chardonnay: Jaune paille doré - Arômes subtils de fruits blancs avec des notes de noisette légèrement beurrées - Sec, souple et d'une bonne longueur

Rosato: Rose plus ou moins intense - Sec, fruité et léger

Rosso: Belle couleur foncée - Du fruit, beaucoup de matière, charnu et quelque peu rustique

*Après un vieillissement d'un an, dont six mois en fût de chêne, il a droit à la mention **Riserva**.*

Cabernet sauvignon: Rouge soutenu, aromatique (nez de cassis et de poivron), charnu et généreux

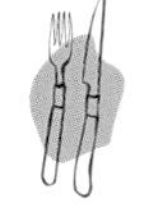

Voir Contea di Sclafani

Azienda Agricola Gaspare Di Prima (Pepita bianco)

SANTA MARGHERITA DI BELICE

Proches de l'appellation Contessa Entellina, les vignobles implantés sur les jolies collines de Montevago et de Santa Margherita di Belice, dans la province d'Agrigento, sont à l'origine de vins intéressants à l'image de ceux produits à Sambuca et dans l'aire de production dénommée Menfi.

Année du décret: 1996
Superficie: 8 ha (25)
Encépagement: B: Inzolia (30-50 %) - Catarratto et/ou Grecanico (50-70 %) - Autres cépages autorisés (15 % maximum)
R: Nero d'Avola (20-50 %) - Sangiovese et/ou Cabernet sauvignon (50-80 %) - Autres cépages autorisés (15 % maximum)

Les autres vins sont élaborés avec 85 % minimum du cépage indiqué sur l'étiquette.

Rendement: 78 hl/ha
Production: 480 hl
Durée de conservation: B: 1 à 2 ans
R: 3 à 5 ans
Température de service: B: 8-10 °C
R: 16 °C

Bianco: Robe jaune paille avec reflets verts - Agréablement aromatique - Sec, fruité et d'une bonne fraîcheur
Inzolia (appelé aussi **Ansonica**): Robe légèrement dorée - Bouquet intense avec des notes d'agrumes - Sec, frais et d'une bonne persistance en bouche
Catarratto: Jaune paille avec des reflets verts - Parfum de pomme - Sec, frais et léger - Petite finale amère
Grecanico: Jaune paille avec des reflets verts - Légèrement aromatique - Sec, souple et d'une bonne vivacité

Rosso: Belle couleur - Du fruit, de la matière, charnu et moyennement tannique
Nero d'Avola: Robe foncée - Arômes de fruits mûrs (confitures de prune) et d'épices - Du corps, de la souplesse et beaucoup de fruit en bouche
Sangiovese: Rouge fruité aux arômes épicés - Assez souple et moyennement corsé

Voir Contea di Sclafani

Cantina Sociale Corbera (Filangeri)

SCIACCA

Sciacca est, paraît-il, la plus ancienne station thermale au monde. Les curistes qui la fréquentent en profitent pour visiter la ville et ses nombreux monuments. En se rendant au sommet du Monte Kronio (398 m) pour profiter d'une vue imprenable, on pourra apprécier les grottes naturelles de Santo Calogero. Et puis la journée se terminera dans un restaurant de la ville basse, près du port (essayez le Ristorante O Scugnizzo). Après le recours aux eaux bienfaisantes de la région, c'est autour d'une cuisine familiale concoctée par la mamma *que l'on fera couler les vins de Sciacca. Avec un verre d'Inzolia en apéritif, de Riserva Rayana sur les* antipasti di mare *et du Nero d'Avola avec le* farsumagru, *on aura l'impression d'être un peu Sicilien.*

Année du décret: 1998
Superficie: 14 ha (50)
Encépagement: B: Inzolia et/ou Catarratto et/ou Grecanico et/ou Chardonnay (70 % minimum) – Autres cépages autorisés
Riserva Rayana: Catarratto et/ou Inzolia (80 % minimum)
R/Rs: Nero d'Avola et/ou Sangiovese et/ou Cabernet sauvignon et/ou Merlot (70 % minimum) – Autres cépages autorisés

Les autres vins sont élaborés avec 85 % minimum du cépage indiqué sur l'étiquette.

Rendement: 78 hl/ha
Rosso Riserva et Riserva Rayana: 65 hl/ha
Production: 560 hl
Durée de conservation: B/Rs: 1 à 2 ans
R: 3 à 5 ans
Température de service: B/Rs: 10 °C
R: 16 °C

Bianco: Robe jaune paille avec reflets verts – Agréablement aromatique – Sec, fruité et d'une bonne fraîcheur
Rosso: Belle couleur intense – Du fruit, de la matière, charnu et moyennement tannique
Rosato: Rosé sec, vif et fruité

Inzolia (appelé aussi **Ansonica**): Robe légèrement dorée – Bouquet intense avec des notes d'agrumes – Sec, frais et d'une bonne persistance en bouche
Grecanico: Jaune paille avec des reflets verts – Légèrement aromatique – Sec et souple
Chardonnay: Jaune paille doré – Arômes de fruits blancs – Sec, souple et d'une bonne longueur
Riserva Rayana: D'un jaune doré intense – Aromatique – Du corps et de la matière

Nero d'Avola: Robe foncée – Arômes de fruits mûrs et d'épices – Du corps, de la souplesse et beaucoup de fruit en bouche
Sangiovese: Rouge fruité aux arômes épicés – Assez souple et moyennement corsé
Cabernet sauvignon: Rouge soutenu, aromatique (nez de cassis et de poivron) – Charnu et assez généreux
Merlot: Belle couleur – Arômes de fruits rouges – Généreux avec de la matière et de la rondeur

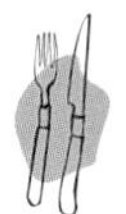

Riserva Rayana: Pâtes aux fruits de mer – Poissons grillés et en sauce (thon, espadon)
Voir Contea di Sclafani pour les autres vins

Cantine Sociali Riunite

INDICAZIONE GEOGRAFICA TIPICA
INDICATION GÉOGRAPHIQUE TYPIQUE
IGT

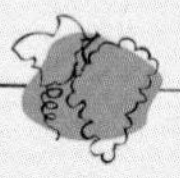

- Camarro
- Colli Ericini
- Fontanarossa di Cerda
- Salemi
- Salina
- **Sicilia**
- Valle del Belice

QUELQUES VINS PARFOIS EXPORTÉS

Bianco

Baccante (Chardonnay 100 %). Belle couleur dorée brillante, sec et d'une bonne rondeur, avec des notes toastées en bouche. IGT Sicilia; *Abbazia Santa Anastasia.*

Bianca di Valguarnera (Inzolia 100 %). D'une belle robe dorée, très aromatique, sec, fruité et puissant. Six mois de fût apportent des parfums de noisettes, mais aussi une note boisée quelque peu marquée. IGT Sicilia; *Duca di Salaparuta.*

Di Vino (Inzolia, Grillo et Chardonnay). Vin sec et fruité, pourvu d'une acidité en équilibre, très agréable. IGT Sicilia; *Azienda Agricola Spadafora.*

Leone d'Almerita (Chardonnay et Inzolia). Beau vin d'une robe dorée, assez aromatique, sec et souple avec de la matière et du fruit. IGT Sicilia; *Tasca d'Almerita.*

Lighea (Ansonica et d'autres variétés en faible pourcentage). Jaune paille, très aromatique, sec et d'une bonne persistance. Un vin excellent. IGT Sicilia; *Donnafugata.*

Nozze d'Oro (Sauvignon 70 % et Inzolia). Un de mes vins blancs préférés de ce domaine. Une belle robe brillante avec des reflets verts, arômes fruités très élégants. Le vin est sec, avec beaucoup de matière, une finale franche et assez longue. IGT Sicilia; *Tasca d'Almerita (depuis 1999, ce vin est classé dans la DOC Contea di Sclafani).*

Regaleali (Catarratto et Inzolia). Bon vin d'une robe brillante, moyennement aromatique, sec, rafraîchissant et agréable. IGT Sicilia; *Tasca d'Almerita.*

Rosso

Accademia del Sole (Nero d'Avola 75 % et Cabernet sauvignon 25 %). Sympathique mariage de ces deux cépages qui s'unissent pour donner un vin aromatique (fruits noirs très mûrs et épices), charnu et savoureux. IGT Sicilia; *Casa Vinicola Calatrasi.*

Cent'Are (Nero d'Avola, Frappato et Cabernet sauvignon). De la couleur, peu de matière et des tanins un peu anguleux. Un vin correct et pas cher. IGT Sicilia; *Duca di Castelmonte (appartient à Carlo Pellegrino).*

Corvo (Nero d'Avola, Perricone et Nerelo mascalese). De la couleur, de la matière et du fruit. Savoureux, pas très long mais pas cher. IGT Sicilia ; *Duca di Salaparuta.*

Custera (Nero d'Avola 50 %, Cabernet sauvignon 30 % et Merlot 20 %). Couleur, matière, tanins compacts et beaucoup de fruits mûrs sont au rendez-vous dans ce vin costaud et un peu cher. IGT Sicilia ; *Azienda Agricola Ceuso.*

Don Pietro (Nero d'Avola 20 %, Cabernet sauvignon 50 % et Merlot). Belle couleur franche, aromatique (fruits noirs très mûrs), charnu, généreux et bien équilibré. IGT Sicilia ; *Azienda Agricola Spadafora.*

Duca Enrico (Nero d'Avola 100 %). Robe foncée, arômes de fruits mûrs (cassis) et d'épices marqués par le bois, puissant et tannique, un peu dur dans sa jeunesse. IGT Sicilia ; *Duca di Salaparuta.*

Il Frappato (Frappato 100 %). Robe rubis, arômes de cerise, très fruité en bouche, avec une acidité quelque peu prononcée. IGT Sicilia ; *Cantina Valle dell'Acate.*

La Segreta (Nero d'Avola 45 %, Merlot et Cabernet sauvignon). Robe grenat, aromatique (baies sauvages), charnu et massif. IGT Sicilia ; *Planeta.*

Litra (Cabernet sauvignon et Nero d'Avola). Robe grenat violacée, aromatique (nez de tabac et de confitures de prune), charnu et généreux. IGT Sicilia ; *Abbazia Santa Anastasia.*

Merlot (100 %). Robe profonde, aromatique (cassis et framboise), généreux avec de la matière et de la souplesse. IGT Sicilia ; *Feudo Principi di Butera.*

Nero d'Avola (100 %). Fruits mûrs et épices enrobés par des notes boisées, du corps et de la souplesse à la fois. IGT Sicilia ; *Zonin.*

Regaleali (Nero d'Avola 90 %, Perricone). Robe rubis foncé, arômes fruités, charnu et généreux-avec beaucoup de saveurs en bouche. IGT Sicilia ; *Tasca d'Almerita.*

Rosso del Conte (Perricone et Nero d'Avola). Rouge coloré, bouqueté et généreux, avec des saveurs de réglisse en finale. IGT Sicilia ; *Tasca d'Almerita.*

Santagostino rosso (Nero d'Avola et Syrah). Rouge d'une bonne intensité, nez de fruits très mûrs (myrtille) et d'épices, tannique, massif et puissant. IGT Sicilia ; *Firriato.*

Schietto (Cabernet sauvignon 100 %). Belle robe foncée et profonde, riches arômes du cabernet associés au boisé apporté par le chêne. Du fruit et des épices en bouche. Beaucoup de corps et d'équilibre. IGT Sicilia ; *Azienda Agricola Spadafora.*

Sedàra (Nero d'Avola 100 %). Beau vin rouge tout en fruit, charnu et d'une bonne longueur. IGT Sicilia ; *Donnafugata.*

Terre d'Agala (Nero d'Avola 70 %, Frappato et Perricone). Robe grenat avec reflets pourpres, aromatique (fruits très mûrs), généreux avec une pointe d'acidité. IGT Sicilia ; *Duca di Salaparuta.*

Torre dei Venti (Cabernet sauvignon 100 %). Robe foncée, d'une bonne structure tannique, généreux avec une certaine élégance. IGT Sicilia ; *Fazio Wines.*

Vigna Virzi (Syrah 80 % et Nero d'Avola). Belle robe assez foncée, aromatique (fruits noirs et épices), charnu et très fruité en bouche. IGT Sicilia ; *Azienda Agricola Spadafora.*

2000
DON PIETRO
DEI PRINCIPI DI
Spadafora
SICILIA INDICAZIONE GEOGRAFICA TIPICA
Vin rouge
Red wine
Produit d'Italie
Product of Italy
Embouteillé à l'origine
Par Az. Agr. Spadafora - Palermo, Italie
750 ml
L1482
14 % alc./vol.

LEONE
D'ALMERITA

№ 2001
BUKKURAM
moscato passito
di Pantelleria d.o.c.
Denominazione di Origine Controllata
vino naturalmente dolce
prodotto a Pantelleria da uve Zibibbo
essiccate al sole
e imbottigliato da Marco De Bartoli
a Samperi - Marsala - Italia
PRODOTTO IN ITALIA
14,5% vol.
Zuccheri 11%
750 ml.

FAMÌLIA PLAIA
Vioca di Plaia
SICILIA
INDICAZIONE GEOGRAFICA TIPICA
VIGNA
Scalabrino
ESPOSIZIONE
Sud

MAGNIFICO
D'istinto

DUCAENRICO
vino da tavola
rosso di Sicilia
CORVO

CANTINE
PELLEGRINO
MARSALA
D.O.C.
FINE
INVECCHIATO
OLTRE 1 ANNO
IN FUSTI DI ROVERE
Prodotto e imbottigliato
negli stabilimenti
di Marsala da
CARLO PELLEGRINO & C. S.p.A.
MARSALA · ITALIA
I.P.
75 cl e ITALIA 17%Vol

ROSSO
DEL CONTE

CEUSO
IMBOTTIGLIATO
ALL'ORIGINE DA
AZIENDA AGR. A MELIA
ALCAMO (TP) ITALIA
CUSTERA
SICILIA
INDICAZIONE GEOGRAFICA TIPICA
NON DISPERDERE IL VETRO NELL'AMBIENTE

DAMASKINO
DONNAFUGATA

TOSCANA

La Toscane

Depuis que je connais cette région, je pense que ce n'est pas un chapitre mais un livre qu'il faudrait consacrer à la Toscane. Cette Toscane fabuleuse qui se permet de vous séduire la première fois que vous la rencontrez, cette Toscane qui vous explique au détour d'un chemin ou dans le cœur d'un village l'histoire italienne, l'histoire viticole, l'histoire tout court.

Si je devais décrire en trois mots cette magnifique région de l'Italie centrale blottie entre la Ligurie, l'Émilie-Romagne, les Marches, l'Ombrie, le Latium et la mer, je dirais sans hésiter vignes, oliviers et cyprès. Ces trois-là semblent d'ailleurs s'entendre comme larrons en foire. Ils sont toujours ensemble.

À la regarder, on dirait que la Toscane est protégée tout naturellement par les Apennins et la mer Tyrrhénienne qui lui sert de miroir, préservant ainsi ses magnifiques collines qui font bien légitimement sa fierté.

Historiquement, les Étrusques, un peuple intelligent installé à cet endroit quelques siècles avant notre ère, avaient fondé bon nombre de villages et de fortifications. D'après les artefacts trouvés, la culture de la vigne semblait faire partie intégrante de leur civilisation. Ils ont aussi laissé leur nom en héritage puisque Toscane vient du latin *Tuscia,* terme qu'utilisaient les Romains pour désigner les habitants de l'Étrurie.

Par la suite les Romains donnèrent un essor important à l'économie viticole ; de nombreux travaux publics furent alors entrepris. Mais la chute de l'Empire romain favorisa plus tard toutes sortes d'invasions – byzantines, germaniques, lombardes et j'en passe – qui anéantirent la région.

Il fallut attendre le tout début du Moyen Âge pour assister à un renouveau, tant sur le plan culturel que sur le plan économique. Le métayage participa pour beaucoup à l'essor du monde agricole. De nombreux témoignages – livres de comptes, poèmes et archives diverses – attestent de l'importance du vin aux XIIe et XIVe siècles. Firenze (Florence) et Siena (Sienne) semblent avoir été des villes déjà très animées. Les tavernes y étaient pour quelque chose, à n'en point douter...

En 1430, la Toscane fut unifiée par les Medici (Médicis) qui firent de Firenze le grand pôle culturel de la Renaissance et qui jouèrent sur la scène politique européenne et mondiale un rôle prépondérant qui ne cessa qu'à la fin du XVe siècle. C'est à cette époque que le vignoble toscan commença à se dessiner avec des zones plus précises comme celle du Chianti. Cette période eut une influence marquante sur les habitudes et les traditions toscanes ; cela se ressent encore aujourd'hui. Firenze ou Lucca, parmi d'autres, sont des musées à ciel ouvert. Les Florentines et les Florentins que je connais, les Lucrezia, Piero, Eleonora et Saverio, semblent être imprégnés de cette culture, de cette aristocratie non condescendante et du sens inné des belles choses et du bon goût. On retrouve d'ailleurs cet esprit chez bon nombre de grands producteurs dans d'autres coins du pays.

Au départ des Médicis, la Toscane, une région toujours très convoitée, connut des fortunes diverses et traversa de nombreuses crises, dont la période napoléonienne à l'issue de laquelle elle fut annexée à l'Empire français.

Enfin, en 1860, après bien des désordres et des insurrections, la Toscane, annexée au Piémont, fut rattachée à l'État italien.

Pendant ce temps, la viticulture toscane avait continué de se développer. Pour contrer la vive concurrence qui existait déjà, la recherche de la qualité était au centre des préoccupations. De précieux écrits datant de 1770 et portant sur les critères qualitatifs de production et sur la conservation du vin dans le but de pouvoir l'exporter en témoignent. L'histoire se répète...

La moitié du territoire toscan est consacrée à l'agriculture. Céréales et cultures maraîchères dans la vallée de l'Arno et du Serchio ; cultures fourragères et betterave à sucre dans les plaines, tabac dans le fond des vallées et, bien sûr, la vigne et les oliviers, omniprésents sur les collines, composent ce paysage toscan en toute harmonie. La surface boisée est aussi très importante et les châtaigniers occupent environ un quart de celle-ci, pour le bonheur des gourmets.

C'est au centre de la région que la vigne s'est répandue, principalement avec le Chianti Classico, entre Siena et Firenze. Autour de cette appellation, tels des satellites, San Gimignano, Montalcino, Montepulciano, Carmignano, Rùfina et Pomino ont donné leurs lettres de noblesse à des vins de plus en plus recherchés. Certes, le Chianti, qui était et reste encore le vin le plus connu et le plus produit, s'est fait connaître partout dans le monde par sa fameuse fiasque recouverte de paille ou de raphia, devenue au fil des ans le symbole du vin d'Italie. Malheureusement, la qualité n'a pas toujours suivi et les producteurs ont dû se raviser. C'est ainsi que la réglementation a été ajustée, non sans mal, à la suite des interventions vigoureuses de producteurs décidés à ne faire que de la qualité, aidés dans cette bataille par de grands œnologues, et cela pour rendre justice à leur terroir. Certains d'entre eux ont combattu avec persévérance, obtenant les résultats que l'on sait, même s'il reste toujours des choses à améliorer. Il faut reconnaître que les règlements établis depuis 10 ans ont changé la donne en ce qui concerne les points suivants: la proportion de raisin blanc autorisée dans l'élaboration des vins rouges, le choix des sélections clonales, les densités de plantation qui ont augmenté, la conduite de la vigne (tailles Guyot simple ou double, cordon Royat), l'ébourgeonnage au printemps et les vendanges en vert en juillet pour diminuer les rendements. Des améliorations ont aussi été apportées à la cave, où l'on a renouvelé la futaille et diminué le temps d'élevage (ou de vieillissement) sous bois, tout en permettant dans certaines appellations l'utilisation de barriques de plus petit volume. Et les résultats sont là: bien des cuvées (du Chianti Classico, de Carmignano ou de Montalcino) à base du grand cépage de l'endroit, le Sangiovese, sont de très belles réussites gorgées de fruits bien mûrs, drapées de tanins soyeux, et dont l'acidité n'a plus l'agressivité d'autrefois.

Pendant ce temps, on a aussi planté de nouveaux cépages. C'est ainsi qu'à la panoplie traditionnelle composée de Sangiovese, de Canaiolo, de Malvasia et de Trebbiano, pour ne citer que ceux-là, se sont ajoutés Cabernets, Merlot, Syrah, Chardonnay, Sauvignon et, depuis peu, le Pinot noir. Leur culture s'est développée à tel point qu'ils peuvent mettre leur grain de sel dans les appellations et changer radicalement le paysage œnologique italien. Ces variétés cultivées depuis des lustres chez le voisin et concurrent français allaient permettre à certains de s'illustrer en élaborant d'autres grands vins dignes de figurer sur les meilleures tables du monde. Affublés du surnom de «Super Toscan», ces fameux *Vini da Tavola* (vins de table) «de luxe» ont certainement influencé les façons de faire et de penser des producteurs italiens. Justice a été rendue, depuis 1995, par l'attribution à la plupart de ces vins du statut d'Indication géographique typique (voir la fin de ce chapitre et celui sur la législation). L'un des bons côtés de cette révolution réside dans le fait qu'on n'a jamais tant vanté, avec raison, les mérites du Sangiovese, les autres cépages ayant ici servi de faire-valoir. Mais il y a une ombre au tableau. À vouloir trop profiter de la manne et d'une réputation que de grands producteurs ont patiemment forgée, on assiste à une inflation galopante des prix et du nombre de cuvées offertes. C'est parfois un peu n'importe quoi, et l'on devra dans les prochaines années assainir ce marché qui ne rend pas justice à tous ceux qui ont été les premiers à se démarquer.

Mais laissons de côté ces considérations bassement matérielles et allons visiter les caves et marcher dans la vigne. Puis, le soir venu, après quelques dégustations et une balade sur le Ponte Vecchio scintillant de ses mille bijoux, ce sera l'heure d'aller goûter et partager dans la meilleure *trattoria* de la ville, la savoureuse cuisine toscane tricotée à l'huile d'olive.

Partons à la rencontre de ceux et celles qui vous accueillent avec tant de classe et de gentillesse. Quelques heures passées avec des personnalités qui ont pour noms Giovanella Stanti, Francesco Ricasoli, Jacopo Biondi Santi, Piero Antinori ou Gianfranco Campione m'ont permis d'apprécier ces lieux où tant de gens, amoureux des belles choses, veulent se retirer. Quand je pense à ces repas paisibles et joyeux pris en compagnie d'Ezio Rivella, au Castello Banfi, et de Paolo di Marchi, au Ristorante Albergaccio di Castellina, il est aisé de comprendre pourquoi, lorsque les yeux fermés et un verre à la main, on écoute un concerto de Tomaso Albinoni dans les caves d'une *fattoria* sympathique. La harpe et le violon vous transportent de caves en collines et vous offrent, en guise d'avertissement amical, cette vérité qui nous rappelle qu'en Toscane, il y a bel et bien un réel danger d'accoutumance !

LA TOSCANE EN BREF

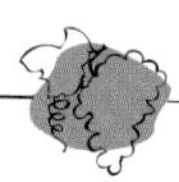

- 63 600 ha de vignes
- 34 400 ha en VQPRD*, dont 26 900 déclarés en l'an 2000
- 6 DOCG
- 34 DOC, dont l'une est commune à une région limitrophe[12]
- 5 IGT
- Une des plus célèbres régions viticoles d'Italie
- Un vin connu dans le monde entier : le Chianti
- Chianti et Chianti Classico représentent à eux seuls 73 % de la production de vin en appellation contrôlée de la Toscane
- Des vins IGT de grande classe

* VQPRD : Vins de qualité produits dans une région déterminée (DOC + DOCG).

12. La DOC Colli di Luni est commune à la Ligurie (voir cette région).

TOSCANA

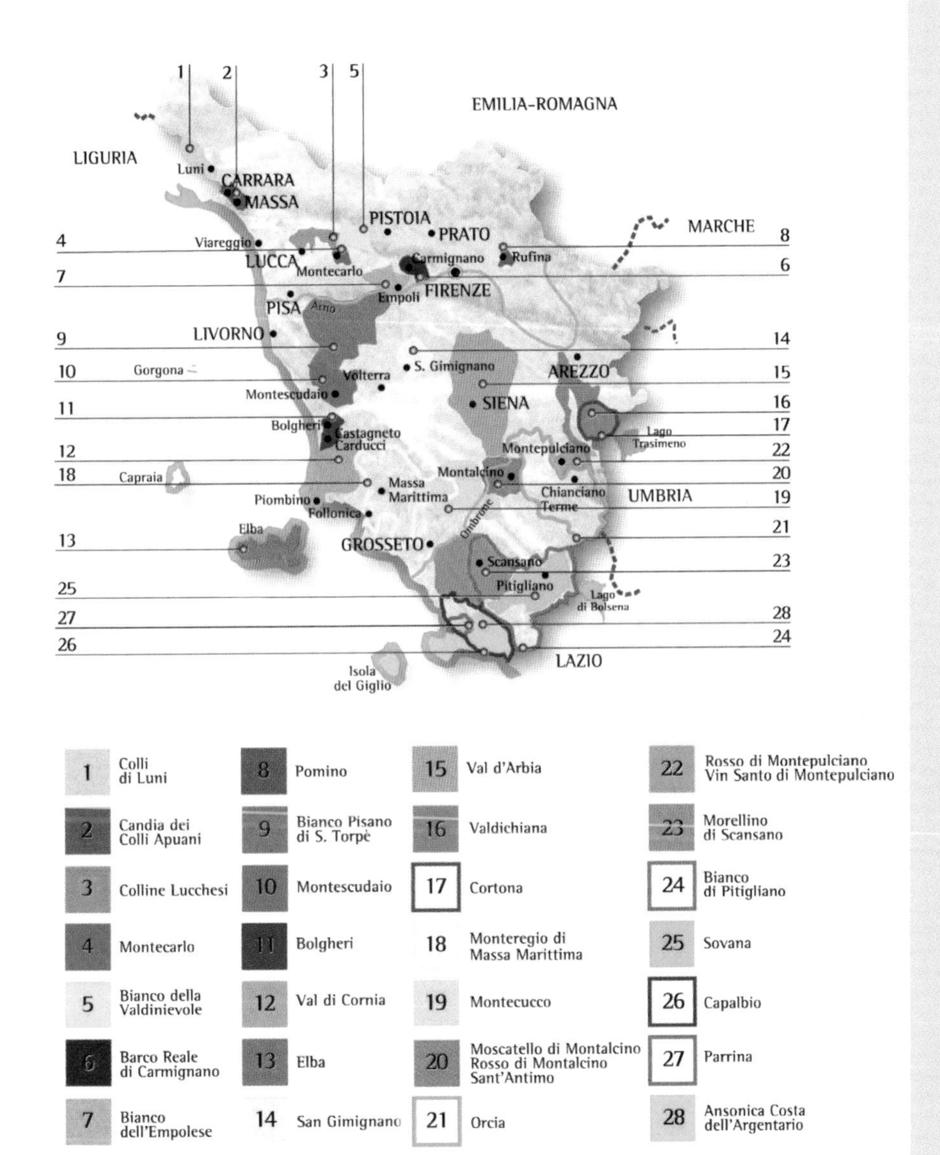

EMILIA-ROMAGNA
LIGURIA
Luni
CARRARA
MASSA
PISTOIA
PRATO
MARCHE
Viareggio
LUCCA
Montecarlo
Carmignano
Rufina
Empoli
FIRENZE
PISA
Arno
LIVORNO
Gorgona
S. Gimignano
AREZZO
Volterra
Montescudaio
SIENA
Bolgheri
Castagneto Carducci
Lago Trasimeno
Montepulciano
Capraia
Montalcino
Massa Marittima
Piombino
Chianciano Terme
UMBRIA
Follonica
Elba
GROSSETO
Ombrone
Scansano
Pitigliano
Lago di Bolsena
LAZIO
Isola del Giglio
1 Colli di Luni
2 Candia dei Colli Apuani
3 Colline Lucchesi
4 Montecarlo
5 Bianco della Valdinievole
6 Barco Reale di Carmignano
7 Bianco dell'Empolese
8 Pomino
9 Bianco Pisano di S. Torpè
10 Montescudaio
11 Bolgheri
12 Val di Cornia
13 Elba
14 San Gimignano
15 Val d'Arbia
16 Valdichiana
17 Cortona
18 Monteregio di Massa Marittima
19 Montecucco
20 Moscatello di Montalcino Rosso di Montalcino Sant'Antimo
21 Orcia
22 Rosso di Montepulciano Vin Santo di Montepulciano
23 Morellino di Scansano
24 Bianco di Pitigliano
25 Sovana
26 Capalbio
27 Parrina
28 Ansonica Costa dell'Argentario

ANSONICA COSTA DELL'ARGENTARIO

C'est dans l'extrême sud de la Toscane, commune aux appellations Capalbio et Parrina, que cette DOC tire son nom à la fois du cépage cultivé et de cette côte d'argent très jolie à découvrir. Manciano, Ortobello et Capalbio peuvent en partie revendiquer cette dénomination, ainsi que les communes de Monte Argentario et celles situées sur l'île del Giglio. La vigne est plantée sur des coteaux bien exposés sous un soleil de plomb, mais la mer joue un rôle régulateur non négligeable.

Année du décret : 1995
Superficie : 60 ha (66)
Encépagement : *Ansonica* (85 % minimum)
Rendement : 71,5 hl/ha
Production : 3 600 hl
Durée de conservation : 1 an
Température de service : 8-10 °C

Vin blanc uniquement
Robe jaune paille – Arômes fruités très nets – Sec et pourvu d'une acidité moyenne

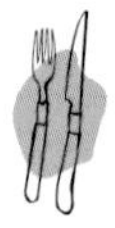

À l'apéritif – *Antipasti del mare* – Poissons grillés et marinière – Coquillages (moules et huîtres)

Tenuta La Parrina – Cantina sociale di Capalbio

BARCO REALE DI CARMIGNANO

ROSATO DI CARMIGANO

VIN SANTO DI CARMIGNANO

C'est avec une certaine émotion que je suis retourné à la Villa Capezzana, et cela pour plusieurs raisons. Ma première visite, en 1991, m'avait en effet permis de connaître les Contini Bonacossi, une famille attachante qui avait eu la gentillesse de m'héberger. J'y avais aussi découvert, en plus des vins de Carmignano, les secrets du Vin Santo et de l'huile d'olive. Enfin, Ugo Bonacossi, en francophile convaincu, m'avait demandé de vérifier la qualité du français de ses documents vantant les mérites du terroir. Je me suis plié à cet exercice avec beaucoup de plaisir, d'autant que j'avais accès à une foule de détails, historiques pour la plupart, me permettant de remonter loin dans le temps. Eux qui avaient déjà bataillé pour la reconnaissance de leur Carmignano (voir p. 350), tenaient à ce que les autorités transforment le Barco Reale, simple Vino da Tavola, *en appellation respectée. C'est maintenant chose faite… les Medici, qui ont longtemps fait de ce domaine une de leurs résidences de chasse préférées, peuvent reposer en paix. Tout près, la grande ville de Prato est connue pour le rayonnement international que lui procure son industrie textile. Son enceinte fortifiée est à visiter.*

Année du décret : 1998
Superficie : 160 ha (220)
Encépagement : Barco Reale/Rosato : *Sangiovese* (50 % minimum) – Canaiolo nero (20 % maximum) – Cabernet franc et/ou Cabernet sauvignon (10-20 %) – Trebbiano et/ou Malvasia bianca et/ou Canaiolo bianco (10 % maximum) – Autres cépages autorisés (10 % maximum)
Vin Santo : Trebbiano et Malvasia (75 % minimum)
Vin Santo Occhio di Pernice : *Sangiovese* (50 % minimum) – Autres cépages blancs et rouges autorisés
Rendement : 65 hl/ha
Production : 2 390 hl
Durée de conservation : Barco Reale : 3 à 5 ans
Rosato : 1 an
Vini Santi : 5 à 8 ans
Température de service : Barco Reale : 16-18 °C
Rosato : 8-10 °C
Vini Santi : 10-12 °C

Barco Reale di Carmignano : Robe rubis intense – Aromatique (fruits très mûrs, cassis, épices) – Tanins assez souples – Bonne acidité et beaucoup de fruit en bouche – Corsé et élégant à la fois

Rosato di Carmignano : Rosé d'une bonne intensité – Sec, vif et fruité à souhait

Vin Santo di Carmignano : Robe d'une couleur dorée à ambrée, avec de légers reflets orangés – Arômes miellés intenses – Acidité en équilibre, avec en bouche des saveurs d'abricot et de fruits secs – Moelleux et onctueux, mais se fait aussi en sec – Fait habituellement la queue de paon (s'ouvre en bouche et dure longtemps)

Vin Santo di Carmignano Occhio di Pernice* : Rose intense avec des reflets d'un jaune doré – Très aromatique – Doux, fruité et rond
* *Occhio di Pernice signifie œil de perdrix, (en référence à la couleur).*

Pour les vini santi, *vieillissement minimum de trois ans en* caratelli *(petits fûts de bois) et de quatre ans pour le* ***Riserva.***

Barco Reale di Carmignano : Terrine de gibier – Poulet sauté aux morilles – Magret et confit de canard – Viandes rouges grillées – *Bistecca alla fiorentina* – Carré d'agneau aux herbes – Fromages moyennement relevés

Rosato di Carmignano : Charcuteries – Pâtes à la sauce rosée – *Spaghetti alla carbonara* – *Penne all' arrabiata* – Tagliatelles au *prosciutto* – Viandes grillées – Fromages peu relevés

Vin Santo di Carmignano : À l'apéritif – Desserts (tartes aux fruits – gâteaux secs aux amandes et au miel) – *Biscottini di Prato* – *Panforte di Siena* (gâteau aux fruits confits et aux amandes) – Pour la méditation…

Vin Santo di Carmignano Occhio di Pernice : Gratin de fruits rouges – Biscuit aux amandes et au cacao – Crème brûlée – *Tiramisu* – Tarte aux groseilles et à la réglisse – Sorbets aux fruits rouges

Voir Carmignano

BIANCO DELLA VALDINIEVOLE

Surnommée « vallée des fleurs » parce que Pescia est reconnue pour sa floriculture, la Valdinievole est une jolie région située entre Firenze et Pisa, et collée à l'appellation Montecarlo. Les terrains, légèrement ondulés et bien exposés, sont de nature argileuse, ce qui explique sans doute qu'on avait autrefois coutume de cultiver aussi des cépages à vin rouge. Mais le blanc l'a emporté par ses qualités exquises et rafraîchissantes, dit-on, et ce n'est pas parce que c'est dans les parages que Carlo Lorenzini, dit Collodi, l'auteur de Pinocchio, a vu le jour, qu'il faudrait prendre les gens de l'endroit pour de fieffés menteurs. Pourtant, la vérité est tout autre, et les rendements toujours trop élevés ne peuvent garantir la qualité à laquelle on est en droit de s'attendre. Pistoia, tout à côté, est à visiter, notamment pour son duomo *et sa* piazza.

Année du décret : 1976
Superficie : 30 ha (37)
Encépagement : *Trebbiano* (70 % minimum) – Malvasia bianca, Canaiolo bianco et Vermentino (25 % maximum) – Autres cépages autorisés
Rendement : 84,5 hl/ha
Production : 1 160 hl
Durée de conservation : 1 an
Température de service : 8-10 °C
Vin Santo : 10-12 °C

Vin blanc uniquement
Jaune doré pâle – Sec, vif et léger – Parfois légèrement pétillant

Vin Santo : Se fait en Dolce (doux), Amabile (demi-sec) et Secco (sec)

Le vieillissement obligatoire dans les caratelli *(petits fûts de bois) est de trois ans.*

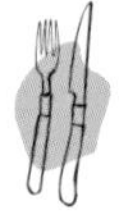

Antipasti – Pâtes fraîches aux œufs – Poissons grillés (turbot) et meunière (truite aux amandes) – *Tortino di carciofi* (omelette aux cœurs d'artichauts) – *Pecorino toscano* frais

Vin Santo : Voir Barco Reale

Tenuta del Poggio

BIANCO DELL'EMPOLESE

La petite ville d'Empoli, à 20 km à l'ouest de Firenze, donne son nom à cette DOC méconnue qui s'ajoute à la ribambelle de vins blancs dont le Trebbiano a fait des boissons sans vice ni vertu. Plutôt ennuyant. Heureusement qu'il y a le Vin Santo... *quand il est bien fait. Parmi les sept communes qui ont droit à cette appellation, Vinci est plus connue pour le grand Leonardo qui y a vu le jour en 1452 que pour ses vignes.*

Année du décret : 1989
Superficie : 86 ha (175)
Encépagement : *Trebbiano* (80 % minimum)
Rendement : 78 hl/ha
Production : 4 000 hl
Durée de conservation : 1 an
Vin Santo : 3 à 5 ans
Température de service : 8-10 °C
Vin Santo : 10-12 °C

Vin blanc uniquement
Jaune pâle – Assez neutre – Sec et léger

Vin Santo : Se fait en sec ou en moelleux – *Le vieillissement obligatoire dans les caratelli (petits fûts de bois) est de trois ans.*

Voir Bianco della Valdinievole

Fattoria di Piazzano – Fattoria Montellori

BIANCO DI PITIGLIANO

L'époque étrusque nous renseigne mieux que l'époque romaine sur cette étrange ville de Pitigliano. Dressée au sommet d'un rocher de tuffeaux (tuf calcaire) et avec ses habitations et ses caves troglodytiques, elle fait penser à la région française de Vouvray, en Touraine. Connu depuis longtemps par les marchands qui en faisaient le commerce, le blanc de cette région était difficile à conserver lorsqu'il quittait ses caves fraîches et profondes. Aujourd'hui, les techniques de vinification adoptées depuis une dizaine d'années permettent à ce vin plutôt neutre et rustique de mieux tenir le coup. Forte production de vins kascher dans la région.

Année du décret : 1990 (1966)
Superficie : 530 ha (1 020)
Encépagement : *Trebbiano* (50-80 %) – Greco et/ou Malvasia bianca et/ou Verdello (20 % maximum) – Grechetto, Chardonnay, Sauvignon et autres cépages (15 % maximum)
Rendement : 81 hl/ha
Production : 35 100 hl
Durée de conservation : 1 an
Température de service : 8-10 °C

Vin blanc uniquement
Robe jaune paille avec des reflets verts – Sec, léger et frais

Peut se faire en ***Superiore*** *et en* ***Spumante.***

Voir Bianco della Valdinievole

La Stellata (Lunaia) – Bargagli – Cantina cooperativa di Pitigliano

BIANCO PISANO DI SAN TORPÈ

San Torpè est un des saints patrons de la ville de Pisa. L'histoire raconte que le corps décapité de l'héroïque centurion, mort en l'an 68, dériva en barque jusqu'à la côte française, là où se trouve aujourd'hui Saint-Tropez... Quoi qu'il en soit, ce valeureux martyr a aussi légué son nom à ce vin blanc bien simple qui provient en grande partie de Trebbiano cultivé sur les collines, au sud-est de la ville à la tour penchée.

Année du décret: 1997 (1980)
Superficie: 160 ha (300)
Encépagement: *Trebbiano* (75 % minimum)
Rendement: 78 hl/ha
Production: 5 800 hl
Durée de conservation: 1 an
Vin Santo: 3 à 5 ans
Température de service: 8-10 °C
Vin Santo: 10-12 °C

Vin blanc uniquement
Jaune paille – Sec, vif et léger

Vin Santo: Se fait en sec ou en moelleux

Vieillissement minimum de trois ans en caratelli *(petits fûts de bois) et de quatre ans pour le **Riserva**.*

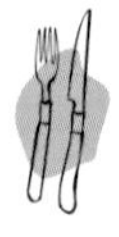

Voir Bianco della Valdinievole

Fratelli Salvadori – **Torre A Cenaia** – Fattoria di Piedvilla – Fattoria di Sant'Ermo – Fattoria Usigliano del Vescovo – Fattoria di Sassolo – **Fattoria Uccelliera**

BOLGHERI

BOLGHERI SASSICAIA

Bolgheri, petite ville située tout près de la mer, se trouve sur cette pittoresque route qui relie de ses cyprès majestueux la Voie Aurélienne à l'ancien bourg, de San Guido à Bolgheri. Quel plaisir d'aller goûter sur place les nobles cuvées de Sassicaia en compagnie du propriétaire qui vous explique dans les moindres détails son parcours de vigneron. Car c'est certainement grâce à la famille de Nicolò Incisa della Rochetta (et à son cousin Piero Antinori) que tout a commencé à Bolgheri. Son père, Mario, éleveur de chevaux, était en relation avec les Rothschild de Bordeaux, et c'est cette amitié qui permit au Cabernet sauvignon d'être introduit dans cette région dans les années cinquante. Les deux grands œnologues Tachis et Peynaud s'en sont mêlés, et on connaît la suite. Avec le Tignanello d'Antinori, la voie aux grands crus italiens était ouverte. Dans la foulée, Ornellaia, Solaia et beaucoup d'autres vins de table toscans ont suivi, avec le succès que l'on sait (voir la section IGT à la fin de ce chapitre). L'autre exploit du marquis della Rochetta est d'avoir fait passer son vin de simple Vino da Tavola *à la DOC, tout en l'intégrant au terroir de Bolgheri, avec son fameux Cabernet comme matière première. Aujourd'hui, d'autres producteurs sérieux réussissent à faire de cette appellation une des plus respectées de l'Italie; je pense à Michele Satta et, bien entendu, à la famille Antinori. Signe des temps: Les Mondavi (célèbres producteurs californiens) se sont portés acquéreur de la Tenuta dell'Ornellaia (à découvrir prochainement: le Serre Nuove, deuxième vin de la grande cuvée Ornellaia). Évidemment, la surface cultivée a triplé en 10 ans seulement et la production suit la même courbe ascendante, même si les rendements sont raisonnables.*

Année du décret: 1994 (1984)
Superficie: 300 ha (392)
Encépagement: R/Rs: Cabernet sauvignon (10-80 %) – Merlot et Sangiovese (10-70 %) – Autres cépages autorisés (30 % maximum)
B: Trebbiano, Vermentino et Sauvignon (10-70 %) – Autres cépages autorisés (30 % maximum)
Vin Santo Occhio di Pernice: *Sangiovese* (50-70 %) – Malvasia nera (30-50 %)
Sassicaia: *Cabernet sauvignon* (80 % minimum)

Les autres vins sont élaborés avec 85 % minimum du cépage indiqué sur l'étiquette.

Rosso et Rosato représentent 67 % de la production.

Rendement: B: 65 hl/ha
R/Rs/Vin Santo Occhio di Pernice: 58,5 hl/ha
Rosso Superiore: 52 hl/ha
Sassicaia: 39 hl/ha
Production: 10 230 hl
Durée de conservation: B/Rs: 1 à 2 ans
R: 3 à 5 ans
Sassicaia: 10 à 12 ans
Vin Santo: 5 à 8 ans
Température de service: B/Rs: 8-10 °C
R/Sassicaia: 16-18 °C
Vin Santo: 10-12 °C

Bolgheri Bianco: Jaune de couleur paille – Nez discret – Sec et léger
Sauvignon: Blanc sec, vif et très fruité
Vermentino: Blanc sec et aromatique – tout à fait agréable
Bolgheri Rosato: Jolie couleur rose saumon – Sec – Vif et fruité
Bolgheri Rosso: Le cabernet sauvignon, dépendant de la quantité utilisée, donne ici des vins colorés, charnus et aux tanins bien mûrs. Le Merlot apporte rondeur et souplesse et le Sangiovese des notes confiturées et épicées
Après un vieillissement de 26 mois, dont au moins 12 en barrique et 6 en bouteille, le vin a droit à la mention ***Superiore.***

Bolgheri Sassicaia (21 %): Grand vin rouge d'une couleur profonde et chatoyante – Nez de fruits très mûrs, légèrement vanillé, prenant des senteurs de venaison, de cuir et de tabac en vieillissant – Le vin est charpenté, avec des tanins bien enrobés, de la matière et une acidité en équilibre – Beaucoup de classe, de finesse et d'élégance

Bolgheri Vin Santo Occhio di Pernice: Voir Barco Reale

Bolgheri Sassicaia: Magret de canard – Filet de bœuf au Madère – Tournedos, sauce aux truffes noires – Pintadeau rôti – Gigot d'agneau – Noisettes de chevreuil
Bolgheri bianco/Vermentino et Sauvignon: Voir Bianco della Valdinievole
Rosso/Rosato/Bolgheri Vin Santo Occhio di Pernice: Voir Barco Reale

Antinori (Guado al Tasso, Tenuta Belvedere, Vigneto Scalabrone) – Ceralti – Vincenzo di Vaira – Podere Grattamacco – Le Colonne – Le Macchiole – **Tenuta dell'Ornellaia** – **Michele Satta** (Piastraia) – **Tenuta San Guido** (Sassicaia)

BRUNELLO DI MONTALCINO

DOCG

La Toscane et peut-être même toute l'Italie vitivinicole ne seraient pas ce qu'elles sont aujourd'hui sans ce vin qui fait habituellement l'unanimité chez les amateurs et les connaisseurs. La région de collines dans laquelle se trouve la pittoresque ville médiévale de Montalcino, au sud de Siena, ressemble sur la carte à un carré bien dessiné et sa renommée est rattachée, par cépage interposé, à un homme dont la famille perpétue aujourd'hui le savoir-faire. En effet, désireux de planter un cépage résistant aux maladies, et idéalement bien adapté à des sols pour la plupart argilo-calcaires, le jeune Ferruccio Biondi-Santi sélectionna dans les années 1870 un clone de Sangiovese (aujourd'hui appelé Brunello) qui fit merveille dans les millésimes 1888 et 1891. Ainsi naquit officiellement une appellation dont les nuances varient en fonction de l'endroit et des maisons qui la produisent. Celles-ci, de plus en plus nombreuses, font de gros efforts pour atteindre une qualité qui s'est améliorée grâce aux nouvelles dispositions de la réglementation. Le vieillissement obligatoire en fût est moins long et l'utilisation de petites barriques est autorisée. Mais il y a un revers à cette belle médaille : tout le monde, aujourd'hui, veut planter de la vigne à Montalcino, dont la surface cultivée est passée de 60 à 1400 ha en 30 ans. Et puis le vin paraît très cher, quand la qualité déçoit. Aussi faut-il être vigilant dans ses choix. On pourra toujours ouvrir un Rosso di Montalcino ou une bouteille de Sant'Antimo (voir p. 368 et p. 371) ; il s'en fait de très bons…

Année du décret: DOC: 1966
DOCG: 1998 (1980)
Superficie: 1 425 ha (1 470)
Encépagement: *Sangiovese grosso* (Brunello)
Rendement: 52 hl/ha
Production: 66 000 hl
Durée de conservation: 8 à 10 ans et plus
Température de service: 16-18 °C

Vin rouge uniquement

Robe riche et profonde – Arômes floraux marqués de fruits rouges et de poivre, qui se transforment en vieillissant en bouquet intense de sous-bois, d'épices, de cuir et parfois de réglisse – Tannique, charnu et riche en matière – Long en bouche, il offre aussi une bonne acidité qui lui donne du relief

Vieillissement sous bois obligatoire de deux ans et quatre mois en bouteille. Après un vieillissement total de cinq ans (mais deux ans seulement en fût, et au moins six mois en bouteille), il a droit à la mention ***Riserva.***

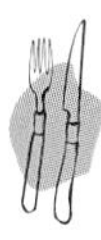

Viandes rouges avec sauce relevée – Rognons de veau à la moutarde – Gibier à plume (faisan farci aux noix) et à poil (filet de sanglier au vin rouge, civet de chevreuil, sauce aux myrtilles) – Fromages relevés (*pecorino toscano* affiné quelques années)

Altesino – **Antinori** (Pian delle Vigne) – Argiano – **Biondi Santi** (Il Greppo, Villa Poggio Salvi) – Caprili – Casanova di Neri (Tenuta Nuova) – **Castello Banfi** – Castello di Camigliano (appartient à Rocca delle Macciè) – Ciacci Piccolomini d'Aragona – Donatella Cinelli Colombini – Col d'Orcia – **Fattoria dei Barbi** – Fattoria Poggio di Sotto – Lisini (Ugolaia) – **Marchesi de Frescobaldi** (Castelgiocondo) – Mastrojanni – Agostina Pieri – **Pieve Santa Restituta** (Sugarille – appartient au piémontais Angelo Gaja) – Poggio Antico – Quercecchio – Sesti – Val di Suga (Vigna del Lago) – **San Felice** (Campogiovanni) – **Tenuta Caparzo** (Vigna La Casa) – Tenuta Il Poggione – **Tenute Silvio Nardi** (Vigneto Manachiara) – **Fattoria Uccelliera**

CANDIA DEI COLLI APUANI

Sans doute influencé par la toute proche Ligurie, le Candia dei Colli Apuani, qui tire son nom de la chaîne des Apennins, est élaboré en grande partie avec le Vermentino, beaucoup plus populaire dans la région de Genova. Mais c'est certainement pour son marbre (de Carrare) que cette région est reconnue, car ses vins ont dans l'ensemble de quoi laisser plutôt indifférent. Malgré une densité de plantation assez élevée et un rendement raisonnable à l'hectare, la grande qualité n'est toujours pas au rendez-vous.

Année du décret : 1997 (1981)
Superficie : 32 ha (38)
Encépagement : *Vermentino* (70-80 %) – Albarola (10-20 %) – Trebbiano et Malvasia (20 % maximum)
Rendement : 58,5 hl/ha
Production : 1 390 hl
Durée de conservation : 1 an
Température de service : 8-10 °C

Vin blanc uniquement
Jaune paille moyennement aromatique – Se fait en sec et en demi-sec, avec à la clé un peu de gaz carbonique (*frizzante*)

Le nouveau décret permet aussi l'élaboration de Vin Santo.

À l'apéritif – *Antipasti* – *Fagioli toscanelli con tonno* (salade de thon aux haricots blancs) – Coquillages et crustacés – Poissons grillés et meunière

Mario Marchetti – Podere Scurtarola

La Fattoria Nittardi à Castellina in Chianti.

CAPALBIO

Jouxtant le parc naturel de la Maremma, l'aire de production Capalbio englobe en grande partie la DOC Ansonica Costa dell'Argentario et touche les appellations Bianco di Pitigliano et Morellino di Scansano. Il s'agit encore d'une récente DOC à tiroirs, avec la possibilité pour les vignerons de produire sept types de vins, et la quasi-certitude de donner un mal de tête au consommateur qui veut s'y retrouver. Fort heureusement, le risque est limité puisque ces vins ne sont pas vraiment exportés.

Année du décret: 1999
Superficie: 75 ha (270)
Encépagement: R/Rs: *Sangiovese* (50 % minimum) – Autres cépages autorisés
B/Vin Santo: *Trebbiano* (50 % minimum) – Autres cépages autorisés

Les autres vins sont élaborés avec 85 % minimum du cépage indiqué sur l'étiquette.

Rendement: B: 75 hl/ha
R/Rs: 71,5 hl/ha
Production: 4 800 hl
Durée de conservation: B/Rs: 1 à 2 ans
R: 3 à 5 ans
Vin Santo: 5 à 8 ans
Température de service: B/Rs: 8-10 °C
R: 16-18 °C
Vin Santo: 10-12 °C

Rosso: Beaucoup de fruit au nez – Moyennement tannique et très souple

*Avec un vieillissement minimum de deux ans, dont six mois en fût de chêne, ce vin a droit à la mention **Riserva**.*

Cabernet sauvignon: Rouge charpenté et moyennement tannique
Sangiovese: Rouge grenat – Arômes floraux et fruités avec un peu d'épices en rétro-olfaction – Assez tannique et corsé – Bonne présence acide

Rosato: Rosé sec, léger et fruité

Bianco: Vin sec, léger et assez rafraîchissant
Vermentino: Jaune paille moyennement aromatique – Sec et léger
Vin Santo: Robe d'une couleur dorée à ambrée, avec de légers reflets orangés – Arômes miellés intenses – Moelleux et onctueux – Se fait parfois en sec

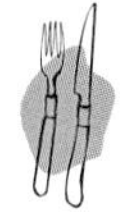

Voir Barco Reale et Carmignano
Bianco: Voir Bianco della Valdinievole et Pomino

Cantina sociale di Capalbio

CARMIGNANO

DOCG

La récente appellation Barco Reale (voir p. 340) m'a amené à parler de la Tenuta di Capezzana et de la famille qui l'habite. En fait, c'est en se rendant du côté de Prato, à 25 km à l'ouest de Firenze, que l'on rencontre Beatrice, Benedetta, Filippo et leurs parents, unis depuis des décennies pour faire connaître le Carmignano. Car cette appellation aurait continué à se fondre dans celle du Chianti di Montalbano et nous n'aurions pas la chance, aujourd'hui, d'explorer ce joli coin de Toscane si le comte Ugo Contini Bonacossi n'avait pas cru en son terroir. Il faut dire qu'il y avait matière à le défendre, quand on sait que les vins de Carmignano, précisément, étaient déjà appréciés aux XVe et XVIe siècles par les Medici (Médicis), qui avaient fait de cet endroit leur terrain de chasse favori. Pour avoir séjourné à la Villa Capezzana, construite elle aussi par les Medici, c'est avec beaucoup de plaisir et de respect, que j'ai goûté les vins, que j'ai écouté le père et le fils Vittorio me parler de leurs produits, que j'ai exploré les caves souterraines comme les salons Renaissance, et que j'ai fermé les yeux afin de m'imprégner un instant de quelques morceaux d'histoire. Et puisque le Cabernet était déjà là à la fin du XVIIIe siècle, sous le nom de Uva francesca, on s'est arrangé pour que celui-ci fasse partie de la législation, même si le Sangiovese reste le cépage de base. Les dernières règles ont d'ailleurs confirmé et augmenté sa présence, tout en réduisant la proportion de cépages blancs. Ajoutez à cela un sol caillouteux fait de marnes calcaires et de schistes argileux, sous des collines bien exposées (nous sommes au pied des monts Albano) qui profitent d'un climat propice à une bonne maturation (malgré des nuits froides et des pluies irrégulières), et l'on n'est pas loin de la première qualité. C'est ainsi que, avec patience, persévérance et de multiples efforts, les producteurs ont obtenu en 1990 la DOCG pour leur Carmignano Rosso Riserva. Le décret de 1998 s'applique au Carmignano Rosso comme au Riserva.

Année du décret: DOC: 1975
DOCG: 1998 (1990)
Superficie: 72 ha (98)
Encépagement: *Sangiovese* (50 % minimum) – Canaiolo nero (20 % maximum) – Cabernet franc et/ou Cabernet sauvignon (10-20 %) – Trebbiano, Canaiolo bianco et Malvasia (10 % maximum) – Autres cépages rouges (10 % maximum)
Rendement: 52 hl/ha
Production: 2 100 hl
Durée de conservation: R: 6 à 8 ans
Riserva: 10 à 15 ans
Température de service: 16-18 °C

Vin rouge uniquement
Robe profonde d'une bonne intensité – Bouquet de fruits très mûrs et de vanille, avec en vieillissant des notes d'épices et de café – De la concentration avec des tanins serrés et une acidité moyenne – Bonne longueur en bouche pour ce vin fin et élégant

Vieillissement obligatoire de 18 mois, dont 8 mois en barrique. Le ***Riserva*** *doit subir un vieillissement de 3 ans, dont 12 mois en barrique, à partir du 29 septembre, jour de la Saint-Michel et fête de Carmignano.*

Viandes rouges grillées – *Bistecca alla fiorentina* – Filet de bœuf au Madère – Carré d'agneau aux herbes – Pintadeau rôti – Noisettes de chevreuil – Filet de cerf aux griottes – *Pecorino toscano* légèrement affiné

Fattoria Ambra – Fattoria Artimino – Fattoria Il Poggiolo – Le Farnete – Piaggia – **Tenuta di Capezzana** (Villa di Capezzana, Trefiano)

Magnifique paysage, typique de la Toscane.

CHIANTI

CHIANTI CLASSICO

DOCG

Si le Chianti n'existait pas, sans doute aurait-il fallu l'inventer! Car que serait l'Italie sans ce vin qui lui a servi et qui lui sert encore d'ambassadeur dans le monde entier? Si c'est au Moyen Âge que l'on commença à associer ce vin vermeil à la célèbre Toscane, c'est au XVIIe siècle qu'on le baptisa à tout jamais du nom de Chianti. Plus tard, cependant, au XIXe siècle, son histoire commença vraiment avec les principes établis par le baron Bettino Ricasoli, concernant principalement les cépages utilisés, les modes de culture et la vinification. Après bien des essais assez malheureux, on est revenu à certaines de ces règles qui, il faut l'avouer, avec celles mises en place dernièrement, donnent de nos jours de bons résultats, et plus particulièrement dans le Chianti Classico.

Si la zone viticole du Chianti est la plus vaste de toutes celles de l'Italie, le premier terroir, et sans doute le plus intéressant, est situé dans les collines entre Firenze et Siena. On le dénomme Chianti Classico. La Toscane, dans sa splendeur et sa simplicité, rayonne ici par la magie de ses villages, de ses vieux bourgs, de ses villas, de ses châteaux et de ses domaines ornés de vignes et d'oliviers. Puis le vignoble s'est étendu un peu partout, si bien qu'il a fallu le diviser en sept zones qui ont aujourd'hui droit à leur propre appellation, et par le fait même à leur différence (même si ce n'est pas toujours bien marqué). Par conséquent, les sols sont très variés, le plus souvent marno-calcaires, schisteux et argileux, et le climat est inégal. Bref, on ne peut pas dire que tout cela soit très homogène. Du simple Chianti souvent dilué qu'on trouve encore dans sa fiasque enveloppée de raphia au Chianti Classico Riserva élaboré avec soin et provenant d'un excellent terroir, il y a tout un monde. Pourtant, on a fait l'erreur de les mettre tous à égalité en leur accordant sans distinction la fameuse DOCG. Après mon dernier passage dans la région et moult dégustations de Classico, je peux dire que ces vins ont fait des progrès remarquables; on en trouve beaucoup d'excellents. Dommage cependant que les prix montent en flèche… Attention danger!

Année du décret: DOC: 1967
DOCG: 1997 (1984)
Superficie: 19 200 ha (23 750)
Près de 29 % pour le Classico
Encépagement: *Sangiovese* (75-100 %) – Canaiolo nero (10 % maximum) – Trebbiano et/ou Malvasia bianca (10 % maximum) – Autres cépages rouges (10 % maximum)
Chianti Classico: Même encépagement mais le pourcentage des cépages blancs est de 6 % maximum – Autres cépages rouges (15 % maximum). Changements à très court terme: le minimum de Sangiovese va passer à 80 %, et le maximum d'autres cépages rouges à 20 %, car à partir de 2005 inclusivement, il sera interdit d'utiliser des cépages blancs.

Rendement: Chianti: 58,5 hl/ha
Chianti avec sous-zones: 52 hl/ha
Chianti Superiore et Chianti Classico: 49 hl/ha
Production: 1 000 000 hl
Durée de conservation: Chianti: 2 à 5 ans
Classico: 5 à 7 ans
Classico Riserva: 8 à 10 ans
Température de service: 16-18 °C

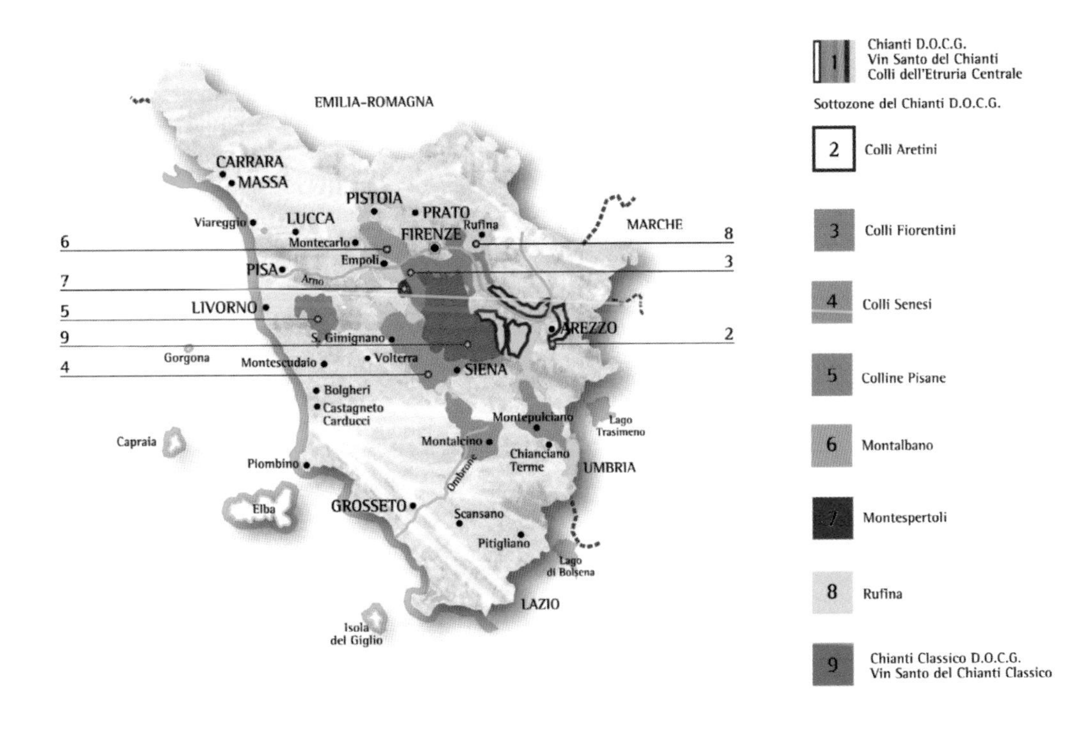

Vin rouge uniquement
Description basée sur un Chianti Classico. Celui-ci représente environ 25 % de la production totale du Chianti.
Robe rubis intense – Arômes floraux (violette), fruités, parfois de confitures, d'épices et de torréfaction – Bonne structure tannique, avec une acidité mieux nuancée qu'autrefois – Bonne charpente qui n'empêche pas une certaine élégance

Le Chianti Classico d'aujourd'hui vieillit mieux et sa couleur reste jeune et vive plus longtemps. Le bouquet offre des notes de cuir, de sous-bois et de réglisse avec du tabac, du poivre et parfois du goudron en rétro-olfaction. Les tanins sont plus souples, et il est charnu et long en bouche.

Vieillissement minimum d'un an. Avec un degré d'alcool minimum de 12,5 %, un vieillissement de deux ans en fût et trois mois en bouteille (après le 1er janvier de l'année qui suit celle de la vendange), le Chianti Classico a droit à la mention ***Riserva.***

Le simple Chianti est produit parfois selon la méthode du governo *(ajout d'une petite quantité de moût issu de raisins séchés et concentrés, et mis à fermenter dans le vin nouveau). Cette technique s'applique à des vins rarement exportés.*

Les autres zones d'appellation du Chianti :
Chianti Colli Aretini : Autour de la ville d'Arezzo
Chianti Colli Fiorentini : Au sud de Firenze, autour de la zone Classico
Chianti Colli Senesi : Au sud-ouest du Classico, au nord-ouest de Siena, jusqu'à San Gimignano
Chianti Colline Pisane : Au sud de Pisa, confondue avec la DOC Bianco Pisano di San Torpè
Chianti Montalbano : Chevauche en partie la zone de Carmignano
Chianti Montespertoli : Autour du village du même nom, à une quinzaine de kilomètres au sud-ouest de Firenze
Chianti Rùfina : La plus petite, à l'est de Firenze, et certainement la meilleure des sept

Tous ces vins (Chianti et Chianti suivis d'une zone géographique précise) ont droit, sous certaines conditions, d'être commercialisés en ***Superiore*** *et en* ***Riserva.***

Chianti Classico : *Bistecca alla fiorentina* (bifteck mariné et grillé) – Bœuf braisé au vin rouge – Pappardelles au canard – Canard braisé au vin rouge – Rôti de veau au vin rouge – *Osso buco* – Gibier à plume (faisan farci aux noix – pigeonneaux aux cèpes et aux girolles) et à poil (râble de lièvre au genièvre, filet de sanglier au vin rouge, filet de daim, sauce épicée) – Fromages relevés (*pecorino* ou *parmigiano* affinés)

Chianti Classico : Antinori (Badia a Passignano, Villa Antinori, Pèppoli) – Agricoltori del Chianti Geografico – **Badia a Coltibuono** – **Barone Ricasoli** (Brolio, Castello di Brolio, Rocca Guicciarda) – Borgo Salcetino (appartient à Livon) – **Borgo Scopeto** (Misciano – appartient à Tenuta Caparzo) – **Carpineto** – Casa Emma – **Casaloste** – **Castellare di Castellina** (Vigna Il Poggiale) – **Castello Banfi** – **Castello d'Albola** (appartient à Zonin) – **Castello dei Rampolla** – **Castello di Ama** – Castello di Bossi – Castello di Cacchiano – Castello di Gabbiano – **Castello di Fonterutoli** (Brancaia) – **Castello di Meleto** – Castello di Querceto – Castello di Verrazzano – **Castello di Volpaia** – Castello Vicchiomaggio – **Cecchi** (Messer Pietro di Teuzzo) – Cennatoio – **Dievole** (Duemila, Novecento) – Fassati – Fattoria della Aiola – Fattoria di Felsina (Berardenga, Rancia) – Fattoria La Massa – Fattoria La Ripa – Fattoria Le Filigare – Fattoria San Giusto a Rentennano – **Fontodi** (Vigna del Sorbo) – **Isole e Olena** – Lamole di Lamole (Campolungo) – Machiavelli – Melini (La Selvanella) – **Nittardi** – **Podere Capaccia** – Podere Il Palazzino – Poggio al Sole – **Querciabella** – Rocca del Maciè (Riserva di Fizzano) – Rocca di Castagnoli (Poggio A'Frati) – **Ruffino** (Aziano, Riserva Ducale, Tenuta Santedame) – San Felice (Poggio Rosso, Il Grigio) – San Leonino – **Tenuta di Nozzole** (La Forra – appartient à Ambrogio et Alberto Folonari) – Tenuta Il Corno – **Tenuta Sant'Alfonso** (appartient à Rocca del Maciè) – **Villa Vignamaggio** (Castello di Vitigliano, Monna Lisa) – Villa Cafaggio – **Villa Cerna** (appartient à Cecchi)

Chianti Colli Aretini : San Fabiano – Villa Cilnia – Villa La Selva

Chianti Colli Fiorentini : Castello di Poppiano – Castelvecchio – Fattoria Liliano – Lanciola – La Cipressaia – Tenuta Il Corno – Uggiano

Chianti Colli Senesi : Avignonesi – Fattoria Il Paradiso – Guicciardini Strozzi – Nottola – Poliziano – Tenute Silvio Nardi (Vigneto Manachiara)

Chianti Colline Pisane : Badia di Morrona – Fattoria di Piedivilla – Usigliano del Vescovo

Chianti Montalbano : Fattoria di Artimino – Fattoria Il Poggiolo – **Tenuta di Capezzana**

Chianti Montespertoli : Sonnino

Chianti Rùfina : Castello del Trebbio (Lastricato) – Fattoria di Grignano – **Fattoria Selvapiana** – Galiga e Vetrice – **Marchesi de'Frescobaldi** (Castello di Nipozzano, Montesodi) – Spalletti – Villa di Colognole

Plusieurs des maisons citées en Chianti Classico font partie du consortium de défense « Gallo Nero » représenté par un coq noir, symbole de la paix ou de la guerre, selon les légendes, entre Siena et Firenze, deux républiques qui se disputaient au Moyen Âge le contrôle de cette région de cocagne. L'illustration collée autour du goulot de la bouteille est bien connue des œnophiles. Mais à l'issue d'un procès intenté il y a quelques années par la méga- entreprise californienne Gallo, celle-ci a réussi à faire interdire au groupement de faire paraître à l'exportation la mention *gallo* (qui signifie coq) qui accompagne l'emblématique animal. Décision ridicule et incroyable. Quoi qu'il en soit, le *consorzio* du Gallo Nero, qui regroupe 80 % de tous les producteurs qui ont droit à l'appellation, exercera à long terme un contrôle important sur les règles de production du Chianti Classico.

COLLI DELL' ETRURIA CENTRALE

Cette appellation très régionale, générique diraient certains, permet aux producteurs de Chianti de produire avec les mêmes cépages des vins blancs dans des proportions différentes des rouges, des rosés et des Vini Santi. *Malgré les dernières règles prescrites afin de moderniser cette DOC, je ne vois pas ce qu'elle peut apporter de plus, d'autant que les IGT donnent aux vignerons une latitude non négligeable et intéressante à exploiter. Elle aura au moins le mérite de glorifier par sa dénomination l'influence du peuple étrusque…*

Année du décret : 1997 (1990)
Superficie : 210 ha (825)
Encépagement : B : *Trebbiano* (50 % minimum) – Malvasia, Pinot bianco, Pinot grigio, Chardonnay, Sauvignon et Vernaccia (50 % maximum) – Autres cépages autorisés (25 % maximum)
Vin Santo : *Trebbiano* (70 % minimum)
Vin Santo Occhio di Pernice : *Sangiovese* (50 % minimum)
Rosso/Rosato : *Sangiovese* (50 % minimum) – Canaiolo nero – Cabernets, Merlot et Pinot nero (50 % maximum) – Autres cépages autorisés (25 % maximum)
Rendement : 78 hl/ha
Production : 5 000 hl
Durée de conservation : B/Rs : 1 an
R : 2 à 4 ans
Vini Santi : 3 à 5 ans
Température de service : B/Rs : 8-10 °C
Rosso : 16-18 °C
Vini Santi : 10-12 °C

Bianco : Couleur paille – Arômes discrets de pomme – Sec, fruité et léger
Rosato : Jolie couleur – Sec, vif et fruité
Rosso : Vin rouge aux arômes de fruits, très légèrement épicés – Souple et moyennement corsé
Vin Santo/Vin Santo Occhio di Pernice : Voir Barco Reale

Voir Barco Reale
Bianco : Voir Bianco della Valdinievole

Badia di Morrona – Fattoria Lavacchio

Le colmatore *que l'on voit habituellement sur les foudres toscans. Du verbe* colmare, *qui signifie combler ou remplir jusqu'au bord.*

COLLINE LUCCHESI

Comme son nom l'indique, cette appellation est située sur les douces collines qui entourent Lucca, ville d'art et d'histoire, protégée par ses vieilles fortifications. Connue depuis des siècles pour son économie prospère grâce à l'agriculture et à la viticulture en particulier, cette région s'était fait remarquer par le pape Paul III (1534-1549) pour la qualité de ses crus. Les gens de l'époque auraient certes bien du mal à reconnaître tous ces vins que la nouvelle réglementation permet de produire aujourd'hui. Ville splendide s'il en est, Lucca est une cité qui a gardé de somptueux vestiges de son passé: des palais et des églises dont le Duomo et la Chiesa di San Frediano, avec à la clé promenades sur les remparts et dans les ruelles qui vous ramènent quelques siècles en arrière.

Année du décret: 1995 (1968)
Superficie: 135 ha (160)
Encépagement: R/Vin Santo Occhio di Pernice: *Sangiovese* (45-70 %) - Canaiolo nero et/ou Ciliegiolo (30 % maximum) - Merlot (15 % maximum) - Autres cépages autorisés

B/Vin Santo: *Trebbiano* (45-70 %) - Greco, Grechetto, Vermentino et Malvasia (45 % maximum) - Chardonnay et/ou Sauvignon (30 % maximum) - Autres cépages autorisés

Les autres vins sont élaborés avec 85 % minimum du cépage indiqué sur l'étiquette.

Rendement: 65 hl/hl
Production: 5400 hl
Durée de conservation: B: 1 à 2 ans
R: 3 à 5 ans
Vini Santi: 5 à 8 ans

Température de service: B: 8-10 °C
R: 16-18 °C
Vini Santi: 10-12 °C

Rosso: Beau rouge grenat - Nez discret de fruits rouges - Pas très corsé et d'une bonne souplesse
Merlot: Rouge souple et fruité
Sangiovese: Rouge grenat - Arômes floraux et fruités avec un peu d'épices en rétro-olfaction - Assez tannique et corsé - Bonne présence acide

*Après un vieillissement minimum de deux ans, les rouges ont droit à la mention **Riserva.***

Vin Santo Occhio di Pernice*: Rose intense avec des reflets d'un jaune doré - Très aromatique - Doux, fruité et rond
** Occhio di Pernice signifie œil de perdrix (en référence à la couleur).*

Bianco: Jaune pâle - Nez peu expressif - Sec, frais et léger
Sauvignon: Blanc sec et très fruité
Vermentino: Jaune paille moyennement aromatique - Sec et léger
Vin Santo: Robe d'une couleur dorée à ambrée, avec de légers reflets orangés - Arômes miellés intenses - Moelleux et onctueux

Pour les vini santi, *vieillissement minimum de trois ans en* caratelli *(petits fûts de bois).*

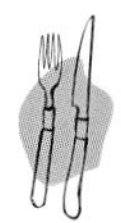

Voir Barco Reale et Carmignano
Bianco: Voir Bianco della Valdinievole et Pomino

Fatorria Colle Verde - Fattoria di Fabbiano - Tenuta di Valgiano - Tenuta Maria Teresa

CORTONA

Au sud d'Arezzo, dans l'est de la Toscane, Cortona est une petite ville médiévale qui a vu naître plusieurs artistes peintres et architectes renommés dont Pietro da Cortona. Ses origines étrusques lui donnent une profondeur et une richesse qu'elle sait partager avec ses visiteurs. À cet égard, plusieurs monuments, églises et musées valent le détour si l'on s'intéresse à l'art en général. À la fin d'une bonne journée à marcher dans cette jolie cité ceinte de remparts, on ira se restaurer et goûter les nombreux vins que la DOC permet de produire.

Année du décret : 1999
Superficie : 135 ha (170)
Encépagement : Rosato : *Sangiovese* (40-60 %) – Canaiolo nero (10-30 % maximum) – Autres cépages autorisés (30 % maximum)
Vin Santo Occhio di Pernice : *Malvasia nera* (80 % minimum)
Vin Santo : Trebbiano, Grechetto, et Malvasia (80 % minimum)

Les autres vins sont élaborés avec 85 % minimum du cépage indiqué sur l'étiquette.

Rendement : B : 65 hl/ha
R/Rs : 58,5 hl/ha
Production : 6 200 hl
Durée de conservation : B/Rs : 1 à 2 ans
R : 3 à 5 ans
Vini Santi : 5 à 8 ans
Température de service : B/Rs : 8-10 °C
R : 16-18 °C
Vini Santi : 10-12 °C

Rosato : Rosé sec, léger et fruité

Chardonnay/Pinot bianco : Blancs secs et souples
Sauvignon : Blanc sec et très fruité
Grechetto : Blanc sec, vif et léger
Riesling italico : Blanc sec et moyennement fruité

Merlot : Rouge souple et fruité
Cabernet sauvignon : Rouge charpenté et moyennement tannique
Gamay : Rouge très léger et fruité
Pinot nero : Rouge fruité aux tanins arrondis
Sangiovese : Rouge grenat – Arômes floraux et fruités avec un peu d'épices en rétro-olfaction – Assez tannique et corsé
Syrah : Rouge coloré, tannique et assez corsé

Vin Santo/Vin Santo Occhio di Pernice : Voir Vin Santo p. 380

Bianco : Voir Val d'Arbia
Vin Santo/Rosato : Voir Barco Reale
R : Voir Rosso di Montalcino

Voir Valdichiana

ELBA

La petite île d'Elbe a aussi son vignoble bien à elle et conduit sa vigne dans la pure tradition toscane. Depuis quelques années pourtant, les vignerons ont changé quelque peu leur façon de faire. Optant pour des terrains à mi-colline, ils abandonnent en effet le difficile travail en terrasses. Je laisse ici à Napoléon Bonaparte, de passage à l'île d'Elbe, le soin de commenter la qualité de ces vins (je précise que ces propos n'engagent que lui) : « les habitants de l'Elbe sont forts et sains parce que le vin de leur île donne force et santé. »

Année du décret : 1994 (1967)
Superficie : 115 ha (133)
Encépagement : B/Spumante/Vino Santo : *Trebbiano* (50 % minimum) – Ansonica et Vermentino (50 % maximum) – Autres cépages autorisés (20 % maximum)
R/Rs/Vin Santo Occhio di Pernice : *Sangiovese* (60 % minimum)
Aleatico/Moscato bianco : 100 % du cépage indiqué
Ansonica : *Ansonica* (85 % minimum)
Rendement : B : 52 hl/ha
R/RS : 45,5 hl/ha
Aleatico/Moscato : 39 hl/ha
Production : 4 650 hl
Durée de conservation : B/Rs : 1 à 2 ans
R : 3 à 5 ans
Vini Santi : 5 à 8 ans
Température de service : B/Rs : 8-10 °C
R : 16-18 °C
Vini Santi : 10-12 °C

Bianco : Jaune paille parfois trop prononcée – Sec et tendant à l'oxydation – Les méthodes d'élaboration d'aujourd'hui permettent de produire des vins plus modernes, légers, vifs et rafraîchissants – Se fait aussi en Spumante
Ansonica : Robe jaune paille – Arômes fruités très nets – Sec et pourvu d'une acidité moyenne – On produit aussi du Ansonica Passito
Moscato bianco : Vin blanc doux très aromatique et généreux
Rosato : Rosé sec, léger et fruité

Rosso : Rubis clair – Arômes de fruits – Peu de tanins et moyennement corsé

Avec un degré d'alcool de 12,5 % et un vieillissement de 2 ans, dont 12 mois en fût et 6 mois en bouteille, ce vin a droit à la mention ***Riserva.***

Aleatico : Robe grenat violacé intense – Très aromatique (rappelant le muscat) – Doux, très généreux et capiteux, ce vin est élaboré avec des raisins séchés après la cueillette

Vin Santo/Vin Santo Occhio di Pernice : Voir Vin Santo p. 380

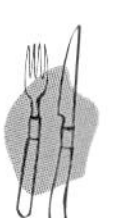

Voir références à Val di Cornia

Acquabona – Acqua Calda – Cecilia – La Chiusa – Mola – Montefico – Sant'Antonio – Sapere

MONTECARLO

Non, il ne s'agit pas des vins du célèbre casino ! En fait, Montecarlo est un très joli village haut perché entre Lucca et la Valdinievole, dans le nord de la Toscane. Il donne son nom aux vins produits sur ces sols particulièrement caillouteux et graveleux. À en croire les écrits, vieux et récents, tous les papes (ou presque) ont donné leur bénédiction à ces vins pour lesquels un certain cardinal en aurait même perdu son anneau, par « excès d'indulgence »... Quoi qu'il en soit, beaucoup de cépages incongrus dans ce paysage, mais certains rouges peuvent réserver des surprises agréables.

Année du décret : 1994 (1969)
Superficie : 180 ha (200)
Encépagement : B/Vin Santo : *Trebbiano* (40-60 %) – Sémillon, Pinot grigio, Pinot bianco, Sauvignon, Roussane et Vermentino (40-60 %)
R/Vin Santo di Pernice : *Sangiovese* (50-75 %) – Canaiolo nero – Ciliegiolo, Colorino, Malvasia, Syrah, Cabernets, Merlot (10-15 %) – Autres cépages autorisés (20 % maximum)
Rendement : B : 65 hl/ha
R : 58,5 hl/ha
Production : 8 500 hl
Durée de conservation : B : 1 à 2 ans
R : 3 à 5 ans
Vini Santi : 5 à 8 ans
Température de service : B : 8-10 °C
R : 16-18 °C
Vini Santi : 10-12 °C

Bianco : Jaune paille – Arômes simples de pomme verte – Sec, frais et délicat

Rosso : Belle robe assez intense – Arômes marqués de fruits mûrs et d'un peu d'épices – Tanins présents – Bien structuré, fruité et relativement corsé
Avec un vieillissement minimum de deux ans et un degré d'alcool de 12 %, ce vin a droit à la mention ***Riserva.***

Vin Santo/Vin Santo Occhio di Pernice : Voir Barco Reale

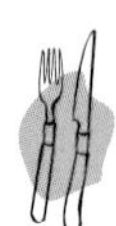

Voir Barco Reale
Bianco : Voir Bianco della Valdinievole

Fattoria del Buonamico – Fattoria del Teso (Anfidiamante) – Fattoria di Montecarlo – Fattoria La Torre – Fattoria Manzini – Vigna del Greppo – Azienda agricola Wandanna

MONTECUCCO

Très peu connue, cette appellation située au cœur de la province de Grosseto, au sud de l'aire de production de Montalcino, donne des vins rouges à base de l'incontournable Sangiovese, ainsi qu'un Vermentino agréable et fruité. À défaut de passionnantes découvertes œnologiques, on ira visiter Grosseto et son musée archéologique de la Maremma. Vous y apprendrez tout sur l'art étrusque de cette région dont on parle tant actuellement.

Année du décret: 1998
Superficie: 75 ha (140)
Encépagement: B: *Trebbiano* (60 % minimum)
R: *Sangiovese* (60 % minimum)

Les autres vins sont élaborés avec 85 % minimum du cépage indiqué sur l'étiquette.

Rendement: B: 71,5 hl/ha
R: 58 hl/ha
Production: 2 200 hl
Durée de conservation: B: 1 à 2 ans
R: 3 à 5 ans
Température de service: B: 8-10 °C
R: 16-18 °C

Bianco: Jaune paille – Arômes simples de pomme verte – Sec, frais et délicat
Vermentino: Jaune paille moyennement aromatique – Sec et léger

Rosso: Beaucoup de fruits au nez – Moyennement tannique et très souple
Sangiovese: Rouge grenat – Arômes floraux et fruités avec un peu d'épices en rétro-olfaction – Assez tannique et corsé – Bonne présence acide

*Avec un vieillissement minimum de 2 ans, dont 12 mois en fût, et un degré d'alcool de 12,5 %, les vins rouges ont droit à la mention **Riserva**.*

Voir Barco Reale
Bianco: Voir Bianco della Valdinievole

N.C.

Roues de granit pour extraire par pressurage la fameuse huile d'olive toscane.

MONTEREGIO DI MASSA MARITTIMA

C'est directement au nord de Grosseto, aux confins des collines dites Collines Métallifères, que pousse la vigne, et cela depuis longtemps. Est-ce que la présence de fer dans le sol de cette région apporte aux vins force et complexité? Cela reste à vérifier. En plus de flâner sur la Piazza Garibaldi à Massa Marittima et d'admirer le duomo *et son élégant campanile, on en profitera pour visiter le musée de la mine. Intéressant!*

Année du décret: 1994
Superficie: 175 ha (280)
Encépagement: B: *Trebbiano,* Malvasia, Vermentino et Ansonica
Vermentino: *Vermentino* (90 % minimum)
Vin Santo: Trebbiano et Malvasia (70 % minimum)
R/Rs/Vin Santo di Pernice: *Sangiovese* (80 % minimum)
Rendement: B/Vermentino/Vin Santo: 71,5 hl/ha
R/Rs/Vin Santo Occhio di Pernice: 65 hl/ha
Production: 5 600 hl
Durée de conservation: B/Rs: 1 à 2 ans
R: 3 à 5 ans
Vini Santi: 5 à 8 ans
Température de service: B/Rs: 8-10 °C
R: 16-18 °C
Vini Santi: 10-12 °C

Bianco: Vin sec, léger et assez rafraîchissant
Vermentino: Jaune paille moyennement aromatique - Sec et léger
Vin Santo: Robe d'une couleur dorée à ambrée, avec de légers reflets orangés - Arômes miellés intenses - Moelleux et onctueux
Rosato: Beau rose saumon - Sec - Vif et fruité
Rosso: Beaucoup de fruit au nez - Moyennement tannique et très souple

Avec un vieillissement minimum de deux ans et un degré d'alcool de 12 %, le Rosso a droit à la mention ***Riserva.***

Vin Santo Occhio di Pernice*: Rose intense avec des reflets jaune doré - Très aromatique - Doux, fruité et rond
* *Occhio di Pernice signifie œil de perdrix (en référence à la couleur).*

Voir Barco Reale et Carmignano
Bianco: Voir Bianco della Valdinievole et Pomino

Loriano et Loreno Bartoli di Bartoli - Coliberto

MONTESCUDAIO

Montescudaio fait partie de ces nombreux et charmants bourgs médiévaux qu'on trouve le long du littoral dans le Val di Cecina, dans la province de Pisa. Ici, comme ailleurs en Toscane, les Étrusques jouèrent un rôle important dans la viticulture, mais c'est un bienfaiteur, le comte della Gherardesca, qui, dans les années 900, mit le vignoble sur pied en fondant un monastère doté de nombreuses vignes et d'oliveraies. De nos jours, le Montescudaio reste une appellation discrète et peu connue qui s'est transformée dernièrement; les modifications apportées à la réglementation lui permettant l'élaboration d'une dizaine de vins différents. De quoi, encore une fois, en perdre son latin…

Année du décret: 1999 (1977)
Superficie: 137 ha (236)
Encépagement: B/Vin Santo: *Trebbiano* (50 % minimum) - Autres cépages blancs autorisés (50 % maximum)
R: *Sangiovese* (50 % minimum) - Autres cépages rouges autorisés (50 % maximum)

Les autres vins sont élaborés avec 85 % minimum du cépage indiqué sur l'étiquette.

Rendement: 65 hl/ha
Cabernet/Merlot/Sangiovese: 58,5 hl/ha
Production: 4 500 hl
Durée de conservation: B: 1 à 2 ans
R: 3 à 5 ans
Vin Santo: 5 à 8 ans
Température de service: B: 8-10 °C
R: 16-18 °C
Vin Santo: 10-12 °C

Bianco: Vin sec, léger et assez rafraîchissant
Chardonnay: Vin blanc sec et souple
Sauvignon: Blanc sec et très fruité
Vermentino: Jaune paille moyennement aromatique - Sec et léger
Vin Santo: Robe d'une couleur dorée à ambrée, avec de légers reflets orangés - Arômes miellés intenses - Moelleux et onctueux

Rosso: Beaucoup de fruit au nez - Moyennement tannique et très souple
Merlot: Rouge souple et fruité
Cabernet: Rouge charpenté et moyennement tannique
Sangiovese: Rouge grenat - Arômes floraux et fruités avec un peu d'épices en rétro-olfaction - Assez tannique et corsé - Bonne présence acide

Avec un vieillissement minimum de 2 ans et un degré d'alcool de 12,5 %, les vins rouges ont droit à la mention ***Riserva.***

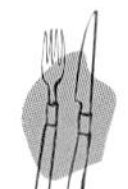

Voir Barco Reale et Carmignano
Bianco: Voir Bianco della Valdinievole et Pomino

Castello del Terriccio - Ferrari - La Regola - La Serra del Pino - **Poggio Gagliardo** - **Sorbaiano** (Lucestraia) - Villa Caprareccia

MORELLINO DI SCANSANO

Ce serait une race de chevaux utilisés autrefois pour tirer les carrosses qui serait à l'origine de ce nom de Morellino, synonyme à cet endroit du Sangiovese. La situation géographique de cette appellation située au cœur de la Maremma, dont on parle tant en ce moment, semble lui avoir donné des ailes. Les vignes sont plantées à flanc de coteaux, autour de la petite ville de Scansano. Le climat est particulièrement profitable pour le vignoble, puisque celui-ci est protégé naturellement de la froide tramontane et profite en été des brises marines qui rafraîchissent la canicule, trop intense souvent pour une maturité en équilibre des raisins (rapport de force entre le sucre et l'acidité). Puisque cette DOC est de plus en plus exportée, j'ai eu dernièrement le plaisir d'en savourer plusieurs, gorgés des fruits bien mûrs et des douces épices du Sangiovese.

Année du décret : 1997 (1978)
Superficie : 450 ha (530)
Encépagement : *Sangiovese* (85 % minimum)
Rendement : 78 hl/ha
Production : 22 500 hl
Durée de conservation : 1 à 2 ans
Riserva : 3 à 5 ans
Température de service : 16-18 °C

Vin rouge uniquement
Belle robe bien soutenue – Arômes floraux et fruités – Des épices en rétro-olfaction – Assez tannique et corsé – Bonne acidité – Le Riserva gagne de la souplesse après quelques années

*Avec un vieillissement minimum de 2 ans et un degré d'alcool de 12 %, ce vin a droit à la mention **Riserva.***

Voir Chianti Classico

Castello di Fonterutoli – Cecchi (La Mora, Val delle Rose) **– Colle di Lupo** (Constantia) – Fattoria Coltiberto – **Fattoria Le Pupille – Moris** – Podere Aia della Macina (Terranera) – Rocca delle Maciè

Les jardins de Badia a Coltibuono (Chianti Classico).

MOSCADELLO DI MONTALCINO

Pour les amateurs de vins blancs doux, ce Moscadello est toujours une valeur sûre. En fait, ce vin frais et parfumé est produit en petite quantité dans une région consacrée aux vins rouges; il s'agit en effet du Brunello di Montalcino. Précisons que les rares maisons qui le produisent possèdent des installations très modernes qui permettent d'extraire la quintessence du délicieux Moscato bianco. Évitez les Frizzante et recherchez les vendanges tardives.

Année du décret: 1996 (1985)
Superficie: 55 ha
Encépagement: *Moscato bianco* (85 % minimum)
Rendement: 65 hl/ha
Vendemmia tardiva: 32,5 hl/ha
Production: 1 500 hl
Durée de conservation: 1 an
Température de service: 8-10 °C

Vin blanc uniquement
Jaune d'or pâle – Très aromatique (raisins de muscat, abricot, fruits confits, etc.) – Doux, frais et suave à souhait

Il existe aussi un Frizzante élaboré avec un jus débourbé, filtré et gardé au froid (0 °C) quelques mois, puis mis à fermenter (après levurage) en cuve close afin d'atteindre une pression suffisante. Pas idéal.

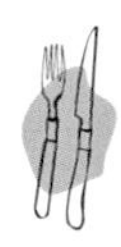

À l'apéritif – Desserts (charlotte aux fruits) – Crêpes Suzette – *Panforte di Siena* (gâteau aux fruits confits et aux amandes) – *Biscottini di Prato*

Voir Brunello di Montalcino

ORCIA

En plus de pratiquer la culture de l'olivier depuis des siècles, le Val d'Orcia se prête à celle de la vigne. Cette zone de production située dans la province de Siena fait un peu le lien géographique entre les DOCG de Montalcino et de Montepulciano, partageant avec ses célèbres voisines des conditions écologiques semblables. La petite surface pour laquelle on a bien voulu accorder récemment cette appellation ne laisse pas entrevoir à moyen terme une diffusion très large de ce qu'on y produit.

Année du décret: 2000
Superficie: 16 ha (31)
Encépagement: B: *Trebbiano* (50 % minimum)
Vin Santo: *Trebbiano* et Malvasia bianca (50 % minimum)
R: *Sangiovese* (60 % minimum)
Rendement: 52 hl/ha
Production: 500 hl
Durée de conservation: B: 1 à 2 ans
R: 3 à 5 ans
Vin Santo: 5 à 8 ans
Température de service: B: 8-10 °C
R: 16-18 °C
Vin Santo: 10-12 °C

Bianco: Vin sec, léger et assez rafraîchissant
Vin Santo: Voir Vin Santo (p. 380)
Rosso: Rouge grenat – Arômes floraux et fruités avec un peu d'épices en rétro-olfaction – Assez tannique et moyennement corsé

Des producteurs de Montalcino et de Montepulciano peuvent revendiquer cette appellation.

PARRINA

C'est dans l'extrême sud de la Toscane, près de la lagune d'Orbetello, que se trouve cette petite appellation dont le nom dériverait de parra *qui signifie vigne, treille ou tonnelle, en espagnol. Mais est-ce bien une explication juste ? Toujours est-il qu'on y produit du vin depuis des lustres et que la production, assez restreinte, est principalement consommée sur place. La réputation relativement récente de la Maremma donnera peut-être à cette DOC l'élan qui lui manque.*

Année du décret : 1997 (1971)
Superficie : 52 ha
Encépagement : B : Trebbiano (30-50 %) – Ansonica et/ou Chardonnay (30-50 %) – Autres cépages autorisés (20 % maximum)
R/Rs : *Sangiovese* (70 % minimum)
Rendement : B : 65 hl/ha
R/Rs : 58,5 hl/ha
Production : 2 300 hl
Durée de conservation : B/Rs : 1 an
Rosso : 1 à 3 ans
Riserva : 3 à 5 ans
Température de service : B/Rs : 8-10 °C
R : 16-18 °C

Bianco : Jaune paille légèrement doré – Nez peu expressif – Sec et léger
Rosato : Vin sec, fruité et léger
Rosso : Rouge rubis clair – Moyennement tannique – Fruité et assez corsé

Avec un vieillissement minimum de 2 ans et un degré d'alcool de 12,5 %, les vins rouges ont droit à la mention ***Riserva.***

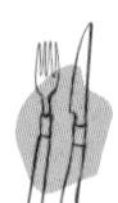

Voir Barco Reale
Bianco : Voir Bianco della Valdinievole

Tenuta La Parrina (Franca Spinola)

Au Castello d'Albola.

POMINO

À l'image du Torgiano (voir Umbria), cette appellation existe pratiquement par la volonté et la détermination d'une seule famille, les Frescobaldi. Il est vrai que la région de Pomino était déjà citée dans un arrêté officiel de 1716 comme une des quatre meilleures de Toscane avec le Chianti et le Carmignano. Ce qui surprend cependant, c'est le choix des cépages. Ceux-ci auraient été importés par un descendant de la famille Albizi, autrefois propriétaire en Pomino et exilée en France au XVIe siècle. Ces cépages étaient, semble-t-il, tout indiqués pour se plaire sur des terrains caillouteux, graveleux et bien drainés. L'altitude, une des plus hautes de Toscane, permet sur ces collines d'extraire du raisin matière, parfums et finesse. Même si la réglementation n'a pas changé depuis l'accession à la DOC, il me semble que la qualité s'est encore améliorée depuis quelques années.

Année du décret : 1983
Superficie : 92 ha (98)
Encépagement : Bianco/Vin Santo bianco : *Pinot bianco* et/ou *Chardonnay* (60-80 %) - Trebbiano (30 % maximum) - Autres cépages autorisés (15 % maximum)
Rosso/Vin Santo rosso : *Sangiovese* (60-75 %) - Canaiolo et/ou Cabernets (15-25 %) - Merlot (10-20 %) - Autres cépages (15 % maximum)
Rendement : 68 hl/ha
Production : 3 500 hl
Durée de conservation : B : 1 an
R : 1 à 3 ans
Riserva/Vin Santo : 3 à 5 ans
Température de service : B : 8-10 °C
R : 16-18 °C
Vin Santo : 10-12 °C

Bianco (70 %) : Jaune paille avec de légers reflets verts - Arômes de fruits blancs - Sec et assez souple à la fois - Bonne fraîcheur et longueur en bouche moyenne

Un autre vin blanc plus riche fermenté en barriques est vendu sous le nom de Il Benefizio.

Rosso : Rouge intense - Aromatique - Tannique et vif - Charnu et rond après quelques années - Vieillissement obligatoire d'un an

*Après un vieillissement de 3 ans, dont 18 mois en fût, le vin rouge a droit à la mention **Riserva**.*

Vin Santo : On produit un peu de Vin Santo rouge et blanc, Secco (sec), Amabile (demi-sec) ou Dolce (doux)

Bianco : Pâtes aux fruits de mer - Coquillages (huîtres, mousseline de pétoncles ou de coquilles Saint-Jacques) - Poissons (filets de sole sauce au Vermouth, quenelles de brochet, saumon sauce hollandaise, truite au vin blanc, vivaneau sauce aux crevettes) - Crustacés (homard et langoustines grillés)
Rosso : Voir Chianti Classico
Vin Santo : Voir page 380

Marchesi de' Frescobaldi

ROSSO DI MONTALCINO

Pendant que le vignoble de Brunello di Montalcino prenait de l'essor, il était normal de vouloir se mettre en bouche, en plus des vins de garde, quelque chose de fruité, de pas trop lourd ni capiteux, un vin qui désaltère, contente le quotidien et permet d'apprécier, les grands jours, ce qui se fait de plus fin et consistant. Ainsi est né, comme une joyeuse alternative au grand Brunello, ce Rosso issu du même cépage. Il ne faut pas cacher que cela permettait surtout chaque année de produire et de vendre en attendant sagement la sortie du grand cru. Les choses ont changé, et pour le mieux. Car ce que l'on considérait un peu comme le parent pauvre du Brunello est devenu un vin à part entière; certaines cuvées sont capables de rivaliser avec de très bons crus de Chianti Classico.

Année du décret: 1996 (1984)
Superficie: 70 ha (125)
Encépagement: *Sangiovese grosso*
Rendement: 58,5 hl/ha
Production: 3 400 hl
Durée de conservation: 3 à 5 ans
Température de service: 16 °C

Vin rouge uniquement
Belle robe profonde – Arômes floraux marqués de fruits rouges – Tanins assez souples – Très fruité et acidité bien sentie – Longueur en bouche moyenne

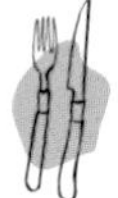

Pâtes avec sauce à la viande – Croûtons aux foies de volaille – Poêlée de cèpes – Viandes rouges grillées – *Bistecca alla pizzaiola (*bifteck aux tomates et à l'ail) – Paupiettes de veau – Noix de veau braisée – *Osso buco* – Paupiettes de porc au fenouil – Fromages moyennement relevés

La plupart des producteurs de Brunello di Montalcino

La Fattoria Dievole, bien installée dans cet écrin viticole qu'est le Chianti Classico.

ROSSO DI MONTEPULCIANO

Dans la même veine que le Rosso di Montalcino, celui de Montepulciano permet aux producteurs de la région de faire des sélections sur le terrain (choix des parcelles et âge de la vigne) et à la cave pour produire leur vin noble, ou Vino Nobile, *de Montepulciano. Certains y voient une alternative facile, pour ne pas dire une solution de rechange, mais je pense au contraire que cela peut rassurer de savoir qu'un producteur déclasse en quelque sorte une partie de son grand vin pour obtenir une meilleure qualité. À l'instar du Rosso di Montalcino, les nouveaux règlements ont fait baisser les rendements et, dans ce cas-ci, augmenter la quantité permise de Sangiovese dans l'assemblage final. La preuve que ça marche: la superficie déclarée a plus que triplé en 10 ans.*

Année du décret: 1999 (1989)
Superficie: 202 ha (256)
Encépagement: *Prugnolo gentile* (clone de Sangiovese) (70-100 %) – Canoiolo nero (20 % maximum) – Autres cépages autorisés (20 % maximum)
Rendement: 65 hl/ha
Production: 13 900 hl
Durée de conservation: 2 à 4 ans
Température de service: 16 °C

Vin rouge uniquement
Belle robe franche – Arômes floraux (violette) et fruités – Moyennement tannique – Bien structuré et un peu ferme, avec une acidité présente

Voir Rosso di Montalcino

La plupart des producteurs de Vino Nobile de Montepulciano

SAN GIMIGNANO

Quand la Vernaccia di San Gimignano a obtenu sa DOC, puis sa DOCG en 1993 (voir p. 376), les vignerons qui aiment aussi cultiver des cépages de couleur pour produire du vin rouge ont réclamé à corps et à cri une appellation qui le leur permettrait. C'est chose faite et c'est, je crois, une sage décision, car le sol et le climat se prêtent bien à l'exercice. Pour avoir goûté plusieurs vins élaborés principalement avec le Sangiovese par des producteurs rigoureux, j'ai constaté qu'on n'était pas loin de la qualité de certaines cuvées de Chianti Classico. Et c'est tant mieux pour la gastronomie locale, simple et pleine de saveurs à la fois.

Année du décret : 1996
Superficie : Incluse dans l'aire d'appellation Vernaccia di San Gimignano
Encépagement : R : *Sangiovese* (50 % minimum)
Sangiovese : *Sangiovese* (85 % minimum)
Rosato : *Sangiovese* (60 % minimum) – Canaiolo (20 % maximum) – Autres cépages autorisés
Vin Santo : *Malvasia bianca* (50 % maximum) – Trebbiano (30 % minimum) – Vernaccia (20 % maximum) – Autres cépages autorisés (10 % maximum)
Vin Santo Occhio di Pernice : *Sangiovese* (70 % minimum)
Rendement : 65 hl/ha
Production : 1 900 hl
Durée de conservation : Rs : 1 à 2 ans
R : 3 à 5 ans
Vini Santi : 5 à 8 ans
Température de service : R : 16-18 °C
Rs : 8-10 °C
Vini Santi : 10-12 °C

Rosso : Beaucoup de fruit au nez – Moyennement tannique, vif et assez court en bouche
Sangiovese : Rouge grenat – Arômes floraux et fruités avec un peu d'épices en rétro-olfaction – Assez tannique, juteux et moyennement charpenté – Acidité moyenne

*Avec un vieillissement minimum de 2 ans et un degré d'alcool de 12 %, les vins rouges ont droit à la mention **Riserva**.*

Rosato : Rosé sec et fruité – Assez généreux lorsqu'il est élaboré principalement avec le Sangiovese (85 % minimum)

Vin Santo/Vin Santo Occhio di Pernice : Voir Barco Reale

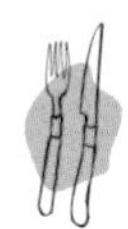

Voir Chianti
Rs/Vini Santi : Voir Barco Reale

Voir Vernaccia di San Gimignano

SANT'ANTIMO

Solitaire mais bien entourée de cyprès, de vignes et d'oliviers, la belle abbaye de style roman de Sant'Antimo, sur la commune de Montalcino, est située au pied de la colline de Castelnuovo de'll Abate. Son mystère et son rayonnement spirituel ont sans aucun doute donné aux hommes la force de créer en son nom des vins de grande qualité. Il s'agit là d'une des DOC les plus intéressantes qui soient dans ce coin de Toscane, puisque les grands noms de Montalcino élaborent ici, grâce à leur savoir-faire et à un terroir prestigieux, des vins qui réservent de belles surprises. J'en veux pour preuve le Grance (heureux assemblage de Chardonnay, de Sauvignon et de Gewurztraminer) et le Ca'del Pazzo (Cabernet sauvignon et Sangiovese) de Caparzo, ainsi que les cuvées de Banfi.

Année du décret : 1996
Superficie : 263 ha (340)
Encépagement : B/R : Cépages autorisés dans la province de Siena
Vin Santo : Trebbiano et Malvasia bianca (70 % minimum)
Vin Santo Occhio di Pernice : *Sangiovese* (50-70 %) – Malvasia nera (30-50 %) – Autres cépages autorisés (30 % maximum)

Les autres vins sont élaborés avec 85 % minimum du cépage indiqué sur l'étiquette

Rendement : 58,5 hl/ha
Cabernet sauvignon/Merlot/Pinot nero : 52 hl/ha
Production : 10 130 hl
Durée de conservation : B : 1 à 2 ans
R : 3 à 5 ans
Vini Santi : 5 à 8 ans
Température de service : B : 8-10 °C
R : 16-18 °C
Vini Santi : 10-12 °C

Bianco : Vin sec, léger et assez rafraîchissant
Chardonnay : Vin blanc sec, fin et souple
Sauvignon : Blanc sec, très fruité et doté d'une certaine élégance
Pinot grigio : Blanc sec, avec du fruit et de la matière en bouche

Rosso : Beaucoup de fruits au nez – Moyennement tannique et très souple
Merlot : Rouge souple et fruité
Cabernet sauvignon : Rouge charpenté et moyennement tannique – Structuré et élégant
Pinot nero : Vin rouge à la robe claire, avec du fruit et des tanins discrets en bouche
Vin Santo/Vin Santo Occhio di Pernice : Voir Barco Reale

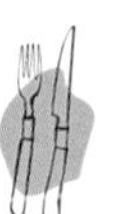

B : Voir Val d'Arbia
R : Voir Rosso di Montalcino

Banfi (Colvecchio, Excelsus, Fontanelle, Mandrielle, Summus) – **Tenuta Caparzo** (Cà' del Pazzo, Le Grance)
Voir aussi Brunello di Montalcino

Quelques-unes des tours de San Gimignano.

SOVANA

Partageant en grande partie l'aire de production de la DOC Bianco di Pitigliano, cette appellation a été créée pour les vignerons qui voulaient faire du rosé et surtout du rouge. C'est à Sovana qu'est né Grégoire VII, pape qui modifia profondément l'Église catholique au Moyen Âge (réforme grégorienne). Il fut canonisé en 1606. C'est aussi à Sovana que Piero Antinori a fait l'acquisition d'un domaine où il cultive entre autres le cépage original Aleatico (voir IGT)

Année du décret: 1999
Superficie: 42 ha (100)
Encépagement: R/Rs: *Sangiovese* (50 % minimum)

Les autres vins sont élaborés avec 85 % minimum du cépage indiqué sur l'étiquette.

Rendement: R/Rs: 71, 5 hl/ha
Superiore/Riserva: 58,5 hl/ha
Production: 1 600 hl
Durée de conservation: Rs: 1 à 2 ans
R: 3 à 5 ans
Température de service: Rs: 8-10 °C
R: 16-18 °C

Rosso: Beaucoup de fruits au nez – Moyennement tannique et très souple

*Avec un degré d'alcool de 12 %, ce vin a droit à la mention **Superiore,** et après un vieillissement de 2 ans, à la mention **Riserva.***

Merlot Superiore: Rouge souple et fruité
Cabernet sauvignon Superiore: Rouge charpenté et moyennement tannique
Sangiovese Superiore: Rouge grenat – Arômes floraux et fruités avec un peu d'épices en rétro-olfaction – Assez tannique et corsé – Bonne présence acide
Aleatico Superiore: Robe grenat violacé intense – Très aromatique (rappelant le muscat) – Doux, très généreux et capiteux, ce vin est élaboré avec des raisins séchés après la cueillette

*Avec un vieillissement minimum de deux ans, ces vins ont droit à la mention **Riserva.***

Rosato: Rosé sec et fruité

Voir Rosso di Montalcino
Aleatico: Voir Val di Cornia
Rs: Voir Barco Reale

Voir Bianco di Pitigliano

VAL D'ARBIA

Située dans la province de Siena sur des communes aussi connues et importantes pour le Chianti Classico que Castellina, Radda, Gaiole, Castelnuovo Berardenga et j'en passe, cette appellation permet à certains producteurs d'élaborer un vin blanc agréable et plus qu'honnête. On dit parfois de lui, mais cela revient à un lapsus, qu'il s'agit tout bonnement de Chianti blanc ! Simple raccourci pour une DOC qui voit son étoile pâlir – et sa production diminuer – au profit d'Indications géographiques typiques beaucoup plus faciles à vendre.

Année du décret : 1991 (1986)
Superficie : 100 ha (192)
Encépagement : Trebbiano et Malvasia bianca (70-90 %) – Chardonnay (10-30 %) – Autres cépages autorisés (15 % maximum)
Rendement : 71,5 hl/ha
Production : 3 400 hl
Durée de conservation : 1 à 2 ans
Température de service : 8-10 °C

Vin blanc uniquement
Jaune paille – Nez moyennement expressif – Sec, fruité et rafraîchissant

Du Vin Santo est aussi élaboré en ***Secco*** *(sec),* ***Amabile*** *(demi-sec) ou* ***Dolce*** *(doux)*

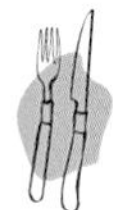

Antipasti – Pâtes fraîches aux œufs – Poissons grillés (turbot) et meunière (truite aux amandes) – *Tortino di carciofi* (omelette aux cœurs d'artichauts) – *Pecorino toscano* frais

Vin Santo : Voir Barco Reale

Agricoltori del Chianti Geografico – Castello di Bossi – **Castello di Volpaia** – Fattoria della Aiola – Fattoria di Vistarenni – **San Felice** (Vino Santo) – **Silvio Nardi**

VALDICHIANA

À l'est de la Toscane, entre Arezzo et le fleuve Paglia, la vallée où coule la rivière Chiana se présente comme une petite région florissante que les Étrusques surnommaient autrefois le «grenier de l'Étrurie». Transformée au Moyen Âge en une zone de marais, elle redevint féconde aux XVIe et XVIIe siècles. Idéal pour l'agriculture, mais un peu trop riche pour donner des vins de grande classe, le terrain n'est pas toujours bien adapté, et il faut planter la vigne sur des coteaux aux sols moins fertiles pour obtenir des résultats satisfaisants. La dernière législation permet à cette DOC de produire des rouges et des rosés, ce qui n'était pas le cas auparavant, et la proportion de Trebbiano dans le blanc a chuté de manière drastique. Le terme vergine *(vierge) ferait référence soit à la technique du nettoyage (débourbage) des moûts avant la fermentation, soit au fait qu'il était autrefois élaboré avec le premier jus avant le pressurage.*

Année du décret: 1999 (1972)
Superficie: 420 ha (550)
Encépagement: B: Trebbiano (20 % minimum) - Chardonnay et/ou Pinot bianco et/ou Pinot grigio et/ou Grechetto (80 % maximum) - Autres cépages blancs autorisés (15 % maximum)
Vin Santo: Trebbiano et Malvasia bianca (50 % minimum)
R/Rs: *Sangiovese* (50 % minimum) Cabernet et/ou Merlot et/ou Syrah (50 % maximum) - Autres cépages rouges autorisés (15 % maximum)

Les autres vins sont élaborés avec 85 % minimum du cépage indiqué sur l'étiquette.

Rendement: 78 hl/ha
R/Rs/Sangiovese: 71,5 hl/ha
Production: 30000 hl
Durée de conservation: B/Rs: 1 an
R: 2 à 4 ans
Vin Santo: 3 à 5 ans
Température de service: B/Rs: 8-10 °C
R: 16-18 °C
Vin Santo: 10-12 °C

Bianco ou Bianco Vergine: Jaune paille avec reflets verts - Sec et souple à la fois, avec un bon fruité

*Peut se faire aussi en **Frizzante** et en **Spumante.***

Grechetto: Vin blanc sec, vif et léger
Chardonnay: Vin blanc sec et souple
Vin Santo: Robe d'une couleur dorée - Arômes miellés - Du sec au plus doux - Se fait aussi en Riserva

Rosato: Rosé sec, léger et fruité

Rosso: Beaucoup de fruit au nez - Moyennement tannique et très souple
Sangiovese: Rouge grenat - Arômes floraux et fruités avec un peu d'épices en rétro-olfaction - Assez tannique et corsé - Bonne présence acide

Bianco: Voir Val d'Arbia
Vin Santo/Rosato: Voir Barco Reale
Rosso/Sangiovese: Voir Rosso di Montalcino

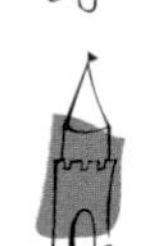

Avignonesi - Mario Baldetti - Bartalia - Fattoria di Manzano - La Calonica - **Poliziano**

VAL DI CORNIA

C'est sans doute la nature du sol, calcaire, siliceux et argileux, qui a permis aux producteurs de cette région d'obtenir leur propre appellation. Dix ans après, c'est l'inflation avec la quinzaine de types de vins (au lieu des quatre à l'origine) que la nouvelle réglementation permet de produire. On pourra toujours profiter de quelques jours de vacances pour visiter ce joli coin de pays situé à quelques kilomètres de Follonica, face à l'île d'Elbe.

Année du décret: 2000 (1990)
Superficie: 63 ha (130)
Encépagement: B: *Trebbiano* (50 % minimum) - Vermentino (50 % maximum) - Autres cépages blancs autorisés (20 % maximum)
R/Rs: *Sangiovese* (50 % minimum) Cabernet sauvignon et/ou Merlot (50 % maximum) - Autres cépages rouges autorisés
Aleatico: *Aleatico* (100 %)

Les autres vins sont élaborés avec 85 % minimum du cépage indiqué sur l'étiquette.

Rendement: 65 hl/ha
B: 78 hl/ha
Superiore/Riserva/Suvereto: 58,5 hl/ha
Ansonica Passito: 45,5 hl/ha
Aleatico Passito: 39 hl/ha
Production: 2400 hl
Durée de conservation: B/Rs: 1 à 2 ans
R: 3 à 5 ans
Passito: 5 à 8 ans
Température de service: B/Rs: 8-10 °C
R: 16-18 °C
Passito: 10-12 °C

Bianco: Vin sec, léger et assez rafraîchissant
Ansonica: Jaune paille - Arômes fruités très nets - Sec et pourvu d'une acidité moyenne - On produit aussi du Ansonica Passito
Vermentino: Jaune paille moyennement aromatique - Sec et léger
Rosato: Rosé sec, léger et fruité
Rosso: Beaucoup de fruit au nez - Moyennement tannique et très souple
Merlot: Rouge souple et fruité
Cabernet sauvignon: Rouge charpenté et moyennement tannique
Sangiovese: Rouge grenat - Arômes floraux et fruités avec un peu d'épices en rétro-olfaction - Assez tannique et corsé - Bonne présence acide

Avec un degré d'alcool de 12,5 % et un vieillissement de 12 et 24 mois, les vins rouges ont droit respectivement aux mentions ***Superiore*** *et* ***Riserva.***

Ciliegiolo: Vin rouge rubis, fruité et moyennement corsé
Aleatico Passito: Robe grenat violacé intense - Très aromatique (rappelant le muscat) - Doux et capiteux, ce vin est élaboré avec des raisins séchés après la cueillette.

La commune de Suvereto a le droit de faire suivre son nom de la DOC Val di Cornia. Dans ce cas, le Rosso est élaboré à partir d'un assemblage de Cabernet sauvignon et de Merlot.

Bianco: Voir Bianco della Valdinievole et Pomino
Ansonica: Voir Ansonica Costa dell'Argentario
R/Rs: Voir Barco Reale et Carmignano
Aleatico Passito: *Biscottini di Prato - Panforte - Castagnedde* (biscuit aux amandes et au cacao) - Fondue au chocolat - *Tiramisu*

Ambrosini - Jacopo Banti - Bulichella - Giovanni Graziani - Gualdo del Re - Il Falcone - Le Pianacce - Podere San Luigi - Tenuta di Vignale

VERNACCIA DI SAN GIMIGNANO

DOCG

San Gimignano, en province de Siena, est certainement l'une des plus belles cités de la Toscane. Fièrement pointées vers le ciel, ses nombreuses tours (il en reste 13 sur les 70 érigées par chacun des seigneurs qui ont pris successivement cette forteresse) donnent à la ville une allure impressionnante et distinguée, rappelant au voyageur d'aujourd'hui la riche histoire de ce coin d'Italie. Le cépage Vernaccia se distingue par sa qualité (quand il est bien vinifié à partir de jus suffisamment concentré) et son originalité, puisque c'est pratiquement le seul endroit où il est cultivé. Il profite d'un sol argileux et sablonneux, et, depuis quelques années, surtout depuis l'accession à la DOCG, les producteurs ont changé la conduite de la vigne et baissé les rendements. À la cave, les préoccupations sont les mêmes et les techniques modernes (cuves en inox, vinification à basse température) ont gagné du terrain. Quant aux rouges, rosés et vini santi, *l'appellation San Gimignano, créée en 1996 (voir p. 370), répond aux aspirations et aux attentes de chacun. Mon havre de paix, quand je viens dans cette région, se trouve à Castel San Gimignano (Hôtel le Volpaie). Après mon jogging matinal et quelques descentes de caves, je vais me restaurer dans la plus petite* trattoria *de San Gimignano, où les poêlées de bolets et de cèpes sont aussi sublimes que mémorables…*

Année du décret : DOC : 1966
DOCG 1993
Superficie : 680 ha (850)
Encépagement : *Vernaccia di San Gimignano* (90 % minimum)
Rendement : 58,5 hl/ha
Production : 42 400 hl
Durée de conservation : 1 à 3 ans
Température de service : 8-10 °C

Vin blanc uniquement
Belle robe doré clair – Arômes de fleurs et d'amande – Sec, vif avec une bonne matière en bouche – Finale parfois légèrement amère

Après un vieillissement de 18 mois, dont 4 en bouteille, il a droit à la mention ***Riserva.***

Finnocchio alla fiorentina (cœurs de fenouil gratinés) – Canapés de saumon fumé – Coquillages (moules marinière) et crustacés – Poissons grillés et meunière (truite aux amandes – filet de doré – saumon) – *Pecorino toscano* frais

Abbazia Monte Oliveto (appartient à Zonin) – Agricoltori del Chianti Geografico – **Canneta** – Carpineto – **Casale Falchini** – **Casa alle Vacche** – Castelviecchio – Luigi Cecchi – Fattoria Il Palagio (La Gentilesca – appartient aussi à Zonin) – **Fattoria Paradiso** – Faraoni (Podere Boccaccio) – Guicciardini Strozzi – Le Colonne – Mugnaini – Pietrafitta – Rocca delle Maciè – Italo Rubicini – San Quirico – Teruzzi & Puthod – **Vagnoni**

La Fattoria Il Palagio.

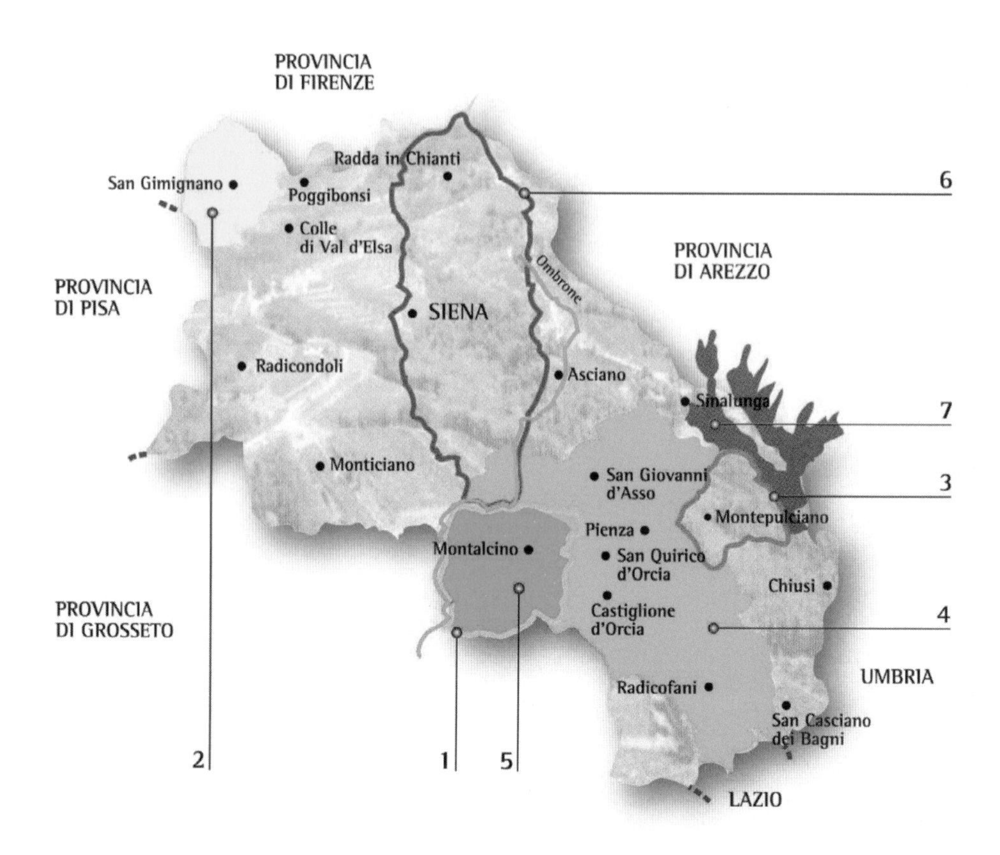

1	Brunello di Montalcino D.O.C.G. Rosso di Montalcino Moscadello di Montalcino
2	Vernaccia di San Gimignano D.O.C.G. San Gimignano
3	Vino Nobile di Montepulciano D.O.C.G. Rosso di Montepulciano Vin Santo di Montepulciano
4	Orcia
5	Sant'Antimo
6	Val d'Arbia
7	Valdichiana

Altre D.O.C.G. della provincia:
CHIANTI
CHIANTI CLASSICO

Altre D.O.C. della provincia:
COLLI DELL'ETRURIA CENTRALE
VIN SANTO DEL CHIANTI
VIN SANTO DEL CHIANTI CLASSICO

VINO NOBILE DI MONTEPULCIANO

On ne peut nier l'influence qu'ont eue les écrits poétiques, satiriques, pamphlétaires, officiels ou anecdotiques sur la popularité des vins et sur leur succès commercial. C'est certainement le cas de ce vin noble (nobile) de Montepulciano, dont les éloges arrivèrent par poème interposé à la cour d'Angleterre, au XIIe siècle. Pourtant, après des décennies de prospérité, le vin de Montepulciano, qui existait depuis l'époque étrusque, connut au XIXe siècle comme au début du XXe, bien des difficultés. Heureusement, la DOC et la DOCG ont donné un nouveau souffle à cette pittoresque région qui ne demandait pas mieux que d'exploiter ses collines bien exposées et ventilées, et dont le sol, fait d'argile et de sable, se combine avec bonheur au Prugnolo gentile (clone du Sangiovese). Depuis 15 ans, de grandes maisons telles que Boscarelli et Avignonesi ont investi argent, temps et énergie pour redorer le blason de ce vin qui fait partie, en Italie, du cercle des plus grands. Les derniers changements à la réglementation permettent aux vignerons de n'utiliser que le Sangiovese, au détriment des cépages blancs qui n'apportent pas grand-chose.

Année du décret: DOC: 1966
DOCG: 1999 (1981)
Superficie: 840 ha (1 000)
Encépagement: *Prugnolo gentile* (clone de Sangiovese – 70 % minimum) – Canaiolo (20 % maximum) – Autres cépages autorisés (20 % maximum et 10 % seulement pour les cépages à peau blanche)
Rendement: 52 hl/ha
Production: 45 500 hl
Durée de conservation: 8 à 10 ans
Température de service: 16-18 °C

Vin rouge uniquement
Robe rubis profond – Arômes floraux (violette) et épicés – Bien charpenté – Tanins parfois rudes et austères, plus qu'à Montalcino – Ferme et acide dans sa jeunesse, il est assez long à se faire – Prend des teintes légèrement orangées en vieillissant – Le bouquet confirme son côté épicé, avec des nuances de tabac, de cuir et de fumée – Beaucoup plus charnu et long en bouche

*Le vieillissement obligatoire est de deux ans – Après un vieillissement de trois ans, dont six mois en bouteille, il a droit à la mention **Riserva**.*

Rognons de veau à la moutarde – Civet de lièvre – Râble de lapin au genièvre – Gibier à poil (carré de cerf aux griottes, filet de sanglier au vin rouge) – Fromages relevés (*casciotta di Urbino*)

Antinori (La Braccesca) – **Avignonesi** – Canneto – **Carpineto** – Contucci – Fassati (Salarco appartient à Fazi Battaglia) – Fattoria del Cerro – Fattoria di Palazzo Vecchio – **Fattoria Gracciano Svetoni** (appartient à Ambrogio et Giovanni Folonari) – **Gavioli** – Le Casalte – Nottola – **Poderi Boscarelli** (Vigna del Nocio) – **Poliziano** (Vigna Asinone) – Trerose (La Villa, Simposio) – **Tenuta Valdipiata**

LE VIN SANTO

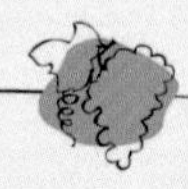

Si le Vin Santo est élaboré dans d'autres régions, comme en Ombrie par exemple, c'est principalement en Toscane qu'il a trouvé son terroir d'élection. La preuve en est qu'aujourd'hui 19 DOC de cette région peuvent en produire et trois appellations distinctes ont été instituées au milieu des années quatre-vingt-dix. L'origine de son nom est tellement obscure que je cite à nouveau Andrea Vincenti qui en parlait dans Vins de Toscane.

« Au sujet de ce vin, la légende et l'histoire se mêlent. Les uns parlent d'un moine qui, en 1348, distribuait aux malades un vin qui les guérissait rapidement; d'autres attribuent l'origine de ce nom au fait qu'une partie des opérations de séchage du raisin coïncidait avec la fête de la Toussaint. Plus accréditée que toute autre est l'hypothèse selon laquelle le patriarche grec Bessarion, en buvant du vin pur, se serait exclamé: "Mais c'est du vin de Xantos!", pour dire qu'il était produit en Grèce. En fait, il y eut un malentendu et les convives comprirent que ce vin avait des vertus salutaires; d'où le passage facile de santé à sainteté. »

Une autre explication veut que ce vin tire son nom du fait qu'on avait l'habitude de laisser sécher le raisin jusqu'à Pâques. Quoi qu'il en soit, ce vin surnommé aussi Nectar des Dieux, est élaboré avec des cépages blancs (Trebbiano, Malvasia bianca, Grechetto, etc.) et rouges (Sangiovese, Malvasia nera) pour le Vin Santo Occhio di Pernice. Afin d'obtenir une concentration maximale de sucre (environ 35 %), les grappes sont mises à sécher jusqu'en décembre ou janvier, parfois jusqu'en février, suspendues dans un local bien aéré ou étalées sur des lattes de bois ou des nattes de paille ou de bambou. Cette opération fait penser aux fameux vins de paille français que l'on élabore dans le Jura, et en Hermitage, dans la vallée du Rhône.

Le jus est par la suite mis à fermenter dans des petites barriques que l'on appelle des caratelli *(le plus souvent de 50 litres mais on peut aller jusqu'à 200 litres et parfois plus, suivant les endroits, les producteurs et l'appellation) entreposées dans une* vinsantaia, *un lieu aéré, de préférence sous les toits. La lente transformation du jus en vin peut prendre quelques années, et le* caratello *est parfois scellé avec du ciment, comme c'est encore le cas à la Tenuta di Capezzana. D'autres maisons préfèrent cependant avoir accès au vin en tout temps pour le suivre à leur guise. Mais ciment ou pas, le Vin Santo sera transvasé à deux reprises après la fermentation, afin de lui permettre de se reposer.*

Élaboré en sec ou en doux, le Vin Santo affiche généralement un degré d'alcool élevé. Le Vin Santo blanc se présente le plus souvent sous une belle robe d'or aux reflets ambrés, inonde nos narines de fruits confits, de miel, de noisettes, de pralin, de caramel ou de figues et d'abricots séchés. Il se sert traditionnellement en apéritif ou au dessert, avec des cantucci, *petits biscuits aux amandes très secs que l'on trempe sans vergogne (je trouve cela dommage, même si c'est bon) dans le vin. Le Vin Santo Occhio di Pernice (pour œil de perdrix) est beaucoup plus rare. D'un rosé intense avec des reflets d'un jaune doré, il est très aromatique, doux et fruité.*

Il faut là aussi être vigilant dans ses choix, mais les délicieux et remarquables vini santi *d'Avignonesi, d'Antinori, de Frescobaldi, de Paolo de Marchi (Isole e Olena), de San Felice, de la Tenuta di Capezzana et de Ricasoli vous feront rêver et croire sans aucun doute que c'est en Toscane qu'on fait les plus beaux vins de méditation.*

VIN SANTO DEL CHIANTI

VIN SANTO DEL CHIANTI CLASSICO

Année du décret: 1997
Classico: 1995
Superficie: 210 ha
Encépagement: Vin Santo: Trebbiano et Malvasia (70 % minimum)
Vin Santo Occhio di Pernice: *Sangiovese* (50 % minimum)
Rendement: Vin Santo: 71,5 hl/ha
Sous-zones et Vin Santo Classico: 65 hl/ha
Production: 4 700 hl
Durée de conservation: 3 à 5 ans
Température de service: 10-12 °C

Vin Santo del Chianti
Vin Santo del Chianti avec indication de la sous région (Colli Aretini, Colli Fiorentini, Colli Senesi, Colline Pisane, Montespertoli, Montalbano et Rùfina)

Ces vini santi *peuvent être élaborés en* ***Secco*** *(sec), en* ***Abboccato,*** *en* ***Amabile*** *(demi-sec), et en* ***Dolce*** *(doux).*

Vin Santo del Chianti Classico
56 % de la production

Ce vin santo peut être élaboré en ***Secco*** *(sec) et en* ***Amabile*** *(demi-sec)*

Vieillissement minimum de trois ans en caratelli *(petits fûts de bois) et de quatre ans pour le* ***Riserva.***

Vin Santo Occhio di Pernice
Ces vini santi *peuvent être élaborés en* ***Amabile*** *(demi-sec) et en* ***Dolce*** *(doux).*

Voir Chianti-Chianti Classico

VIN SANTO DI MONTEPULCIANO

Année du décret: 1996
Superficie: 7 ha
Encépagement: Vin Santo: Trebbiano et/ou Grechetto et/ou Malvasia (70 % minimum)
Vin Santo Occhio di Pernice: *Sangiovese* (50 % minimum)
Rendement: 52 hl/ha
Production: 180 hl
Durée de conservation: 3 à 5 ans
Température de service: 10-12 °C

Vino Santo di Montepulciano
Vieillissement minimum de trois ans en caratelli *(petits fûts de bois) et de cinq ans pour le* ***Riserva.***

Vino Santo di Montepulciano Occhio di Pernice
Vieillissement minimum de huit ans.

Voir *Vino Nobile* de Montepulciano

INDICAZIONE GEOGRAFICA TIPICA
INDICATION GÉOGRAPHIQUE TYPIQUE
IGT

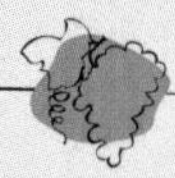

- Alta Valle della Greve
- **Colli della Toscana Centrale**
- Maremma Toscana
- **Toscano ou Toscana**
- Val di Magra

QUELQUES VINS PARFOIS EXPORTÉS

Les vins toscans à IGT sont si nombreux que j'ai tenu à les présenter de la façon suivante : tout d'abord quelques vins blancs, puis des vins rouges abordables et enfin, des vins rouges, le plus souvent incontournables, plus chers mais de bonne à très bonne qualité. Ces descriptions (assez succinctes pour éviter les répétitions inutiles) sont basées sur des dégustations personnelles étalées parfois sur plusieurs millésimes. Bien entendu, l'encépagement peut être modifié chaque année, mais en règle générale, il varie peu.

Bianco

Albizzia (Chardonnay). Vin blanc simple et très honnête issu d'une fermentation lente à basse température. Moyennement aromatique, sec et souple en même temps. Très bon avec des pâtes aux fruits de mer. IGT Toscana ; *Marchesi de Frescobaldi.*

Batàr (Pinot bianco 50 % et Chardonnay). Robe dorée, nez de toast grillé et saveurs de fruits blancs très mûrs pour ce vin vinifié (et donc fermenté) en fût de chêne. De la matière avec un boisé assez équilibré. Ce n'est pas du Bâtard-Montrachet, mais c'est très bon… et pas donné ! IGT Toscana ; *Agricola Querciabella.*

Belcaro (Vermentino 70 % et Sauvignon). Vin blanc sec original et très agréable aux arômes de pêche et d'abricot apportés par le Vermentino. Le Sauvignon lui confère une fraîcheur et un fruité très plaisant. IGT Toscana ; *San Felice.*

Cabreo La Pietra (Chardonnay). Vin blanc sec et rond aux arômes de fruits très mûrs, de vanille et de beurre. De la matière en bouche mais des saveurs un peu trop marquées par le bois. Un peu cher. IGT Toscana ; *Tenute di Ambrogio e Giovanni Folonari.*

Costa di Giulia (Vermentino 65 % et Sauvignon). On trouve dans ce vin sec aux saveurs épicées de la couleur et des arômes riches d'écorces d'agrumes et de gingembre. Belle persistance en bouche. Un vin à prix raisonnable, bien vinifié et à découvrir. IGT Toscana ; *Michelle Satta.*

Farnito (Chardonnay). Un Chardonnay classique élaboré en partie en fût après une courte macération des raisins à basse température. Du fruit et de la rondeur en bouche. IGT Toscana ; *Carpineto.*

Fumaio (Chardonnay et Sauvignon). Vin blanc sec et vif élaboré en cuve inox, dont une partie a subi sa transformation malolactique pour lui donner plus de souplesse. Prix doux pour ce vin aux saveurs d'agrumes qui accompagnera bien une volaille au citron. IGT Toscana ; *Banfi.*

Libaio (Chardonnay 90 % et Pinot grigio). À prix très abordable, ce vin blanc sec est aromatique (agrumes, ananas et fruits secs) et est surtout doté d'une agréable vivacité. Impeccable avec les *antipasti* et les fruits de mer. IGT Toscana ; *Ruffino.*

Poggio alle Gazze (Sauvignon). J'aime bien ce vin sec toscan aux senteurs typiques du cépage Sauvignon (notes végétales et fruits exotiques). Du fruit, de la matière et une certaine élégance. Un vin à faire découvrir avec des poissons fumés et des fromages de chèvre affinés. Dommage mais après le millésime 2001, les nouveaux propriétaires ont décidé de ne plus produire ce vin. IGT Toscana ; *Tenuta dell'Ornellaia.*

Rosso (à prix abordables)

Capitolare di Biturica (Cabernet sauvignon 70 % et Sangiovese). Robe intense. Notes florales (violette) et fruitées. Beaucoup de chair en bouche avec des tanins mûrs et bien enrobés. IGT Toscano ; *Vigneti del Geografico.*

Centine (Sangiovese, Cabernet et Merlot). Assemblage sympathique dans lequel le Sangiovese domine de tout son fruit et de ses saveurs légèrement épicées. Des tanins souples et une bonne acidité permettent à ce vin des harmonies avec des viandes grillées (des côtelettes d'agneau, par exemple). IGT Toscana ; *Banfi.*

Col-di-Sasso (Sangiovese et Cabernet sauvignon). Prix très raisonnable pour ce vin sans prétention mais très bien fait, avec tout le fruit et la fraîcheur qu'on attend d'une bouteille réservée aux grillades. IGT Toscana ; *Banfi.*

Dogajolo (Sangiovese principalement et Cabernet sauvignon). Vinification séparée pour les deux cépages qui achèvent leur fermentation en fût de chêne. Vin rouge rubis, tout en fruit et de structure moyenne. Bien, mais sans plus. IGT Toscana ; *Carpineto.*

Fonte al Sole (Sangiovese). Une couleur moyenne et des saveurs franches dans ce vin très souple et frais, vinifié en cuve inox pour préserver le fruit. Idéal pour les pâtes garnies d'une sauce pas trop relevée. IGT Toscana ; *Ruffino.*

Formulae (Sangiovese). Savoureux vin au fruit très mûr et aux tanins souples. Bon dosage du bois puisque seulement 25 % de la production passe en barrique. À déguster sur un *osso buco.* Prix très correct pour cette qualité. IGT Toscana ; *Barone Ricasoli.*

Lucilla (Sangiovese 70 %, Cabernet sauvignon et Merlot). Après une fermentation en cuve, le vin est élevé en fût pendant 8 à 12 mois, puis en bouteille 4 à 6 mois avant sa commercialisation. Il en résulte un vin moyennement tannique aux saveurs discrètes de cerise et d'épices. IGT Toscana ; *Farnetella-Fattoria di Felsina.*

Monte Antico (Sangiovese). Une belle réussite à prix doux grâce à ce Sangiovese qui s'exprime dans ce vin avec beaucoup de franchise et de personnalité. Du fruit à revendre et un potentiel de vieillissement non négligeable. IGT Toscana ; *Empson.*

Pater (Sangiovese). Voici un autre vin délicieux gorgé des fruits noirs et des épices douces du fameux cépage toscan. Pas de prétention mais un prix très raisonnable pour un vin signé par une grande maison. IGT Toscana ; *Marchesi de Frescobaldi.*

Poggio alla Badiola (Sangiovese). De la couleur, des parfums de garrigue, une bonne charpente et des saveurs de confitures sont les éléments principaux de ce vin élaboré avec soin par un grand producteur. Il est parfait sur un ragoût d'agneau au thym. IGT Toscana ; *Mazzei-Castello di Fonterutoli.*

Rosso dei Barbi (Sangiovese). Une couleur franche mais peu intense. Au nez, les arômes sont fruités et sans complexité, et des tanins fermes donnent un peu de dureté à l'ensemble. Un vin simple et pas cher élaboré par une bonne maison. IGT Toscana ; *Fattoria di Barbi.*

Santa Cristina (Sangiovese et Merlot). Vin très souple et fruité aux allures de jeune Chianti vif, net et sans prétention. Élaboré rigoureusement par une grande maison. Très bien sur des grillades, un spaghetti à la viande et des côtes de veau rôties. IGT Toscana ; *Marchesi Antinori.*

Vigne del Moro (Sangiovese 80 %, Malvasia nera et Cabernet sauvignon). Curieux assemblage soigneusement élaboré avec un passage nuancé en barrique. Le vin, aux arômes floraux et fruités (prune bien mûre) est souple et plutôt charnu. Accompagnera judicieusement des viandes rouges poêlées et des pâtes en sauce tomatée. IGT Toscana ; *Fattoria Montellori.*

Rosso (plus chers et de qualité parfois très grande)

Aleatico (Aleatico). Robe grenat violacé intense. Très aromatique (parfums de rose) – Doux et moyennement généreux, ce vin élaboré avec des raisins cueillis très mûrs, offre en bouche une longueur surprenante. IGT Toscana ; *Marchesi Antinori.*

Alte d'Altesi (Sangiovese et Cabernet sauvignon). Voilà un beau vin qui offre en bouche beaucoup de matière, une importante masse tannique et une acidité qui lui permettent de vieillir en beauté pendant quelques années. IGT Toscana ; *Altesino.*

Avvoltore (Sangiovese 75 %, Cabernet sauvignon 20 % et Syrah). Beau vin charnu au bouquet de fruits mûrs et d'épices. Ce rouge issu d'une région à la mode aujourd'hui en Toscane (la Maremma) est corsé et généreux. Le prix est proportionnel à sa grande qualité. IGT Maremma Toscana ; *Moris Farms.*

Borgonero (Sangiovese 60 %, Cabernet sauvignon 20 % et Syrah). Robe foncée. Très beau nez de mûre et de cassis. On trouve des tanins bien enrobés dans ce vin qui a vieilli 18 mois en barrique et qui offre en bouche des saveurs de cuir et de tabac. Un vin à découvrir. IGT Toscana ; *Borgo Scopeto-Tenuta Caparzo.*

Brocato (Sangiovese). Très belle expression du Sangiovese dans ce grand vin issu de sélections parcellaires rigoureuses. Le fruit est très mûr et l'on retrouve au nez comme en bouche ces notes fruitées et épicées dignes de ce grand cépage. La structure et les tanins racés laissent entrevoir un excellent potentiel de conservation. Un vin élaboré sous la houlette de Mario Schwenn, le grand manitou du domaine. IGT Toscana ; *Dievole.*

Cabreo Il Borgo (Sangiovese 70 % et Cabernet sauvignon). Un autre classique de la Toscane puisqu'il fut un des premiers grands vins de table de la région. Malgré des tanins anguleux dans sa jeunesse, un dosage nuancé de la barrique (30 % en fût neuf, 40 % dans des fûts d'un an et 30 % dans des fûts de 2 ans) lui confère en vieillissant un certain équilibre, avec en prime du fruit et des saveurs légèrement épicées. IGT Toscana ; *Tenute di Ambrogio e Giovanni Folonari.*

Camartina (Sangiovese). Voici une des belles expressions du Sangiovese, avec des saveurs de fruits rouges très mûrs, des épices en rétro-olfaction et une texture aussi soyeuse que charnue. C'est très bon. Heureusement, car c'est aussi très cher. On peut le garder quelques années en cave. IGT Toscana ; *Agricola Querciabella.*

Casalferro (Sangiovese 80 % et Merlot). Beau nez floral (violette) et fruité (fraise, framboise et cerise). Les tanins sont serrés et bien mûrs et le rapport acidité-moelleux est en équilibre. On retrouve en bouche des saveurs de cacao, de vanille et de poivre. Un vin sensuel à servir sur un canard accompagné d'une sauce aux cerises bien relevée. IGT Toscana ; *Barone Ricasoli.*

Case Via (Pinot nero). Les raisins de Pinot noir sont cueillis très mûrs, puis mis à macérer dans des cuves inox avant de passer 12 mois en fût de chêne français. Les arômes de cerise sont au rendez-vous dans ce vin très élégant et à la texture soyeuse. Idéal avec des ris de veau braisés accompagnés de morilles. IGT Toscana ; *Fontodi.*

Case Via (Syrah). Tout y est : la couleur pourpre, les arômes floraux et épicés (poivre et gingembre) et une structure tannique évidente. Même s'il est assez corsé, l'élégance et la distinction font partie de ce vin tout à fait équilibré. Un régal pour les amateurs de Syrah ! IGT Toscana ; *Fontodi.*

Castellaccio (Sangiovese 60 % et Cabernet sauvignon). Robe assez concentrée. Nez marqué par le bois (vanille) et les épices (cannelle). Du fruit en bouche et une longueur moyenne. Un peu cher, ce vin tout de même charnu manque d'originalité. IGT Toscana ; *Fattoria Uccelliera.*

Cepparello (Sangiovese). Une belle couleur, des notes de cerise et de violette, ainsi que des saveurs complexes de tabac blond se trouvent dans ce vin. Le grain des tanins bien mûrs est fin et le tout se termine sur une note balsamique. On peut acheter et garder en cave quelques années cette grande cuvée du très sympathique Paolo De Marchi. IGT Toscana ; *Isole e Olena.*

Coltassala (Sangiovese 95 % et Mammolo). Grand vin d'une belle couleur aux arômes riches et complexes de baies sauvages, prenant en vieillissant des bouquets de torréfaction teintés d'encens. Cette cuvée est dotée d'une texture en bouche et de tanins de qualité. Une des valeurs sûres de la Toscane à se procurer sans hésiter. IGT Toscana ; *Castello di Volpaia.*

Coniale (Cabernet sauvignon). De la couleur certes, mais aussi des tanins soyeux et une structure digne des grands vins de Cabernet. Très bon mais plutôt cher. IGT Toscana ; *Castellare di Castellina.*

Fiore (Sangiovese 95 % et Merlot). Le vin de ce château joue dans le fruit et l'élégance, offrant au palais de riches saveurs de prune, de cerises à l'eau-de-vie et de mûre, avec des notes de torréfaction en finale. La structure est bien là, suffisamment pour accompagner un faisan rôti garni de champignons sauvages. IGT Toscana ; *Castello di Meleto.*

Farnito (Cabernet sauvignon). Vanille, épices, fruits rouges et tanins charnus : tous les ingrédients d'un Cabernet sauvignon qui a séjourné en barrique assez longtemps pour lui donner quelques années avant de l'ouvrir sont au rendez-vous. Quand il aura digéré son bois, on pourra le savourer avec des noisettes de chevreuil sauce poivrade. IGT Toscana ; *Carpineto.*

Flaccianello della Pieve (Sangiovese). Le vignoble situé à 400 m d'altitude et exposé au sud permet d'obtenir des raisins bien mûrs. Le vin, aux riches saveurs fruitées et épicées, est élaboré avec beaucoup de soin. Le passage en fût pendant 18 mois lui confère des tanins serrés mais de qualité. Cette grande cuvée, qui fut une des premières de la Toscane, se conservera en cave pendant quelques années (8-10 ans). IGT Colli Toscana Centrale ; *Fontodi.*

Fontalloro (Sangiovese). Robe profonde et nez de fruits noirs bien mûrs. Tanins de qualité dans ce vin charnu, bien équilibré et très long en bouche. La concentration n'empêche pas l'élégance et la finesse. Un grand de la Toscane. IGT Toscana ; *Fattoria di Felsina.*

Ghiaie della Furba (Cabernet sauvignon et Cabernet franc 70 %, Merlot). Assemblage à la bordelaise pour ce vin issu du terroir de Carmignano. Le vin est rond, moyennement corsé et offre en bouche des saveurs de fruits rouges bien mûrs. Idéal avec un gigot d'agneau. IGT Toscana ; *Tenuta di Capezzana.*

Il Querciolaia (Sangiovese 65 % et Cabernet sauvignon). Bel assemblage dans ce vin où le Cabernet apporte la structure et des tanins serrés, et le Sangiovese, beaucoup de fruit au nez comme en bouche, avec des notes de réglisse en finale. Attendre quelques années avant d'ouvrir ce vin corsé. IGT Colli della Toscana Centrale ; *Castello di Querceto.*

I Sodi di S. Nicolo (Sangiovese 85 % et Malvasia nera). Beaucoup de couleur et de senteurs aux notes de confitures. Les tanins sont un peu astringents et l'acidité est présente. Un vin très cher qui ne fait pas nécessairement dans la dentelle. IGT Toscana ; *Castellare di Castellina.*

Lamaione (Merlot). Nez de confitures de prune et de mûre. Ce vin assez corsé, qui a passé 18 mois en barrique française, est doté de tanins soyeux et d'une acidité en équilibre. Cette cuvée de grande classe mettra en valeur un carré d'agneau ou des cailles aux cèpes et aux girolles. IGT Toscana ; *Castelgiocondo-Marchesi de Frescobaldi.*

L'Apparita (Merlot). Splendide expression du Merlot, tant dans la couleur que dans les parfums séduisants de fleurs mauves et de fruits très mûrs. Imposant et élégant. Structuré et délicat à la fois. Une main de fer dans un gant de velours. Pas donné mais excellent. IGT Toscana ; *Castello di Ama.*

Le Volte (Cabernet sauvignon, Sangiovese et Merlot). IGT classique de cette cave très connue de Bolgheri. De la couleur, du fruit et, en prime, un bel équilibre en bouche, avec en rétro-olfaction des notes de réglisse. IGT Toscana ; *Tenuta dell'Ornellaia.*

Luce (Merlot et Sangiovese). Les Mondavi et les Frescobaldi se sont regroupés en 1995 pour produire ce splendide vin au riche bouquet de vanille, de noix, de cannelle, de tabac blond et de sous-bois. Les tanins soyeux et bien enrobés et l'équilibre moelleux-acidité donnent à ce vin une classe certaine et beaucoup d'élégance. Pour les plus fortunés. IGT Toscana ; *Luce della Vite-Frescobaldi* et *Mondavi.*

Masseto (Merlot). Très grand vin au nez de groseille, de mûre et de myrtille. Beaucoup de chair enrobée de tanins riches et nobles. De l'élégance, de l'équilibre et de la classe pour ce vin qui a vieilli 24 mois en fût neuf. Mais il y a un prix à tout cela, et il est très élevé. IGT Toscana ; *Tenuta dell'Ornellaia.*

Montepaone (Cabernet sauvignon). Le grand producteur de Montalcino signe là une cuvée à base de Cabernet sauvignon. Le vin, moyennement corsé et doté de bons tanins, ressemble à certains crus de Bordeaux. Je m'ennuie un peu du Brunello… Et le vin n'est pas donné. IGT Toscana ; *Biondi-Santi.*

Mormoreto (Cabernet sauvignon). Un classique parmi les vins de Cabernet sauvignon. Parfums sensuels de groseille noire, de mûre et de rose fanée. On retrouve en bouche des saveurs de poivre noir et de réglisse, sur une finale de torréfaction. Ce vin a la structure tannique et l'acidité pour vieillir quelques années de jolie façon. IGT Toscana ; Castello di Nipozzano-Marchesi de *Frescobaldi*

Nero del Tondo (Pinot nero). Robe moyennement concentrée. Parfums d'épices et d'écorce d'orange amère. L'ensemble fruité et très souple, les tanins sur leur réserve et l'acidité sont dignes de ce cépage qui confère au vin un certain raffinement. IGT Toscana ; *Ruffino.*

Promis (Merlot 45 %, Cabernet 30 % et Sangiovese). Ce vin, élaboré par Angelo Gaja, l'homme du Barbaresco, est issu d'un assemblage intéressant, apportant en bouche beaucoup de fruit et des tanins serrés. Un vin qui n'a pas fini de nous étonner… En souhaitant que les prix restent raisonnables. IGT Toscana ; *Pieve Santa Restituta.*

Querciagrande (Sangiovese). Sans hésiter, voici un de mes coups de cœur parmi les vins de Toscane. La couleur, le fruit, les tanins, la persistance et la complexité sont au rendez-vous dans cette cuvée généreuse et sensuelle. Je n'ai rien à ajouter… IGT Colli della Toscana Centrale ; *Podere Cappacia.*

Roccato (Cabernet sauvignon et Sangiovese). Le Cabernet sauvignon apporte ici des rondeurs et une maturité de tanins, ce qui n'est pas pour déplaire au Sangiovese qui se charge à la fois des parfums d'épices et des saveurs nettement fruitées. IGT Toscana ; *Rocca delle Macie.*

Sammarco (Sangiovese principalement et Cabernet sauvignon). Dans cette cuvée, le Sangiovese prend le dessus avec tout son fruit, et ses douces épices qui lui donnent une certaine sensualité. IGT Toscana ; *Castello dei Rampolla.*

Sassoalloro (Sangiovese). Quatorze mois en barrique, puis six mois en bouteille, donnent à ce très beau vin élaboré par une des grandes maisons de Montalcino, le fruité et une belle texture que supportent des tanins nobles et de qualité. Un régal avec des aiguillettes de canard au poivre vert. IGT Toscana ; *Biondi-Santi.*

Ser Gioveto (Sangiovese). Produit seulement dans les grands millésimes, le Ser Gioveto est connu pour ses arômes de fruits rouges légèrement confiturés. Vanille et épices se retrouvent en bouche, et la structure tannique fait parfois preuve de fermeté. IGT Toscana ; *Rocca delle Macie.*

Siepi (Sangiovese 50 % et Merlot). Belle harmonie entre le fruit du Sangiovese et la rondeur apportée par le Merlot. Élevé 18 mois en barrique, puis 6 mois en bouteille, ce vin offre beaucoup au nez comme en bouche. IGT Toscana ; *Castello di Fonterutoli.*

Solaia (Cabernet Sauvignon 75 %, Sangiovese 20 % et Cabernet franc). Magnifique vin aux arômes de fruits noirs bien mûrs. Les tanins sont soyeux et l'ensemble est compact et généreux, sans oublier la finesse et la distinction. Pour les collectionneurs et ceux qui sont en moyen. IGT Toscana ; *Marchesi Antinori.*

Spargolo (Sangiovese). Belle couleur et parfums agréables de vanille et d'épices se donnent rendez-vous dans ce vin aux tanins un peu rudes, sans doute marqués par un passage en fût et en barrique un peu trop long (j'enlèverais six mois). IGT Toscana ; *Cecchi.*

Tavernelle (Cabernet sauvignon). Un autre classique et un précurseur des *Vini da Tavola* (devenus IGT) mis au point par Ezio Rivella quand il était en charge de ce grand et magnifique domaine. Des raisins bien mûrs récoltés sur des vignes assez âgées donnent à ce vin corsé une charpente et des tanins très présents. Peut vieillir quelques années en cave. IGT Toscana ; *Castello Banfi.*

Tignanello (Sangiovese 80 %, Cabernet sauvignon 15 % et Cabernet franc). Belle couleur intense. Arômes très fins de fruits rouges avec en bouche des saveurs épicées et sensuelles. Les tanins sont présents mais bien enrobés. Et quelle longueur ! J'aime beaucoup cette cuvée qui a été la première à me faire connaître ces *Vini da Tavola* qui allaient devenir les chefs de file de toute une génération de nouveaux vins italiens. IGT Toscana ; *Marchesi Antinori.*

Vigorello (Sangiovese 70 % et Cabernet Sauvignon). C'est seulement après 18 mois en barrique et un an en bouteille que ce vin est mis sur le marché. Considéré comme l'un des premiers grands *Vini da Tavola* de la Toscane, le Vigorello assume bien son nom, il est vigoureux, bien charpenté, tannique mais non dénué de charme. IGT Toscana ; *San Felice.*

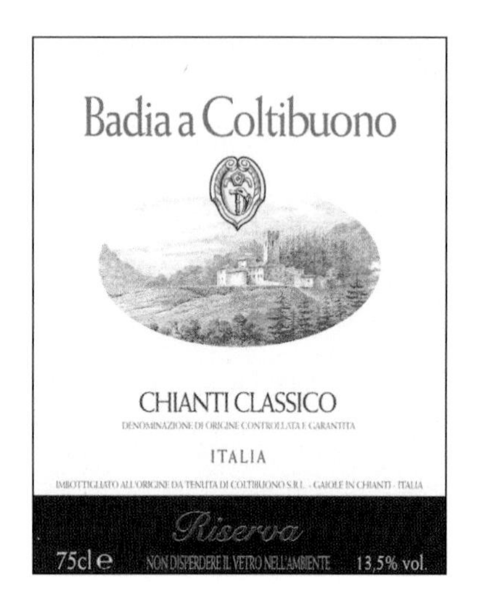
Badia a Coltibuono
CHIANTI CLASSICO
ITALIA
Riserva
75cl e
NON DISPERDERE IL VETRO NELL'AMBIENTE
13,5% vol.

TIGNANELLO
TE DUCE PROFICIO
Vino prodotto con uve Sangiovese e, in piccola parte, Cabernet nell'antico podere denominato Tignanello, sito nella frazione di Mercatale Val di Pesa, di proprietà dei Marchesi Antinori di Firenze, viticoltori dal 1385. Il terreno, in collina, è composto da roccia di "Galestro" e "Alberese", ha un' esposizione a solatio ed un' altitudine che va dai 350 ai 400 metri sul livello del mare. Il vino è invecchiato esclusivamente in piccole botti di rovere pregiato e successivamente affinato in bottiglia.
TOSCANA
Mis en bouteille par - Bottled by Marchesi Antinori S.r.l.
in S. Casciano V.P. - Firenze - Italia
750 mL
VIN ROUGE
PRODUIT D'ITALIE
ANTINORI
13.5% alc./vol.
RED WINE
PRODUCT OF ITALY

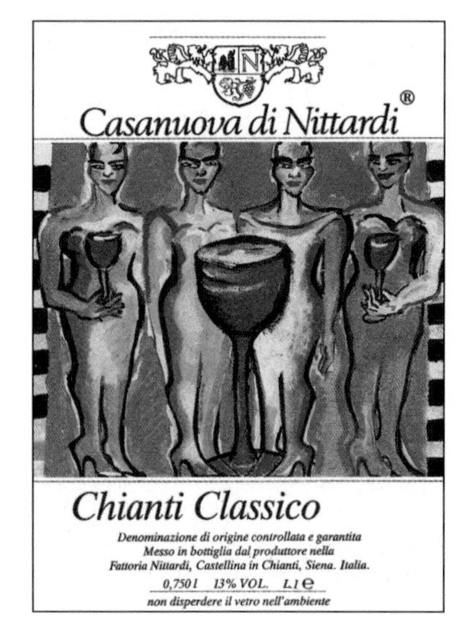
Casanuova di Nittardi®
Chianti Classico
Denominazione di origine controllata e garantita
Messo in bottiglia dal produttore nella
Fattoria Nittardi, Castellina in Chianti, Siena. Italia.
0,750 l 13% VOL. L1 e
non disperdere il vetro nell'ambiente

CASE VIA
PINOT NERO
FONTODI
75cl e
13% vol.
VINO DA TAVOLA COLLI TOSCANI
L. 1494
ITALIA

Collezione De Marchi
Syrah
TUSCAN RED TABLE WINE
Isole Olena
L - 224 - 4
PRODUCT OF ITALY - NET CONT. 750 ML - ALC. 12,5% BY VOL.
ESTATE BOTTLED BY TENUTE DI ISOLE E OLENA - BARBERINO VAL D'ELSA - ITALIA

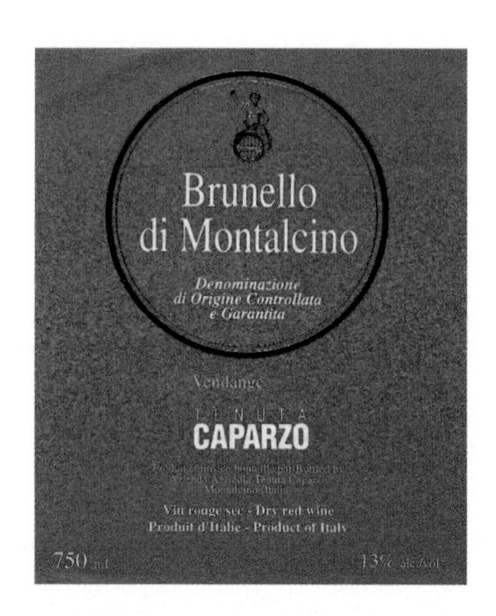
Brunello
di Montalcino
Denominazione
di Origine Controllata
e Garantita
Vendange
TENUTA
CAPARZO
Vin rouge sec - Dry red wine
Produit d'Italie - Product of Italy
750 ml
13% alc/vol

CASTELLO DI MELETO
Chianti Classico
DENOMINAZIONE DI ORIGINE CONTROLLATA E GARANTITA
R I S E R V A
1997

ROCCA GUICCIARDA
CHIANTI CLASSICO RISERVA
BARONE
RICASOLI

ARGIANO
BRUNELLO
DI MONTALCINO
DENOMINAZIONE DI ORIGINE CONTROLLATA E GARANTITA
VIN ROUGE - RED WINE
MIS EN BOUTEILLE PAR / BOTTLED BY
ARGIANO S.R.L. - MONTALCINO - ITALIE
750 mL
PRODUIT D'ITALIE
13,5% alc./vol.
PRODUCT OF ITALY

Lamole
di
Lamole
CHIANTI CLASSICO
DENOMINAZIONE D'ORIGINE CONTROLLATA
E GARANTITA
+ 413328 L. 142/95
RED WINE - PRODUCT OF ITALY VIN ROUGE - PRODUIT EN ITALIE
BOTTLED BY - MIS EN BOUTEILLE PAR
750 ml. S.M. LAMOLE S.r.l. - GAVILLE (ITALIA) 12,5% alc./vol.

INCISA DELLA ROCCHETTA * MARCHESI
SASSICAIA
VIN ROUGE
RED WINE
VINO DA TAVOLA DI SASSICAIA
TENUTA SAN GUIDO
Vin mis en bouteille en Italie par - Wine bottled in Italy by
Tenuta San Guido - Bolgheri (107 LI)
750 mL
PRODUCT OF ITALY
PRODUIT D'ITALIE
12.5% alc./vol.

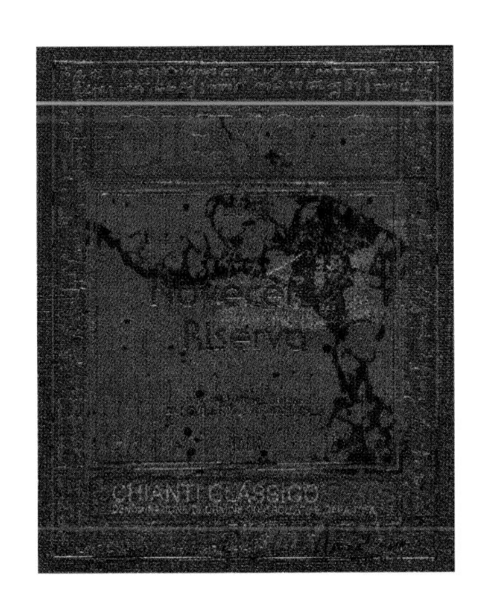
Riserva
CHIANTI CLASSICO

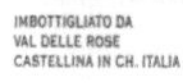

VINIFICATO DA
VAL DELLE ROSE
POGGIO LA MOZZA - GROSSETO

Veduta di Villa Cerna, da un antico disegno
VILLA CERNA
CHIANTI CLASSICO
Denominazione di Origine Controllata e Garantita
RISERVA
Mis en bouteille à l'origine par - Estate bottled by
AGRICOLA VILLA CERNA
Castellina in Chianti (Siena) Italia

CASTELLO D'ALBOLA
CHIANTI CLASSICO
DENOMINAZIONE DI ORIGINE CONTROLLATA E GARANTITA
· Riserva ·
CASTELLO D'ALBOLA
750 ml e
ITALIA
13% vol

TENUTA
GUADO AL TASSO
BOLGHERI
Denominazione di origine controllata
SUPERIORE
750 mL - 13% alc./vol.

CARPINETO
DOGAJOLO
vino da tavola di toscana
e
75 cl
12,5% vol
ITALIA

CAMPO AI SASSI
ROSSO DI MONTALCINO
DENOMINAZIONE DI ORIGINE CONTROLLATA
Castelgiocondo
FRESCOBALDI
PRODUIT D'ITALIE - PRODUCT OF ITALY

TRENTINO – ALTO ADIGE

Le Trentin – Haut-Adige

Quand on pense à l'Italie, on n'imagine pas nécessairement ces paysages majestueux de hautes montagnes où les forêts de conifères occupent plus de la moitié du territoire. Pourtant, nichée entre la Suisse et l'Autriche au nord, la Vénétie à l'est, et la Lombardie à l'ouest, la région imposante du Trentin est composée des provinces de Trento et de Bolzano. Celles-ci sont traversées du nord au sud par l'Adige, un long fleuve né dans les Alpes tyroliennes et qui poursuit son cours en Vénétie pour aller se jeter dans l'Adriatique.

En plus du ladin, langue minoritaire mais encore enseignée de nos jours, ce n'est pas par hasard que l'allemand est une langue officielle dans ce coin de pays. Le Haut-Adige (aujourd'hui la province de Bolzano) fut en effet longtemps assujetti à la domination germanique, laquelle eut pour conséquence la fondation du Tyrol en 1248. Celui-ci passa en alternance à l'Autriche et à l'Italie, mais le Haut-Adige revint définitivement à l'Italie après la Première Guerre mondiale. De son côté, la province de Trento se trouvait au XVIe siècle sous protectorat autrichien avant d'être à son tour annexée au Tyrol par les Français en 1801. En même temps que le Alto Adige, cette province fut rattachée à l'Italie après la Grande Guerre.

C'est après la Deuxième Guerre mondiale, plus précisément en 1946, qu'un accord entre l'Autriche et l'Italie donnait à cette belle région son autonomie, même si le décret ne fut signé par le gouvernement, à Roma, qu'en 1972. Région pauvre à cette époque, le Trentin–Haut-Adige a su profiter de cette liberté (et des subventions européennes) pour devenir une des riches contrées du pays. Son économie est aujourd'hui florissante et le tourisme prospère, notamment grâce aux superbes Dolomites, royaume incontesté des sports d'hiver. Par ailleurs, les autorités ont tous les pouvoirs sur le patrimoine, la culture, le système scolaire et les langues, ce qui explique l'affichage – et l'étiquetage des bouteilles – bilingue.

Le vignoble est à mes yeux un des plus impressionnants et curieux d'Europe. Au sud, le Trentin compte quelques appellations dont le Valdadige, très étendu (peut-être un peu trop), le Casteller et le Toreldego Rotaliano. Le Haut-Adige, au nord, offre une multitude de vins dont les blancs du Alto Adige et de la vallée d'Isarco, ainsi que les rouges de Santa Maddalena, indéniablement les meilleurs et les plus recherchés. La production est dominée par les rouges, même si les vins blancs sont le plus souvent demandés par ceux qui préfèrent des vins de soif et de détente.

Les conditions climatiques sont dans l'ensemble assez favorables au cycle végétatif de la vigne, qui trouve dans cette vallée protégée par les montagnes un terrain de prédilection. Celui-ci, bien drainé, léger et pauvre, se prête d'ailleurs à la culture de nombreuses variétés, une trentaine environ étant acceptée dans les diverses appellations.

Mais ce qui fait sans aucun doute le charme du Trentin–Haut-Adige, ce sont ces fameuses pergolas sous lesquelles, depuis des siècles, il n'y a qu'à lever les bras pour cueillir le raisin – ce qui est, soit dit en passant, plutôt fatigant – et qui sont partie intégrante du panorama viticole. Il est cependant prouvé, et je l'explique à quelques reprises dans ce livre, que ce n'est pas la meilleure méthode culturale pour obtenir la qualité de jus souhaitée. La vigne ne parvient en effet pas à tirer le maximum des bienfaits du soleil et les rendements sont en général trop élevés, malgré les récentes tentatives de mettre de l'ordre et plus de rigueur dans la législation. De l'avis de certains spécialistes cependant, plusieurs cépages réussiraient mieux de cette façon, gardant ainsi à l'ombre du feuillage une acidité qui leur ferait autrement cruellement défaut. Le visiteur oublie d'ailleurs toutes ces considérations lorsque, au cours d'une randonnée pédestre estivale, se fait sentir la douce envie d'aller se rafraîchir à l'ombre de cette drôle de vigne-parasol…

Pour la petite histoire, les apprentis-ampélographes seront heureux d'apprendre que le célèbre Gewurztraminer, ou Traminer, tire son nom du village de Termeno (Tramin), situé dans la vallée de l'Adige, au cœur de l'appellation Casteller. Important jusqu'au milieu du XVIe siècle, il fut remplacé peu à peu par la Schiava, un cépage rouge plus productif... Une autre occasion de vérifier l'adage qui dit que nul n'est prophète en son pays !

LE TRENTIN-HAUT-ADIGE EN BREF

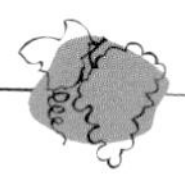

- 12 800 ha de vignes
- 12 400 ha en VQPRD*, dont 11 175 déclarés en l'an 2000
- 7 DOC
- 4 IGT
- Une magnifique région avec des paysages hors du commun
- Deux langues officielles : l'italien et l'allemand
- Des cépages à découvrir, dont le Teroldego, la Schiava et le Lagrein
- Des DOC à tiroirs avec de multiples types de vins

* VQPRD : Vins de qualité produits dans une région déterminée (DOC + DOCG).

TRENTINO – ALTO ADIGE

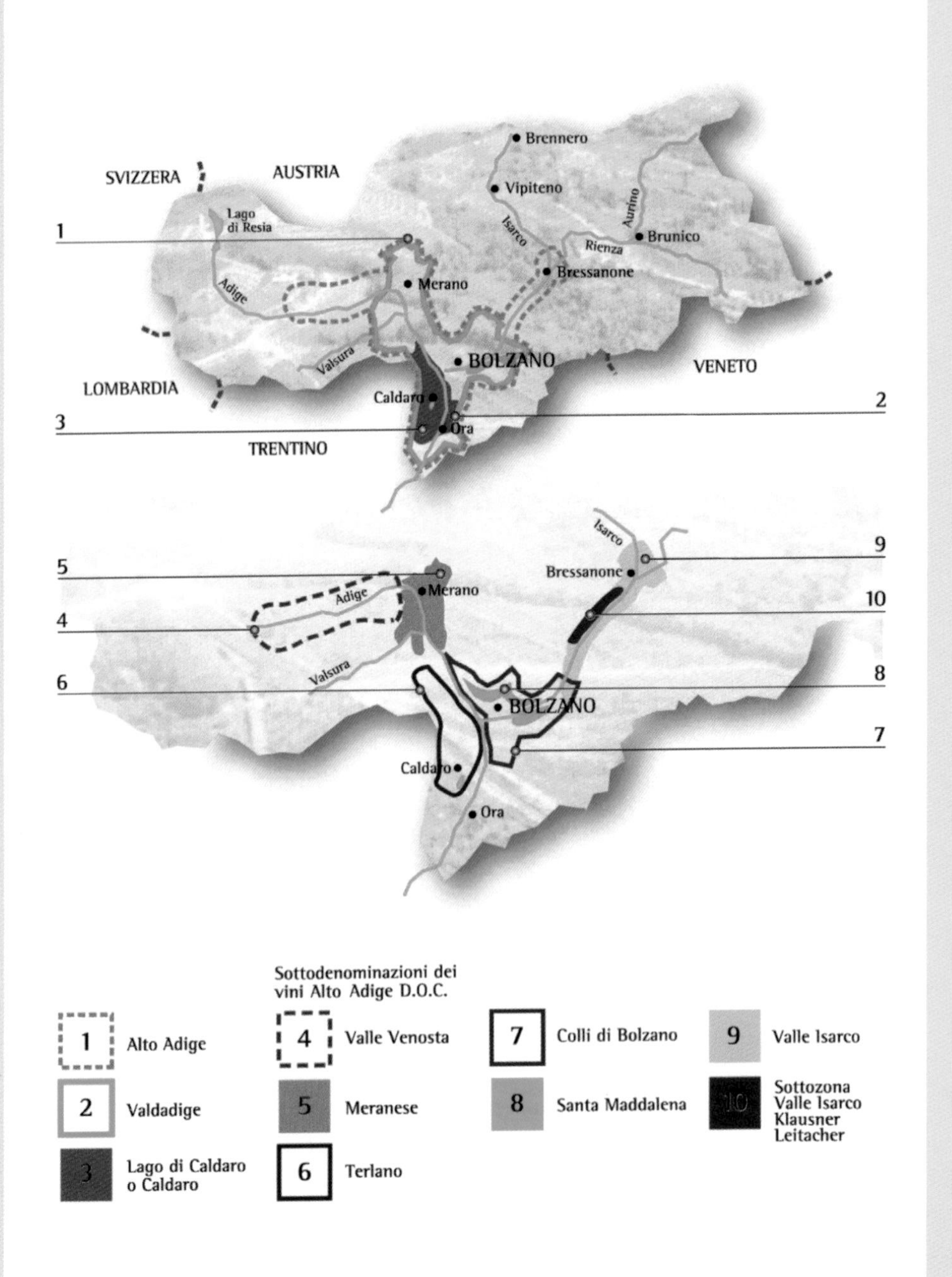

ALTO ADIGE OU DELL'ALTO ADIGE

SÜDTIROL OU SÜDTIROLER (ALTO ADIGE)

Où que l'on soit dans le monde, les panoramas viticoles sont presque toujours beaux. Ici, c'est particulièrement vrai. L'influence de la toute proche Autriche se fait sentir, tant par la culture (langue, histoire, traditions, etc.) que par ses paysages à couper le souffle. Des châteaux imposants disséminés çà et là s'interposent entre des sommets encore enneigés et des coteaux abrupts. Depuis des siècles, l'homme a aménagé ceux-ci en terrasses, comme des jardins, où la vigne pousse encore en pergola, système de culture traditionnel largement utilisé dans la région. Bolzano, dans la province autonome du même nom, est au centre de ce vaste vignoble dont l'appellation est représentée par une multitude de vins et de cépages. Les blancs, aidés par un climat propice, font la réputation de cette belle région, mais les rouges, issus des variétés Schiava et Lagrein, réservent aussi d'agréables surprises. L'appellation Alto Adige a été complètement restructurée il y a quelques années, doublant par le fait même son potentiel de surface cultivable. C'est ainsi que Colli di Bolzano, Meranese, Santa Maddalena, Terlano et Valle Isarco, qui étaient autrefois des appellations à part entière, font maintenant partie des nombreuses dénominations de cette DOC à multiples tiroirs.

Année du décret: 1999 (1975)
Superficie: 3 600 ha (3 950)
Encépagement: Bianco (Weiss): Pinot bianco – Pinot grigio – Chardonnay (75 % minimum) – Autres cépages autorisés
Spumante: Pinot bianco – Pinot nero – Chardonnay (20 % minimum de Pinot nero pour le Spumante rosé)

Les autres vins sont élaborés avec 95 % minimum du cépage indiqué sur l'étiquette, sauf la Schiava (85 % minimum).

Rendement: Schiava/Lagrein: 91 hl/ha
Pinot bianco/Chardonnay/Pinot grigio/Sylvaner/Merlot/Riesling/Riesling x Sylvaner/Riesling italico/Sauvignon/Colli di Bolzano/Terlano: 84,5 hl/ha
Meranese/Santa Maddalena: 81,5 hl/ha
Pinot nero/Traminer: 78 hl/ha
Cabernet/Malvasia: 71,5 hl/ha
B/Moscato giallo/Valle Isarco: 65 hl/ha
Moscato rosa: 39 hl/ha
Production: 265 400 hl
Durée de conservation: B/Rs/Spumante: 1 an
R: 1 à 5 ans
Température de service: B/Rs/Spumante: 8-10 °C
R: 14-16 °C
Cabernets/Merlot: 16-18 °C

Bianco (Weiss): Blanc sec légèrement fruité et doté d'une bonne souplesse
Pinot bianco (Weissburgunder 14 %): Blanc, sec et fruité
Chardonnay (12 %): Blanc – Sec, très souple et assez fin
Pinot grigio (Rülander 8 %): Blanc, sec et fruité

Traminer aromatico (Gewürztraminer) : Blanc très aromatique, sec et très fruité
Riesling : Blanc sec, vif et fruité – Notes florales et minérales
Riesling x Sylvaner (Müller Thurgau) : Blanc aromatique – Sec et fruité
Moscato giallo (Goldmuskateller) : Blanc jaune paille – Aromatique et douceâtre
Sylvaner (Silvaner) : Jaune clair avec des reflets verts – Aromatique – Sec, vif, fruité et léger
Riesling italico (Welschriesling) : Blanc sec, frais et léger
Sauvignon : Blanc sec, léger et bien fruité

Sous certaines conditions de cueillette et de vinification, on peut revendiquer pour la plupart de ces vins blancs les mentions ***Passito*** *et* ***Vendemmia tardiva*** *(vendange tardive).*

Moscato rosa (Rosenmuskateller) : Rose soutenu – Douceâtre et fruité – Se fait aussi en Passito
Schiava ou **Schiava Grossa** ou **Schiava Gentile** (Vernatsch 24 %) : Rouge clair – Souple et moyennement corsé
Schiava grigia (Grauvernatsch) : Rouge rubis, souple et fruité
Lagrein ou **Lagrein Scuro** (Lagrein Dunkel 6 %) : Rouge vif – Fruité et souple – Très agréable
Existe aussi en rosé, léger et fruité. Les vins de ce cépage issus de la commune de Bolzano peuvent revendiquer la mention d'origine Lagrein di Gries (ou Grieser Lagrein).

Cabernet/Cabernet franc/Cabernet sauvignon : Rouges très fruités et moyennement tanniques
Merlot : Rouge léger et fruité. Existe aussi en rosé (Merlot rosato ou Kretzer)
Pinot nero (Spätburgunder) : Rouge clair, fruité et souple – Existe aussi en rosé
Malvasia (Malvasier) : Rouge rubis clair avec reflets orangés – Fruité et léger

Les assemblages Cabernet-Lagrein, Cabernet-Merlot et Merlot-Lagrein (avec une nette prédominance du premier cépage indiqué) sont de plus en plus populaires.

Tous les vins rouges (exceptés ceux issus des cépages Schiava et Malvasia) ont droit à la mention ***Riserva*** *après deux ans de vieillissement.*

Le Spumante se fait en blanc (Brut, Extra Brut et Riserva) et en rosé (Pinot nero 20 % minimum).

COLLI DI BOLZANO (Bozner Leiten) : Issu du minuscule vignoble situé sur les coteaux autour de Bolzano, le Colli di Bolzano est principalement élaboré avec la Schiava – Vin rouge à la robe claire – Moyennement aromatique (amande amère) – Souple, fruité et pas très corsé

MERANESE DI COLLINA ou MERANESE (Meraner Hügel ou Meraner) : C'est dans ce qu'on appelle le Sud Tyrol que se trouve Merano, où la Schiava est cultivée sous toutes ses formes pour donner cette appellation méconnue mais intéressante. Le paysage y est magnifique et la vigne pousse sur des coteaux bien exposés entre 400 et 600 m d'altitude. Les sols sont de nature argileuse et schisteuse. Vin rouge uniquement – Robe claire et vive – Aromatique (amande, violette) – Souple, fruité et plutôt léger

Les vins produits dans l'ancien comté du Tyrol peuvent porter la mention Burgraviato ou Burggräfler.

SANTA MADDALENA (St. Magdalener) : Une des dénominations les plus connues de la région. Le vin et le paysage valent le détour. Lorsque vous vous trouvez à Bolzano, il suffit d'emprunter le téléphérique qui conduit au sommet de la colline, d'où l'on découvre à la fois la ville, le vignoble et le massif calcaire des Alpes Dolomites. Vin rouge uniquement à base de *Schiava* (90 % minimum) – Robe rubis – Arômes typiques du cépage (framboise, violette, amande) – Fruité, généreux et charnu – Acidité présente mais bon équilibre dans l'ensemble

Les vins issus de la zone la plus ancienne portent la mention ***Classico*** *(Klassisches Ursprungsgebiet).*

TERLANO (Terlaner) : De nombreux vignerons se partagent ce petit vignoble situé à l'ouest de Bolzano. Plusieurs cépages font partie de l'appellation qui ne produit d'ailleurs que des vins blancs (avec 90 % minimum du cépage indiqué sur l'étiquette) : Pinot bianco, Riesling italico, Chardonnay, Riesling renano, Müller Thurgau, Sylvaner et Sauvignon. Le Terlano bianco est élaboré avec 50 % minimum de Chardonnay et/ou de Pinot bianco.

Trois communes, dont Terlano, peuvent revendiquer la mention ***Classico.***

VALLE ISARCO (Eisacktaler) : C'est sur des coteaux à flanc de montagne, de chaque côté du fleuve Isarco, que la vigne pousse à des altitudes atteignant parfois les 800 m. Ce vignoble est celui qui est situé le plus au nord de l'Italie, tout près de la frontière autrichienne. On y produit principalement des vins blancs à base de Sylvaner, de Pinot grigio, de Kerner (croisement de Trollinger x Riesling) et de Veltliner (cépage largement répandu en Autriche, légèrement aromatique, sec, fruité et léger) et un peu de rouge à base de Schiava (Klausner Leitacher).

VALLE VENOSTA (Vinschgau) : Le long de l'Adige, entre Silandro et Merano, vins blancs et vins rouges issus des cépages cités précédemment peuvent afficher cette récente dénomination.

Pinot bianco/Sauvignon : Charcuteries – Quiche lorraine – Poissons fumés – Volailles sautées en sauce (fricassée de poulet à l'estragon) – Poissons meunière – Fromages à pâte dure

Chardonnay/Pinot grigio/Riesling renano : Salade de fruits de mer – Cuisses de grenouille à la crème – Poissons grillés (turbot grillé sauce béarnaise) et pochés – Coq au Riesling

Sylvaner/Müller Thurgau/Riesling italico : Huîtres – Salade de poisson – *Blau forelle* (truite au vin blanc) – *Speck* (jambon fumé et pain brun)

Schiava/Lagrein : Charcuteries moyennement relevées – *Pollo alla cacciatore* (poulet chasseur) – Jarret de veau aux pruneaux

Cabernet : Viandes rouges grillées et rôties – *Osso buco* – Fromages moyennement relevés

Merlot : Charcuteries – Viandes blanches (fricassée de lapin) – *Pomodori col riso* (tomates farcies)

Abbazia di Novacella – Joseph Brigl – Castel Salleg – **Castel Schwanburg** – **Franz Haas** – **J. Hofstätter** (Kolbenhof, Steinraffler) – Kettmeir – **Alois Lageder** (Löwengang, Benefizium Porer, Lindenburg, Krafuss) – **K. Martini & Sohn** – **Joseph Niedermayr** – Ritterhof – Roner – Thurnhof – **J. Tiefenbrunner** – Vinicola Santa Margherita – **Elena Walch** – De nombreuses caves coopératives (parmi les meilleures : Cantina San Michele Appiano – Cantina sociale Cornaiano – Cantina Santa Maddalena – Cantina Terlano – Cantina Termeno – Produttori Colterenzio – Viticoltori Caldaro)

CASTELLER

(TRENTINO)

Au nord-est du lac de Garda, la zone viticole de Casteller s'étend de part et d'autre du fleuve Adige, dans la province de Trento. Sur une longueur d'environ 70 km, ce vignoble de surface moyenne et composé essentiellement de variétés à raisins noirs est à l'origine d'un vin rouge sans prétention. Vin de tous les jours, le Casteller est consommé dans la région et on ne lui demande pas beaucoup plus que d'étancher la soif et d'accompagner modestement les mets régionaux.

Année du décret: 1990 (1974)
Superficie: 220 ha (265)
Encépagement: Schiava (30 % minimum) – Lambrusco – Merlot, Lagrein et Teroldego (20 % maximum)
Rendement: 104 hl/ha
Production: 17 600 hl
Durée de conservation: 1 à 2 ans
Température de service: 14-16 °C

Vin rouge uniquement
Robe claire, peu intense – Fruité au nez comme en bouche – Souple et assez léger

*Avec un pourcentage de 11,5 % d'alcool, ce vin a droit à la mention **Superiore.***

Voir Caldaro

Lagariavini – Caves coopératives (Ca'vit et La Vinicola Sociale de Aldeno)

LAGO DI CALDARO OU CALDARO

KALTERERSEE OU KALTERER (TRENTINO-ALTO ADIGE)

Le petit lac de Caldaro est au centre d'une vaste région viticole qui commence à environ une quinzaine de kilomètres au sud de Bolzano. Un microclimat propice à la culture de la vigne créé par la présence du lac joue un rôle principalement dans les zones qui ont droit à la mention Classico. Très prisé par les gourmets (et les gourmands) de la région, le vin rouge de Caldaro arrose à satiété la cuisine régionale. Bolzano (Bozen, en allemand) est une ville d'une certaine importance. Grâce aux Dolomites toutes proches, la capitale du Haut-Adige accueille les nombreux touristes attirés par un environnement imprégné de culture autrichienne.

Année du décret: 1993 (1970)
Superficie: 1 240 ha (1 310)
Encépagement: *Schiava* (85 % minimum) - Pinot nero et Lagrein
Rendement: 91 hl/ha
Production: 108 540 hl
Durée de conservation: 2 à 3 ans
Températures de service: 15-17 °C

Vin rouge uniquement
Robe claire, parfois rose très intense - Arômes typiques de la Schiava (framboise, fumée) - Souple et fruité, avec des amandes en rétro-olfaction

Avec un pourcentage de 11,5 % d'alcool, le vin a droit à la mention ***Scelto*** *(ou Auslese), qui signifie vendange sélectionnée (littéralement: choisie).*

Neuf communes, dont Caldaro, Appiano, Termeno et Cortaccia ont droit à la mention ***Classico*** *(Klassisch) et* ***Classico Superiore.***

Cannelloni, lasagne et *spaghetti* avec sauce à la viande peu relevée - *Pomodori con riso* (tomates farcies) - *Ravioli* - Viandes rouges grillées - *Speck* (jambon fumé et pain brun) - Lapin aux pruneaux

Castel Sallegg - **Castel Schwanburg** - Eger-Ramer - Kettmeir - Manincor - **Karl Martini & Sohn** - **J. Tiefenbrunner** - Viticoltori Caldaro - Cantina San Michele Appiano

Le très beau chai à barriques de la maison Foradori.

TEROLDEGO ROTALIANO

(TRENTINO)

À toute règle il est possible de trouver une exception, et cette appellation en est une, notamment en ce qui concerne le site viticole. En effet, contrairement aux autres vignobles situés en coteaux et en terrasses dans cette magnifique région du Trentino, ce Campo Rotaliano est situé au confluent de l'Adige et de la Noce, et me fait penser au vignoble de Chateauneuf du Pape. Le terrain est plutôt plat et les sols graveleux et caillouteux favorisent l'élaboration d'un vin corsé et bien structuré (lorsque les rendements ne sont pas trop élevés). Foradori est un des chefs de file de cette séduisante appellation.

Année du décret: 1987 (1971)
Superficie: 422 ha (450)
Encépagement: *Teroldego*
Rendement: 110 hl/ha
Production: 43 900 hl
Durée de conservation: 1 à 2 ans
Superiore/Riserva: 4 à 6 ans
Température de service: R: 16-18 °C
Rs: 8-10 °C

Vin rouge principalement
Robe profonde et intense avec des reflets violacés (dans sa jeunesse) – Tannique et corsé – Acidité présente avec des notes d'amande amère en rétro-olfaction – Bonne longueur en bouche

*Avec un pourcentage de 12 % d'alcool, ce vin a droit à la mention **Superiore.** Après deux ans de vieillissement, il peut revendiquer la mention **Riserva.***

Un peu de rosé (Kretzer) sec, léger et fruité est aussi élaboré sous cette appellation.

Viandes rouges sautées (filet de bœuf en croûte – steak au poivre) – Gibier (civet de lièvre – selle de chevreuil – cuissot de sanglier au vin rouge) – Fromages assez relevés

Bailoni – Endrizzi – **Foradori** (Granato) – **Gaierhof** – Conti Martini – Dorigati – Institut agricole San Michele – Roberto Zeni – Caves coopératives (Mezzacorona – Cantina di Rotaliano et Mezzolombardo)

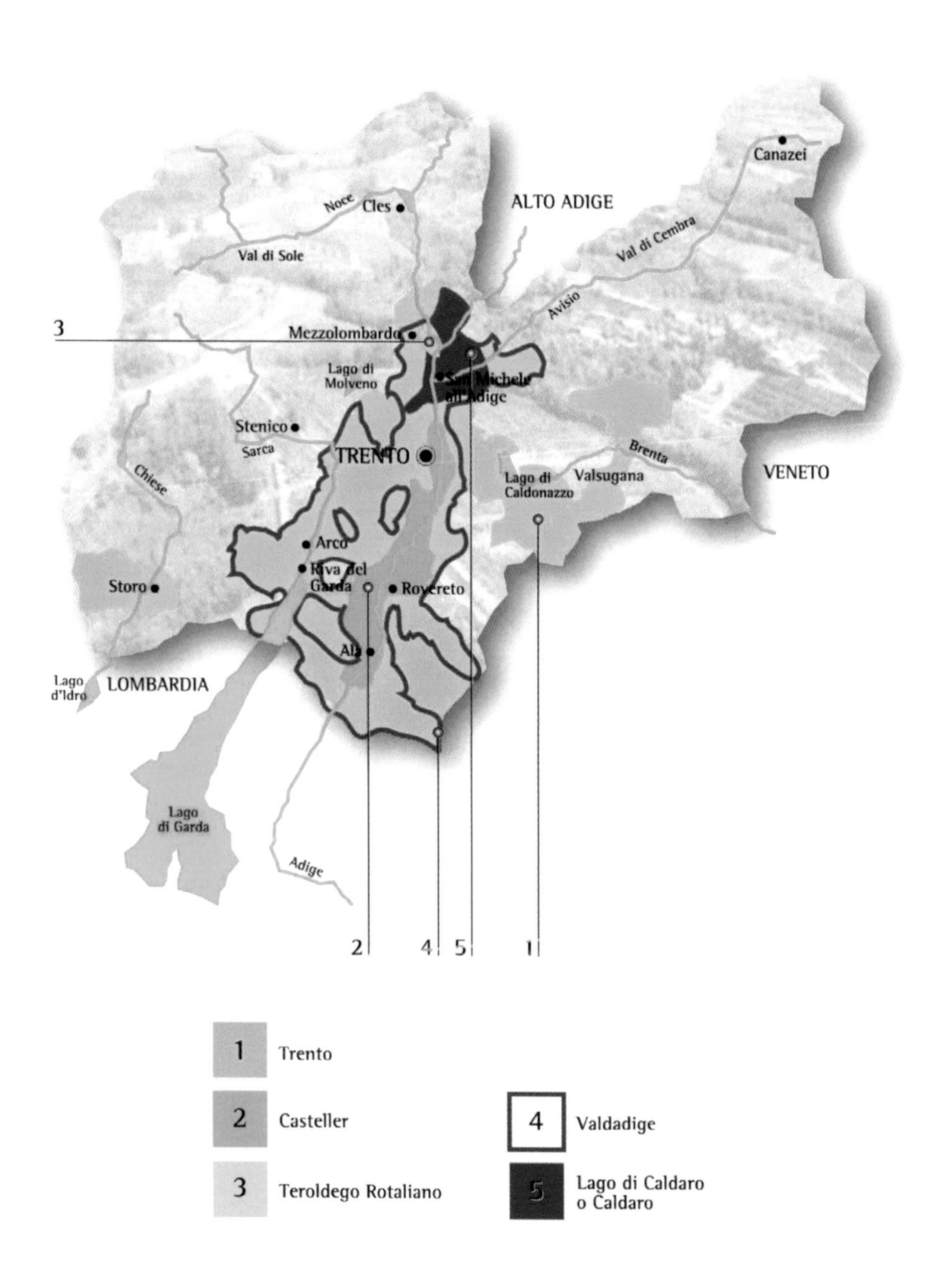

1	Trento		
2	Casteller	4	Valdadige
3	Teroldego Rotaliano	5	Lago di Caldaro o Caldaro

TRENTINO

TRENTINO MARZEMINO

(TRENTINO)

On cultive bien des cépages dans cette vaste zone située de part et d'autre de la ville de Trento, et cela depuis longtemps puisque l'on remonte à environ 1 000 ans avant notre ère. De nombreux écrits attestent de la place importante que le vin de cette région a pris au fil des siècles. Mais aujourd'hui encore, la vigilance dans ses choix est de rigueur, car on peut trouver de tout... le pire comme le meilleur. Sorni, qui était autrefois une appellation à part entière, fait maintenant partie des nombreuses dénominations de cette autre DOC à tiroirs.

Vieille étiquette de Marzemino.

Année du décret : 1996 (1971)
Superficie : 3 840 ha (4 570)
Marzemino : 250 ha (275)
Encépagement : B : Chardonnay et/ou Pinot bianco (80 % minimum)
R : Cabernet sauvignon et/ou Cabernet franc et Merlot
Rs : Enianto et/ou Schiava et/ou Teroldego et/ou Lagrein (70 % maximum)
Cabernet : Cabernet sauvignon et/ou Cabernet franc
Vin Santo : *Nosiola* (85 % minimum)

Les autres vins sont élaborés avec 85 % minimum du cépage indiqué sur l'étiquette.

Rendement : Chardonnay/Bianco/Merlot Riesling italico/Pinot bianco/Rs : 97,5 hl/ha
Cabernet/Cabernet franc/Cabernet sauvignon/Marzemino : 84,5 hl/ha
Lagrein/Müller Thurgau/Nosiola/Pinot grigio/Rosso/Traminer/Rebo/Riesling Renano/Sorni/Vin Santo : 91 hl/ha
Moscato giallo/Pinot nero : 78 hl/ha
Moscato rosa : 65 hl/ha
Production : 321 700 hl
Marzemino : 20 250 hl
Durée de conservation : B/Rs : 1 à 2 ans
R : 2 à 5 ans
Vin Santo : 5 à 6 ans
Température de service : B/Rs/Vin Santo : 8-10 °C
R : 15-17 °C

Bianco : Blanc de couleur paille – Sec, frais et souple
Chardonnay (35 %) : Blanc de couleur jaune paille – Sec, souple et fruité
Müller Thurgau (10 %) : Blanc, sec, vif et fruité
Pinot grigio (14 %) : Blanc, sec et fruité
Pinot bianco : Blanc – Sec, léger et fruité
Moscato giallo : Blanc – Aromatique et douceâtre
Nosiola : Blanc – Sec, léger et légèrement amer
Traminer aromatico : Blanc – Très aromatique, sec et bien fruité
Riesling renano : Blanc – Sec, vif et fruité
Riesling italico : Blanc – Sec, fruité et léger
Sauvignon : Blanc sec, léger et fruité
Vin Santo : Blanc doré – Aromatique – Doux et subtil

Avec un pourcentage de 11,5 % d'alcool et un vieillissement de deux ans, Bianco, Chardonnay, Pinot bianco, Riesling et Sauvignon ont droit à la mention ***Riserva.***

Moscato rosa : Rosé – Aromatique et douceâtre – Se fait aussi en Liquoroso
Rosato (Kretzer) : Rosé sec doté d'une bonne vivacité

Cabernet : Rouge – Fruité et légèrement tannique
Marzemino (5 %) : Rouge – Très fruité au nez comme en bouche – Légère amertume en finale
Merlot (13 %) : Rouge – Fruité, souple et agréable
Lagrein : Rouge – Arômes fruités – Souple
Pinot nero : Rouge clair – Léger et fruité
Cabernet sauvignon (5 %) : Rouge – Aromatique – Moyennement corsé, souple et fruité
Rosso : Rouge – Moyennement corsé et un peu tannique
Cabernet franc : Rouge – Souple et fruité
Rebo : Rouge rubis à saveur fruitée

Cabernets, Marzemino, Lagrein, Merlot et Pinot nero ont droit à la mention ***Riserva*** *après un vieillissement de deux ans.*

SORNI : Le hameau de Sorni donne son nom à cette toute petite dénomination dont la production est difficile à se procurer. Le rouge, issu en partie ou en totalité, de Schiava, de Teroldego et de Lagrein, est souple, généreux et fruité. Le blanc (issu de Nosiola et autres cépages tels que le Chardonnay et le Pinot bianco) est parfumé, sec, souple et léger.

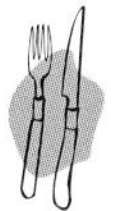

Voir Alto Adige

Balter – **Cesconi** – De Tarczal – **Foradori** – Conti Fedrigotti – **Gaierhof** – **Lunelli** (Ferrari) – Le Meridiane – Longariva – Conti Martini – Maso Bergamini – Letrari – Pojer & Sandri – San Leonardo – Nombreuses caves coopératives (Cantina sociale di Ala – Ca'vit – Cantina La Vis – Mezzacorona)

TRENTO

(TRENTINO)

Cette DOC est réservée aux vins blancs et rosés effervescents obtenus par la méthode traditionnelle, c'est-à-dire issus d'une deuxième fermentation (prise de mousse) en bouteille. Près de 60 communes, dont Trento, Mezzocorona, Rovereto et Reverè della Luna, pour n'en citer que quelques-unes, ont droit à cette dénomination qui ne manque pas d'intérêt, loin de là. En effet, malgré des rendements autorisés beaucoup trop élevés, quelques maisons élaborent avec rigueur et succès l'un des Spumanti les plus agréables d'Italie. Hormis le Pinot bianco, les cépages cultivés sont les mêmes qu'en Champagne.

Année du décret: 1993
Superficie: 715 ha
Encépagement: Chardonnay et/ou Pinot bianco et/ou Pinot nero et/ou Pinot meunier
Rendement de base: 97,5 hl/ha
Production totale: 62 900 hl
Durée de conservation: 1 à 4 ans
Température de service: 8-10 °C

Vin effervescent uniquement

Bianco: Belle robe brillante avec des reflets jaune paille – Mousse persistante et délicate – Plus ou moins de vinosité, compte tenu du cépage dominant. Beaucoup de Chardonnay apporte finesse, élégance et subtilité, tandis que le Pinot nero donne au vin générosité, matière et une bonne structure.

Certaines cuvées peuvent porter la mention ***Riserva.***

Rosato: Couleur rosée plus ou moins intense – Parfums de fruits rouges (fraise, framboise) – Assez léger et très fruité, avec beaucoup de vivacité

Idéal à l'apéritif – Crustacés et fruits de mer – Allumettes au fromage – Acras de saumon fumé – Beignets de crabe – Canapés à la mousse de foie gras – Apéritif et tarte aux fruits rouges pour le rosé

Endrizzi – **Ferrari Lunelli** (Giulio Ferrari) – **Frescobaldi** – Voir aussi Trentino

Cueillette du raisin à l'aide du sécateur.

VALDADIGE

ETSCHTALER

(TRENTINO-ALTO ADIGE)

Voilà une zone de production bien étendue pour la région et qui chevauche (et englobe) d'autres appellations. Partout, ou presque, dans le Trentin-Haut-Adige, on produit de ce vin qui manque quelque peu d'unité, de race et de personnalité. Les rendements autorisés, beaucoup trop généreux, n'arrangent rien... La situation n'est guère mieux dans la proche et renommée Vénétie, qui produit dans la province de Verona 40 % de la production totale de cette DOC. Les producteurs et les vins sont légion et il faut faire preuve de jugement lorsque vient le temps de s'en procurer.

Année du décret : 2000 (1975)
Superficie : 880 ha (1 080)
Encépagement : B : Trebbiano/Nosiola/Sauvignon/Garganega (ensemble ou séparés 80 % maximum) - Pinot bianco/Pinot grigio/Riesling italico/Chardonnay/Müller Thurgau (ensemble ou séparés 20 % minimum)
R/Rs : Schiava et/ou Enantio (Lambrusco nostrano) (50 % minimum) - Merlot/Pinot nero/Lagrein/Teroldego/Cabernet sauvignon/Cabernet franc (ensemble ou séparés 50 % maximum)

Les autres vins sont élaborés avec 85 % minimum du cépage indiqué sur l'étiquette.

Rendement : 91 hl/ha
Production : 72 400 hl
Durée de conservation : B/Rs : 1 an
R : 1 à 2 ans
Température de service : B/Rs : 8-12 °C
R : 14-16 °C

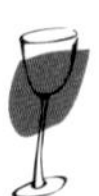

Bianco (22 %) : Jaune paille - Peu aromatique - Sec et assez léger - Souple, frais et moyennement fruité
Pinot grigio (28 %) : Blanc, sec et fruité
Chardonnay : Voir Alto Adige
Pinot bianco : Voir Alto Adige

Chardonnay et Pinot bianco peuvent se faire en ***Frizzante.***

Rosso : Rouge plus ou moins intense - Coulant, moyennement charpenté et vif (acidité marquée)
Schiava (29 %) : Rouge clair - Assez aromatique - Assez léger et fruité

Un peu de rosé (Rosato) est élaboré avec les mêmes cépages.

La sous-région **Terra dei Forti** se décline en Chardonnay, Pinot bianco, Pinot grigio et Sauvignon, ainsi qu'en Rosso (Superiore et Riserva), Cabernet sauvignon, Cabernet franc et Enantio. Ce dernier est le nom local du Lambrusco nostrano, appelé aussi *Lambrusco a foglia frastagliata*, le Lambrusco à feuilles dentelées.

Voir Alto Adige

Gaierhof - Barone Fini - Santa Margherita - Tommasi Viticoltori - Plusieurs caves coopératives (Ca'vit - Cantina d'Isera - Mezzacorona, etc...)

INDICAZIONE GEOGRAFICA TIPICA
INDICATION GÉOGRAPHIQUE TYPIQUE
IGT

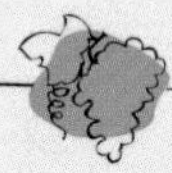

- Delle Venezie (commune à la Vénétie et au Frioul)
- Mitterberg tra Cauria e Tel ou Mitterberg
- Vallagarina (commune à la Vénétie)
- Vigneti delle Dolomiti (Weinberg Dolomiten)

QUELQUES VINS PARFOIS EXPORTÉS

Bianco

Etelle Hirschprunn (Pinot grigio 50 %, Chardonnay 40 % et nombreux autres cépages). Jolie couleur aux reflets verdâtres – Aromatique (notes minérales et fruitées). Le vin est sec, avec une acidité en équilibre, ce qui lui confère beaucoup de fraîcheur. Bonne longueur avec, en finale, des réminiscences citronnées. IGT Mitterberg ; *Casòn Hirschprunn (Alois Lageder).*

Manna (Chardonnay, Traminer aromatico, Sauvignon et Riesling renano). Robe jaune paille clair. Arômes de fleurs et de fruits très mûrs (pêche jaune, ananas et prune) apportés en partie par le Traminer cueilli en vendange tardive. De la matière en bouche et beaucoup de rondeur (grâce au Chardonnay) tempérée par une acidité assez marquée (présence du Sauvignon et du Riesling). Un vin blanc surprenant. IGT Mitterberg ; *Franz Haas.*

Cornelius Bianco (Pinot bianco 70 %, Pinot grigio 15 % et Chardonnay 15 %). Très agréable vin blanc sec doté d'une bonne fraîcheur, de rondeur et d'un fruité de bon aloi. À découvrir sur votre poisson préféré. IGT Mitterberg ; *Produttori Colterenzio.*

Olivar (Pinot bianco 33 %, Chardonnay 33 %, Pinot grigio 25 % et Sauvignon 9 %). Bel assemblage pour ce vin de couleur paille aux arômes très fruités. Sec et d'une bonne acidité, la fraîcheur des Pinots et du Sauvignon s'harmonise avec la matière et la rondeur apportées par le Chardonnay qui a été fermenté et élevé séparément pendant huit mois dans des barriques de l'Allier. IGT Vigneti delle Dolomiti ; *Cesconi.*

Le Gewurztraminer, ou Traminer, tire son nom du village de Termeno (Tramin, en allemand), situé au cœur de l'appellation Casteller.

Rosso

Casòn Hirschprunn (Merlot principalement, Cabernet sauvignon, Cabernet franc, Petit Verdot, Syrah et Lagrein). Robe intense et profonde. Arômes d'épices et de fruits noirs bien mûrs. De la matière et beaucoup d'intensité en bouche pour cette excellente cuvée, avec du gras et des tanins serrés. Le jeune vin est élevé dans de petites barriques pendant 18 mois. IGT Mitterberg ; *Casòn Hirschprunn (Alois Lageder).*

Corolle Hirschprunn (Merlot 60 %, Cabernet sauvignon et Cabernet franc 30 %, et Lagrein 10 %). Belle couleur invitante. Nez très fin composé de baies sauvages, d'épices et de cacao. De la matière et des tanins très mûrs dans ce vin généreux doté d'une longue persistance. IGT Mitterberg ; *Casòn Hirschprunn (Alois Lageder).*

San Leonardo (Cabernet sauvignon 60 %, Cabernet franc 30 % et Merlot 10 %). Robe très concentrée. Nez envoûtant de cassis, de réglisse, de cannelle et de cardamome. Très bonne extraction avec des tanins serrés, de grande qualité. De la classe et beaucoup d'équilibre dans ce vin à la finale très longue. Attendre quelques années avant d'apprécier. IGT Vallagarina ; *Marchesi Guerrieri Gonzaga.*

Teroldego (Teroldego). Le cépage du Rotaliano donne ici une robe chargée avec des reflets violacés. De bonne structure, le vin possède des tanins présents et moyennement fondus. L'acidité est relativement présente et l'on trouve des notes d'amande et de violette en bouche. Bonne longueur pour un vin à découvrir sans hésiter. IGT Vigneti delle Dolomiti ; *Vigneti delle Meridiane.*

Vigneti delle Dolomiti (Marzemino 40 %, Enantio 30 % et Sangiovese 30 %). Robe assez soutenue d'un beau grenat. En bouche, beaucoup de fruit et une acidité présente, avec des tanins habillés d'une sympathique rusticité. Concentration moyenne pour ce vin à prix fort abordable. IGT Vigneti delle Dolomiti ; *Ca'vit.*

GRANATO
FORADORI

TEROLDEGO ROTALIANO
FORADORI

MARCHESI DE'
FRESCOBALDI
EXTRA BRUT
TRENTO
DENOMINAZIONE DI ORIGINE CONTROLLATA

TEROLDEGO
ROTALIANO
DOC

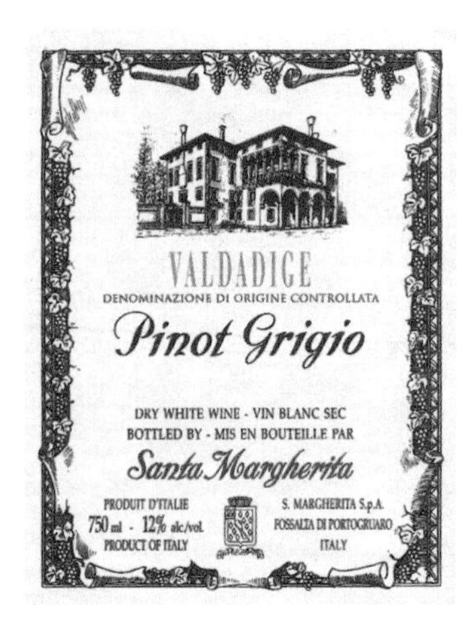
VALDADIGE
DENOMINAZIONE DI ORIGINE CONTROLLATA
Pinot Grigio
DRY WHITE WINE - VIN BLANC SEC
BOTTLED BY - MIS EN BOUTEILLE PAR
Santa Margherita
PRODUIT D'ITALIE
750 ml - 12% alc/vol.
PRODUCT OF ITALY
S. MARGHERITA S.p.A.
FOSSALTA DI PORTOGRUARO
ITALY

HIRSCHPRUNN
Casòn
ROSSO MITTERBERG
INDICAZIONE GEOGRAFICA TIPICA
ITALIA
750 ML e
12,5% VOL

Kraftuss

1577
VIN ROUGE SEC
DRY RED WINE
Bozner Leiten
DENOMINAZIONE DI ORIGINE CONTROLLATA
MISE EN BOUTEILLE DANS LA ZONE DE PRODUCTION
BOTTLED IN THE PRODUCTION ZONE
VINO IMBOTTIGLIATO NELLA ZONA DI PRODUZIONE
DA
Josef Brigl, Weinkellerei
CORNAIANO - BOLZANO - ITALIA
750 ml
12 % alc./vol.

SPORTHOTEL KURZRAS
PRODOTTO IN ITALIA
ITALIEN – SÜDTIROL
KurzraserTropfen
Hausmarke
GRAUVERNATSCH
Erzeugt u. abgefüllt von Weingut Weinkellerei
SCHLOSS RAMETZ A.G. MERAN
VINO DA PASTO · BZ/376

CAVIT COLLECTION
VIGNETI delle DOLOMITI
INDICAZIONE GEOGRAFICA TIPICA
— Rosso —
RED WINE
PRODUCT OF ITALY
750 ml
VIN ROUGE
PRODUIT D'ITALIE
12,5% alc./vol.
IMPORTED BOTTLE BY
IMPORTÉE EMBOUTEILLÉ PAR
CA'VIT S.C. a r.l. - TRENTO - ITALY/ITALIE

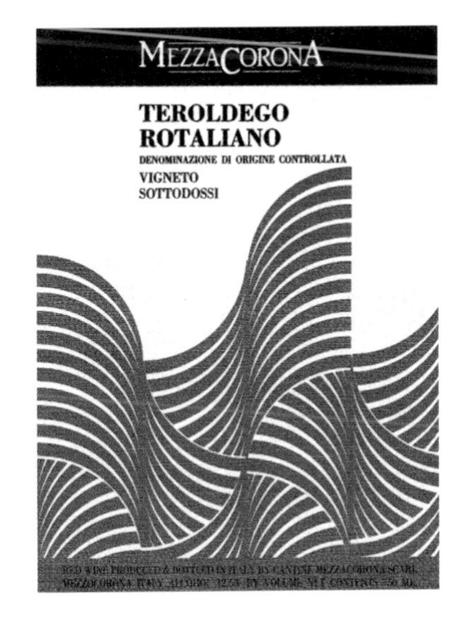
MEZZACORONA
TEROLDEGO
ROTALIANO
DENOMINAZIONE DI ORIGINE CONTROLLATA
VIGNETO
SOTTODOSSI

ALOIS LAGEDER
Cabernet
Alto Adige · Südtirol
Riserva

UMBRIA

L'Ombrie

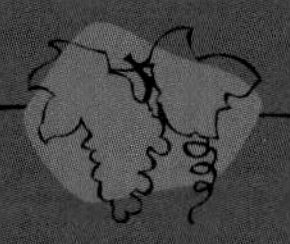

Voilà au cœur de l'Italie une région qui ne manque pas d'attraits ! Relativement petite par sa surface, l'Ombrie n'en est pas moins importante sur le plan de la viticulture. D'ailleurs, pour avoir été invités au Banco d'Assagio dei Vini d'Italia, célèbre concours de dégustation qui se déroule à Torgiano, les professionnels du vin connaissent bien cette paisible contrée verdoyante faite de montagnes et de douces collines.

Curieusement, l'Ombrie est une des rares régions d'Italie à ne pas voir la mer, puisqu'elle est ceinturée par la Toscane, le Latium et les Marches.

Les Étrusques, peuple de l'Italie centrale particulièrement intelligent et cultivé (d'après les vestiges découverts il y a relativement peu de temps), se partageaient depuis l'Antiquité cette terre divisée naturellement par le Tevere (Tibre). Soumis par les Romains quelques siècles av. J.-C., ces deux peuples formèrent une entité devenue très fidèle à l'empire. Dès lors, la ville de Perugia (Pérouse) joua un rôle important au cours de diverses invasions. À la chute de l'Empire romain, l'Ombrie connut les attaques des Barbares, et les Lombards, beaucoup plus tard, créèrent à Spoleto (Spolète), dans le sud de cette région, un duché aussi puissant qu'influent.

Jusqu'à la fin du XVIIIe siècle, et cela pendant près de 300 ans avant que Napoléon ne s'en empare, l'Ombrie fut très près des États pontificaux. Enfin, à la suite de nombreuses révoltes, elle fut annexée vers 1860 au Royaume d'Italie. La superficie agricole et forestière occupe plus de 90 % du territoire ; les céréales, le tabac, la truffe, l'olivier et la vigne dominent largement les cultures. L'industrie forestière et l'élevage jouent aussi un rôle important. Tous ces facteurs économiques font de cet endroit voué au tourisme vert un lieu privilégié et prospère en Italie.

Des collines au relief évocateur et reposant occupent une bonne partie de cette région, ce qui explique l'existence des cinq dénominations reliées aux *colli*. Le vin blanc y règne en maître, puisqu'il représente environ 80 % de la production des appellations d'origine. L'Orvieto, un des plus célèbres vins blancs italiens, n'est pas étranger à ce record, occupant à lui seul 66 % de la production. Le Procanico (nom local du Trebbiano) est le cépage roi, mais fort heureusement, Malvasia[13], Verdello et Grechetto s'associent régulièrement à ce dernier pour apporter des parfums floraux et fruités d'une certaine délicatesse. Enfin, l'émergence des IGT en 1995 a favorisé l'arrivée d'autres cépages connus comme le Chardonnay et le Sauvignon.

Le vignoble ombrien se situe dans toute la partie ouest de la région avec Perugia, Assisi et Orvieto comme villes principales. La vigne, cultivée en espalier, à tailles Cordon ou Guyot, comme cela se fait le plus souvent en France, jouit d'un climat relativement tempéré très favorable et d'une répartition des pluies naturellement judicieuse.

Les sols, le plus souvent calcaires, se prêtent bien à l'élaboration des vins blancs, notamment dans les régions de collines. Mais on trouve aussi de l'argile dans les zones à vins rouges comme à Torgiano et à Montefalco. Dans cette dernière commune, les cépages rouges profitent aussi de sables schisteux, et le Sagrantino trouve là matière à s'exprimer, et cela de façon étonnante.

Faire un voyage viticole en Italie sans se rendre en Ombrie serait une erreur pour plusieurs raisons. Tout d'abord, l'histoire de la vigne et du vin est magnifiquement représentée dans un musée (qu'il faut absolument visiter) ouvert en 1974 à Torgiano par Maria et Giorgio Lungarotti. Ce dernier, un des chefs de file de la viticulture italienne, a contribué de façon exceptionnelle à l'amélioration qualitative des vins de son pays, tout en respectant le riche patrimoine culturel et viticole laissé en héritage.

Mais se rendre en Ombrie, c'est aussi flâner avec de bons amis en passant d'une rive à l'autre du Tevere, longer les abords du lac Trasimeno, découvrir Perugia, magnifique cité connue pour ses jolies céramiques, ses ruines et ses monuments, assister, dans un *frontoio* artisanal, à l'élaboration de l'huile d'olive, et enfin, méditer un instant à Assisi, un verre de Sagrantino Passito à la main, avec pour compagnes, l'ombre et la conscience de saint François.

13. Je ne le précise pas systématiquement, mais il s'agit chaque fois des variétés Trebbiano toscano et Malvasia del Chianti.

L'OMBRIE EN BREF

- 16 500 ha de vignes
- 4 830 ha en VQPRD*, dont 3 830 déclarés en l'an 2000
- 2 DOCG
- 11 DOC
- 6 IGT

- Une petite région portée sur la qualité
- Une production axée sur le vin blanc
- Une appellation incontournable : l'Orvieto
- Un vin original : le Montefalco Sagrantino

* VQPRD : Vins de qualité produits dans une région déterminée (DOC + DOCG).

U M B R I A

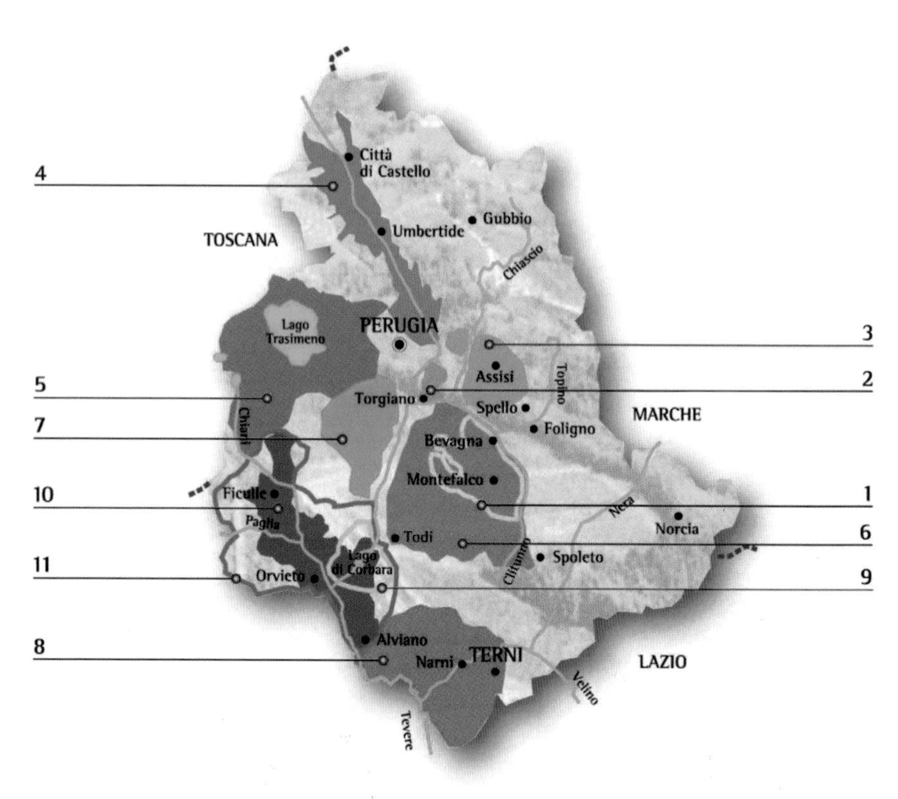

1	Sagrantino di Montefalco o Montefalco Sagrantino D.O.C.G. Montefalco
2	Torgiano Rosso Riserva D.O.C.G. Torgiano
3	Assisi
4	Colli Altotiberini
5	Colli del Trasimeno o Trasimeno
6	Colli Martani
7	Colli Perugini
8	Colli Amerini
9	Lago di Corbara
10	Orvieto
11	Rosso Orvietano o Orvietano Rosso

ASSISI

Saint François, fils d'un riche marchand d'Assisi, est né en 1182 et a fondé l'ordre des franciscains. Sa ville natale, malgré ses 25 000 habitants, a gardé son caractère médiéval et insuffle au visiteur de passage une certaine sérénité. J'ai particulièrement aimé me promener dans les ruelles et sur les places, aussi jolies que tranquilles. On ne manquera pas, bien entendu, de visiter la Basilica di San Francesco, la Chiesa di Santa Chiara (l'église Sainte-Claire), le Duomo San Rufino et la Chiesa di San Pietro. Après avoir marché dans les vignes, qui poussent sur des collines bien exposées autour de la ville, on ira se régaler au restaurant Il Frantoio : bons vins et service attentionné garantis !

Cueillette du cépage Sagrantino.

Année du décret : 1997
Superficie : 60 ha (81)
Encépagement : B : *Trebbiano* (50-70 %) – Grechetto (10-30 %) – Autres cépages autorisés (40 % maximum)
Grechetto : *Grechetto* (85 % minimum)
R/Rs : *Sangiovese* (50-70 %) – Merlot (10-30 %) – Autres cépages autorisés (40 % maximum)
Rendement : B : 78 hl/ha
Grechetto : 55,25 hl/ha
R/Rs : 65 hl/ha
Production : 2 850 hl
Durée de conservation : B/Rs : 1 an
R : 2 à 4 ans
Température de service : B/Rs : 8-10 °C
R : 15-17 °C

Bianco (39 %) : Robe jaune avec des reflets verts – Peu aromatique – Sec, moyennement fruité et léger
Grechetto : Couleur jaune paille – Arômes fruités – Sec et fruité – Légère pointe d'amertume en fin de bouche

Rosso (37 %) : Robe rubis – Arômes fruités – Tanins souples malgré une bonne charpente
Rosato : Rosé pâle – Sec et fruité

Voir Altotiberini

Azienda Agricola Sportoletti

COLLI ALTOTIBERINI

La zone de production de cette appellation correspond aux collines situées au nord de l'Ombrie, dans la haute vallée du Tevere (Tibre), province de Perugia. Les sols argilo-calcaires et siliceux sont propices à la culture de la vigne et le paysage très pittoresque de cette région est à découvrir. Tout au sud de l'appellation, Perugia, capitale de l'Ombrie, recèle de nombreux monuments et curiosités. Les amateurs d'art ne manqueront pas de visiter, entre autres, le Palazzo dei Priori et la Galleria nazionale dell'Umbria. C'est aussi là, pour les gourmands de passage, que sont fabriqués les chocolats Baci, toujours accompagnés de pensées et de citations sur l'Amour… avec un grand A !

Année du décret : 1980
Superficie : 56 ha (85)
Encépagement : B : *Trebbiano* et *Malvasia del Chianti* (principalement)
R/Rs : Sangiovese – Merlot – Trebbiano et Malvasia (principalement)
Rendement : 71,5 hl/ha

Production : 2 050 hl
Durée de conservation : B/Rs : dans l'année
R : 2 à 4 ans
Température de service : B/Rs : 8-10 °C
R : 15-17 °C

Bianco (28 %) : Couleur jaune paille plus ou moins intense – Moyennement aromatique – Sec, fruité et léger
Rosso : Robe rubis – Arômes de petits fruits rouges – Tanins souples – Vif et bien charpenté
Rosato : Rosé pâle – Sec et fruité

Bianco : Salade de crevettes – Coquillages (moules marinière) – Poissons grillés – *Trotelle alla Savoia* (truite aux champignons)
Rosso : Viandes rouges grillées et sautées – Viandes en sauce – *Abbacchio brodettato* (agneau en sauce)
Rosato : *Suppli al telefono* (croquettes de riz au fromage) – Charcuteries – *Penne arrabiata*

Castello di Ascagnano – Colle del Sole

COLLI AMERINI

Cette appellation, dont le vignoble est situé dans le sud de l'Ombrie, s'étend de chaque côté de la rivière Nera. Pour goûter les vins de l'endroit, on se rendra à Terni, dans une trattoria *de la vieille ville où se trouvent de beaux monuments bien conservés.*

Année du décret: 1990
Superficie: 140 ha (180)
Encépagement: B: *Trebbiano* (70-85 %) – Autres cépages autorisés (30 % maximum) dont Grechetto, Verdello et Garganega
R/Rs: *Sangiovese* (65-80 %) – Autres cépages autorisés (35 % maximum) dont Montepulciano, Merlot et Barbera

Les autres vins sont élaborés avec 85 % minimum du cépage indiqué sur l'étiquette.

Rendement: 78 hl/ha
Production: 4 225 hl
Durée de conservation: B/Rs: 1 an
R: 2 à 4 ans
Température de service: B/Rs: 8-10 °C
R: 15-17 °C

Bianco (41 %): Ressemble au Bianco Colli del Trasimeno
Malvasia: Vin blanc aromatique, fruité et d'une bonne souplesse
Rosso: Ressemble au Rosso Colli del Trasimeno
Merlot: Vin rouge fruité, peu tannique et d'une bonne rondeur
Rosato: Ressemble au Rosato Colli Altotiberini

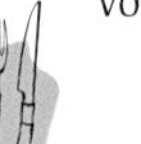

Voir Altotiberini

Azienda Agricola Rio Grande – Cantina Colli Amerini

Installations modernes chez Arnaldo Caprai.

COLLI DEL TRASIMENO ou TRASIMENO

C'est autour du magnifique lac Trasimeno que se dressent ces belles collines sur lesquelles on trouve des vignobles aux coteaux très bien exposés. Le lac joue un rôle important dans la régulation thermique de cette appellation à laquelle 10 communes ont droit. La qualité des vins peut être intéressante, surtout ceux qui portent la mention Scelto *(de choix), mais elle est toujours quelque peu éclipsée par la renommée du célèbre voisin Orvieto.*

Année du décret : 1998 (1972)
Superficie : 420 ha (585)
Encépagement : B/Vin Santo : *Trebbiano* (40 % minimum) – Grechetto et/ou Chardonnay et/ou Pinot bianco et/ou Pinot grigio (30 % minimum) – Autres cépages autorisés
Bianco Scelto : Assemblage de plusieurs cépages dont le Vermentino, le Grechetto, le Chardonnay et le Sauvignon (85 % minimum)
Spumante : Chardonnay et/ou Pinot bianco et/ou Pinot grigio et/ou Pinot nero et/ou Grechetto (70 % minimum)
R/Rs : *Sangiovese* (40 % minimum) – Ciliegiolo et/ou Gamay et/ou Merlot et/ou Cabernet (40 % minimum) – Autres cépages autorisés
Rosso Scelto : Assemblage de plusieurs cépages dont le Merlot, le Gamay, le Pinot nero et le Cabernet sauvignon (70 % minimum) et le Sangiovese (15 % maximum)

Les autres vins sont élaborés avec 85 % minimum du cépage indiqué sur l'étiquette.

Rendement : 81 hl/ha
Bianco scelto/Spumante/Grechetto : 65 hl/ha
Merlot/Cabernet sauvignon/Gamay/Rosso scelto : 58,5 hl/ha

Production : 13 300 hl
Durée de conservation : B/Rs : 1 à 2 ans
R : 3 à 5 ans
Température de service : B/Rs : 8-10 °C
R : 15-17 °C

Bianco (34 %) : Robe jaune paille – Nez parfois herbacé – Sec et léger
Bianco Scelto : Blanc agréable – Arômes fruités – Sec et doté d'une bonne fraîcheur
Grechetto : Couleur jaune paille – Arômes fruités – Sec et fruité – Légère pointe d'amertume en fin de bouche
Vin Santo : Vin blanc de couleur dorée aux reflets ambrés – Doux et généreux (16 % d'alcool minimum) – Obtenu avec des raisins passerillés

On produit aussi du ***Spumante.***

Rosso (64 %) : Robe grenat plus ou moins clair – Arômes de fruits rouges – Peu tannique – Léger et fruité
Rosso Scelto : Vin rouge fruité de bonne constitution
Cabernet sauvignon : Vin rouge plus structuré que les autres
Merlot : Vin rouge fruité, peu tannique et d'une bonne rondeur
Gamay : Vin rouge fruité, léger et d'une grande souplesse

Voir Orvieto et Torgiano

Duca della Corgna – La Fiorita – La Querciolana – Pieve del Vescovo – Podere Marella – Villa Antica

COLLI MARTANI

Cette appellation peu connue se situe dans la province de Perugia, au sud de la ville du même nom. La partie située à l'est de l'appellation chevauche la petite zone réservée au Montefalco. D'après mes dégustations, le Grechetto de la commune de Todi (jolie petite ville qui a conservé les traces de son histoire) me semble le plus satisfaisant. Enfin, tout au sud de cette dénomination, la ville de Spoleto a gardé son caractère médiéval et offre aux visiteurs la possibilité de visiter quelques monuments, dont le duomo, *la Basilica di San Salvatore et plusieurs jolies églises romanes. À n'en pas douter, l'esprit de saint François d'Assise règne encore sur cette cité empreinte d'une grande spiritualité.*

Année du décret: 1989
Superficie: 283 ha (395)
Encépagement: *Les vins sont élaborés avec 85% minimum du cépage indiqué sur l'étiquette.*
Rendement: Trebbiano/Sangiovese: 78 hl/ha
Grechetto: 65 hl/ha
Production: 12 130 hl
Durée de conservation: Trebbiano/Grechetto: 1 an
Sangiovese: 1 à 5 ans (pour le Riserva)
Température de service:
Trebbiano/Grechetto: 8-10 °C
Sangiovese: 15-17 °C

Trebbiano (22 %) : Robe pâle avec des reflets verts – Peu aromatique – Sec, léger et pauvre en acidité
Grechetto (34 %) : Couleur jaune paille – Arômes fruités – Sec et fruité – Légère pointe d'amertume en fin de bouche

Lorsque le vin provient exclusivement de la commune de Todi, le vin a droit à la mention ***Grechetto di Todi*** *(17 %).*

Sangiovese (27 %) : Robe assez claire – Arômes de fruits rouges – Moyennement charpenté et fruité

Après une période de vieillissement en fût de deux ans, ce vin a droit à la mention ***Riserva.***

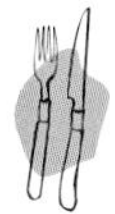

Voir Colli Altotiberini

Agricola Italo Di Filippo – **Azienda Agricola Adanti** – Azienda Agricola Antonelli – **Arnaldo Caprai** – Rocca di Fabbri

COLLI PERUGINI

Comme son nom l'indique, cette DOC provient des collines situées au sud de Perugia, entre la zone de Trasimeno et celle de Martani. Je suggère fortement aux amateurs d'aller admirer le panorama pittoresque de cette région qui, tout comme le reste de l'Ombrie, donne à celle-ci le surnom de paradis vert de l'Italie. La nouvelle législation a donné des ailes à cette dénomination en lui permettant de produire de nombreux types de vins. Mais, était-ce vraiment nécessaire sur une si petite surface? Je n'en suis pas convaincu. Il y a de quoi en perdre son latin!

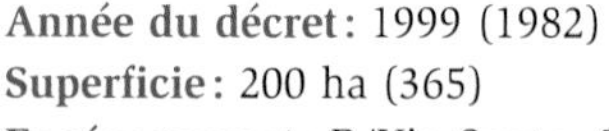

Année du décret: 1999 (1982)
Superficie: 200 ha (365)
Encépagement: B/Vin Santo: *Trebbiano* (50 % minimum) – Autres cépages autorisés
R/Rs: *Sangiovese* (50 % minimum) – Autres cépages autorisés
Spumante: Chardonnay et/ou Pinot bianco et/ou Pinot grigio et/ou Pinot nero et/ou Grechetto (80 % minimum)

Les autres vins sont élaborés avec 85 % minimum du cépage indiqué sur l'étiquette.

Rendement: 78 hl/ha
Chardonnay/Spumante: 72 hl/ha
Production: 6 500 hl
Durée de conservation: B/Rs: 1 an
R: 2 à 5 ans
Température de service: B/Rs: 8-10 °C
R: 15-17 °C

Bianco: Robe jaune paille avec des reflets verts – Légèrement aromatique – Sec et fruité
Vin Santo: Vin blanc de couleur dorée aux reflets ambrés – Doux et généreux (16 % d'alcool minimum) – Obtenu avec des raisins passerillés

Rosso: Robe rubis – Arômes de fruits rouges – Souple et plus ou moins charpenté – Fruité
Rosato: Couleur claire – Sec, frais et léger

*On y produit aussi du **Spumante** et d'autres vins blancs à base de **Chardonnay,** de **Grechetto,** de **Pinot grigio** et de **Trebbiano,** ainsi que des rouges à base de **Merlot,** de **Cabernet sauvignon** et de **Sangiovese.***

Voir Orvieto et Torgiano

Agricola Goretti – Silvestro Sposini – Umbria Viticoltori

LAGO DI CORBARA

Le petit lac de Corbara, situé entre Todi et Orvieto, a inspiré le législateur, accordant aux vignerons de l'endroit cette récente dénomination qui ne se décline qu'en rouge. Merlot, Pinot nero et Cabernet sauvignon, ainsi que plusieurs cépages autochtones, se partagent ces quelque 30 hectares de vignes pour le plaisir du routard-œnophile vraiment curieux… À noter cependant les rendements raisonnables à l'hectare, ce qui laisse supposer une certaine qualité des vins dans les années à venir.

Année du décret : 1998
Superficie : 33 ha (50)
Encépagement : R : Cabernet sauvignon et/ou Merlot et/ou Pinot nero (70 % minimum) – Autres cépages autorisés

Les autres vins sont élaborés avec 100 % du cépage indiqué sur l'étiquette.

Rendement : 52 hl/ha
Production : 1 560 hl
Durée de conservation : 2 à 5 ans
Température de service : 15-17 °C

Vin rouge uniquement
Rosso : Robe rubis foncé – Fruité, vif et moyennement tannique et généreux
Merlot : Vin rouge fruité, peu tannique et d'une bonne rondeur
Pinot nero : Vin rouge fruité – Souple et doté d'une bonne acidité
Cabernet sauvignon : Vin rouge plus tannique et plus généreux

Voir Torgiano

Barberani – Decugnano dei Barbi

MONTEFALCO

MONTEFALCO SAGRANTINO

DOCG

*Appelée le « balcon de l'Ombrie » en raison de sa situation haut perchée, la petite ville de Montefalco règne sur son promontoire, tel un faucon (*falco*, en italien) qui surveille sa proie. Grimper en haut de la tour communale pour admirer le splendide paysage vaut d'ailleurs largement l'effort. Lors de mon premier passage dans cette région, c'est à Assisi que j'avais découvert pour la première fois le Montefalco Sagrantino, qui a obtenu la digne mention de DOCG en 1992. Élaboré en Passito, le cépage Sagrantino livre ici l'expression originale d'un vin rouge généreux et suave à la fois. Vin de dessert ou vin de méditation ? C'est en l'essayant que vous aurez la réponse !*

Années du décret : 1993 (1980) et 1992 (1980)
Superficie : 245 ha (302)
Encépagement : B : Grechetto et Trebbiano (principalement)
R : Sangiovese et Sagrantino (principalement)
Montefalco Sagrantino Secco et Montefalco Sagrantino Passito : *Sagrantino*
Rendement : B : 84,5 hl/ha
R : 71,5 hl/ha
Montefalco Sagrantino : 52 hl/ha
Production : 11 250 hl
Durée de conservation : Montefalco : 1 à 3 ans
Sagrantino : 5 à 8 ans
Passito : 5 à 10 ans
Température de service : B : 10 °C
R : 15-17 °C
Passito : 14 °C

Montefalco Bianco : Robe jaune paille avec des reflets verts – Légèrement aromatique – Sec, fruité et d'une acidité moyenne
Montefalco Rosso : Robe limpide relativement intense – Arômes de fruits rouges – Tendre et peu charpenté – Temps d'élevage minimum : 18 mois. Après 30 mois, dont 12 en barrique, le vin a droit à la mention **Riserva**
Montefalco Sagrantino (36 %) : Robe très intense – Arômes particuliers de mûre et de cerise noire – Bouquet de fruits mûrs et d'épices en vieillissant – Tanins bien enrobés – Charnu et long en bouche
Montefalco Sagrantino Passito : Ce vin original obtenu par passerillage des raisins a une robe foncée et présente les mêmes arômes particuliers de mûre sauvage – Corsé et doux à la fois, son degré d'alcool minimum est de 14,5 %

Les deux derniers vins doivent être élevés pendant 30 mois avant leur commercialisation, dont 12 mois en fût et en barrique.

Montefalco Bianco : *Antipasti* – Fettuccine au beurre – Poissons grillés et meunière
Montefalco Rosso : Viandes rouges grillées – Fromages peu relevés – *Pomodori con riso* (tomates farcies) – *Porchetta al forno* – Poulet chasseur
Montefalco Sagrantino Secco : Viandes rouges rôties – Viandes en sauce et gibier à poil (civet de chevreuil, sauce aux myrtilles – râble de lièvre au genièvre) – Gibier à plume (perdrix au chou)
Passito : Desserts (gâteaux secs) – *Cicerchiata* (gâteau au miel) – *Rocciata di Assisi (spécialité d'Assise)*

Azienda Agricola Adanti – Azienda Agricola Antonelli – Arnaldo Caprai – Colpetrone – Rocca di Fabbri – Scacciadiavoli

ORVIETO

C'est en train que j'ai traversé la première fois le beau et grand vignoble d'Orvieto situé sur 13 communes de la province de Terni, dans le sud-ouest de l'Ombrie. Il est indéniable que le vin d'Orvieto représente l'un des blancs les plus connus d'Italie; sa production constitue les deux tiers de celle de cette région (en VQPRD). Bien entendu, la médiévale et pittoresque ville d'Orvieto, habitée autrefois par les Étrusques, a donné son nom à ce vin qui peut aussi provenir de cinq communes de la province de Viterbo (Viterbe), dans le Latium. Malgré sa renommée, il faut être vigilant. Mais quand les vins sont élaborés intelligemment, d'agréables surprises vous attendent au détour, surtout avec ceux qui portent la mention Classico (la zone de production la plus ancienne), car le rendement à l'hectare exigé des raisins est sensiblement inférieur.

Année du décret: 1997 (1971)
Superficie: 2 130 ha (2 385)
Encépagement: *Trebbiano toscano,* appelé ici Procanico (40-60 %) - Verdello (15-25 %) - Grechetto, Drupeggio (Canaiolo bianco) et Malvasia - Autres cépages autorisés (15 % maximum)
Rendement: 71,5 hl/ha
Superiore et Classico: 52 hl/ha
Production: 133 000 hl
Durée de conservation: 1 à 2 ans
Température de service: 8-10 °C

Vin blanc uniquement
Robe jaune paille plus ou moins intense - Arômes assez discrets (floraux et parfois végétaux) - Sec, léger et d'une bonne vivacité - Bonne souplesse et plus de longueur en bouche avec un Classico Superiore

*Le sol (tuf calcaire d'origine volcanique) de cette DOC se prête parfois à l'élaboration d'un vin moelleux (*amabile *ou* dolce*) lorsque les raisins sont atteints de* botrytis. *Le vin sec est néanmoins en demande, mais certains producteurs offrent sur le marché des vins semi-doux accompagnés de la mention Abboccato.*

Antipasti - Cocktail de crevettes - Fettucine au beurre - Coquillages (huîtres nature et moules marinière) - Poissons grillés (rouget *alla marinara* - daurade aux herbes - turbot sauce béarnaise) et meunière (truite aux amandes)

L'Abboccato est idéal en apéritif

Marchesi Antinori (Castello della Sala) - **Barberani** - Bigi (Vigneto Torricella) - Casa vinicola Luigi Cecchi - Decugnano dei Barbi - Cantina Monrubio - **Sergio Mottura** - **Azienda Agricola Palazzone** - Tenuta Poggio del Lupo - **Barone Ricasoli** - **Ruffino** - Antonino Scambia

ROSSO ORVIETANO ou ORVIETANO ROSSO

Le législateur a créé cette nouvelle dénomination pour permettre aux producteurs qui cultivent la vigne et élaborent du vin blanc sur l'aire d'appellation Orvieto, de faire du vin rouge dans la même région. Lors de votre visite à Orvieto, et avant d'aller goûter la production locale, ne manquez pas le duomo qui a été bâti (en tuf) sur près de trois siècles, offrant là un exemple éloquent du passage du roman au gothique. L'intérieur, d'une grande richesse, ses vitraux splendides et sa façade aux multiples sculptures et aux mosaïques polychromes en font une des plus belles cathédrales d'Italie.

Année du décret: 1998
Superficie: 70 ha (130)
Encépagement: R: Aleatico et/ou Cabernet sauvignon et/ou Cabernet franc et/ou Merlot et/ou Pinot nero et/ou Canaiolo et/ou Montepulciano et/ou Ciliegiolo et/ou Sangiovese (70 % minimum) – Autres cépages tels que Barbera, Colorino ou Dolcetto

Les autres vins sont élaborés avec 85 % minimum du cépage indiqué sur l'étiquette.

Rendement: 65 hl/ha
Production: 2 650 hl
Durée de conservation: 1 à 5 ans (dépendant du cépage dominant)
Température de service: 15-17 °C

Vin rouge uniquement
Les caractéristiques de ce vin varient en fonction du cépage dominant utilisé

Aleatico, Cabernet ou **Cabernet franc** ou **Cabernet sauvignon, Canaiolo, Ciliegiolo, Merlot, Pinot nero** et **Sangiovese** sont aussi élaborés séparément avec leur identité spécifique. Voir les autres fiches pour le caractère de la plupart de ces vins.

Voir Torgiano

Voir Orvieto

TORGIANO

TORGIANO ROSSO RISERVA

DOCG

Le village de Torgiano, situé à une quinzaine de kilomètres de Perugia, donne son nom à un des meilleurs vins d'Italie. C'est la contraction des mots Torre di Giano (la tour de Giano) qui est à l'origine de ce nom. Lorsque l'on visite ce coin de l'Ombrie, on comprend aisément l'influence du regretté Giorgio Lungarotti, un des grands artisans de la viticulture italienne et principal inspirateur de l'appellation. Invité à participer, il y a quelques années, au fameux Banco d'Assagio dei Vini d'Italia, concours de dégustation qui se déroule chez les Lungarotti, j'ai pu apprécier le travail extraordinaire accompli par cette maison dirigée aujourd'hui par les filles du fondateur, Teresa et Chiara. À ne pas manquer, entre autres, le magnifique et instructif Musée du vin, qui nous en apprend beaucoup sur les origines de la viticulture et de la vinification. Et pas de tracas pour l'hébergement, puisque la famille possède un hôtel restaurant luxueux, Le Tre Vaselle, où vous pourrez savourer, en plus des vins de la maison, une cuisine régionale de qualité et des huiles d'olive dignes de mention.

Années du décret: 1992 (1968) et 1991 (1968)
Superficie: 203 ha (268)
Encépagement: B: Trebbiano et Grechetto – Autres cépages autorisés (15 % maximum)
R/Rs/Torgiano Rosso Riserva: Sangiovese et Canaiolo (principalement) – Trebbiano – Autres cépages autorisés (15 % maximum – 10 % dans le cas du Riserva)
Torgiano Spumante: Chardonnay et Pinot nero (principalement)

Les autres vins sont élaborés avec 85 % minimum du cépage indiqué sur l'étiquette

Rendement: B/Chardonnay: 81 hl/ha
R/Rs: 78 hl/ha
Pinot grigio/Riesling italico: 75 hl/ha
Cabernet sauvignon/Pinot nero: 58,5 hl/ha
Torgiano Rosso Riserva: 65 hl/ha
Production: 10 670 hl
Durée de conservation: B: 1 à 3 ans
R: 3 à 5 ans
Riserva: 5 à 10 ans et plus
Température de service: B: 8-10 °C
R: 14-16 °C
Riserva: 16-18 °C

Bianco di Torgiano (48 %): Couleur jaune paille – Sec, fruité et de bonne tenue – Acidité bien présente
Chardonnay di Torgiano, Pinot grigio di Torgiano, Riesling italico di Torgiano: Trois vins blancs de qualité, spécifiques à leur cépage de base
Torgiano Spumante: Lungarotti élabore une méthode traditionnelle (Classico) de qualité
Rosso di Torgiano (42 %): Belle robe profonde – Généreux et moyennement tannique
Cabernet sauvignon di Torgiano, Pinot nero di Torgiano: Deux vins rouges de qualité spécifiques à leur cépage de base
Rosato di Torgiano: Rose saumon – Sec, fruité et d'une bonne vivacité

Torgiano Rosso Riserva: Robe grenat d'une grande intensité dans sa jeunesse – Tannique et pourvu d'une bonne acidité – Corsé et charnu – D'une bonne longueur en bouche – Vieillissement obligatoire de trois ans avant sa commercialisation

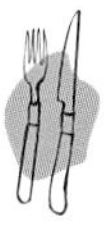

Torgiano Bianco: Crustacés (langoustines grillées) – Fettuccine au beurre – Poissons d'eau douce, grillés et meunière
Torgiano Rosso: Pâtes avec sauce à la viande – *Porchetta alla perugina* (cochon de lait rôti à l'ail, au fenouil et au romarin) – Viandes rouges rôties – Fromages moyennement relevés (*casciotta di Urbino*)
Torgiano Rosso Riserva: Viandes en sauce (filet de bœuf à la sauce balsamique) – Gibier à poil – Petit gibier à plume – Fromages relevés

La Cantina Giorgio Lungarotti commercialise l'ensemble de l'appellation: Torre di Giano et Torre di Giano Il Pino (Bianco di Torgiano), Palazzi (Chardonnay di Torgiano), Rubesco (Rosso di Torgiano), Rubesco Vigna Monticchio (Torgiano Rosso Riserva). Voir aussi les vins d'IGT

Teresa et Chiara Lungarotti.

INDICAZIONE GEOGRAFICA TIPICA
INDICATION GÉOGRAPHIQUE TYPIQUE
IGT

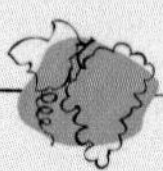

- Allerona
- Bettona
- Cannara
- Narni
- Spello
- **Umbria**

QUELQUES VINS PARFOIS EXPORTÉS

Bianco

Cervaro della Salla (Chardonnay 80 % et Grechetto 20 %). Belle couleur dorée pour ce blanc sec au nez persistant de fruits exotiques, de beurre et de vanille. Beaucoup de gras et de matière en bouche, et un boisé bien intégré, même si ce vin a été vinifié en fût neuf. Il s'agit là, indéniablement, d'un des grands vins blancs de l'Ombrie. IGT Umbria ; *Marchesi Antinori.*

Chardonnay (Chardonnay 100 %). Agréable vin blanc sec avec les caractéristiques fidèles au cépage, c'est-à-dire tout en fruit et en souplesse. À servir sur des poissons pochés accompagnés d'une sauce légèrement crémée. IGT Umbria ; *Cantine Lungarotti.*

Muffa Nobile (Sauvignon 100 %). Robe d'un beau jaune doré. Parfums très expressifs de miel et de fruits séchés (abricot et figue). Beaucoup de gras et une bonne acidité dans ce délicieux vin doux élaboré en partie avec des raisins atteints de pourriture noble. Excellente concentration et très long en bouche. IGT Umbria ; *Azienda Agricola Palazzone.*

Muffato della Salla (Sauvignon 60 % – Grechetto, Traminer et Riesling 40 %). Belle robe dorée brillante. Nez complexe de confitures d'abricot, d'écorce d'orange et de miel, finissant sur des notes vanillées et iodées. Ce nectar est très doux avec un moelleux en équilibre grâce à une acidité bien dosée. D'une grande longueur, ce vin présenté intelligemment en flacons de 500 ml, s'offre comme un apéritif original. IGT Umbria ; *Marchesi Antinori.*

Sauvignon Blanc (Sauvignon 100 %). Tout ce qu'on attend de ce cépage se retrouve dans ce flacon proposé par un des ténors de l'Italie viticole d'aujourd'hui : des arômes floraux au nez et des notes d'agrumes en bouche. Un vin sec et franc, désaltérant, avec beaucoup de fruit et de fraîcheur. IGT Umbria ; *Marchesi Antinori.*

Villa Fidelia (Chardonnay et Grechetto). Robe d'un doré clair avec des reflets verts. Senteurs de melon, d'acacia, de beurre et de pralin. Le bois dans lequel ce vin sec a fait sa fermentation est encore très présent, mais la matière est bien là. Attendre de trois à quatre ans avant de l'apprécier. IGT Umbria ; *Azienda Agricola Sportoletti.*

Villa Monticelli (Moscato bianco 100 %). Il s'agit là d'un *Passito,* c'est-à-dire un vin fait avec des raisins passerillés. Très aromatique, ce vin doux apporte avec lui la personnalité charmeuse et très fruitée du Muscat. IGT Umbria ; *Azienda Agricola Barberani.*

Rosato

Castel Grifone (Sangiovese et Canaiolo). Belle couleur d'un rose franc et intense. Du fruit, des saveurs nettes et une acidité qui donne au vin non dépourvu de matière ce côté désaltérant que l'on attend d'un bon rosé. IGT Umbria ; *Cantine Lungarotti.*

Rosso

Arquata (Cabernet 45 % – Merlot 35 % et Barbera 20 %). Robe profonde et intense. Nez floral (rose rouge) et fruité (cerise). De la matière et du fruit en bouche avec en rétro-olfaction des notes de sous-bois. Longueur moyenne. IGT Umbria ; *Azienda Agricola Adanti.*

Cabernet sauvignon (Cabernet sauvignon 100 %). Robe soutenue d'un beau grenat. Du fruit et de la matière en bouche, avec des tanins en équilibre et bien serrés. Concentration moyenne. IGT Umbria ; *Cantine Lungarotti.*

Giubilante (Sangiovese, Canaiolo, Cabernet sauvignon, Cabernet franc et Montepulciano). Une couleur franche et beaucoup de fruit au nez comme en bouche. Les tanins un peu anguleux donnent au vin une certaine impression d'austérité. IGT Umbria ; *Cantine Lungarotti.*

Pinot nero (Pinot noir 100 %). Robe rubis à la concentration moyenne. Arômes de cerise et de mûre accompagnés d'une pointe vanillée et de poivre noir. En bouche, le fruit et les tanins souples donnent à ce vin qui persiste longtemps la matière et l'élégance. IGT Umbria ; *Marchesi Antinori.*

Rubino della Palazzola (Cabernet sauvignon 80 % et Merlot 20 %). Rouge rubis foncé aux arômes de groseille, d'humus et de vanille. La structure et les tanins fins du Cabernet associés à la rondeur du Merlot apportent à ce vin aux saveurs de tabac et d'épices un certain équilibre et beaucoup de plaisir. IGT Umbria ; *Agricola La Palazzola.*

San Giorgio (Sangiovese 40 %, Canaiolo 10 % et Cabernet sauvignon 50 %). Habituellement âgé d'une dizaine d'années au moment de sa commercialisation, ce célèbre vin rouge de l'Ombrie se présente sous une robe évoluée, avec un nez de fruits très mûrs, de confitures de prune et d'épices. La structure est toujours là mais les tanins sont bien fondus. À boire quand il se présente. IGT Umbria ; *Cantine Lungarotti.*

Villa Fidelia (Merlot, Cabernet sauvignon et Cabernet franc). Belle couleur franche et parfums de cerise et de prune marqués un peu trop par le bois. Les tanins serrés et le gras en bouche donnent à ce vin une certaine ampleur non dénuée d'élégance. IGT Umbria ; *Azienda Agricola Sportoletti.*

Vitiano (Sangiovese, Merlot et Cabernet sauvignon). Couleur intense aux reflets violacés, parfums nets de fruits rouges bien mûrs et saveurs fruitées en bouche caractérisent ce vin charnu qui se détaille à un prix fort raisonnable. IGT Umbria ; *Azienda Vinicola Falesco.*

POGGIO
BELVEDERE
GRECHETTO
UMBRIA
INDICAZIONE GEOGRAFICA TIPICA
ARNALDO-CAPRAI

CECCHI
CASA FONDATA NEL 1893
Depuis 1893
Since 1893
VIN BLANC SEC
DRY WHITE WINE
ORVIETO
DENOMINAZIONE DI ORIGINE CONTROLLATA
CLASSICO
MIS EN BOUTEILLE PAR
CASA VINICOLA LUIGI
CASTELLINA IN CHIANTI
BOTTLED BY
CECCHI & FIGLI S.R.L.
ITALIA - ITALIE
750 mL
PRODUIT D'ITALIE - PRODUCT OF ITALY
12% alc./vol.

CERVARO
della Sala
Castello della Sala
VIN BLANC SEC
PRODUIT D'ITALIE
ANTINORI
DRY WHITE TABLE WINE
PRODUCT OF ITALY
VINO DA TAVOLA DELL'UMBRIA
750 ml
13%
alc./vol.

Castello della Sala
ORVIETO CLASSICO
ANTINORI
750 ml

TRESCONE
COLLI DEL
TRASIMENO
DENOMINAZIONE
DI ORIGINE
CONTROLLATA
IMBOTTIGLIATO ALL'ORIGINE
DALLA AZIENDA AGRICOLA
LA FIORITA S.R.L.
PANICALE - ITALIA
Patrizia Lamborghini

LUNGAROTTI
VINO
SANTO
VIN DE
LIQUEUR
LIQUEUR
WINE
Dessert Wine of Umbria
Vin de Dessert de la région de l'Ombrie
375 ml
16% Alc./Vol.
PRODUCED & BOTTLED BY - PRODUIT ET MIS EN BOUTEILLE PAR:

VIN BLANC
PRODUIT D'ITALIE
SEC - DRY
WHITE WINE
PRODUCT OF ITALY
ORVIETO
DENOMINAZIONE DI ORIGINE CONTROLLATA
CLASSICO
MIS EN BOUTEILLE PAR - BOTTLED BY
MELINI s.c.a.r.l. - ORVIETO - ITALIA - ITALIE - ITALY
750 mL ℮
12 % alc./vol.
Melini

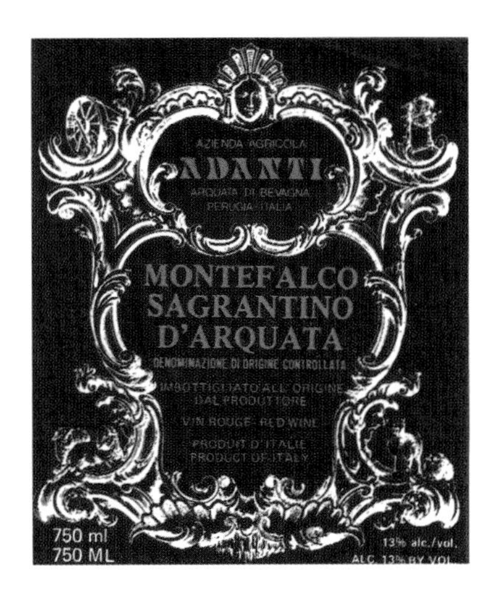
AZIENDA AGRICOLA
ADANTI
ARQUATA DI BEVAGNA
PERUGIA-ITALIA
MONTEFALCO
SAGRANTINO
D'ARQUATA
DENOMINAZIONE DI ORIGINE CONTROLLATA
IMBOTTIGLIATO ALL'ORIGINE
DAL PRODUTTORE
VIN ROUGE - RED WINE
PRODUIT D'ITALIE
PRODUCT OF ITALY
750 ml
750 ML
13% alc./vol.
ALC. 13% BY VOL.

GRECANTE
GRECHETTO
DEI COLLI MARTANI
DENOMINAZIONE DI ORIGINE
CONTROLLATA
ARNALDO-CAPRAI

LUNGAROTTI
TORRE DI GIANO
IL PINO
BIANCO DI TORGIANO
DENOMINAZIONE DI ORIGINE CONTROLLATA
DRY WHITE WINE - VIN BLANC SEC
PRODUCED AND BOTTLED BY: PRODUIT ET MIS EN BOUTEILLE PAR:
CANTINE LUNGAROTTI - TORGIANO - ITALIE

LUNGAROTTI
RUBESCO
MONTICCHIO
TORGIANO ROSSO RISERVA
DENOMINAZIONE DI ORIGINE
CONTROLLATA E GARANTITA
RED WINE - VIN ROUGE
PRODUCED AND BOTTLED BY: PRODUIT ET MIS EN BOUTEILLE PAR:
CANTINE LUNGAROTTI - TORGIANO - ITALIE

VALLE D'AOSTA

Le Val d'Aoste

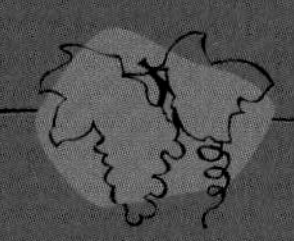

Placé comme un bijou dans son écrin, le Val d'Aoste est blotti au cœur des Alpes, avec la France, la Suisse et le Piémont pour voisins immédiats. Le paysage est saisissant de beauté et les panoramas sont à couper le souffle. Imaginez-vous, déambulant entre deux rangs de vignes à Morgex ou à La Salle ; vous relevez la tête et le mont Blanc se présente à vos yeux, dans toute sa splendeur. La vallée, qui s'étend sur une longueur d'environ 100 km constitue l'axe principal de la vie économique valdôtaine. De chaque côté, les montagnes et les forêts protègent cette région verdoyante où l'agriculture joue un rôle important.

De l'époque de l'Empire romain, il reste au Val d'Aoste de nombreux vestiges tels que des ponts et des aqueducs, magnifiques ouvrages que l'homme, éternel visionnaire, a su façonner. Au Moyen Âge, les Goths, les Francs et les Lombards, puis les ducs de Bourgogne se succédèrent pour faire de cette région, au XIe siècle, un fief de la maison de Savoie. D'ailleurs, de nombreux châteaux et forteresses installés çà et là témoignent de la présence de seigneurs qui se partageaient à l'époque des territoires qu'ils défendaient avec ardeur.

Depuis ce temps soucieux de leur autonomie, les Valdôtains pratiquent la langue française, qui est d'ailleurs officiellement reconnue. C'est pour cette raison que l'étiquetage des vins dans le Val d'Aoste se fait généralement en français, même si l'indication *Denominazione di Origine Controllata* est précisée en italien.

Quant au vignoble, dans la vallée centrale de la Dora Baltea et les vallées adjacentes, vallons et coteaux remarquablement exposés se combinent à des températures favorisées par des montagnes qui dévient les vents froids et limitent les précipitations. La culture est difficile, stupéfiante même, puisqu'on y retrouve les plus hauts vignobles d'Europe. Le courage des vignerons n'a d'égal que leur passion. Hospitaliers, accueillants et fiers d'un environnement particulier qui leur est propre, les Valdôtains cultivent l'amitié comme ils cultivent les curieux cépages qui ont pour noms Blanc de Morgex, Vien de Nus, Fumin ou Petit Rouge.

LE VAL D'AOSTE EN BREF

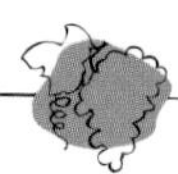

- 635 ha de vignes
- 160 ha en VQPRD* déclarés en l'an 2000
- 1 DOC
- Pas d'IGT
- L'italien et le français sont les deux langues officielles
- Des paysages à couper le souffle
- Le vignoble le plus haut d'Europe
- Des vins à déguster sur place

* VQPRD : Vins de qualité produits dans une région déterminée (DOC + DOCG).

V A L L E   D ' A O S T A

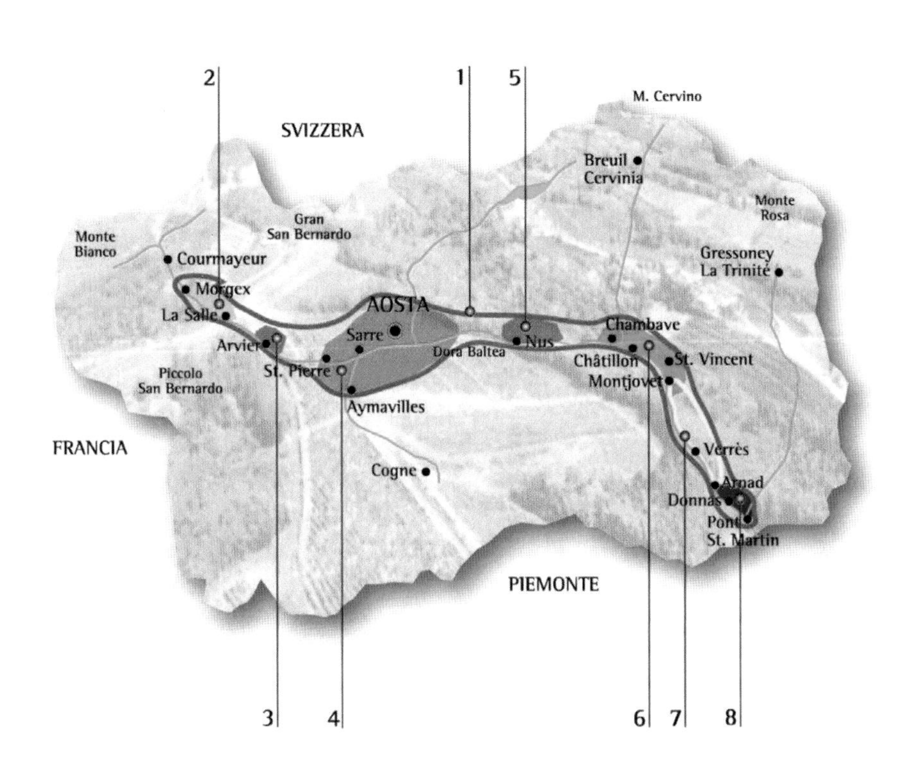

1	Valle d'Aosta

Sottozone

2	Blanc de Morgex et de la Salle	6	Chambave - Rosso Moscato Moscato Passito
3	Enfer d'Arvier	7	Arnad-Montjovet
4	Torrette	8	Donnas
5	Nus - Rosso Malvoisie Malvoisie Passito		

VALLE D'AOSTA OU VALLÉE D'AOSTE

En tant que plus petite région viticole de l'Italie, le Val d'Aoste n'a qu'une seule appellation, mais celle-ci correspond à plus de 20 types de vins très différents les uns des autres. Certains d'entre eux se démarquent par leur qualité et leur renommée. Ainsi, Donnas et Enfer d'Arvier font partie de l'appellation depuis le début des années soixante-dix et représentent une proportion relativement importante de la production (12 %). Quant au Blanc de Morgex et de La Salle, le vin est recherché puisqu'il provient d'un des vignobles les plus élevés du monde (à environ 1200 m). Situé au pied des glaciers du mont Blanc, ce site viticole exceptionnel est en effet planté de Blanc de Morgex, cépage considéré comme une variété autochtone. La vigne est conduite sur des treilles basses pour éviter les dangers du vent et du gel, et surtout pour tirer profit de la chaleur accumulée pendant le jour. La multiplication se fait par bouturage et par marcottage, car le greffage sur des pieds américains n'est pas nécessaire, les conditions climatiques ayant empêché le phylloxéra de proliférer. Pour s'y retrouver, il sera important de faire la distinction entre les lieux de production (Nus, Arvier, Donnas, Chambave, Morgex, Arnad, etc.) et les cépages (Petit Rouge, Prëmetta, Fumin, Gamay, Petite Arvine, etc.).

Date du décret: 1992 (1986)
Superficie: 160 ha
Encépagement: B/R/Rs: Assemblages de cépages blancs ou rouges autorisés dans la région
Nus Malvoisie: *Pinot gris* (appelé Malvoisie dans la région)
Chambave Rosso: *Petit Rouge* (60 % minimum) – Dolcetto, Gamay et Pinot noir
Nus Rosso: *Vien de Nus* (50 % minimum) – Petit Rouge et Pinot noir – Autres cépages
Donnas: *Nebbiolo* (85 % minimum) – Freisa et Neyret
Enfer d'Arvier: *Petit Rouge* (85 % minimum) – Vien de Nus, Dolcetto, Neyret, Pinot noir et Gamay
Arnad-Montjovet: *Nebbiolo* (70 % minimum) – Dolcetto et autres cépages autorisés
Torrette: *Petit Rouge* (70 % minimum)

Les autres vins sont élaborés avec une proportion qui se situe entre 90 et 100 % du cépage indiqué sur l'étiquette.

Rendement: B/R/Rs/Gamay/Petite Arvine: 78 hl/ha
Müller Thurgau/Chardonnay: 71,5 hl/ha
Pinot noir/Pinot gris/Torrette/Nus rosso/ Chambave/Prëmetta/Fumin/Petit Rouge: 65 hl/ha
Blanc de Morgex et de La Salle: 58,5 hl/ha
Moscato: 75 hl/ha
Nus rosso: 56 hl/ha
Nus Malvoisie/Arnad-Montjovet: 52 hl/ha
Enfer d'Arvier: 46 hl/ha
Donnas: 49 hl/ha
Production: 7000 hl
Durée de conservation: B/Rs: 1 à 2 ans
R: 2 à 5 ans
Température de service: B/Rs: 8-10 °C
R: 16-18 °C

Blanc de Morgex et de La Salle (13 %) : Jaune paille aux reflets verts – Sec, léger et fruité – Vif et parfois perlant – Peut se faire en demi-sec, Spumante, Brut et Extra Brut

Chambave Moscato ou **Muscat** : Jaune doré clair – Aromatique – Sec et assez fin
Se fait aussi en **Chambave Moscato Passito** ou **Muscat Flétri** (Jaune or à ambré – Très aromatique – Moelleux – Un bon vin, mais très rare)

Nus Malvoisie : Jaune doré – Aromatique – Sec et fruité – Se fait aussi en **Malvoisie Passito** ou **Malvoisie Flétri**

Pinot noir (vinifié en blanc) : Blanc paille – Sec et fruité

Chardonnay : Jaune légèrement doré – Sec, souple et fruité

Petite Arvine : Vin blanc sec et souple d'une bonne qualité, issu du cépage du même nom, rare mais plus connu en Suisse

Müller Thurgau : Blanc paille aux reflets verts – Aromatique – Sec, fruité et léger

Pinot grigio ou Pinot gris : Vin blanc sec et fruité

Blanc : Vin blanc sec, léger et vif

Rouge/Rosé : Vins légers et fruités

Torrette (14 %) : Rouge vif – Aromatique et corsé

Petit Rouge : Vin rouge souple, moyennement corsé

Nus Rosso ou **Rouge** : Rouge rubis – Aromatique – Fruité et assez corsé

Chambave Rosso ou **Rouge** : Rouge rubis – Arômes floraux (violette) – Frais et peu corsé – Vieillit quelques années

Donnas (9 %) : Rouge grenat – Arômes d'amande – Souple et assez corsé à la fois

Gamay : Rouge souple et léger – Quelque peu rustique

Enfer d'Arvier : Rouge grenat intense – Relativement corsé – Fruité

Pinot noir (10 %) : Rouge rubis – Fruité – Peu tannique et assez souple

Fumin : Rouge pourpre – Austère avec une finale amère

Prëmetta : Rouge clair et moyennement tannique

Arnad-Montjovet : Rouge intense – Souple – Fruité avec un arrière-goût légèrement amer

*Torrette et Arnad-Montjovet peuvent porter la mention **Riserva** ou **Superiore.***

Blanc de Morgex et de La Salle et autres vins blancs secs : Poissons grillés et meunière (filet de truite) – Viandes blanches en sauce – Fromages à pâte cuite

Donnas/Chambave rouge/Gamay : Viandes rouges en sauce – Fromages moyennement relevés

Enfer d'Arvier/Torrette : Viandes rouges rôties – Fromages assez relevés

Cesarino Bonin (Müller Thurgau et Arnad-Montjovet) – **Costantino Charrère** (Torrette, Prëmetta, etc.) – Grosjean (Gamay et Torrette) – **Azienda Les Crêtes** (Chardonnay, Torrette, etc.) – Albert Vevey (Blanc de Morgex) – **Ezio Voyat** (Chambave) – Perrier (Gamay) – Institut Agricole Régional – Caves coopératives (Nus – Donnas – Enfer d'Arvier, **La Crotta di Vegneron ; La Cave du Vin Blanc de Morgex et de La Salle** est spécialisée dans la production de ce vin original et élabore une cuvée appelée Blanc des Glaciers).

Le vin blanc de Morgex et de La Salle provient d'un des vignobles les plus élevés du monde (environ 1 200 m). La cuvée Blanc des Glaciers est à découvrir.

CA

VENETO

La Vénétie

On ne peut effectuer une exploration viticole de l'Italie sans séjourner en Vénétie, au pays de Verona, Padova, Treviso, Vicenza et de la belle et envoûtante Venezia (Venise). Il faut dire que cette région produit plusieurs appellations d'importance connues depuis longtemps des amateurs de vins italiens.

La Vénétie s'étend des Alpes jusqu'au littoral de l'Adriatique, bordée au sud par l'Émilie-Romagne, au nord par le Trentin-Haut-Adige, à l'ouest par la Lombardie et enfin par le Frioul-Vénétie Julienne à l'est. Habitée depuis des dizaines de millénaires, la Vénétie est riche en vestiges. Certains d'entre eux, datant de l'âge du bronze, ont été retrouvés dans les environs de Verona et dans les régions vallonnées des monts Berici et Lessini. Les Vénètes, population illyrienne importante, occupèrent la zone littorale de l'Adriatique Nord, mais vers la seconde moitié du IIIe siècle avant J.-C., la Vénétie devint une province romaine.

Chassés par les Barbares qui détruisaient villes et villages, les habitants se réfugièrent sur les îles de la lagune vers le Ve siècle, pour fonder plus tard la riche et prospère Venezia. Ce fut en effet le début d'une époque faste, tant sur le plan commercial que sur le plan artistique, puisque le gouvernement vénitien dura plusieurs siècles, surmontant l'hostilité et les guerres survenues de toutes parts. Beaucoup plus tard, après une période de domination autrichienne, la Vénétie fut finalement annexée à l'Italie en 1866.

La Vénétie est composée de deux parties naturelles distinctes : la plaine, formée d'alluvions et qui s'étend jusqu'à l'Adriatique, et la zone montagneuse des Préalpes, faite de massifs boisés, de hauts plateaux et de vallées, et longeant le lac de Garda pour atteindre les Alpes, au nord-est. Même si le panorama est dans l'ensemble assez doux, au pied des Dolomites, le magnifique paysage alpin est très évocateur et il n'est pas rare de voir des sommets culminer à 3 000 m d'altitude.

La plaine qui se déploie des rives du Pô à celles du Tagliamento, frontière naturelle avec le Frioul, est principalement consacrée à l'agriculture. La superficie agricole et forestière couvre en effet 80 % du territoire vénitien. Les céréales, la betterave à sucre, le tabac et les cultures maraîchères occupent de grandes surfaces et les régions de Verona et de Treviso sont destinées aux cultures fruitières, aux oliviers et, bien sûr, à la vigne... qui ne demande pas mieux.

Une partie du vignoble s'étale du lac de Garda (connu pour son populaire Bardolino) jusqu'à Padova, ville célèbre dont la basilique du XIIIe siècle abrite le tombeau de saint Antoine.

La Valpolicella, au nord de Verona, donne sans doute un des vins les plus connus du pays, et un des plus fameux, lorsque l'on regarde le chemin parcouru depuis 10 ans pour faire de l'Amarone della Valpolicella un des grands vins rouges du nord de l'Italie. Blottie entre cette appellation et le Gambellara, le vignoble de Soave apporte ses lettres de noblesse à une région qui n'en finit plus de produire du vin... du bon, et parfois du moins bon. Soave, justement, si célèbre que le jus coule encore un peu trop afin de répondre à la demande, mais qui n'honore pas toujours ses promesses, malgré la récente révision de la réglementation. Heureusement que de plus en plus de producteurs veillent au grain et font tout pour ne pas tomber dans la facilité. En mettant les priorités au bon endroit, tant à la vigne qu'à la cave, et en évitant de tomber dans le piège de la haute technologie qui aide à masquer les défauts d'une matière première déficiente, on remplacera les vins neutres et sans relief par des vins agréables et dotés d'une belle personnalité.

Un tantinet isolé des autres vignobles, beaucoup moins connu, et pourtant tellement attrayant sur le plan qualitatif, le terroir de Breganze, au nord de Vicenza, a un potentiel indéniable. Celui-ci est mis en valeur par Fausto Maculan depuis 15 ans. Heureux amateurs que nous sommes, car il fait des miracles dans ce coin de la Vénétie, gardant obstinément le cap sur la qualité afin de nous faire plaisir encore et encore avec ses vins savoureux et dignes des plus grands.

L'autre enclave viticole de la Vénétie se situe à l'est de Treviso. Le fleuve Piave la traverse du nord au sud, dans cette plaine caillouteuse propice à la culture de la vigne.

Visiter la Vénétie viticole, c'est aussi profiter de Vinitaly, cette grande foire commerciale annuelle qui a lieu à Verona au printemps et où toutes les régions de l'Italie sont représentées. À cette occasion, producteurs, journalistes spécialisés, sommeliers et professionnels de tout acabit se retrouvent pour découvrir et célébrer ce qui fait la qualité des vins italiens. Avec leur fougue naturelle et leur enthousiasme communicatif, les vignerons, œnologues et responsables commerciaux mettent tout en œuvre pour vous expliquer leurs terroirs et leurs méthodes de travail. Ils vous font déguster, dans des verres de cristal aussi simples que fins, ce qu'ils considèrent comme le meilleur de leur production.

En soirée, tout le monde se retrouve à l'œnothèque, dans les *trattorie* ou dans les jolies salles à manger des hôtels véronnais et des somptueuses villas des environs. On en profite pour partager ses expériences gustatives de la journée, pour se dire qu'on a peut-être mieux fait cette année et que la qualité gagne peu à peu du terrain, même s'il y a encore place à l'amélioration.

La Vénétie de Roméo et Juliette n'a pas fini de nous étonner. En plus de ses sites historiques et touristiques fabuleux, la région continue de prospérer grâce à des vignerons et à des producteurs talentueux. Ils en ont les outils, mais ils possèdent surtout le désir de valoriser ces terroirs prometteurs. C'est ce qu'on appelle la passion. Une dégustation en compagnie d'hommes tels que Franco Giacosa, Sandro et Dario Boscaini, Riccardo Tedeschi, Pierangelo Tommasi ou Roberto Anselmi vous convaincra.

LA VÉNÉTIE EN BREF

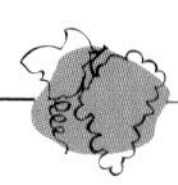

- 75 300 ha de vignes
- 35 560 ha en VQPRD*, dont 30 560 déclarés en l'an 2000
- 3 DOCG
- 23 DOC, dont 5 sont communes à des régions limitrophes[14]
- 9 IGT
- Une des plus célèbres régions viticoles de l'Italie
- Une production inégale, qualitativement parlant
- Des rendements encore beaucoup trop élevés la plupart du temps
- Un très grand vin blanc : le Recioto di Soave
- Un très grand vin rouge : l'Amarone della Valpolicella

* VQPRD : Vins de qualité produits dans une région déterminée (DOC + DOCG).

14. Les DOC Garda, Lugana et San Martino della Battaglia sont communes à la Lombardie (voir cette région). La DOC Valdadige est commune au Trentin–Haut-Adige (voir cette région). La DOC Lison-Pramaggiore est pour sa part commune au Frioul–Vénétie Julienne, mais elle est présentée dans ce chapitre.

V E N E T O

1	Bardolino Superiore D.O.C.G. Bardolino
2	Recioto di Soave D.O.C.G. Soave Superiore D.O.C.G. Soave
3	Bianco di Custoza
4	Valpolicella
5	Gambellara
6	Monti Lessini o Lessini
7	Arcole
8	Vicenza
9	Breganze
10	Colli Berici
11	Merlara
12	Colli Euganei
13	Bagnoli o Bagnoli di Sopra
14	Montello e Colli Asolani
15	Conegliano- Valdobbiadene
16	Colli di Conegliano
17	Vini del Piave o Piave
18	Lison-Pramaggiore

D.O.C. INTERREGIONALI

19	San Martino della Battaglia Lugana
20	Valdadige Sottozona Terra dei Forti
21	Garda (zone veronesi)

Différentes conduites de la vigne. En Valpolicella notamment, la pergola permet d'obtenir du raisin un rapport sucre/acidité intéressant.

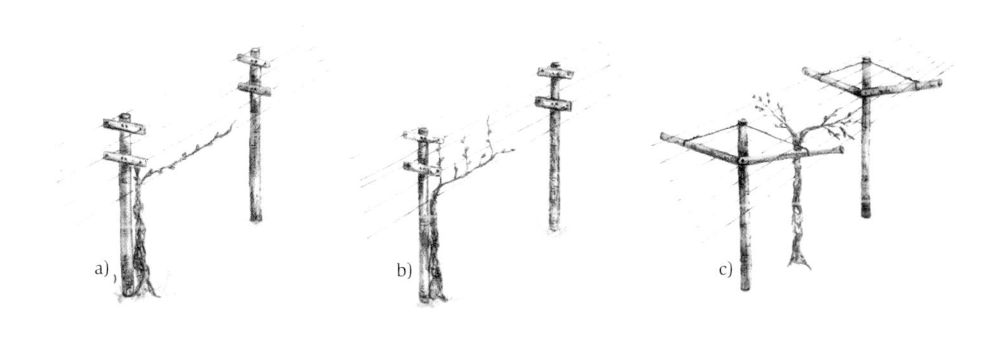

a) Guyot   b) Cordon d'éperon permanent   c) Tonnelle taillée à cordon d'éperon

Dessins extraits de *Boscaini, une viticulture savante et professionnelle.*

ARCOLE

Seize communes de la province de Verona, dont Arcole, et cinq de la province de Vicenza, ont droit à cette récente et minuscule appellation, dont le seul nom fait aussitôt penser au fameux pont gagné par Bonaparte lorsqu'il remporta la victoire sur les Autrichiens, en novembre 1796. Après être passée à l'histoire grâce à cet événement, la petite ville située sur la rivière Alpone rayonne aujourd'hui grâce à ses vins.

Année du décret : 2000
Superficie : 2,5 ha (4)
Encépagement : Bianco : *Garganega* (50 % minimum) – Chardonnay et/ou Pinot bianco et/ou Pinot grigio
Rosso : *Merlot* (50 % minimum) – Cabernet franc et/ou Cabernet sauvignon et/ou Carmenère

Les autres vins sont élaborés avec 85 % minimum du cépage indiqué sur l'étiquette.

Le vin portant la mention Cabernet est issu d'un assemblage de Cabernet franc, de Cabernet sauvignon et de Carmenère.

Rendement : B/Garganega : 104 hl/ha
R/Merlot : 97,5 hl/ha
Chardonnay/Cabernet et Cabernet sauvignon : 91 hl/ha
Pinot bianco/Pinot grigio : 85,5 hl/ha
Riserva : 78 hl/ha
Production : 150 hl
Durée de conservation : B : 1 à 2 ans
R : 2 à 4 ans
Température de service : B : 8-10 °C
R : 16 °C

Rosso : Vin rouge
Merlot : Vin rouge
Cabernet : Vin rouge souple et fruité
Cabernet sauvignon : Vin rouge plus tannique que le précédent

*Après deux ans de vieillissement, le Merlot et les Cabernet ont droit à la mention **Riserva.***

Bianco : Vin blanc sec. Peut se faire en Spumante, de l'Extra Dry au Dolce en passant par le Brut et l'Extra Brut
Chardonnay : Vin blanc sec – Peut se faire en **Frizzante**
Pinot grigio : Vin blanc sec
Garganega : Vin blanc sec
Pinot bianco : Vin blanc sec

Pour plus de détails, voir les fiches Piave et Lison-Pramaggiorre ; beaucoup de ressemblances avec ces derniers, malgré quelques différences.

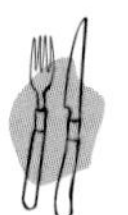

Voir Lison-Pramaggiore

N.C.

BAGNOLI DI SOPRA ou BAGNOLI

Juste au sud de Padova (Padoue), une quinzaine de communes, dont Bagnoli di Sopra, peuvent revendiquer cette appellation peu connue puisque relativement récente. Le sol de nature sédimentaire et calcaire caractérise cette DOC aux divers types de vins. Le friularo – à ne pas confondre avec friulano – est un vin curieux élaboré avec le cépage Raboso, variété plus ou moins rustique de la région. Les vins issus de la commune même de Bagnoli ont droit à la mention Classico.

Année du décret: 1995
Superficie: 110 ha (145)
Encépagement: Bianco: Chardonnay (30 % minimum) – Sauvignon et/ou Tocai friulano (20 % minimum) – Raboso vinifié en blanc (10 % minimum)
Spumante: Chardonnay (20 % minimum) – Raboso
Rosso: Merlot (15-60 %) – Cabernet franc et/ou Cabernet sauvignon et/ou Carmenère (15 % minimum) – Raboso (15 % minimum)
Rosato: *Raboso* (50 % minimum) – Merlot (40 % maximum)
Friularo: *Raboso* (90 % minimum)
Merlot: *Merlot* (85 % minimum)

Le vin portant la mention Cabernet est issu d'un assemblage de Cabernet franc, de Cabernet sauvignon et de Carmenère.

Rendement: R/B/Rs/Merlot/Spumante/ Passito: 91 hl/ha
Cabernet et Classico: 84,5 hl/ha
Cabernet Classico/Friularo: 78 hl/ha
Friularo Classico: 71,5/ha
Production: 8 100 hl

Durée de conservation: B: 1 à 2 ans
R: 2 à 4 ans
Température de service:
B/Rs/Spumante: 8-10 °C
Passito: 12-14 °C
R: 16 °C

Rosso: Rouge souple et très fruité
Merlot: Rouge vif – Arômes de fruits rouges – Souple et fruité

Merlot et Merlot Classico représentent 51 % de la production totale.

Cabernet: Rouge intense – Arômes fruités légèrement herbacés – Assez corsé et plus ou moins souple
Friularo: Rouge foncé, presque pourpre – Très aromatique (herbacé, baies sauvages très mûres) – Tannique et généreux – Un peu rustique – Peut se faire en **Vendemmia tardiva** (vendanges tardives)
Passito: Curieux vin rouge doux issu de cépages (Raboso 70 % minimum) passerillés sur pied

*Après deux ans de vieillissement, tous les vins rouges ont droit à la mention **Riserva.***

Rosato: Vin rosé sec et fruité
Bianco: Vin blanc sec
Bianco et Bianco Classico représentent 18 % de la production totale

Spumante et **Spumante Rosato**: Vins effervescents blanc et rosé

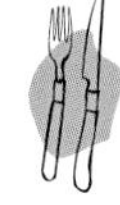

Voir Lison-Pramaggiore

Dominio di Bagnoli

BARDOLINO

BARDOLINO SUPERIORE

DOCG

Le Bardolino est certainement un des vins rouges italiens les plus connus. Située sur une bonne partie de la côte est du superbe lac de Garda, la zone viticole s'étend sur des collines autour de Bardolino et Peschiera, dans la province de Verona. Même si j'ai eu la chance d'en déguster de bien agréables, principalement sur place et en aimable compagnie, le charme de la région était peut-être pour quelque chose dans l'appréciation de ce vin populaire, qu'il faut savoir choisir avec discernement si l'on ne veut pas être trop déçu. Curieusement, pendant que la Vénétie produit de grands vins rouges aussi réussis que les Amarone – qui n'ont pour le moment droit qu'à la DOC –, les pouvoirs publics ont cru bon de décerner, il y a peu de temps de cela, la DOCG au Bardolino Superiore. Je suis conscient que les rendements ont été diminués de façon drastique et que quelques vignerons travaillent avec beaucoup de rigueur, mais je me pose tout de même de sérieuses questions...

Année du décret : 2001 (1968)
Bardolino Superiore : DOCG en 2001
Superficie : 2 680 ha (2 900)
Encépagement : Corvina (35-65 %) – Rondinella (10-40 %) – Autres cépages autorisés (20 % maximum)
Rendement : 84,5 hl/ha
Bardolino Superiore : 58,5 hl/ha
Production : 205 000 hl
Durée de conservation : 1 à 2 ans
Bardolino Superiore : 2 à 4 ans
Température de service : 14-16 °C

Vin rouge uniquement
Robe rubis clair – Arômes de cerise mûre – Très léger – Fruité et souple – Fin de bouche légèrement amère – Ce vin présente parfois un petit picotement causé par du gaz carbonique résiduel

Le Bardolino vinifié en rosé porte la mention ***Chiaretto*** *(Clairet) et peut se faire en* ***Spumante.***

Alors que ce vin requiert un degré d'alcool minimum de 10,5 %, le ***Bardolino Superiore*** *(DOCG) doit subir un vieillissement d'un an à compter du 1er novembre de l'année de la vendange, et présenter un degré d'alcool minimum de 12 %. Grâce à des rendements beaucoup plus raisonnables, le vin est généreux et assez concentré.*

Ces vins ont droit à la mention ***Classico*** *lorsque les raisins utilisés sont issus de la région la plus ancienne (autour de Bardolino).*

Charcuteries – *Carpaccio* – *Fegato alla veneziana* (foie de veau aux oignons revenus dans l'huile d'olive) – Viandes blanches (fricassée de lapin) – Volaille grillée (poulet grillé à la diable) – *Spaghetti alla carbonara*

Mets plus relevés et viandes rouges avec le Bardolino Superiore.

Bertani – Bolla – **Boscaini & Figli** (Le Canne) – Cavalchina – **Guerrieri-Rizzardi** – Lamberti – Giacomo Montresor – Luigi Righetti – Le Fraghe – Le Tende – **Le Vigne di San Pietro – Masi Agricola** (La Vegrona) – Pasqua – Albino Piona – Fratelli Poggi – Santi – **Agricola Tedeschi – Tommasi** (Villa Fontana)

BIANCO DI CUSTOZA

Custoza est un village situé juste au sud de la grande région du Bardolino. Le sol, le plus souvent calcaire, argilo-calcaire et un peu graveleux, permet aux cépages blancs de produire un vin agréable, assez léger et gentiment aromatique lorsque le vigneron utilise dans son assemblage le Tocai, le Riesling italico et la Malvasia. Un petit conseil toujours de mise: lorsque vous irez dans un restaurant de Verona, mieux vaudra choisir un Bianco di Custoza bien fait (voir les producteurs plus bas) plutôt qu'un Soave proposé à tout coup par le serveur mais dont vous n'avez jamais entendu parler.

Année du décret: 2001 (1971)
Superficie: 1 450 ha (1 500)
Encépagement: Trebbiano (20-45 %) – Garganega (20-40 %) – Tocai friulano (5-30 %) – Autres cépages autorisés (20-30 %)
Rendement: 97,5 hl/ha
Superiore: 78 hl/ha
Passito: 32,5 hl/h
Production: 115 600 hl
Durée de conservation: 1 an
Superiore: 2 ans
Température de service: 8-10 °C

Vin blanc uniquement
Couleur jaune paille – Plus ou moins aromatique – Sec, léger et fruité – D'une bonne vivacité

Se fait également en ***Superiore,*** *en* ***Spumante et en Passito.***

Secco et Superiore: *Fiori di zucchini* (fleurs de courgettes frites) – Coquillages et crustacés (huîtres, moules marinière, salade de crevettes) – *Spaghetti alle Vongole* – *Grancevola alla veneziana* (chair de crabe à l'huile d'olive et au citron) – Fettucine au beurre ou aux fruits de mer – Poissons grillés (daurade aux herbes)

Bertani – Campagnola – Cavalchina – Corte Gardoni – Lamberti – **Le Vigne di San Pietro** – Montresor (Vigneto Montefiera) – Albino Piona – **Santa Sofia** – **Agricola Tedeschi** – **Tommasi** (Bosco del Gal)

Entrée d'un domaine en Vénétie.

BREGANZE

Les amateurs de vins italiens connaissent bien cette appellation grâce, il faut l'avouer, à celui qui l'a sortie de son carcan régional pour en faire une étoile montante de la viticulture italienne. Cet homme s'appelle Fausto Maculan. À l'instar de ses collègues Anselmi, Pieropan, Gaja ou Zanella, Maculan est arrivé avec son savoir-faire et son humour, mais aussi investi d'une dévorante passion pour réformer en profondeur la conduite de la vigne et les pratiques œnologiques dans ce coin de pays. Chef de file et modèle pour les plus jeunes, Fausto Maculan a cherché dans le monde entier l'expertise qui allait faire du Breganze un des grands vins d'Italie. Peut-être que l'encépagement l'aide dans sa tâche, mais s'il n'hésite pas à investir et à limiter les rendements, il chérit aussi les cépages traditionnels de l'endroit comme la Vespaiola. Je me souviens d'être allé le rencontrer chez lui, au nord de Vicenza, il y a quelques années de cela. J'avais alors constaté la minutie de son travail (je pense à ses piquets en inox, par exemple) et l'astuce qui le caractérise (utilisation de ses vieilles cuves en ciment pour entreposer ses barriques de chêne). J'y suis retourné il y a peu de temps pour me rendre compte que sa passion est restée intacte. C'est sans doute pour cela que son Torcolato a acquis ses lettres de noblesse en passant de simple vino da tavola *à l'appellation contrôlée.*

Année du décret: 1995 (1969)
Superficie: 415 ha (575)
Encépagement: Bianco: *Tocai friulano* (85 % minimum) – Autres cépages autorisés
Rosso: *Merlot* (85 % minimum) – Autres cépages autorisés
Torcolato: *Vespaiola* (85 % minimum)

Les autres vins sont élaborés avec 85 % minimum du cépage indiqué sur l'étiquette.

Le vin portant la mention Cabernet est issu d'un assemblage de Cabernet franc, de Cabernet sauvignon et de Carmenère.

Rendement: 78 hl/ha
B/R: 84,5 hl/ha
Torcolato Abboccato et Dolce: 50 hl/ha
Production: 24 900 hl
Durée de conservation: R: 3 à 5 ans et plus pour les vins richement concentrés et vieillis en fût de chêne
B: 2 à 3 ans et plus pour les vins de Chardonnay
Torcolato/Acininobili: 15 ans et plus
Température de service: R: 15-17 °C
B: 10-12 °C

Rosso (32 %) : Rouge rubis profond – Arômes de baies sauvages bien mûres – Fruité – Charnu – Moyennement tannique – Acidité en équilibre

Cabernet (17 %) : Rouge intense et sombre – Arômes riches de cassis, très concentrés – Tanins amples et soyeux – Long en bouche et très fin

Cabernet sauvignon : Rouge un peu plus tannique que le précédent

Pinot nero : Rouge clair et fruité – Souple et peu tannique

Marzemino : Rouge – Très fruité au nez comme en bouche – Légère amertume en finale (ce cépage plus connu dans le Trentino, serait originaire de Marzemin, en Slovénie)

Bianco (20 %) : Jaune paille avec des reflets verts – Aromatique et délicat – Sec, fruité et très souple – Beaucoup de fraîcheur en bouche

Vespaiolo (10 %) : Blanc jaune paille intense – Aromatique – Sec et très fruité (on remarquera que le nom du cépage se termine par un a et le nom du vin issu de ce cépage par un o)

Chardonnay : Robe plus ou moins dorée – Arômes élégants de fleurs blanches, de levure et de pain grillé pour les vins élevés en barrique – Rondeur et matière en bouche

Pinot bianco : Robe pâle – Arômes floraux – Sec, léger et rafraîchissant

Pinot grigio : Blanc doré avec parfois de légers reflets cuivrés – Sec, fruité et souple à la fois

Sauvignon : Jaune clair – Arômes floraux – Sec et vif avec une bonne matière en bouche

Torcolato (2 %) : Magnifique vin doux aux arômes riches d'abricot, de vanille, d'épices, de fruits secs et de miel – Élaboré avec des raisins concentrés après un passerillage de cinq mois dans un local spécialement aménagé (Fausto Maculan élabore également un splendide Torcolato Acininobili riche et onctueux issu de raisins atteints légèrement de pourriture noble)

La plupart de ces vins peuvent avoir la mention ***Superiore.*** *Après un élevage de 24 mois, Rosso, Pinot nero, Cabernet, Cabernet sauvignon, Marzemino et Torcolato ont droit à la mention* ***Riserva.***

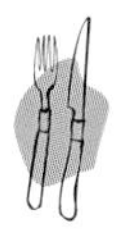

Rosso/Cabernets : Noisettes, côtelettes ou carré d'agneau – Bœuf grillé – *Manzo brasato alla lombarda* (bœuf braisé au vin rouge) – Filet de bœuf au Madère – *Asiago* (fromage de la région à pâte pressée cuite) – Lasagne à la viande

Bianco/Pinot bianco/Chardonnay/ Vespaiolo : Poisson grillé (saumon sauce hollandaise), meunière (truite ou saumon) ou poché (filets de sole au Vermouth) – *Scampi alla griglia* (langoustines grillées) – Quenelles de brochet – Riz aux fruits de mer

Sauvignon/Pinot grigio : *Antipasti* – *Fiori di zucchini* (fleurs de courgettes frites) – Poissons fumés – Riz aux asperges – Pâtes aux fruits de mer

Torcolato : À l'apéritif et en fin de repas, en guise de dessert ou pour la méditation…

Fausto Maculan (Breganze di Breganze, Brentino, Marchesante, Palazzotto, Feratta, Fratta)

COLLI BERICI

La qualité ne semble toujours pas s'être généralisée dans cette vaste région de collines située au sud de Vicenza. En effet, ce ne sont peut-être pas les cépages les mieux adaptés qui ont été replantés après la crise phylloxérique, même si le Sauvignon et le Pinot bianco sont de bonnes variétés et que le Chardonnay a fait son entrée depuis. Souvent de qualité moyenne et plus ou moins dilués à cause de rendements exagérés, les vins des Colli Berici, plus connus dans la région même, sont en grande partie produits et commercialisés sur une base quasi industrielle. Aussi, faut-il se tourner résolument vers des producteurs indépendants dont la superficie du vignoble reste encore à échelle humaine.

Année du décret: 1993 (1973)
Superficie: 1 200 ha (1 540)
Encépagement: Garganega/Tocai italico/Sauvignon: 90 % minimum du cépage indiqué sur l'étiquette
Chardonnay/Pinot bianco/Tocai Rosso: 85 % minimum du cépage indiqué sur l'étiquette
Merlot/Cabernet: 100 %
Spumante: *Garganega* (50 % minimum)

Le vin portant la mention Cabernet est issu d'un assemblage de Cabernet franc et de Cabernet sauvignon.

Rendement: 78 hl/ha
Garganega/Chardonnay: 91 hl/ha
Merlot: 84,5 hl/ha
Production: 91 500 hl
Durée de conservation: B: 1 an
R: 2 à 4 ans
Température de service: B: 8-10 °C
R: 16 °C

Garganega (37 %): Blanc sec, vif et léger – Pointe d'amertume en fin de bouche
Tocai italico (17 %): Blanc sec et souple à la fois – Assez généreux
Pinot bianco: Blanc sec et fruité
Sauvignon: Blanc aromatique – Sec, léger et vif
Chardonnay: Blanc sec d'une bonne fraîcheur, avec matière et souplesse en bouche
Spumante: Vin blanc effervescent, léger et agréable

Merlot (17 %): Rouge rubis – Arômes de fruits rouges – Tannique mais charnu – Généreux
Cabernet (15 %): Rouge rubis profond – Arômes légèrement herbacés – Tannique et bien charpenté
*Après trois ans de vieillissement et un degré d'alcool minimum de 12,5 %, ce dernier a droit à la mention **Riserva.***

Tocai Rosso (7 %): Rouge vif – Arômes particuliers de fruits et de réglisse – Tannique et assez corsé
*Ce cépage a droit à sa propre zone de production: **Barbarano.** Avec un degré d'alcool plus élevé, celle-ci peut être indiquée sur l'étiquette.*

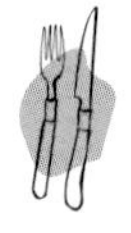

Voir les fiches Bianco di Custoza et Breganze

Castello di Belvedere – Cà Bruzzo – Dal Maso – Piovene Porto Godi

COLLI DI CONEGLIANO

Plusieurs communes de la province de Treviso ont droit à cette petite appellation, dont les collines exploitées ne sont jamais bien loin de Conegliano, plus connue pour son Prosecco qui pétille. Deux villages, Refrontolo, au cœur de l'appellation, et Fregona, à l'extrême est, donnent leurs noms à des vins très particuliers. Quant au Manzoni, cépage cultivé dans cette région, il s'agit d'un curieux croisement de Riesling (renano) avec le Pinot bianco.

Année du décret: 1993
Superficie: 110 ha (155)
Encépagement: Bianco: Manzoni (30 % minimum) – Pinot bianco et/ou Chardonnay (30 % minimum) – Sauvignon et/ou Riesling (10 % maximum)
Torchiato di Fregona: Prosecco, Verdiso et Boschera – Autres cépages autorisés
Rosso: Cabernet franc, Cabernet sauvignon, Merlot et Marzemino – Manzoni
Refrontolo Passito: *Marzemino* (95 % minimum)
Rendement: 65 hl/ha
Rosso: 58,5 hl/ha
Production: 3 275 hl
Durée de conservation: 2 à 5 ans
Température de service: B: 8-10 °C
R: 16 °C

Bianco: Jaune paille – Sec, fruité et léger
Torchiato di Fregona: Jaune doré plus ou moins intense – De sec à doux – Bonne persistance en bouche

Rosso: Rouge profond – Nez parfois herbacé – Moyennement tannique et quelque peu rustique
Refrontolo Passito: Rouge doux à sucré issu de raisins légèrement passerillés – Fruité, capiteux et corsé (15 % d'alcool minimum)

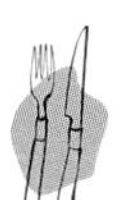

Bianco/Torchiato/Rosso: Voir Lison-Pramaggiore
Refrontolo: Gâteaux et biscuits secs... et pour la méditation

Carmina – **Ruggeri** – Santo Stefano – Voir aussi les producteurs de Conegliano Valdobbiadene

Détail d'un foudre véronais joliment sculpté.

COLLI EUGANEI

Tout près des Colli Berici, juste au sud de Padova, se trouve une zone viticole dont la particularité repose sans doute sur la nature du sol d'origine volcanique. Vantés et chantés par les poètes, les vins ont charmé depuis longtemps les amateurs. Leur production commerciale remonterait aussi loin que le Ier siècle av. J.-C. Les Colli Euganei sont principalement consommés dans cette région que les curistes connaissent bien. En effet, Abano Terme et Montegrotto Terme sont deux stations thermales appréciées notamment pour les bains de boue. Incontournable, Padova (Padoue) est une ville de pèlerinage fort connue grâce à saint Antoine, un franciscain du Moyen Âge né au Portugal et dont le nom est rattaché à cette ville où il vécut, mais aussi pour son histoire, son architecture, ses monuments, ses basiliques et autres musées. C'est avec beaucoup d'émotion que vous découvrirez les fresques de Giotto, peintre florentin qui réalisa au début du XIVe siècle, dans la chapelle des Scrovegni, des scènes religieuses d'une rare beauté. À ne manquer sous aucun prétexte.

Année du décret: 1994 (1969)
Superficie: 3 100 ha
Encépagement: Bianco: Garganega, Prosecco, Tocia friulano et Sauvignon – Autres cépages autorisés
Rosso: *Merlot* (60-80 %) – Cabernet et/ou Barbera et/ou Raboso (20-40 %)
Fior d'arancio et Moscato: 95 % minimum du cépage indiqué sur l'étiquette

Les autres vins sont élaborés avec 90 % minimum du cépage indiqué sur l'étiquette.

Le vin portant la mention Cabernet est issu d'un assemblage de Cabernet franc et de Cabernet sauvignon.

Rendement: Rosso/Merlot: 91 hl/ha
Bianco/Chardonnay/Tocai italico/Moscato: 78 hl/ha
Cabernets: 71,5 hl/ha
Pinot bianco/Serprino: 65 hl/ha
Pinello/Fior d'Arancio: 58,5 hl/ha
Production: 54 000 hl
Durée de conservation: B: 1 à 2 ans
R: 2 à 5 ans
Température de service:
B/Spumante: 8 °C
R: 16 °C

Détail de la conduite de la vigne en cordon d'éperon.

Bianco : Jaune paille – Sec à demi-sec – Moyennement aromatique

Tocai italico : Blanc sec ou demi-sec – Souple et léger

Pinot bianco : Blanc sec et fruité

Chardonnay : Blanc sec d'une bonne fraîcheur, avec matière et souplesse en bouche

Moscato : Blanc très aromatique – Doux et fruité

Fior d'Arancio : Le Muscat jaune (Moscato giallo) donne un vin blanc doux très aromatique, aux arômes persistants de fleur d'oranger – Bonne acidité et très fruité – Peut se faire en Passito

Pinello : Vin blanc sec et léger issu du cépage du même nom – Appelé aussi Pinella

Serprino : Vin blanc léger, parfois pétillant, élaboré principalement avec le cépage Prosecco

La plupart des vins blancs peuvent se faire en ***Spumante.***

Rosso : Rouge très fruité et d'une bonne rondeur aux tanins présents – Quelque peu rustique

Merlot : Rouge rubis – Arômes de fruits rouges – Tannique mais charnu – Généreux

Cabernet : Rouge rubis profond – Arômes légèrement herbacés – Tannique et assez charpenté

Cabernet sauvignon : Rouge un peu plus tannique que le précédent

Cabernet franc : Rouge tout en fruit et d'une bonne souplesse

Après deux ans de vieillissement, et un degré d'alcool minimum de 12,5 %, les vins rouges ont droit à la mention ***Riserva.***

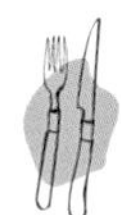

Voir Bianco di Custoza, Breganze et Lison-Pramaggiore

Borin – Cecilia di Baone – La Costa – **La Montecchia** – Marlunghe – Pigozzo

CONEGLIANO VALDOBBIADENE OU CONEGLIANO OU VALDOBBIADENE

Conegliano, à l'est, et Valdobbiadene, à l'extrême ouest, sont deux communes de la province de Treviso qui donnent leurs noms à cette appellation réputée pour ses vins effervescents. Il est vrai qu'après l'Asti Spumante, les bulles issues du cépage Prosecco se vendent bien, surtout aux nombreux touristes qui ont fait de Venezia leur principale destination de vacances. Élaboré de nombreuses façons, le vin reste léger, simple et agréable, et surtout valorisé par les nombreuses expériences de la très sérieuse école de viticulture et d'œnologie de Conegliano. La dénomination a changé il y a peu de temps, faisant disparaître la mention du cépage Prosecco, même si celui-ci conserve une place primordiale dans la composition des vins. Sa personnalité, alliée à un sol à dominante calcaire et au climat assez frais de la Marca Trevigiana, permet d'élaborer des cuvées rafraîchissantes et non dénuées d'élégance. Les vins du sympathique Nino Franco sont là pour en témoigner.

Année du décret : 2000 (1969)
Superficie : 3 800 ha (4 000)
Encépagement : *Prosecco* (85 % minimum) - Verdiso et/ou Bianchetta et/ou Perera et/ou Prosecco lungo
Rendement : 78 hl/ha
Production totale : 288 800 hl
Durée de conservation : 1 an
Température de service : 8 °C

Vin blanc uniquement
Jaune paille plus ou moins soutenu - Fruité, avec parfois une présence d'amande amère en bouche - Sec, demi-sec ou doux (Dolce) - Se font surtout en Spumante (Brut, Extra Dry et Dry) et Frizzante, principalement avec la méthode Charmat (deuxième fermentation en cuve close), bien que la méthode traditionnelle (prise de mousse en bouteille) ait de plus en plus d'adeptes.

Les meilleurs vins de l'appellation viennent de San Pietro di Barbozza (près de Valdobbiadene) et portent la mention ***Superiore di Cartizze*** *ou Cartizze.*

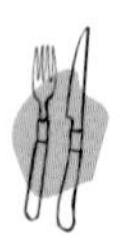

Spumante : En apéritif - Peut-être au dessert

Adami - Bellenda - Bisol - Bortolin - **Carpenè Malvolti** - **Col Vetoraz** - Francesco Drusian - **Nino Franco** (Rustico, Rive di San Floriano, Sassi Bianchi) - Masottina - Merotto - **Ruggeri** - Santa Margherita - Valdo - Cantina Produttori di Valdobbiadene

GAMBELLARA

Petit frère du géant Soave tout proche? Certains le disent. En tout cas, semblable à ce dernier sur bien des points, le Gambellara constitue une appellation supplémentaire qui, fondue dans l'aire viticole voisine, n'aurait pas changé grand-chose au vignoble vénitien. Enfin! Si vous pouvez mettre la main sur du Recioto ou du Vin Santo, rares et délectables vins issus de raisins passerillés, vous ne regretterez pas d'être sortis des sentiers battus... C'est aussi à Gambellara que la société Gianni Zonin, propriétaire dans plusieurs régions d'Italie, a son siège social.

Année du décret: 1993 (1970)
Superficie: 855 ha (970)
Encépagement: *Garganega* (80 % minimum) – Autres cépages autorisés
Rendement: 91 hl/ha
Classico/Recioto/Vin Santo: 81 hl/ha
Production: 63 500 hl
Durée de conservation: Bianco: 1 an
Recioto: 2 à 3 ans
Vin Santo: 4 à 5 ans
Température de service: 8-10 °C

Vin blanc uniquement
Gambellara Bianco (83 %): Jaune paille avec des reflets dorés – Plus ou moins aromatique – Sec, fruité et très souple – Légère pointe d'acidité
Gambellara Recioto: Jaune doré – Arômes de fruits secs – Doux et onctueux, avec parfois une légère amertume en fin de bouche – Se fait également en Spumante (sans intérêt)
Gambellara Vin Santo: Jaune ambré – Très aromatique avec des notes miellées – Doux, riche et capiteux (14 % d'alcool minimum)
Vin (rare en Vénétie) de très longue tradition, il est obtenu après un passerillage des raisins, une fermentation en petit fût et un vieillissement minimum de deux ans – Pour plus de détails, se référer aux Vini Santi *de Toscane.*

Avec une teneur en alcool de 11,5 %, ces vins ont droit à la mention ***Classico.***

Voir Soave

Dal Maso – **Podere Il Giangio** (Classico et Recioto; appartient à Zonin)

LISON-PRAMAGGIORE

Dans le même style que ceux du Frioul voisin, cette appellation offre aujourd'hui pas moins de 16 vins différents élaborés avec une douzaine de cépages distincts. Née de la fusion de deux zones consacrées au Tocai (di Lison) et aux Cabernet et Merlot (di Pramaggiore), l'aire viticole Lison-Pramaggiore est située principalement en Vénétie, dans les provinces de Treviso et de Venezia, mais une petite partie (environ 10 %) s'étend aussi dans le Frioul. Le relief est plutôt plat, assez banal, mais on peut tout de même trouver des choses intéressantes… La dernière législation a mis un peu d'ordre, notamment en termes de types de vins autorisés. Mais c'est encore facile de s'y perdre.

La cour intérieure du domaine Serègo Alighieri, dans la Valpolicella.

Année du décret : 2000 (1971)
Superficie : 1 400 ha (2 200)
Encépagement : B : *Tocai friulano* (50-70 %) – Autres cépages autorisés
R : *Merlot* (50-70 %) – Autres cépages autorisés

Les autres vins sont élaborés avec 85 % minimum du cépage indiqué sur l'étiquette.

Le vin portant la mention Cabernet est issu d'un assemblage de Cabernet franc, de Cabernet sauvignon et de Carmenère.

Rendement : 84,5 hl/ha
Tocai italico/Riesling/Riesling italico/Cabernets/Refosco dal peduncolo rosso : 78 hl/ha
Production : 96 400 hl
Durée de conservation : B : 1 à 2 ans
R : 2 à 5 ans
Température de service : B : 8-10 °C
R : 16 °C

Merlot (23 %) : Rouge vif – Arômes de fruits rouges – Souple et fruité
Cabernet franc (7 %) : Rouge intense – Arômes fruités légèrement herbacés – Assez corsé – Plus ou moins souple
Cabernet : Ressemble au précédent
Cabernet sauvignon : Plus tannique et généreux que le Cabernet franc
Refosco dal Peduncolo Rosso : Rouge violacé – Assez tannique – Généreux avec un léger arrière-goût amer
Malbech : Rouge tannique manquant parfois de souplesse – Il s'agit bien sûr de la terminologie régionale pour le Malbec
Rosso : Ressemble au Merlot

*Après deux ans de vieillissement et un degré d'alcool minimum de 12 %, le Merlot et les Cabernets ont droit à la mention **Riserva**.*

Tocai italico ou **Tocai** ou **Lison** (18 %) : Jaune paille – Aromatique – Sec, vif et fruité – Très agréable
Dans certaines conditions, ce vin a droit à la mention ***Classico.***

Pinot grigio (13 %) : Jaune doré – Aromatique – Sec, frais et très fruité
Chardonnay (11 %) : Jaune paille – Sec et très souple à la fois
Verduzzo : Jaune doré avec des reflets verts – Sec ou demi-sec et léger
Sauvignon : Jaune clair – Arômes floraux – Sec, vif et léger
Riesling : Jaune doré – Aromatique – Sec et pourvu d'une bonne acidité
Riesling italico : Jaune paille clair – Aromatique – Sec, fruité et nerveux
Pinot bianco : Jaune paille clair – Arômes discrets – Sec, fruité et souple
Bianco : Ressemble au Tocai italico

La plupart des vins blancs avec indication du cépage peuvent se faire en ***Spumante.***

Chardonnay, Pinot bianco et Verduzzo peuvent se faire en ***Frizzante.***

Rosso/Merlot : *Carpaccio* – *Cannelloni* – Viandes rouges grillées – *Coniglio ai sapori di timi* (lapin aux saveurs de thym) – *Cusciatti di Vitello* (paupiettes de veau farcies) – Spaghetti sauce à la viande
Refosco : Bœuf Strogonoff – Viandes rouges en sauce – Petit gibier à poil
Cabernets/Malbech : Filet de bœuf – *Rognoncini trifolati* (rognons sautés au citron) – Volailles rôties – Poulet chasseur – *Pollo con peperoni* (poulet aux tomates et au poivron vert) – Pintade aux pruneaux – *Osso buco* – Fromage d'Asiago
Bianco/Tocai italico : *Melanzane marinate* (aubergines marinées) – Riz aux asperges ou aux fruits de mer – Moules grillées – *Zuppa di cozze* (moules marinière à l'italienne) – Canapés de fromages aux herbes aromatiques – *Sarda al forno* (sardines au four)
Pinot grigio : Riz à l'orge – *Brodetto di pesce* (soupe avec morceaux de poissons) – *Scampi alla griglio* (langoustines grillées) – Poissons gras avec sauce légèrement crémée – Fricassée de poulet
Verduzzo doux : À l'apéritif – Tartes aux fruits
Sauvignon/Verduzzo Secco/Riesling italico : Saumon fumé – Crêpes aux asperges – *Risotto con scampi* (riz aux langoustines ou aux asperges) – Gâteau de poireaux – Friture de poissons – *Riso al limone* (riz au citron)
Riesling (renano) : Poissons grillés et meunière – Coquillages (huîtres) – Cuisses de grenouille – Poulet au Riesling
Chardonnay/Pinot bianco : *Antipasti* – Gnocchi à la crème de crevettes – Filet de sandre au vin blanc – Fettucine au beurre – Riz aux crevettes – Poissons grillés avec garniture d'asperges blanches – Poissons en sauce (légère) – Mousseline aux fruits de mer

Azienda Moletto – Cantina S. Osvaldo – La Fornace – **Paladin & Paladin** – Santa Margherita – Tenuta Aleandri – Tenuta Mosole – **Tenuta Teracrea**

MERLARA

Cette récente appellation est située dans le sud de la Vénétie, à cheval sur les provinces de Verona et Padova. Pour des raisons quelque peu obscures, la Vénétie s'est donc dotée d'une nouvelle DOC, sans doute pour confondre un peu plus le consommateur qui adore se perdre dans le dédale italien des typologies œnologiques...

Année du décret : 2000
Superficie : 60 ha environ
Encépagement : B : *Tocai friulano* (50-70 %) – Autres cépages autorisés
R : *Merlot* (50-70 %) – Autres cépages autorisés

Les autres vins sont élaborés avec 85 % minimum du cépage indiqué sur l'étiquette.

Le vin portant la mention Cabernet est issu d'un assemblage de Cabernet franc et de Cabernet sauvignon.

Rendement : B/R/Tocai/Merlot/Marzemino : 91 hl/ha
Malvasia/Cabernet sauvignon : 84,5 hl/ha
Production : 3 200 hl
Durée de conservation : B : 1 à 2 ans
R : 2 à 5 ans
Température de service : B : 8-10 °C
R : 16 °C

Tocai : Jaune paille – Aromatique – Sec, vif et fruité – Très agréable
Malvasia : Jaune paille – Sec et moyennement aromatique
Bianco : Ressemble au Tocai

Merlot : Rouge rubis profond – Arômes de baies sauvages – Fruité et charnu – Moyennement tannique – Acidité en équilibre
Cabernet : Rouge intense et sombre – Arômes de cassis – Tanins amples et soyeux – Moyennement long en bouche
Cabernet sauvignon : Rouge un peu plus tannique que le précédent
Marzemino Frizzante : Rouge pétillant très fruité au nez comme en bouche – Légère amertume en finale
Rosso : Ressemble au Merlot

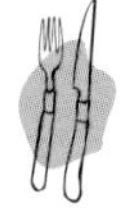

Voir Lison-Pramaggiore

N.C.

La nouvelle cave de vieillissement chez Masi, à Gargagnago, dans la Valpolicella.

MONTELLO E COLLI ASOLANI

Au nord-ouest de Treviso, Asolo et les collines alentour sont à l'origine de cette appellation qui s'étend joliment sur la rive gauche du Piave, et plus précisément sur les coteaux du Montello. C'est ici que le fleuve dessine son dernier méandre avant d'engager une longue ligne droite qui le mène directement dans la mer Adriatique, tout près de Venezia. Comme son voisin d'en face, cette région est propice à la culture du Prosecco, cépage se prêtant aisément à l'élaboration de vins effervescents. En passant… j'ai une petite suggestion: rendez-vous au Ristorante La Panoramica, à Nervesa della Battaglia, entre Conegliano et Treviso. Eddy Furlan, le propriétaire, est un de mes bons amis. Meilleur sommelier d'Europe il y a plus de 10 ans, il vous recommandera de beaux vins, dont son fameux Margottino, directement produit sur la propriété.

Année du décret: 1992 (1977)
Superficie: 270 ha (400)
Encépagement: Rosso: Merlot et Cabernets

Les autres vins sont élaborés avec 85 % minimum du cépage indiqué sur l'étiquette.

Le vin portant la mention Cabernet est issu d'un assemblage de Cabernet franc, de Cabernet sauvignon et de Malbec.

Rendement: Chardonnay/Pinot bianco/Prosecco/Rosso/Merlot: 78 hl/ha
Pinot grigio: 71,5 hl/ha
Cabernets: 65 hl/ha
Production: 14 500 hl
Durée de conservation: Prosecco: 1 an
Merlot/Cabernet: 3 à 5 ans
Température de service:
B/Prosecco: 8 °C
Merlot/Cabernet: 16 °C

Prosecco (60 %): Blanc jaune paille avec des reflets dorés – Arômes discrets de fruits et de fleurs – Bonne vivacité – Se fait en sec, demi-sec, en **Frizzante** et en **Spumante**
Chardonnay: Jaune paille – Sec et très souple à la fois
Pinot bianco: Jaune paille clair – Arômes discrets – Sec, fruité et souple
Pinot grigio: Jaune doré – Aromatique – Sec, frais et très fruité

*Chardonnay et Pinot bianco se font aussi en **Spumante**.*

Merlot: Rouge rubis – Fruité, souple et plus ou moins corsé
Cabernet: Rouge intense – Aromatique, assez tannique et généreux

*Après deux ans de vieillissement, et un degré d'alcool minimum de 11,5 % pour le Merlot, et de 12 % pour le Cabernet, ces vins ont droit à la mention **Superiore**.*

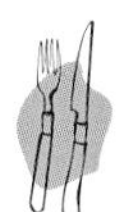

Prosecco: Voir Conegliano-Valdobbiadene
Autres vins: Voir Lison-Pramaggiore

Conte Loredan Gasparini – Eddy Furlan – Serafini & Vidotto – Cantina sociale Montelliana e del Colli Asolani

MONTI LESSINI ou LESSINI

Située à l'ouest de Vicenza et au nord de Gambellara, cette appellation ne se faisait auparavant qu'en blanc avec le cépage Durella, très peu connu. La nouvelle législation, en modifiant les règles du jeu, a aussi changé le nom de cette DOC. Les producteurs peuvent d'ores et déjà produire des blancs à base de Chardonnay et des rouges avec Merlot, Pinot nero et autres Cabernets. Espérons que ces nouvelles dispositions donneront de l'allant à cette dénomination qui ne brillait pas par la qualité. À suivre...

Année du décret : 2001 (1988)
Superficie : 440 ha (485)
Encépagement : B : *Chardonnay* (50 % minimum) Pinot bianco et/ou Pinot grigio et/ou Pinot nero et/ou Sauvignon
R : *Merlot* (50 % minimum) – Pinot nero et/ou Cabernets et/ou Corvina et/ou Carmenère
Durello : *Durella* (85 % minimum) – Autres cépages autorisés
Spumante : *Chardonnay* (50 % minimum) – Pinot bianco et/ou Pinot nero
Rendement : Durello : 104 hl/ha
B/R/Spumante : 78 hl/ha
Production : 37 000 hl
Durée de conservation : Durello : 1 an
B/Spumante : 2 à 3 ans
R : 2 à 4 ans
Température de service :
B/Durello/Spumante : 8 °C
Rosso : 16 °C

Durello : Jaune paille clair – Peu aromatique – Sec et acidulé – Neutre et rustique à la fois – Se fait aussi en version **Spumante** et **Superiore**
Bianco : Blanc sec souple, vif et fruité – Peut se faire en **Superiore**

Rosso : Rubis – Fruité, souple et plus ou moins corsé – Peut se faire en **Riserva**

Spumante : Vins effervescents blancs ou rosés obtenus grâce à une deuxième fermentation en bouteille (méthode classique)

Voir Lison-Pramaggiore

Fongaro – Marcato

Bouteille d'Amarone 1762 provenant de la collection du comte Serègo Alighieri.

PIAVE OU VINI DEL PIAVE

L'étendue de cette appellation a diminué depuis une dizaine d'années, mais elle reste tout de même une des plus populaires de la Vénétie. Il faut néanmoins faire preuve de prudence et choisir des maisons reconnues pour leur savoir-faire. Cette vaste plaine au relief plutôt plat, coupée en deux par le fleuve Piave, repose en effet sur des sols sédimentaires assez riches favorables à de hauts rendements. Puisque l'on sait que la quantité n'est habituellement pas synonyme de qualité, il faut donc rester sur ses gardes. En général, les sols graveleux des vignobles situés au nord, de part et d'autre du fleuve, donnent des résultats intéressants, et le Merlot, qui a trouvé là un terroir de prédilection, reste encore le chef de file incontesté. Trop occupé à découvrir la sérénissime Venezia, le touriste oublie souvent d'aller visiter Treviso, située aux confins de cette DOC. Que de charme, pourtant, à Treviso! Les vieilles maisons qui se mirent dans la rivière Sile, l'église San Nicolò, la cathédrale et le marché aux poissons, sans oublier sa chicorée rouge (la fameuse trévise qui fait partie du mesclun) sont autant de raisons de ne pas manquer de passer par cette ville.

Année du décret : 1992 (1971)
Superficie : 2 300 ha (4 500)
Encépagement : Tous les vins sont élaborés avec 95 % minimum du cépage indiqué sur l'étiquette

Le vin portant la mention Cabernet est issu d'un assemblage de Cabernet franc et de Cabernet sauvignon.

Rendement : Chardonnay/Merlot : 84,5 hl/ha
Pinot grigio/Tocai/Cabernet : 71,5 hl/ha
Verduzzo/Pinot bianco/Cabernet sauvignon/Pinot nero : 78 hl/ha
Raboso : 91 hl/ha
Production : 125 900 hl
Durée de conservation : B : 1 an
R : 2 à 5 ans
Raboso : 6 à 8 ans
Température de service : B : 8-10 °C
R : 16 °C
Raboso : 18 °C

Merlot (48 %) : Rouge vif – Arômes de fruits rouges – Généreux et souple à la fois – Très fruité
Cabernet (17 %) : Rouge intense – Arômes fruités légèrement herbacés – Assez corsé et plus ou moins souple
Cabernet sauvignon : Plus tannique et plus soutenu que le précédent
Pinot nero : Rouge clair – Fruité et léger

Après deux ans de vieillissement, et un degré d'alcool minimum de 12,5 %, ces derniers ont droit à la mention ***Riserva.***

Raboso : Rouge foncé, presque pourpre – Très aromatique (herbacé, baies sauvages très mûres) – Tannique, généreux et un peu rustique

Chardonnay (7 %) : Blanc sec d'une bonne fraîcheur, avec matière et souplesse en bouche
Verduzzo (6 %) : Jaune doré clair avec des reflets verts – Sec et léger
Pinot grigio (6 %) : Jaune doré – Aromatique – Sec, frais et très fruité
Tocai italico : Jaune paille – Aromatique – Sec, vif et fruité
Pinot bianco : Jaune paille – Sec, fruité et léger

Voir Lison-Pramaggiore

Casa Vinicola Botter – Liasora – **Masottina** – Santa Margherita – Santo Stefano – Sartori – **Villa Brunesca**

Belle lumière à travers la Garganega. Une couleur que l'on trouve dans la robe éclatante d'un bon Recioto di Soave de Pieropan.

SOAVE

SOAVE SUPERIORE
DOCG

RECIOTO DI SOAVE
DOCG

Sans les collines, il n'y a pas d'espoir! C'est ainsi qu'une journaliste anglaise résumait il y a déjà une bonne dizaine d'années la situation qui prévalait dans les environs de Soave. Mais les choses n'ont hélas! que peu évolué. Ce vin est devenu prisonnier de son statut et le pire côtoie le meilleur sans vergogne et sous la même appellation, enfin presque... Car la nouvelle réglementation a en effet mis un peu d'ordre dans tout ça. Soave Superiore et Recioto di Soave ont obtenu la DOCG en 2001, réduisant du coup les quotas autorisés. Mais le consommateur fait-il automatiquement la différence? Ce n'est pas sûr. A-t-on réellement pris les bonnes mesures dans le choix final de l'encépagement et des sélections clonales, dans les droits de plantation et surtout dans les modes de culture? Ce n'est pas sûr non plus. Tout cela est bien dommage, car il existe aussi de superbes exceptions, des vins splendides élaborés par des vignerons compétents et passionnés qui n'accepteront jamais de planter la vigne n'importe où, dans la plaine notamment, comme cela se voit encore. Avec une conduite de la vigne mieux adaptée (élimination progressive de la pergola et forte densité de plantation), des rendements restreints et une vinification sans faille, ils font tout pour obtenir la meilleure qualité. Découragés par l'incompréhension de leurs pairs et malgré beaucoup d'implication au cours des dernières années, certains baissent les bras. C'est ainsi que le talentueux Roberto Anselmi a décidé, pour l'instant, de ne plus revendiquer les DOC et DOCG de sa région natale. Mais il continue, pour notre plus grand bonheur, d'élaborer dans ses chais de Monteforte d'Alpone, de grandes et savoureuses cuvées (voir les IGT à la fin de ce chapitre). Enfin, plusieurs maisons gardent le fort en proposant de beaux vins sous la dénomination Soave Superiore Classico.

Année du décret: 1998 (1968)
Soave Superiore: DOCG en 2001
Recioto di Soave: 2001 (1998)
Superficie: 6430 ha (7000)
Encépagement: *Garganega* (70 % minimum) – Trebbiano et/ou Chardonnay et/ou Pinot bianco
Rendement: 91 hl/ha
Soave Superiore: 65 hl/ha
Recioto di Soave: 58,5 hl/ha
Production: 495800 hl (donnée appelée à changer à partir de la vendange 2001, en raison de la nouvelle réglementation)
Durée de conservation: Soave/Superiore: 1 à 4 ans
Recioto: 3 à 5 ans
Température de service: 8-10 °C

Vin blanc uniquement

Soave : Jaune paille plus ou moins soutenu, avec des reflets verts – Arômes très nets (floraux, végétaux et parfois de fruits secs) – Sec, très souple et doté d'une bonne acidité – Plus de corps, de matière et de longueur en bouche dans les Soave Superiore Classico

Recioto di Soave : Jaune doré, parfois ambré – Arômes très riches (miel, fruits secs, etc.) – Doux, généreux, avec un bel équilibre quant à l'acidité

La production de ce vin est confidentielle ; il est obtenu par passerillage (ou dessiccation) des raisins très mûrs, suivi de la fermentation du jus obtenu après le pressurage. Le terme recioto *viendrait de* recia *(oreilles, dans le dialecte régional) et désignerait la partie supérieure des grappes, qui était sélectionnée pour élaborer ce type de vin.*

En plus d'un rendement à l'hectare plus bas que celui du simple Soave, le ***Soave Superiore*** *doit présenter un degré d'alcool plus élevé. La zone* ***Classico*** *correspond aux communes de Soave et Monteforte d'Alpone.*

La DOC Soave et la DOCG Recioto di Soave peuvent se faire aussi en Spumante, hélas !

Description basée sur ce qui se fait de meilleur. Les grands producteurs utilisent de plus en plus les barriques neuves pour la fermentation et l'élevage de leurs meilleurs crus.

Soave : Fettucine au beurre – *Fiori di zucchini* (fleurs de courgettes frites) – Coquillages et crustacés (pétoncles grillés) – *Insalata di riso con frutti di mare* (salade de fruits de mer) – Poissons grillés sauce béarnaise

Soave Superiore : *Risotto nero* (riz noir cuit avec la sèche et son encre) – *Zuppa di cozze* (moules marinière à l'italienne) – *Spaghetti alle vongole* – *Baccalà mantecato* (pâte de morue séchée) – Poissons meunière (sole, darne de colin) et en sauce (saumon à l'oseille) – Volaille sautée en sauce (fricassée de poulet à la crème d'estragon)

Recioto di Soave : À l'apéritif – Foie gras frais – Fromages à pâte persillée – Certains desserts (tartes aux fruits blancs) et pour la méditation…

Bertani – Bisson – **Fratelli Bolla** (Tufaie) – **Boscaini & Figli** (Monteleone) – **Ca'Rugate** – Cecilia Beretta – Folonari – **Guerrièri-Rizzardi** (Costeggiola) – **Inama** – **La Cappuccina** (Recioto Arzimo) – **Masi Agricola** (Col Baraca) – Monte Tondo – Montresor – Pasqua (Vigneti In Montegrande) – **Pieropan** (La Rocca, Calvarino) – **Pra** (Monte Grande) – **Santa Sofia** – Santi – Suavia – **Agricola Tedeschi** (Vigneto Monte Tenda) – **Tommasi** (Le Volpare) – Zenato

VALPOLICELLA

AMARONE DELLA VALPOLICELLA

RECIOTO DELLA VALPOLICELLA

À l'image du Soave, les vins de la Valpolicella, vaste zone située dans la province de Verona, sont encore victimes de leur image et de leur renommée. La demande sans cesse grandissante de ce vin populaire a mené aux excès que l'on sait, et l'on a planté n'importe où, pour ne pas dire n'importe comment, sans se soucier des principes fondamentaux et des écosystèmes viticoles à la base de tout vin de qualité. Heureusement, certains producteurs se démarquent (Masi, Tedeschi, Boscaini et Dal Forno) et produisent dans la véritable zone Classico de belles choses, originales parfois, qui méritent d'être dégustées attentivement. Ainsi, en plus du Valpolicella habituel, ces vignerons élaborent des Recioto et des Amarone qui sont de véritables flacons d'anthologie. Quel monde il y a entre le Valpo ordinaire (dans une bouteille à capsule dévissable) que l'on vous sert à une terrasse touristique de Verona et un Amarone de belle lignée dégusté joyeusement dans la cave de la Bottega del Vino (toujours à Verona) ! Que d'émotions, en pensant à ce repas judicieusement arrosé à la Foresteria Serègo Alighieri avec le comte Pieralvise, descendant direct de Dante ! Que de souvenirs gourmands, en pensant à ce mariage risotto nero *et Amarone proposé par Sandro Boscaini, à la Trattoria dalla Rosa Alda, à San Giorgio, un village à ne pas manquer. Et j'en passe… C'est promis, je vais y retourner, car des gens très bien y font aussi du très grand !*

En pleine dégustation dans la cave mythique de La Bottega del Vino, à Verona.

Année du décret : 1991 (1968)
Superficie : 5 000 ha (5 260)
Encépagement : *Corvina* (40-70 %) – Rondinella (20-40 %) – Molinara (5-25 %) – Autres cépages autorisés (15 % maximum)
Rendement : 78 hl/ha
Production : 373 000 hl
Durée de conservation : 2 à 3 ans
Recioto : 4 à 6 ans
Amarone : 15 ans et plus
Température de service : 16-18 °C
Recioto : 13-15 °C

Vin rouge uniquement

La terminologie a été clarifiée il y a une dizaine d'années. Voici les types de vin élaborés.

Valpolicella : Rouge rubis d'intensité moyenne – Arômes de fruits rouges (cerise bien mûre) – Fruité et plus ou moins généreux – Souple et frais avec parfois une finale d'amande amère – Structure tannique moyenne
Après un vieillissement d'un an et un degré d'alcool minimum de 12 %, ce vin a droit à la mention ***Superiore.*** *Les meilleures cuvées proviennent souvent de la zone* ***Classico,*** *c'est-à-dire des communes de Fumane, Negrar, Marano, San Pietro in Caranio et Sant'Ambrogio di Valpolicella.*

Amarone della Valpolicella : Rouge d'une couleur profonde et intense, élaboré en sec à partir de raisins très sucrés et mis à sécher dans un local spécialement aménagé. Son nom fait allusion à cette note amère caractéristique de ce type de vin particulier et d'une grande générosité, au riche et complexe bouquet épicé, puissant et très recherché. À mon avis, un des grands vins de la Vénétie (voir page suivante pour plus de détails).

Recioto della Valpolicella : Rouge grenat intense – Arômes riches et concentrés (fruits très mûrs et épices) – Capiteux – Doux et long en bouche – Vin issu de raisins passerillés (surmûris dans des locaux aménagés) – Peut (hélas !) se faire en Spumante
Ces appellations peuvent être suivies de la mention géographique ***Valpantena,*** *si les raisins proviennent de cette zone située à l'est du Classico. Remis au goût du jour par une grande maison de Gargagnago, le* ***Ripasso*** *est un rouge assez musclé que d'autres producteurs proposent aujourd'hui. Résultat de la refermentation d'un vin de Valpolicella sur des lies d'Amarone, ce type de produit, qui se trouve aussi bien dans des Valpolicella DOC que dans des IGT, est généreux, tout en fruit et parfois rustique.*

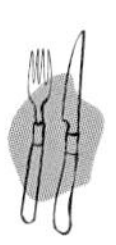

Valpolicella : *Carpaccio* servi avec feuilles de roquette et *parmiggiano* (parmesan) – Charcuteries – *Cannelloni* – Viandes rouges grillées – Volaille rôtie (canard aux cerises) – *Polenta con oseleti scampai* (*polenta* aux brochettes de viande) – *Bigoli con anatra* (spaghetti au ragoût de canard)
Amarone della Valpolicella : *Risotto al nero di seppia* (riz cuit à l'encre de seiche) – Viandes rouges sautées et pochées – Ragoût de mouton – Gibier à poil (civet de lièvre, filet de cerf, etc.) – Fromages relevés à pâte dure et à pâte persillée
Recioto : Avec certains desserts (fraises au poivre, poires pochées au vin rouge, gâteau aux épices) et pour la méditation

Stefano Accordini – Aldegheri – **Allegrini** (La Poja, Recioto) – Baltieri – Lorenzo Begali – Bertani – Fratelli Bolla (Le Poiane) – **Boscaini & Figlio** (Marano, San Ciriaco et Recioto Ca'Nicolis) – Brunelli – Tommaso Bussola – Ca'Del Monte – Campagnola – **Ca'Rugate** – Michele Castellani – Corte Sottoriva – Corteforte – **Romano dal Forno** – Fabiano – Farina – Folonari – **Guerrieri-Rizzardi** – Il Sestante – **Le Ragose** (Vigneto Le Sassine, Recioto) – Le Salette – **Masi Agricola** (Classico et Recioto Classico Riserva degli Angeli) – Roberto Mazzi – Meroni – Montresor (Capitel della Crosara et Recioto) – Musella – Angelo Nicolis – Pasqua (Casterna, Sagramoso Val d'Illasi) – **Quintarelli** – Luigi Righetti (Campolieti) – Santa Sofia – Santi (Solane) – **Serègo Alighieri-Masi** (Classico et Recioto Classico Casal dei Ronchi) – Speri – **Agricola Tedeschi** (Capitel del Nicalò, Capitel Lucchine, Recioto Capitel Monte Fontana) – Tenuta Sant'Antonio – **Tommasi** (Vigneto Rafael, Recioto Fiorato) – Trabucchi – Villa Girardi (Bure Alto) – Villa Spinosa – Luigi Vantini – Viviani – Zenato – Zeni – **Zonin** – Cantina Sociale Valpolicella Negrar

LES SECRETS DE L'AMARONE[15]

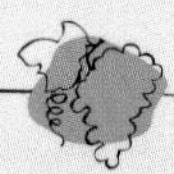

Le séchage des grappes dure trois mois et se fait sur des treillis, dans des locaux secs et bien aérés. Les raisins perdent au moins 30 % de leur poids initial, concentrant ainsi les sucres, les substances aromatiques et les tanins.

15. Texte largement inspiré d'un document aimablement fourni par Masi Agricola.

Ce sont les trois éléments suivants qui donnent à un vin sa qualité, sa valeur et sa personnalité : l'environnement géographique et climatique, les cépages utilisés et le savoir-faire de l'homme, dans sa vigne et à la cave. Dans le cas de l'Amarone, il s'agit d'éléments tellement uniques et typiques que le résultat ne peut être que particulier.

La zone de production du Valpolicella Classico est historiquement connue pour l'excellence de ses vins, grâce au climat doux qui baigne les collines qui descendent vers la vallée du Pô et qui favorisent des expositions idéales, et cela dans un milieu influencé par le lac de Garda et protégé au nord par les monts Lessini.

Les cépages de l'Amarone (et du Valpolicella) sont exclusivement locaux. La Corvina, qui se laisse facilement attaquer par la pourriture noble, donne le bouquet et la suavité. La Rondinella apporte la couleur et les tanins, et la Molinara offre la structure et la teneur en alcool. Le savoir-faire de l'homme, fruit de la tradition et de l'attention portée à chaque étape de l'élaboration, s'exerce surtout dans le choix du vignoble. Par exemple, un terroir situé sur la colline la plus haute avec une exposition ouest-est sera tout indiqué. Cette rigueur se trouve également dans le choix des grappes les plus saines et gorgées de soleil, et dans celui d'un local permettant un bon séchage.

Ensuite, un foulage léger et une période de fermentation longue, pendant les mois de janvier et de février, sont également objets de soins attentifs. Après cette lente transformation des sucres en alcool, le vin restera au moins deux ans dans des foudres – de grands fûts de bois – avant d'être mis en bouteille, où il poursuivra sa bénéfique maturation.

Allegrini – **Lorenzo Begali** – Cecilia Beretta (Terre di Cariano) – Bolla – **Boscaini** (Ca' de Loi, Marano) – Tommaso Bussola – Michele Castellani (Campo Casalin) – **Corte Rugolin** (Monte Danieli) – **Romano dal Forno** – Il Sestante (Monte Masua) – **Le Ragose** – **Masi Agricola** (Campolongo di Torbe, Costasera, Mazzano) – Roberto Mazzi (Punta di Villa) – Angelo Nicolis (Ambrosan) – Pasqua (Vigneti Casterna) – Luigi Righetti – **Serègo Alighieri-Masi** (Vaio Armaron) – **Agricola Tedeschi** (Capitel Monte Olmi, La Fabriseria) – **Tommasi** (Ca' Florian) – Zenato
Les cuvées d'Amarone de ces maisons sont indiquées entre parenthèses.

VICENZA

Pourquoi faire simple quand on peut faire compliqué ? Comme si le catalogue des DOC italiennes était limité, on a créé cette nouvelle appellation qui englobe les dénominations Breganze, Colli Berici et Monti Lessini, Vicenza se trouvant au cœur du vignoble. Avec des rendements élevés et un nombre de types de vin à faire tourner en bourrique l'œnophile qui veut comprendre, on a sans doute voulu faire plaisir à tout le monde… et à son père. Exceptionnellement, les descriptions indiquées ici sont plus des suppositions inspirées par ce qui se fait ailleurs que par la réalité. On pourra tout de même visiter Vicenza, grande ville aux nombreux palais, et se restaurer dans une trattoria *qui vous servira la spécialité de l'endroit – la* baccalà alla vicentina *– de la morue servie en sauce avec la fameuse* polenta.

Année du décret : 2000
Superficie : N.C.
Encépagement : Bianco : *Garganega* (50 % minimum) – Autres cépages autorisés
Rosso : *Merlot* (50 % minimum) – Autres cépages autorisés

Les autres vins sont élaborés avec 85 % minimum du cépage indiqué sur l'étiquette.

Le vin portant la mention Cabernet est issu d'un assemblage de Cabernet franc, de Cabernet sauvignon et de Carmenère.

Rendement : Bianco/Garganego : 104 hl/ha
Raboso/Chardonnay : 97,5 hl/ha
Rosso/Merlot/Cabernets/Rosato/Pinot bianco : 91 hl/ha
Pinot grigio/Manzoni/Moscato/Riesling/Sauvignon : 84,5 hl/ha
Riserva : entre 71,5 et 84,5 hl/ha
Production : N.C.
Durée de conservation : B/Rs : 1 an
R : 2 à 5 ans
Raboso : 6 à 8 ans
Température de service : B/Rs : 8-10 °C
R : 16 °C
Raboso : 18 °C

Rosso/Merlot : Rouge rubis profond – Arômes de baies sauvages bien mûres – Fruité – Charnu – Moyennement tannique – Acidité en équilibre
Cabernet : Rouge intense et sombre – Arômes riches de cassis, très concentrés – Tanins amples et soyeux – Long en bouche et très fin
Cabernet sauvignon : Rouge un peu plus tannique que le précédent
Pinot nero : Rouge clair et fruité – Souple et peu tannique
Raboso : Rouge foncé, presque pourpre – Très aromatique (herbacé, baies sauvages très mûres) – Tannique, généreux et un peu rustique

Après un vieillissement de deux ans, et un degré d'alcool minimum de 12 %, ces vins ont droit à la mention ***Riserva****.*

Rosato : Rosé sec à demi-sec. Peut se faire en **Frizzante**

Le domaine San Ciriaco dans la Vallée de Negrar (propriété de Boscaini).

Bianco/Garganego : Jaune paille avec des reflets dorés – Plus ou moins aromatique – Sec, fruité et très souple – Légère pointe d'acidité
Il s'agit bien du Garganego (avec un o) élaboré avec la Garganega (avec un a).

Chardonnay : Robe plus ou moins dorée – Arômes élégants de fleurs blanches, de levure et de pain grillé pour les vins élevés en barrique – Rondeur et matière en bouche

Moscato : Blanc très aromatique – Doux et fruité

Ces vins blancs peuvent se faire en ***Spumante.***

Pinot bianco : Robe pâle – Arômes floraux – Sec, léger et rafraîchissant

Pinot grigio : Blanc doré avec parfois de légers reflets cuivrés – Sec, fruité et souple à la fois

Riesling : Jaune doré – Aromatique – Sec et pourvu d'une bonne acidité

Sauvignon : Jaune clair – Arômes floraux – Sec et vif, avec une bonne matière en bouche

Manzoni bianco : Jaune paille – Sec, fruité et léger

Voir Breganze, Colli Berici et Monti Lessini

N.C.

INDICAZIONE GEOGRAFICA TIPICA
INDICATION GÉOGRAPHIQUE TYPIQUE
IGT

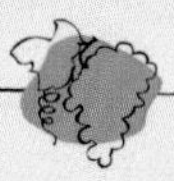

- Alto Livenza[16]
- Colli Trevigiani
- Conselvano
- **Delle Venezie**[16/17]
- Marca Trevigiana
- Provincia di Verona ou **Veronese**
- Vallagarina[17]
- **Veneto**
- Veneto Orientale[16]

16. IGT commune au Frioul-Vénétie Julienne
17. IGT commune au Frioul-Vénétie Julienne et au Trentin-Haut-Adige

QUELQUES VINS PARFOIS EXPORTÉS

Bianco

Capitel Croce (Garganega principalement). Couleur intense aux jolis reflets or. Bouquet délicat de fleurs blanches et de fruits très mûrs (pêche et nectarine). Beaucoup de matière en bouche et une belle finale pour cet autre grand vin blanc sec signé Roberto Anselmi. Le prix est justifié et tout à fait abordable. IGT Veneto ; *Anselmi.*

Capitel Foscarino (Garganega 80 % et Trebbiano). Belle robe dorée brillante – Arômes fins et élégants – De la matière et du fruit avec des saveurs de poire william et d'agrumes. Sec avec beaucoup de rondeur et une acidité qui lui donne du relief. Un grand vin à savourer sur une poêlée de Saint-Jacques. IGT Veneto ; *Anselmi.*

Dindarello (Moscato Fior d'arancio). Vin doux très rare, délicieusement aromatique et élaboré avec des raisins de Muscat mis à sécher jusqu'en janvier. Excellent en apéritif et en guise de dessert. IGT Veneto ; *Azienda Agricola Maculan.*

Due Uve (Pinot grigio et Sauvignon moitié-moitié). Vin blanc sec et vif, aussi simple que rafraîchissant. IGT Veneto ; *Bertani.*

I Capitelli (Garganega). Robe jaune brillante – Arômes riches et complexes dominés par le miel, l'abricot bien mûr et la figue séchée. La richesse de ce vin liquoreux élaboré avec des raisins passerillés dont le jus a fermenté en barrique de chêne n'empêche pas l'élégance et la finesse. IGT Veneto ; *Anselmi.*

San Vincenzo (Garganega). Un vin blanc sec et très bien fait par le maître de la Garganega. Autrefois en appellation Soave (voir p. 468), cette cuvée à prix très abordable offre des parfums nets, du fruit en bouche et une acidité en équilibre. IGT Veneto ; *Anselmi.*

À souligner, le Vino da Tavola del Veneto **Serègo Alighieri** élaboré avec Garganega et Sauvignon. Ce vin sec et léger sera très agréable et sans manière avec des *antipasti. Masi Agricola.*

Rosso

Brolo di Campofiorin (Corvina 75-80 %, Rondinella 20-25 %). J'ai découvert dernièrement chez le producteur ce vin qui est en quelque sorte le haut de gamme du Campofiorin (qui a fait connaître aux amateurs la technique du Ripasso). Les vieilles vignes plantées dans ce clos (*brolo* signifie clos) donnent un vin d'un rouge foncé et juteux, aux saveurs de cerises à l'eau-de-vie et aux tanins mûrs et serrés. Le passage sur les lies d'Amarone lui confère une structure et de la matière qui le fera vieillir en beauté. IGT Veronese ; *Masi Agricola.*

Capitel San Rocco (Corvina, Rondinella, Molinara, Dindarella et Sangiovese). Voici un autre Ripasso issu, comme son nom l'indique, d'une deuxième fermentation d'un vin qui repasse sur des lies d'Amarone. Il en résulte une cuvée d'une grande concentration, au nez de mûre et de tabac. Les tanins sont très bien enrobés et l'acidité est en équilibre avec le moelleux. On peut le garder quelques années et le servir sur des pâtes bien relevées ou un morceau de bœuf braisé au vin rouge. IGT Veronese ; *Agricola Tedeschi.*

Catullo (Cabernet sauvignon 60 % et Corvina 40 %). Rouge assez soutenu, aux arômes de fruits rouges encore marqués par le bois dans lequel les cépages ont été élevés séparément. Une certaine persistance et des tanins un peu fermes. IGT Veneto ; *Bertani.*

Colforte (Merlot). Rouge rubis d'une bonne intensité. Notes légèrement herbacées au nez, malgré une présence fruitée indéniable. De la rondeur et une acidité moyenne donnent à ce vin un certain charme. Rien de compliqué et assez agréable. IGT Delle Venezie ; *Bolla.*

Creso (Cabernet sauvignon, principalement, et Corvina). La structure du Cabernet et le fruit très mûr de la Corvina, cépage typiquement véronnais, s'unissent dans ce vin rouge bien coloré aux tanins enrobés. Une certaine élégance donne un plus à ce vin manquant parfois de longueur. Un classique parmi les IGT de la Vénétie. IGT Veneto ; *Bolla.*

La Fabriseria (Corvina, Rondinella, Corvinone, Dindarella et Cabernet sauvignon 5 %). Une jolie couleur et des arômes de fruits noirs dans un ensemble qui ne manque pas de matière. La bouche offre des tanins bien serrés et de belle qualité. Servir avec un *osso buco* quelque peu relevé. IGT Veronese ; *Agricola Tedeschi.*

La Grola (Corvina 70 %, Rondinella 20 %, Syrah 5 % et Sangiovese 5 %). Cette belle maison élabore ici un vin rouge d'une couleur intense, et le nez de fruits noirs fait penser à de savoureuses confitures. Tanins soyeux et acidité en équilibre se joignent dans cette cuvée à prix tout à fait abordable. IGT Veronese ; *Allegrini.*

Modello (Corvina 50-60 %, et Raboso). Ce vin rouge est un modèle de simplicité et de franchise. Du fruit et encore du fruit avec, en prime, de légers tanins soyeux et une acidité pas trop envahissante. Prix plus qu'abordable pour un vin doté d'une certaine personnalité. IGT Delle Venezie ; *Masi Agricola.*

Osar (Oseleta, principalement). Toujours prête à faire des expérimentations, la maison Masi emploie ici un cépage méconnu. Cette vieille variété véronaise apporte de la grâce à des techniques de vinification modernes, de la concentration, beaucoup de couleur et des tanins compacts et serrés. À servir sans hésiter sur son gibier préféré. IGT Veronese ; *Masi Agricola.*

Palazzo della Torre (Corvina 70 %, Rondinella 25 % et Sangiovese). Ressemble à sa sœur La Grola, avec la Syrah en moins. L'élaboration de ce vin est aussi rigoureuse, avec peut-être moins d'ampleur et de matière. Excellent sur des viandes grillées. IGT Veronese ; *Allegrini.*

Rampoldi-Brunetto (Cabernet 60 %, Sangiovese 40 %). À prix très doux, ce vin nous arrive avec peu de matière, mais assez de fruit et une bonne fraîcheur pour tirer son épingle du jeu en compagnie de vos pâtes préférées, servies avec une sauce tomatée moyennement relevée. IGT Veneto ; *Carlo Botter.*

Santo Stefano (Corvina 70 %, Rondinella 25 % et Molinara). Certainement pas le vin le plus complexe de cette maison, mais on y trouve tout de même beaucoup de fruit mûr en bouche, puisqu'il s'agit en fait d'un Ripasso bien juteux, dans la plus pure tradition des vins de la Valpolicella. IGT Veronese; *Boscaini & Figlio.*

Toar (Corvina 80 %, Rondinella 10 % et Oseleta 10 %). J'étais à Vérone lors du lancement de ce vin, il y a une dizaine d'années, et il avait fait fureur. Pourquoi? C'était un peu le début d'une ère nouvelle en Valpolicella. Des rendements limités, des cépages cueillis bien mûrs et vinifiés séparément, et une recherche de l'élégance malgré une forte concentration. C'est encore ce que l'on trouve aujourd'hui dans ce vin, qui accompagnera à merveille des viandes rouges rôties. Le mot *toar* fait référence au sol volcanique du vignoble. IGT Veronese; *Masi Agricola.*

Testal (Corvina 95 % et autres dont Cabernet sauvignon). Presque un Valpolicella, avec en prime plus de structure et une longueur en bouche fort intéressante. Les tanins fermes mais bien mûrs laissent entrevoir un bon potentiel de vieillissement. IGT Veronese; *Nicolis.*

Venegazzù Capo di Stato et **Venegazzù della Casa** (Cabernet sauvignon 70 %, Cabernet franc 10 %, Merlot 10 % et Malbech 10 %). Ces deux très beaux vins sont élaborés sur le modèle bordelais. On y trouve une certaine élégance et beaucoup de fruit en bouche. La structure tannique est bien là, ainsi que le moelleux. Le premier, plus soutenu et plus corsé que le second, est aussi plus cher. IGT Colli Trevigiani; *Conte Loredan Gasparini.*

Une belle illustration, gourmande et évocatrice du fameux Vino Ripasso.

Amarone
della Valpolicella
DENOMINAZIONE DI ORIGINE CONTROLLATA
CLASSICO
BOLLA
ALC. 14% BY VOL.

FARINA
Amarone
della Valpolicella
DENOMINAZIONE DI ORIGINE CONTROLLATA
classico
imbottigliato dall'azienda vinicola
F.LLI FARINA - PEDEMONTE - ITALIA
750 ml e
ITALIA
14,5% vol

MASI
CAMPOFIORIN
ripasso
NECTAR ANGELORUM
HOMINIBUS

NF
Prosecco
Prosecco di Valdobbiadene
Denominazione di origine controllata
Vino Spumante
Nino Franco Spumanti
Valdobbiadene - Italia
75 cl e
ITALIA
10,5%vol
Non disperdere il vetro nell'ambiente

CA' DE LOI
AMARONE
DELLA VALPOLICELLA
DENOMINAZIONE DI ORIGINE CONTROLLATA
CLASSICO
PRODUCE OF ITALY
ALC. 15.5 % BY VOL.
750 ml e

Vendemmia
VIN
WINE
Recioto della Valpolicella
DENOMINAZIONE DI ORIGINE CONTROLLATA
AMARONE
Classico Superiore
750 ml
15% alc./vol.
PRODUIT D'ITALIE
PRODUCT OF ITALY
PRODUIT ET MIS EN BOUTEILLES PAR - PRODUCED AND BOTTLED BY

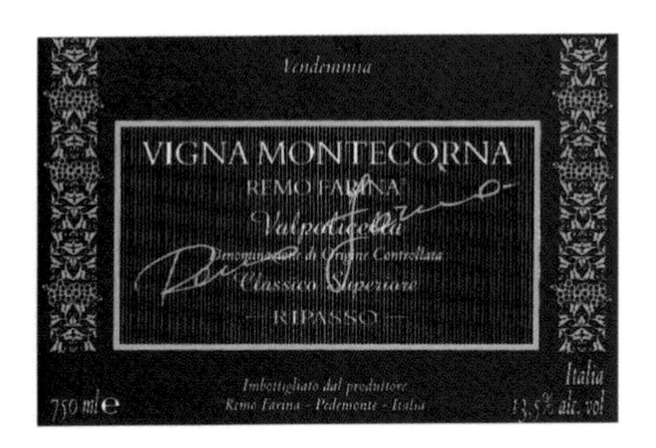
Vendemmia
VIGNA MONTECORNA
REMO FARINA
Valpolicella
Denominazione di Origine Controllata
Classico Superiore
RIPASSO
Imbottigliato dal produttore
Remo Farina - Pedemonte - Italia
750 ml e
Italia
13,5% alc. vol

ANSELMI
SAN VINCENZO

Villa Gasparini Loredan
VENEGAZZÙ
Della Casa
RED WINE PRODUCT OF ITALY
VIN ROUGE PRODUIT D'ITALIE
bottled by
mis en bouteille par
CO. LOREDAN - GASPARINI - VENEGAZZU' del MONTELLO, Italia
750 ml.
VINO DA TAVOLA
13 % alc/vol.
IMPORTÉ PAR SOCIÉTÉ DES ALCOOLS DU QUÉBEC - MONTREAL

Amarone
della Valpolicella
Denominazione di origine controllata
Vigneto di monte Lodoletta
Prodotto ed imbottigliato da Azienda Agricola
Dal Forno Romano
750 ml e
Cellore d'Illasi - Italia
17,5 % Vol.

White table wine
Product of Italy
Vin de table Blanc
Produit d'Italie
PINOT GRIGIO
VINO DA TAVOLA DELLE VENEZIE
750 ml e
11.5% alc./vol.
LAMBERTI
Bottled in Pastrengo by - Mis en bouteille à Pastrengo par
Lamberti s.c.a r.l. Calmasino - Italia - Italy - Italie

NON DISPERDERE IL VETRO NELL'AMBIENTE

Cabernet

* Il Margottino *

imbottigliato all'origine da
Albino & Eddy Furlan in Nervesa (TV)

l.0,750 e r.i. 10692 V-TV L. 5311 12 Vol.%

VINGT-CINQ CÉPAGES À LA LOUPE

S'il fallait passer en revue tout ce que l'Italie possède comme cépages, ce n'est pas un livre mais plusieurs tomes qu'il faudrait écrire. En effet, combien de variétés, de sous-variétés et de sélections clonales connues et inconnues du commun des mortels composent cette mosaïque ampélographique si imposante qu'elle en donne le vertige ! D'autant plus que dans certains cas, les nouveaux décrets donnent droit de cité à plusieurs variétés oubliées.

Je n'ai pas compté le nombre de cépages mentionnés dans ce livre, mais on peut considérer que sur le millier, environ, de variétés recensées, et cela malgré une baisse considérable due aux maladies et au phylloxéra, 400 sont obligatoires, recommandées ou autorisées pour l'ensemble du vignoble.

Cela inclut bien entendu les variétés purement locales, italiennes à 100 % pourrait-on dire, et utilisées parcimonieusement dans une seule région ou une seule appellation. Il y a aussi celles qui servent de cépages d'appoint et qui entrent plus souvent qu'à leur tour dans des proportions minimes dans l'assemblage de divers vins.

Il y a les cépages majeurs, pas toujours les meilleurs, ceux qui sont à l'origine de nombreux vins dans des proportions plus ou moins importantes. Ce sont eux qui occupent la plus grande place du catalogue ampélographique, représentant ainsi l'Italie dans la plus pure tradition, avec tout ce que cela comporte comme avantages (voir les Malvasia) et parfois comme inconvénients (voir le Trebbiano, dans certains cas).

Mais n'oublions pas ces beaux cépages de grande tradition, autochtones pour la plupart, et responsables des plus grandes bouteilles. L'homme a su les apprivoiser et les adapter à son terroir, avec la bénédiction des sélections clonales, pour n'extraire de ceux-ci que ce qui doit donner la quintessence d'un cru ou d'un vignoble en particulier. Je pense au noble Sangiovese et au racé Nebbiolo.

Et puis il y a les importés. Oh ! pas ceux qui sont arrivés il y a 1 000 ou 2 000 ans, mais ceux qui ont profité des invasions diverses – la napoléonienne peut-être – pour s'infiltrer dans la péninsule et se faire une place sous le doux soleil d'Italie. De plus, certaines régions, par amateurs et passionnés interposés, les ont cordialement accueillis en leurs terroirs il y a quelques décennies. Et le résultat est là, indéniable…

Cabernets, Merlot, Chardonnay et autres Sauvignon s'en sont donné à cœur joie en bousculant les habitudes viticoles et œnologiques des Italiens et en leur prouvant qu'ils étaient capables de tirer parti de cette terre, comme de n'importe quelle autre d'ailleurs... ou presque. Avec tous ces bons résultats, on aurait pu croire, il y a 10 ans, que les Italiens allaient tomber dans le piège de la mondialisation. Je crois qu'il n'en est rien puisque aujourd'hui Cabernets, Syrah et Chardonnay côtoient en toute complicité les Nebbiolo, Nero d'Avola, Vermentino...

Les vignerons savent depuis belle lurette que la qualité passe par la conjugaison intelligente du cépage, du terroir (sol + climat) et de l'homme. Aussi, après l'euphorie, les choses se sont replacées peu à peu. On continue de relativiser, de nuancer, de peser le pour et le contre. Grâce à ces cépages intrus qui ont, il est vrai, trouvé en Italie de bonnes raisons de s'exprimer par de magnifiques flacons, les producteurs ont pris conscience du potentiel réel de leur propre matière première. Aujourd'hui, un pur Sangiovese vinifié d'une façon moderne donne à l'œnophile des plaisirs autrefois insoupçonnés.

Pour toutes ces raisons et parce que, comme le disait en Sicile un vigneron poète à son fils, « N'oublie pas, le vin, c'est aussi fait avec du raisin... », j'ai cru indispensable de consacrer un chapitre à quelques cépages sans lesquels les vins italiens n'existeraient tout simplement pas.

Je n'ai pas voulu traiter à nouveau des grands cépages « français », même s'ils sont très importants, car d'autres livres nous les ont déjà présentés et fort bien. Non, ici, je préférais explorer des cépages plus traditionnels, parfois ingrats, parfois neutres, parfois superbes, des cépages qui ont leur mot à dire, ou plutôt leur essence à exprimer, pour notre plus grand plaisir.

Les cépages rouges

AGLIANICO

Origine : Apporté par les Grecs (Hellenico) et connu à l'époque romaine comme le cépage principal du vignoble de Falerno.

Location : Campanie, Basilicate, Pouilles

Synonymie : Uva aglianica, Ellenico

Caractéristiques : Aime les climats secs et chauds, et les coteaux élevés. S'adapte à divers types de sols. Produit des vins riches, tanniques et de garde. Sensible à la pourriture grise. Production moyenne et constante.

BARBERA

Origine : Originaire du Monferrato, dans le Piémont.

Location : *Piémont*, Lombardie, Émilie-Romagne, Campanie, Pouilles
Il s'agit du cépage rouge le plus cultivé en Italie avec le Sangiovese. Il occupe environ la moitié du vignoble piémontais. La Barbera est de plus en plus cultivée en Californie.

Synonymie : Barbera d'Asti, Barbera grossa, Barbera amaro

Caractéristiques : Aime les sols calcaires et argilo-calcaires. Vigoureux, avec des rendements élevés. Résiste assez bien à l'oïdium, mais moins bien à la pourriture grise. S'adapte bien à différents terroirs mais donne en gros rendements des vins dilués. Donne de meilleurs résultats depuis quelques années avec de beaux vins fruités, juteux et mieux équilibrés.

CANAIOLO NERO

Origine : Vient de la Toscane.

Location : *Toscane*, Latium, Ligurie

Synonymie : Caccione nero, Canaiola, Canina, etc.

Caractéristiques : Moyennement vigoureux. Production moyenne et assez constante. Résistance normale à la maladie. Apprécié pour sa couleur. Moins tannique et acide que le Sangiovese. Variété robuste idéale pour le passerillage. Légèrement amer, manque souvent de finesse. Cépage d'appoint, surtout pour le Chianti.

CORVINA

Origine : Peut-être la Vénétie.

Location : *Vénétie*, Valpolicella, Bardolino

Synonymie : Corvina veronaise, Corvinone, Cruina

Caractéristiques : Cépage très vigoureux. S'adapte à des sols pas trop fertiles et plutôt calcaires. Résistance moyenne aux maladies et production assez constante. Idéal pour le passerillage (Amarone et Recioto). Donne des vins fruités, avec une petite dominante d'amande amère. La Corvina est le cépage principal du Valpolicella.

DOLCETTO

Origine : Origine peut-être française. Cultivé dans le Piémont depuis le Moyen Âge.

Location : *Piémont* (région du Monferrato et les collines des Langhe), Ligurie

Synonymie : Dolsin nero, Ormeasco (Ligurie), Douce noire

Caractéristiques : Moyennement vigoureux. Production moyenne et relativement constante. Fragile et sensible aux maladies. Cépage pauvre en tanins, très fruité et avec une bonne acidité. Porte bien son nom puisque sa saveur est douce, dans le sens de fruité. Apprécié par les vignerons, car il mûrit très tôt (quelques semaines avant le Nebbiolo).

FREISA

Origine : Probablement originaire des collines situées entre Asti et Torino.

Location : *Piémont,* Asti, Chieri, Collines des Langhe

Synonymie : Fresa, Fresia, Frezia, Spannina

Caractéristiques : Très vigoureux. Production abondante et constante. Aime les coteaux bien exposés et en altitude. Riche en tanins et en acidité. Beaucoup de fruit en bouche. Elle revient à la mode après avoir régressé.

GRIGNOLINO

Origine : Le Piémont.

Location : *Piémont,* Provinces d'Asti et d'Alessandria

Synonymie : Arlandino, Balestra, Barbesino

Caractéristiques : Peu vigoureux. Maturité irrégulière. Production moyenne à constante. Sensible à l'oïdium et au *Botrytis.* Donne des vins fruités, légers et rafraîchissants.

LAMBRUSCO

Origine : Sans doute originaire de la région appelée aujourd'hui Émilie-Romagne. Variété connue par les Étrusques.

Location : *Émilie-Romagne* mais cultivé aussi dans le reste de l'Italie

Synonymie : Pas de synonyme connu mais de nombreuses sous variétés (voir plus bas)

Caractéristiques : Cépage vigoureux (selon les sous-variétés). Production abondante et constante. Résistant aux maladies. Se vendange assez tardivement. Plus ou moins tannique. Donne des vins fruités et assez légers. Se prête bien à la « mousse ». Le plus souvent palissé en treille.

Sous variétés : Lambrusco di Sorbara, Lambrusco grasparossa, Lambrusco salamino, Lambrusco marani, Lambrusco maestri, Lambrusco monterico, Lambrusco viadanese, Lambrusco a foglia frastagliata

MONTEPULCIANO

Origine : Originaire de la Toscane.

Location : *Abruzzes,* Italie centrale

Synonymie : Cordisco, Morellone, Uva abruzzi (ne pas confondre avec Montepulciano, petit village de Toscane)

Caractéristiques : Vigueur bonne à moyenne. Aime les sols argilo-calcaires et les coteaux exposés au nord. Production assez bonne et relativement constante. Un peu sensible à l'oïdium. Donne des vins charnus et bien charpentés, avec une bonne présence tannique. Ressemble au Sangiovese mais en moins fin. Sert à élaborer un rosé, le Cerasuolo.

NEBBIOLO

Origine: Connue depuis le XIIIe siècle dans le Piémont (principalement dans la région d'Alba).

Location: *Piémont,* Lombardie, Val d'Aoste

Synonymie: Spanna, Pugnet, Picotener, Melasca, Chiavennasca

Caractéristiques: Cépage vigoureux. Aime les sols calcaires. Résistant aux divers parasites, mais sensible à l'oïdium. Rendement constant mais modéré. Très riche en tanins, en matière et en acidité. Donne de grands vins à la robe profonde, puissants, très fins et au potentiel de vieillissement élevé. Arômes très riches et bouquet complexe de tabac, de cuir, d'épices et de réglisse. Le grand cépage du Barolo et du Barbaresco.

Sous-variétés: Quelques clones du Nebbiolo sont importants: Lampia – Michet – Rosé

NERO D'AVOLA

Origine: Peut-être originaire de la Calabre, même si Avola se trouve dans le sud-est de la Sicile. Le terme Calabrese est aussi régulièrement utilisé.

Location: *Sicile,* sud de l'Italie

Synonymie: Calabrese, Calabrese d'Avola, Calabrese pizzutello

Caractéristiques: Cépage assez vigoureux. Production régulière et rendements moyens. Maturité hâtive. Riche en couleur et en matière. Donne des vins très fruités, avec des notes d'épices et des saveurs de réglisse. Un cépage qui prend sa place (qualitativement parlant) en Sicile.

SANGIOVESE

Origine: Cépage connu des Étrusques. La Toscane et la Romagne revendiquent son origine.

Location: *Toscane,* Émilie-Romagne, plusieurs régions de l'Italie centrale

Premier cépage rouge cultivé en Italie, il est connu en Corse sous le nom de Nielluccio. Même si de nombreux clones existent, deux sous-variétés principales se distinguent:

Sangiovese piccolo

Synonymie: Sangioveto, Sangiovese romagnolo, San gioveto, Sangiovese forte

Caractéristiques: Peu vigoureux. Aime les sols calcaires. Production moyenne mais constante. Peau plus fine; sensible à la pourriture. Bonne présence tannique. Potentiel de vieillissement plus ou moins élevé.

Sangiovese grosso

Synonymie: Sangiovese gentile, Sangiovese toscano, Brunello (Montalcino), Prugnolo gentile (Montalcino), Sangiovese di Lamole

Caractéristiques: Vigueur moyenne. Aime aussi les sols calcaires (bien drainés). Résiste assez bien aux maladies et aux parasites. Bon rendement, moyennement constant. Mûrit plus tôt que le précédent. Donne des vins d'excellente qualité, aromatiques, bien structurés, avec du fruit et une bonne acidité. Bon potentiel de vieillissement. Le cépage par excellence des grands vins de Chianti, du Brunello di Montalcino et en grande partie du Vino Nobile di Montepulciano.

SAGRANTINO

Origine : Connu seulement en Ombrie.

Location : *Ombrie* (Montefalco)

Synonymie : Sagrantino rosso

Caractéristiques : Moyennement vigoureux. Rendement très moyen. Se prête bien au passerillage. Donne des vins très intéressants, de couleur riche et aux arômes intenses de fruits rouges très mûrs. Très bon potentiel de vieillissement.

SCHIAVA

Origine : Peut-être slave, ce cépage est installé dans le Sud-Tyrol depuis des siècles.

Location : *Trentin-Haut-Adige*

Synonymie : Vernatsch, Grosser burgunder (Autriche). Pas de rapport avec la Vernaccia. La Schiava grossa (Trollinger en Allemagne) est un clone populaire et apprécié.

Caractéristiques : Très vigoureux. Production abondante, constante et d'assez bonne qualité. Donne de bons résultats sur les coteaux. Les vins ont de la couleur, une bonne charpente et une acidité moyenne. Très décevant quand il est cultivé en plaine.

Les cépages blancs

ALBANA

Origine : Sans doute apportée en Romagne par les Romains (des Colli Albani).

Location : *Émilie-Romagne,* Toscane, Lombardie, Ligurie

Synonymie : Greco (pas de rapport avec le Greco di Tufo), Biancame. Parmi les nombreux clones, l'Albana gentile est le plus réputé

Caractéristiques : Cépage très vigoureux. Production abondante et constante. Résistance normale aux maladies. Peau épaisse avec présence de tanins. Donne des vins colorés, fruités et plus ou moins fins. Se prête bien au passerillage (passito). Cépage de la DOCG Albana di Romagna.

CORTESE

Origine : Originaire du Piémont (Alto Monferrato).

Location : *Piémont* (Gavi), Lombardie, Vénétie

Synonymie : Bianca fernanda (Vénétie), Corteis

Caractéristiques : Cépage très vigoureux. Rendement optimal et régulier. Résistance normale aux maladies ; sensible au *Botrytis.* Mûrit assez rapidement, ce qui lui donne beaucoup d'acidité lorsqu'il est cueilli trop tôt. Donne à Gavi des vins généreux et bien équilibrés.

FIANO

Origine : Installé depuis longtemps en Campanie.

Location : *Campanie* (Avellino)

Synonymie : Latino bianco, Minutola, Apiana, Santa Sofia

Caractéristiques : Cépage assez vigoureux. Résistance normale aux maladies. Rendement moyen mais constant. Raisins riches en sucre. Donne un vin sec, racé et fin. Un des meilleurs cépages blancs du sud de l'Italie.

GARGANEGA

Origine : Vénétie (Verona, Vicenze et Padova).

Location : *Vénétie,* Lombardie, Ombrie

Synonymie : Gargania, Lizzana, Oro

Caractéristiques : Cépage vigoureux. Rendement abondant et constant. Bonne résistance aux maladies. Donne des vins neutres en gros rendements et donne des vins agréables, fruités, vifs et souples à la fois lorsqu'il est cultivé sur des collines bien exposées. La Garganega est le cépage du populaire Soave.

MALVASIA

Origine : Originaire d'Asie Mineure, elle prend son nom de Monemvasia, port grec par où elle transitait probablement.

Location : Sicile, Toscane, Trentin–Haut-Adige, un peu partout en Italie et dans le reste de l'Europe

Synonymie : Malvoisie (France), Uva greca, Malvasier, Malmsey (Madère, Grande-Bretagne). Plusieurs variétés de Malvasia sont disponibles en Italie : Malvasia del Chianti, Malvasia del Lazio, Malvasia di Candia,

Malvasia aromatica, Malvasia delle Lipari, Malvasia Istriana, Malvasia nera (variété rouge).

Caractéristiques : Cépage assez vigoureux. Aime les climats chauds et secs ainsi que les vignobles en coteaux. Sensible à l'humidité et à la pourriture. Rendement bon et relativement constant. Donne des vins très aromatiques et généreux, mais sensibles à l'oxydation. À l'origine parfois de très grands vins, dont le fameux Vin Santo en Toscane.

MOSCATO BIANCO

Origine : Antédiluvien, il provient probablement de l'île de Samos, en Grèce.

Location : Piémont, Lombardie, Sicile, Sardaigne, Trentin-Haut-Adige, un peu partout en Europe

Synonymie : Muscat blanc, Muscat de Frontignan, Muscat d'Alsace, Muskateller, Muscat Canelli, Moscatel dorado, Muscatel Branco

Caractéristiques : Cépage vigoureux. Sensible à l'oïdium et au *Botrytis*. Aime les sols calcaires et marneux, mais n'apprécie pas trop l'argile. Production bonne et constante. Petits rendements faciles à obtenir pour les vins de qualité. Donne des vins très aromatiques et charmeurs. Se prête aisément à l'élaboration de vins secs, doux, moelleux, fortifiés et effervescents (Asti Spumante).

RIBOLLA GIALLA

Origine : Incertaine.

Location : Frioul-Vénétie Julienne

Synonymie : Rebolla, Ribbolat, Ribuèle, Rebula (Slovénie), Robola (Grèce, non confirmé)

Caractéristiques : Cépage assez vigoureux. Aime les sols maigres, bien exposés, sur des coteaux bien ventilés. Bonne résistance aux maladies, un peu sensible au *Botrytis* et à la coulure. Rendement optimal et régulier. Donne un vin sec, agréable et coloré.

TOCAI FRIULANO

Origine : Frioul-Vénétie Julienne ou Vénétie.

Location : *Frioul-Vénétie Julienne,* Vénétie, Lombardie

Synonymie : Tokai, Tocai italico (Italie), Sauvignonasse (Chili). Quoi qu'on en dise, aucun rapport avec le Tokay de Hongrie et le Tokai ou Pinot gris en Alsace

Caractéristiques : Cépage très vigoureux. Résistance normale aux maladies. S'adapte à divers climats. Aime les coteaux bien exposés et les sols argilo-calcaires. Production constante et abondante. Donne des vins légèrement aromatiques, secs et friands.

TREBBIANO

Origine : Italie centrale.

Location : Omniprésent en Italie et dans le monde

Synonymie : Lugana, Perugino, Albano, Procanico, Trebbianello, Santoro, Bobiano (Italie). Le Trebbiano toscano est le Saint-Émilion (*sic*) en Charentes ou l'Ugni Blanc dans de nombreuses régions de France, notamment à Cognac. White Hermitage en Australie. Beaucoup d'autres synonymes. L'Italie compte de nombreux clones : Trebbiano toscano, Trebbiano di Soave, Trebbiano giallo, Trebbiano romagnolo, Trebbiano perugino, Trebbiano spoletino.

Caractéristiques : Très vigoureux. Résiste de mieux en mieux aux maladies. S'adapte à tous les types de sols. Production constante et (trop) abondante. Donne des vins secs et légers ; la neutralité est presque sa marque de commerce. Idéal pour la distillerie. Avec des rendements moyens et de nouvelles techniques de vinification, quelques producteurs essaient d'en tirer un vin plus qu'honnête.

VERMENTINO

Origine : Probablement venu d'Espagne.

Location : Ligurie (Cinque Terre), Sardaigne, Toscane, Pouilles

Synonymie : Pigato, Favorita, Malvasia grossa (Portugal). Vermentinu et Malvoisie (Corse). Rolle (Provence, non confirmé)

Caractéristiques : Cépage vigoureux. Maturité tardive. Peu sensible à la pourriture mais craint l'oïdium. Cépage de cuve, mais se consomme aussi à l'état frais. Production constante. Donne des vins aromatiques et souvent fort agréables.

TABLEAU RÉCAPITULATIF

RÉGIONS	*DOC*	*DOCG*	*IGT*	*SURFACE RÉGIONALE TOTALE (1997)*
Abruzzo	3		9	33 250 ha
Basilicata	1		2	10 850 ha
Calabria	12		3	24 340 ha
Campania	18	1	9	41 100 ha
Emilia-Romagna	20	1	10	58 200 ha
Friuli–Venezia Giulia	9	1	3	18 700 ha
Lazio	25		5	47 800 ha
Liguria	7		3	4 800 ha
Lombardia	14	2	12	26 900 ha
Marche	12		1	24 600 ha
Molise	3		2	7 650 ha
Piemonte	44	7		57 500 ha
Puglia	25		6	106 700 ha
Sardegna	19	1	15	43 330 ha
Sicilia	19		7	133 500 ha
Toscana	34	6	5	63 600 ha
Trentino–Alto Adige	7		4	12 800 ha
Umbria	11	2	6	16 500 ha
Valle d'Aosta	1			635 ha
Veneto	23	3	9	75 300 ha
TOTAL	307	24	111	808 055 ha

* VQPRD : Vin de qualité produit dans une région déterminée.

Les DOC et DOCG sont des mentions officielles de la réglementation européenne.

SURFACE INSCRITE VQPRD (2000)*	*SURFACE DÉCLARÉE VQPRD* (2000)*	*PRODUCTION VQPRD* (2000)*	*POURCENTAGE VQPRD/PRODUCTION RÉGIONALE TOTALE (2000)*
14 700 ha	10 975 ha	795 000 hl	22,81 %
540 ha	370 ha	15 270 hl	3,24 %
2 500 ha	1 100 ha	37 550 hl	5,51 %
5 600 ha	2 660 ha	148 650 hl	7,63 %
29 500 ha	21 130 ha	1 211 300 hl	18,84 %
13 200 ha	11 600 ha	758 100 hl	65,64 %
24 290 ha	7 680 ha	613 470 hl	17,98 %
725 ha	560 ha	27 000 hl	17,10 %
17 600 ha	14 900 ha	756 400 hl	58,14 %
9 600 ha	7 600 ha	393 900 hl	25,96 %
820 ha	570 ha	39 450 hl	12,68 %
38 200 ha	38 200 ha	1 800 070 hl	61,23 %
12 450 ha	7 900 ha	346 300 hl	4,67 %
6 050 ha	3 500 ha	208 900 hl	25,99 %
7 260 ha	4 150 ha	143 450 hl	2,14 %
34 400 ha	26 900 ha	1 317 100 hl	54,92 %
12 400 ha	11 175 ha	912 700 hl	76,38 %
4 830 ha	3 830 ha	200 100 hl	20,46 %
160 ha	160 ha	7 000 hl	26,99 %
35 560 ha	30 560 ha	2 068 700 hl	24,81 %
270 385 ha	205 520 ha	11 800 410 hl	22,85 %

TABLEAU DES MILLÉSIMES

Le millésime

Le millésime correspond à l'année de la récolte du raisin. Le climat et les conditions météorologiques jouant un rôle déterminant sur la qualité du raisin et, par conséquent, sur celle du vin (la période la plus critique va du début du mois d'août jusqu'aux vendanges), j'ai donc tenu à mentionner sur le tableau placé à la fin de cet ouvrage, les années susceptibles de vous procurer les plus grands plaisirs. Cependant, lorsqu'il s'agit de grands vins très bien vinifiés, les années moyennes sont aussi de fort honorables millésimes, mais la durée de vieillissement s'en trouve diminuée.

TABLEAU DES MILLÉSIMES[18]

	2000	1999	1998	1997	1996	1995
Alto Adige	4	3	3	4	3	3
Amarone della Valpolicella	3	2	2	4	3	4
Barbaresco/Barolo	3/4	4	4	4	4	3
Barbera/Nebbiolo d'Alba Barbera d'Asti	4	4	3	4	3	2
Bolgheri rosso	4	4	3	3	3	3
Brunello di Montalcino	3	4	3	4	3	3
Cannonau di Sardegna	3	3	3	4	3	3
Chianti Classico/Carmignano rosso	3	3/4	3/4	4	2	4
Colli Orientali del Friuli/Collio Friuli Grave/Friuli Isonzo	3	3	2	4	3	2
Gattinara/Ghemme	4	3	3	4	3	3
Taurasi	4	3	3	4	3	3
Teroldego Rotaliano	4	3	2	4	2	3
Torgiano rosso	4	3	3	4	3	4
Valpolicella Classico	3	2	3	4	2	4
Valtellina Superiore	4	3	3	4	4	3
Vino Noblie di Montepulciano	3	3	2	4	2	3

1 = Année faible, inférieure à la moyenne

2 = Année moyenne

3 = Année bonne à très bonne

4 = Année excellente ou exceptionnelle

18. En collaboration avec la Délégation commerciale d'Italie à Montréal.

La mention du millésime n'est pas obligatoire, et l'habitude de l'indiquer systématiquement sur les étiquettes a fait disparaître en même temps la dimension qualitative qu'il revêtait autrefois.

En Italie, la notion de millésime est un peu différente de celle qui est en usage en France. Les écarts de température ne sont pas les mêmes d'une région à une autre et de nombreuses appellations, surtout dans la partie méridionale de la péninsule, ne connaissent pas trop les sautes d'humeur météo que subissent les vignobles un peu plus au nord. C'est pour cette raison que je me suis limité à des vins qui, non seulement dépendent des conditions climatiques rattachées à leur écosystème, mais qui sont aussi capables de vieillir un tant soit peu.

Je reproduis enfin la synthèse des cinq derniers millésimes compilée par l'Association des œnologues et techniciens vinicoles italiens.

1994	1993	1992	1991	1990	1989	1988	1987	1986	1985
3	3	2	3	4	1	3	2	3	4
2	3	1	2	4	2	3	2	3	4
2	3	1	2	4	4	4	2	3	4
2	3	1	2	4	4	4	3	2	4
3	3	2	3	3	2	4	3	2	4
3	2	1	2	4	2	4	2	3	4
3	3	3	2	3	3	3	2	4	2
2	3	1	2	4	2	4	2	3	4
2	2	2	3	3	2	3	4	4	3
2	3	1	2	4	3	3	2	3	4
4	4	3	3	4	3	4	4	3	4
2	3	2	3	4	2	4	1	2	3
2	3	2	3	4	2	4	3	3	4
2	3	2	3	4					
2	2	1	2	3	3	4	2	4	3
2	3	1	2	4	2	4	3	3	4

Synthèse des cinq derniers millésimes[19]

La synthèse qui suit est compilée d'après les renseignements traités chaque année à l'échelle nationale par l'Assoenologi. Les contrôles de quantité sont harmonisés avec les résultats de l'Institut national des statistiques. Les rendements étant déjà enregistrés à la fin des vendanges, les données de l'Assoenologi ne diffèrent que de 1,5 % avec celles de l'Istat (moyenne des cinq dernières années), qui sont cependant publiées à cheval sur la campagne suivante.

1997 du point de vue qualitatif

Dans certaines régions, on se retrouve devant l'un des meilleurs millésimes des 50 dernières années, tant pour les vins rouges que pour les vins destinés à un long vieillissement. Grâce au soleil de septembre qui a séché la pluie, la qualité s'est accrue considérablement.

1997 du point de vue quantitatif

La production a été de 50,5 millions d'hectolitres (-13,6 % par rapport à 1996) avec un contenu moyen en sucre supérieur à celui de l'année précédente. Le cycle végétatif a donné une production inférieure, ce qui a entraîné une meilleure maturité. Peu de dommages dus aux parasites et des petits rendements raisins-vin.

1998 du point de vue qualitatif

Aurait pu être un autre très grand millésime et certainement une grande année dans plusieurs régions. Les relevés des premiers jours de juin donnaient des résultats prometteurs dans toute l'Italie. En juillet, les évaluations sont passées d'excellentes à supérieures, pour être ensuite fortement diluées dans la plupart des régions et finir par varier entre moyennes et bonnes.

1998 du point de vue quantitatif.

Les + 20 % (par rapport à l'année précédente) relevés au printemps ont diminué au milieu de l'été pour descendre au début de septembre et remonter à + 13 % à la fin des vendanges, grâce aux conditions favorables en septembre et en octobre. La production de 1998 a atteint 57 millions d'hectolitres, en considérant les moûts et les jus de raisins.

1999 du point de vue qualitatif

Ce fut une année de changements dramatiques et d'espoirs déçus, avec une production hétérogène en raison d'une météorologie capricieuse. La qualité se décline de moyenne à grande, avec de vrais succès pour les vins qui ont été produits avec des raisins ayant bénéficié des conditions optimales, comme dans le Centre Nord (pendant le mois de sep-

19. Texte inspiré en partie d'un document rédigé et présenté par monsieur Giuseppe Martelli, directeur général de l'Association des œnologues et des techniciens vinicoles italiens, avec la précieuse collaboration de l'Assœnologi et de la Délégation commerciale d'Italie à Montréal.

tembre), ou qui ont eu recours à une bonne irrigation dans le Sud et dans les îles.

1999 du point de vue quantitatif

D'après les relevés de cave, les prévisions du mois de mai qui donnaient des quantités très élevées ne se sont pas entièrement réalisées. Dans les circonstances, l'augmentation des quantités a été d'environ 1,6 % par rapport à la campagne précédente, avec une production globale de 58 millions d'hectolitres, correspondant à peu de chose près à la moyenne des 10 dernières années (58,8 millions d'hectolitres).

2000 du point de vue qualitatif

Ce millésime symbolique n'a pas été un «cinq étoiles» mais en était très près. Dans l'ensemble, les niveaux enregistrés sont assez intéressants bien que très hétérogènes. Ce fut une année capricieuse et plutôt étrange, avec une chaleur estivale au printemps et des pluies et une température de fin d'hiver pendant l'été. Dans certaines zones bien circonscrites, cette synergie dans l'écosystème viticole a donné des résultats de bons à excellents.

2000 du point de vue quantitatif

Ce fut une année plutôt déficitaire. La production fut en effet de 54 millions d'hectolitres de vin et de moût avec une diminution de 6,9 % par rapport à 1999. Le rendement raisins-vin a été plus bas à cause de l'épaisseur des peaux et de la concentration de la pulpe des baies. Ce fut la vendange la plus anticipée des dernières décennies : en Sicile, les premières grappes de Chardonnay ont été récoltées le 1er août et, en Toscane, les raisins de Brunello, le 26 du même mois.

2001 du point de vue qualitatif

Les résultats ont été plutôt hétérogènes. Excellent millésime dans l'ensemble, là où le mois de septembre s'est déroulé dans les meilleures conditions. Les évaluations donnent des vins rouges bien structurés, dans la mesure où les raisins n'ont pas souffert des grosses pluies d'automne, et des vins blancs dotés d'une fraîcheur discrète et d'un grand potentiel aromatique, mais seulement dans le cas où les raisins n'ont pas souffert d'un manque d'eau.

2001 du point de vue quantitatif

La production a été de 52,3 millions d'hectolitres, avec 5 % de moins qu'en 2000. Ce fut une des deux années les plus déficitaires des derniers 40 ans. En fait, à l'exception de 1997 (50,5 millions d'hectolitres), il faut remonter à 1957 pour obtenir un chiffre si bas. La région qui a le plus produit est la Vénétie avec 8,7 millions d'hectolitres de vin.

GLOSSAIRE

***Abbocato*:** Demi-sec.

Acidité: Ensemble des substances acides présentes dans le vin.

Vocabulaire de la dégustation

- Plat: manque d'acidité et de caractère;
- Mou: manque de caractère et de fraîcheur;
- Frais: assez acide, sans excès;
- Vif: acidité en équilibre;
- Nerveux: acidité assez marquée;
- Vert: très forte acidité.

***Acidulo*:** Acidulé.

***Alberello*:** Système de conduite de la vigne qui donne des résultats moyens. Les ceps sont cultivés bas comme des buissons ou de petits arbustes. Courant dans le sud de l'Italie, mais en voie de disparition.

Alcool: L'alcool éthylique est le principal alcool du vin.

Vocabulaire de la dégustation

- Faible: peu d'alcool, manque de charpente;
- Léger: pauvre en alcool mais plaisant à boire;
- Généreux: fort en alcool, bien constitué et corsé;
- Chaud: puissant et qui donne une impression de chaleur.

***Amabile*:** Semi-doux, avec généralement plus de sucre résiduel que l'*Abbocato* et moins que le *Dolce*. Littéralement «aimable», ou légèrement moelleux.

***Amaro*:** Amer.

Ampélographie: Science de la vigne et du raisin.

***Annata*:** Année, millésime.

Arôme: Même si ce mot désigne parfois les sensations perçues en bouche, il est utilisé dans ce livre comme un terme désignant les odeurs senties au nez.

Vocabulaire de la dégustation

- Arôme primaire: arôme variétal (rappel du cépage);
- Arôme secondaire: arôme post-fermentaire;
- Arôme tertiaire ou bouquet: arôme de vieillissement.

***Asciutto*:** Sec.

***Assaggio*:** Dégustation.

Assemblage: Mélange de vins de même origine.

Astringence: Caractère de rudesse et d'âpreté causé par un excès de tanins.

***Azienda agricola*:** Domaine ou ferme qui ne peut utiliser cette mention que pour ses propres vins.

Barrique: Fût dont la contenance varie entre 225 et 235 litres environ. On trouve cependant aussi des barriques de 300 litres.

***Bianco*:** Blanc.

***Botte*:** Fût ou tonneau.

***Bottega*:** Boutique ou magasin.

***Bottiglia*:** Bouteille.

***Botrytis Cinerea*:** Micro-organisme à l'origine de la pourriture du raisin. Si la pourriture est généralement combattue, la pourriture noble est souhaitée dans certaines régions pour l'élaboration de vins blancs doux, moelleux ou liquoreux.

***Bricco*:** Terme piémontais signifiant vignoble accroché à un coteau, et plus précisément au sommet de ce coteau.

Brut: Se dit d'un vin effervescent sec.

***Cà*:** *Cà* pour *casa*, ou maison. Terme souvent employé en Lombardie.

***Cantina*:** Cave, dans le sens d'entreprise.

***Cantina sociale (CS)*:** Cave coopérative.

***Capitel*:** Terme qui désigne dans les environs de Vérone un vignoble particulièrement bien exposé et donnant d'excellents vins.

***Caratello*:** Petit fût traditionnellement utilisé pour l'élaboration du Vin Santo (en Toscane principalement).

***Casa vinicola*:** Maison de négoce qui achète le plus souvent le raisin pour faire son vin.

***Cascina*:** Terme utilisé dans certaines régions pour une ferme, un vignoble ou un domaine.

***Castello*:** Château.

Cépage: Variété de vigne.

***Cerasuolo*:** Rouge cerise. Terme utilisé pour décrire des vins rouge clair ou rosé.

Champenoise (méthode): Méthode d'élaboration identique à celle qui est utilisée en Champagne. Aujourd'hui, cette expression doit être remplacée par méthode traditionnelle ou méthode classique, en Italie (*metodo classico*).

Chaptalisation: De Chaptal, l'inventeur de cette méthode. La chaptalisation, ou sucrage, est une opération qui consiste à ajouter du sucre au moût afin d'obtenir un degré d'alcool plus élevé. Elle est réglementée par des lois.

Charmat: De Charmat, personne qui a mis au point cette méthode. Méthode d'élaboration de vin effervescent, avec prise de mousse en cuve close.

Charnu: Tannique et moelleux à la fois.

***Chiaretto*:** Claret ou clairet. Terme utilisé pour des vins rouges très clairs ou des rosés foncés.

***Classico*:** Terme relié, le plus souvent pour des raisons historiques, à la meilleure zone d'une appellation, le centre, dans plusieurs cas.

***Colle, Collina*:** Colline. Le pluriel est *colli* ou *colline.*

***Consorzio*:** Organisme créé pour surveiller, défendre et promouvoir une ou des appellations (consortium).

Crémant: Vin effervescent élaboré suivant la méthode traditionnelle, mais dont la pression en bouteille est plus faible que celle des autres mousseux. Parfois utilisé en Italie.

***DOC*:** *Denominazione di Origine Controllata.*

***DOCG*:** *Denominazione di Origine Controllata e Garantita.*

***Dolce*:** Doux.

Douceur: Un des aspects gustatifs de l'analyse d'un vin.

Vocabulaire de la dégustation

- Sec ou *Secco* (<4 g/l): qui donne l'impression de ne pas contenir de sucre;
- Demi-sec ou *Abbocato* (>4<12 g/l): qui contient une légère quantité de sucre;
- Semi-doux, moelleux ou *Amabile* (>12<45 g/l);
- Doux ou *Dolce* (> 45 g/l): riche en sucre, à des degrés divers.

***Enoteca*:** Lieu où se trouve une gamme étendue de vins de qualité généralement vendus sur place.

***Etichetta*:** Étiquette.

***Fattoria*:** Ferme ou domaine viticole. Se rencontre souvent en Italie centrale, notamment en Toscane.

Fermentation: Réaction chimique provoquée par des ferments. Les ferments décomposent les substances organiques (sucres) en des corps simples (alcools), le plus souvent avec dégagement de gaz carbonique et de chaleur.

Fermentation malolactique: Transformation de l'acide malique en acide lactique et en gaz carbonique. Elle se traduit par une diminution de l'acidité.

***Frizzante*:** Pétillant. *Frizzantino* (légèrement pétillant).

Fruité: Dont les arômes ou le goût rappellent le fruit du raisin. Un vin peut être sec et fruité en même temps.

Garde (de): Vin qui possède un bon potentiel de vieillissement.

Gouleyant: De l'ancien français «goule» (pour gueule). Qui coule bien dans la gorge.

***Grappa*:** Marc. En Italie, ce terme signifie aussi eau-de-vie de marc.

***IGT*:** *Indicazione geografica tipica* (Indication géographique typique). Équivalent du Vin de Pays français.

***Imbottigliato nella zona di produzione*:** Embouteillé dans la région de production.

***Invecchiato*:** Vieilli.

Léger: Se dit d'un vin peu corsé mais agréable, simple parfois, et qui doit être bu jeune.

Limpidité: Un des aspects visuels de l'analyse du vin.

Vocabulaire de la dégustation

- Trouble: manque de limpidité, brouillé, particules en suspension;
- Louche: ni limpide, ni brillant, qui n'a pas un ton franc;
- Voilé: qui a une couleur qui n'est pas franche;
- Limpide: clair, transparent;
- Brillant: très belle limpidité;
- Cristallin: transparence parfaite et lumineuse.

Longueur: Intensité de persistance des arômes juste après avoir avalé le vin.

Vocabulaire de la dégustation

- Court: de 1 à 2 secondes;
- Moyen: de 3 à 4 secondes;
- Long: de 5 à 7 secondes;
- Très long: de 7 à 10 secondes. On utilise aussi caudalie à la place de seconde.

***Liquoroso*:** Vin avec un degré d'alcool élevé, le plus souvent fortifié. Ne signifie pas tout à fait la même chose qu'en France, où un vin liquoreux est un vin sucré naturellement.

Madérisé/*Maderizzato*: Se dit d'un vin blanc qui, en vieillissant, prend une teinte ambrée. Ce terme, à mon avis péjoratif pour les grands vins de Madère, ne devrait plus être utilisé. L'adjectif oxydé est plus approprié.

***Masseria*:** Domaine ou ferme viticole. Terme utilisé dans le sud de l'Italie.

***Metodo Classico*:** Expression correspondant à la méthode champenoise appelée aujourd'hui méthode traditionnelle (*Tradizionale*).

Mildiou: Maladie cryptogamique attaquant les organes verts de la vigne et qui se développe dans un environnement humide.

Millésime: Année de la récolte du raisin.

***Morbido*:** Moelleux, dans le sens de souplesse.

***Mosto*:** Moût. Jus de raisin frais avant la fermentation.

***Nero*:** Noir.

Œnologie: Science qui traite du vin, de sa préparation, de sa conservation et des éléments qui le constituent.

Œnophile: Personne qui apprécie et connaît les vins (amateur).

Oïdium: Maladie cryptogamique qui attaque les organes verts de la vigne et qui est favorisée par l'humidité.

***Oro*:** Couleur or. Terme utilisé à Marsala.

Oxydation: Résultat de l'action de l'oxygène de l'air sur le vin.

Elle peut se traduire par une modification de la couleur et du bouquet.

Passerillage: Terme de vigneron signifiant la dessiccation des raisins (*appassimento*, en italien). Voir *Passito*.

Passito: Passerillé. Se rattache à un vin doux élaboré avec des raisins séchés ou à demi séchés. Le terme flétri est utilisé dans le Val d'Aoste.

Pergola: Système de conduite de la vigne utilisé dans le nord de l'Italie. Même s'il est de moins en moins synonyme de qualité, il fait partie des beaux paysages où le vignoble est installé sur des terrasses étroites. Voir Trentin–Haut-Adige.

Phylloxéra: Puceron qui détruisit la vigne à partir de 1865 en Europe. Ce parasite attaque les racines de la vigne.

Podere: Domaine ou ferme viticole de petite dimension. Terme utilisé principalement en Toscane.

Poggio: Synonyme de colline. Terme utilisé en Toscane.

Pourriture noble: Voir *Botrytis cinerea*.

Recioto: Terme utilisé principalement en Valpolicella et à Soave pour décrire des vins assez riches faits avec des raisins surmûris. *Recioto* vient de *recia*, ou oreille, dans le dialecte véronais, pour décrire les parties latérales du haut de la grappe qui sont les plus exposées au soleil.

Ripasso: Valpolicella qui a fermenté à nouveau sur ses lies d'Amarone, pour lui donner plus de corps et de caractère.

Riserva: Réserve. Terme attribué à des DOC et des DOCG qui ont vieilli un certain temps, en grande partie en fût ou en barrique.

Robe: Désigne la couleur d'un vin et son aspect visuel en général.

Ronco: Terme qui désigne un vignoble en terrasse dans le Frioul. On dit *ronchi* au pluriel.

Rosato: Rosé.

Rosso: Rouge.

Rubino: Rubis.

Secco: Sec.

Solera: Méthode d'élaboration et d'élevage du vin. Des petites quantités de vin jeune sont ajoutées à des vins plus vieux, et cela pour obtenir un assemblage de vins équilibrés et racés. Pratiquée habituellement en Espagne pour le Xérès (Sherry), on l'utilise aussi en Sicile et en Sardaigne.

Sommelier: Terme utilisé en Italie comme en France pour désigner les professionnels du vin œuvrant dans l'hôtellerie et la restauration. Cette profession exige de ceux qui la pratiquent une grande connaissance des vins et spiritueux. Le moins qu'on puisse dire, c'est que la sommellerie est très active en Italie.

Souple: Se dit d'un vin coulant dont le moelleux est plus élevé.

Soyeux: Qui est velouté, équilibré et élégant.

Spalliera: Excellent système de conduite de la vigne qu'on appelle «en espalier», en français. Dans ce cas, la vigne est palissée sur des piquets (échalas) et des fils de fer.

Spumante: Mousseux.

Superiore: Terme accordé à un vin qui présente des qualités supérieures à la moyenne – potentiel de vieillissement, degré d'alcool plus élevé, etc. Cette expression, qui devait disparaître de la législation, a finalement été conservée.

Tanin (ou tannin): Le tanin est un élément de la saveur par son astringence particulière. Il donne une charpente aux vins rouges et subit dans le vin des modifications chimiques qui contribuent au vieillissement. Le tanin provient des pellicules, des rafles et des pépins du raisin, et se libère pendant la fermentation.

Vocabulaire de la dégustation

- Informe: manque total de tanins;
- Coulant: présence discrète de tanins;
- Tannique: présence marquée de tanins;
- Âpre: rudesse apportée par un excès de tanins;
- Astringent: grand excès de tanins; vin trop jeune.

Tenuta: Domaine viticole.

Tranquille: Désigne un vin non effervescent.

Uva: Raisin.

Vecchio: Vieux ou vieilli.

Vendemmia: Vendange, millésime.

Vendemmia tardiva: Vendange tardive.

Vigna/Vigneto: Vignoble.

Vino da Tavola: Vin de table.

Vino novello: Vin nouveau.

Vin Santo: Vin habituellement doux élaboré dans quelques régions d'Italie avec des raisins *passito*. Voir le chapitre sur la Toscane.

Vite: Vigne.

Vitigno: Variété de vigne, cépage.

VQPRD: Vin de qualité produit dans une région déterminée.

BIBLIOGRAPHIE

ANDERSON, Burton. *The Wine Atlas of Italy and Traveller's Guide to the Vineyards,* London, Mitchell Beazley Publishers, 1990, 320 p.

ARATA, Silvana, Emanuele PELLUCCI et Andrea VINCENTI. *Vins de Toscane,* Firenze, Enoteca Italiana di Siena, 1989, 78 p.

ASHLEY, Maureen. *Italian Wines,* London, Websters International Publishers, 1990, 128 p.

BRUNET, Paul. *Le vin et les vins étrangers,* Paris, B.P.I., 1995, 351 p.

CHAMBRE DE COMMERCE DE TRIESTE. *Grattugia d'argento,* Trieste, Edizioni Lint, 1990, 139 p.

CANTINE LUNGAROTTI. *Il Piacere della Tavola,* Torgiano, 1989, 125 p.

COLLECTIF. *L'Italie des fromages AOC,* Milano, Franco Angeli, 1992, 175 p.

DEL CANUTO, Francesco, Bruno PICCIONI, Rossella ROMANI, Daniela SCROBOGNA et Giuseppe VACCARINI. *Il Vino Italiano,* Milano, Associazione Italiana Sommeliers, 2002, 752 p.

DI LENA, Pasquale et Tatiana DINELLI. *Carte des vins,* Siena, Enoteca di Siena, 130 p.

GAETA, Davide. *Il sistema vitivinicolo in cifre,* Milano, Unione Italiana Vini Editrice, 2001, 367 p.

GALET, Pierre. *Dictionnaire encyclopédique des cépages,* Paris, Hachette, 2000, 936 p.

JOHNSON, Hugh. *La Toscane et ses vins,* Paris, Solar, 2001, 144 p.

LILLI, F. Silvana, Giancarlo MONTALDO et Daniela SCROBOGNA. *Il Paese del Vino,* Novara, Enoteca Italiana et Istituto Geografico De Agostini, 2001, 335 p.

MARCHESI, Gualtiero. *La cuisine italienne réinventée,* Paris, Robert Laffont, 1983, 333 p.

MARTELLI, Giuseppe (en collaboration avec l'Assœnologi). *L'Italie du vin,* Montréal, 2002, 25 p.

ORHON, Jacques. *Le nouveau guide des vins de France,* Montréal, Les Éditions de l'Homme, 2001, 413 p.

ORHON, Jacques. *Le guide des accords vins et mets,* Montréal, Les Éditions de l'Homme, 1997, 190 p.

ORHON, Jacques, a cura di Giuseppe VACCARINI. *I Vini Italiani,* Milano, Ulrico Hoepli, 1997, 394 p.

PACINI, Giampaolo. *Il pan coll'olio,* Podere Capacia, Radda in Chianti, s.d., 57 p.

PAPO, Luigi et Anna PESENTI. *Il Marsala,* Milano, Fabbri Editori, 1991, 145 p.

PASTENA, Bruno. *La civiltà della vite in Sicilia,* Palermo, Edizioni Leopardi, 1989, 367 p.

RAY, Cyril. *The New Book of Italian Wines,* Londres, Sidgwick & Jackson, 1982, 158 p.

ROBINSON, Jancis. *Le livre des cépages,* Paris, Hachette, 1988, 279 p.

ROITER, Fulvio. *Il Chianti Classico. Le terre del Gallo Nero,* Ponzano, Vianello Libri, 1987, 137 p.

ROOT, Waverley (sous la dir. de). *La cuisine italienne,* Paris, Time-Life, 205 p.

STEVENSON, Tom. *L'encyclopédie mondiale du vin,* Paris, Flammarion, 1989, 480 p.

VACCARINI Giuseppe et Claudia MORIONDO. *Formaggio e Vini,* Lodi, Bibliotheca Culinaria, 1998, 248 p.

VERONELLI, Luigi. *I Vini d'Italia,* Roma, Canesi Editore, 1961, 532 p.

VIVAI COOPERATIVI RAUSCEDO. *Catalago Generale,* Rauscedo, VCR, 108 p.

VOLA, Giorgio et Enzio SANGUINETTI. *Vini et Distillati della Valle d'Aosta,* Aoste, Musumeci Editore, 1990, 224 p.

INDEX DES DOC ET DES DOCG

INDEX DES METS SUGGÉRÉS

CRÉDITS PHOTOGRAPHIQUES

Arsenault, Sébastien : 221

Azienda agricola Livon : 6, 118

Azienda agricola Maculan : 452

Barone Ricasoli : 22, 346, 347

Boscaini Paolo & Figli : 442, 443, 447, 457, 475

Cantine Lungarotti : 84, 415, 428

Caprai, Arnaldo : 128, 129, 133, 149, 417, 418, 419, 421, 422, 423, 425, 426, 427

Casa Vinicola Carlo Botter : 28, 29, 30 et dos de la couverture (bas)

Casa Vinicola Zonin : 334, 335, 342, 366, 373, 377, 387

Cave du Vin Blanc de Morgex et de La Salle : 434, 435, 436, 440

Cesari, Umberto : 76, 77, 78, 89

Coltibuono : 364

Consorzio per la tutela del Franciacorta : 177, 267, 412, 413

Consorzio Tutela Vini d'Asti e Del Monferrato : 488, 491

Consorzio Tutela Vini del Valtellina : 164, 165, 175, 182, 183

Conte Tasca d'Almerita : 311

Conti Sertoli Salis : 174, 179

Contratto, Giuseppe : 216

Cooperativa Agricola Cinque Terre : 157

Fattoria Nittardi : 348

Fattoria Paradiso : 86, 95

Felluga, Marco : 102, 103, 106, 112, 113

Foradori, 400

Fratelli Pighin : 117

Gagnon, Sylvain : 15, 25, 355, 451

Italian Wine and Spirits : 259

Masi Agricola : 455, 462, 470, 472, 473, 478

Mastroberardino : 54, 55, 62, 66, 68, 71, 72, 73 et couverture (haut gauche)

Office Italien du Tourisme : 36, 37, 38, 131, 202, 203, 206, 208, 256, 257, 264, 273, 282, 283, 296, 302, 303, 323 et couverture (haut droit)

Orhon, Jacques : 109, 148, 351, 368, 369

Pieropan, Leonildo : 466 et dos de la couverture (haut)

Poderi Colla : 210, 211, 214, 247

Provincia autonome di Trento : 392, 393

Reddy, Francis : 57, 319

Regione Abruzzo : 34

Russo, Alyne : 152, 153, 158, 159

Sella & Mosca : 285, 290, 298

Serègo Alighieri : 460, 465

Tenuta di Donnafugata : 306, 322, 325

Umani Ronchi : 186, 187, 190

Vivai Cooperativi Rauscedo : 93, 121, 482

Photo de l'auteur : Josée Lambert

Achevé d'imprimer au Canada
en octobre 2002
sur les presses de l'imprimerie Interglobe.